大规模新能源并网规划

曾平良　鲁宗相　王秀丽　程　林　王承明　鞠　平　周勤勇　著

中国电力出版社
CHINA ELECTRIC POWER PRESS

内 容 提 要

本书聚焦于大规模新能源并网规划技术，共分七章。内容包括新能源发展动态及规划技术、间歇式电源仿真模型与参数辨识、大规模新能源电源并网全过程仿真、含大规模新能源的电源优化规划、大规模新能源电源与电网的协调规划、大规模间歇式电源并网可靠性评估、大规模新能源电源并网规划案例。

本书可作为从事电力系统规划和新能源并网研究与管理的研究人员和工程技术人员的参考书。

图书在版编目（CIP）数据

大规模新能源并网规划 / 曾平良等著. —北京：中国电力出版社，2017.12
ISBN 978-7-5198-1533-2

Ⅰ. ①大… Ⅱ. ①曾… Ⅲ. ①新能源－发电－电力系统规划 Ⅳ. ①TM61

中国版本图书馆 CIP 数据核字（2017）第 309301 号

出版发行：中国电力出版社
地　　址：北京市东城区北京站西街 19 号（邮政编码 100005）
网　　址：http://www.cepp.sgcc.com.cn
责任编辑：袁　娟（010-63412561）代　旭
责任校对：朱丽芳
装帧设计：郝晓燕　张　娟
责任印制：邹树群

印　　刷：北京雅昌艺术印刷有限公司
版　　次：2017 年 12 月第一版
印　　次：2017 年 12 月北京第一次印刷
开　　本：710 毫米×980 毫米　16 开本
印　　张：24.25
字　　数：454 千字
印　　数：0001—1500 册
定　　价：112.00 元

前言 preface

本书基于“863”课题“间歇式电源并网规划与随机全过程分析技术研究与开发”的研究成果，从间歇式电源的模型及参数辨识、间歇式电源并网全过程仿真分析、含大规模新能源的电源优化规划、大规模新能源电源与电网的协调规划、大规模新能源电源并网可靠性评估、西北电网大规模新能源电源并网规划案例分析等多方面开展研究，构建了大规模新能源接入的电网协调规划模型与方法体系。

本书聚焦于大规模新能源并网规划技术，共分七章。

第一章新能源发展动态及规划技术，对国内外风电、光伏的发展动态进行简介，然后详细调研了含新能源区域电网规划技术的国内外进展，最后介绍了“863”课题研究关注的主要内容、研究目标和技术思路。

第二章间歇式电源仿真模型与参数辨识，详细介绍了风力发电、光伏发电等间歇式电源的参数辨识技术以及场站的等值建模方法，为规划研究提供了多时间尺度的间歇式电源模型及较准确的模型参数。

第三章大规模新能源电源并网全过程仿真，首先介绍了电力系统全过程动态仿真的概念，然后分别详细介绍电磁暂态与机电暂态混合仿真接口算法和机电暂态与中长期动态仿真接口算法。

第四章含大规模新能源的电源优化规划，重点介绍新能源电源与其他常规电源的统筹规划技术，即根据某一时期的负荷需求预测，在满足一定可靠性水平的条件下寻求一个经济、合理的电源开发方案，给出各地区在规划期内应开发的各类型电源的时间序列、装机容量等，并进行相应的技术、经济、环保节能等评估。

第五章大规模新能源电源与电网的协调规划，首先介绍了考虑环境因素、碳排放、产业发展等多种因素的新能源资源综合评估方法，然后分析新能源发电协同消纳分析技术，适应间歇式电源接入的网源协调规划技术，最终建立了间歇式电源与电网协调规划评价体系。

第六章大规模间歇式电源并网可靠性评估，首先介绍了大规模间歇式电源并网可靠性模型，然后详细分析了大规模间歇式电源并网可靠性快速评估算法，最后结合实际案例开展大规模间歇式电源并网可靠性分析。

第七章大规模新能源电源并网规划案例，将上述协调规划技术应用于西北电网2020年的规划，详细介绍了规划方案并做了针对性的运行特性分析。

希望通过上述的内容勾勒出大规模新能源并网规划的总体框架，一方面从理论上研究新能源与电网协调规划的关键技术，另一方面从工程应用角度探讨新能源与大电网的交互影响。

由于作者水平有限，难免有疏漏之处，请广大读者批评指正，多多提出宝贵的意见。

作　者

2017年10月

目录 contents

第一章

新能源发展动态及规划技术

第一节 国内外新能源发展动态

一、国内外风电和光伏发展现状与趋势

为了应对化石能源枯竭、气候变化和环境污染问题，以风电和光伏为代表的可再生能源发电获得了全球的重视。

1. 风电的发展

风电的发展速度迅猛，已成为仅次于水电、核电的第三大清洁能源发电品种。全球已有 103 个国家和地区在开发和利用风电，特别是在丹麦、西班牙等欧美国家，风电已经占到较高比例。自 2005 年起，全球风电增长势头迅猛，2015 年新增装机容量已达到 63467MW，累计装机容量达到 432883MW，年增长率 22%，累计同比增长 17%，约占世界总装机的 7.2%。2005～2015 年全球风电年新增装机容量和累计装机容量如图 1-1 所示。

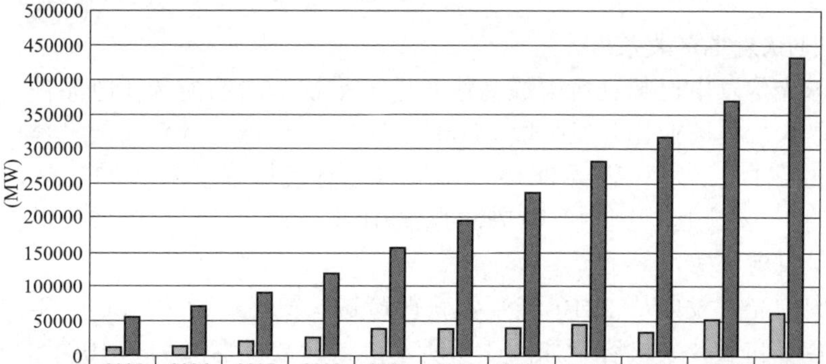

	2005	2006	2007	2008	2009	2010	2011	2012	2013	2014	2015
新增装机	11531	14703	20310	26874	38445	39058	40628	45034	35797	51752	63467
累计装机	56815	71518	91828	118702	157147	196205	236833	281867	317664	369416	432883

图 1-1 2005～2015 年全球风电新增装机容量和累计装机容量统计图

风电机组的成本约占风电场建设的 70%，很大程度地影响了风力发电的经济性。2015 年，陆上、海上风电的投资成本分别为 1560 和 4650 美元/kW，发电成本分别为 7 和 18 美分/kWh。随着规模化程度的扩大和技术的进步，风电成本呈现逐年下降趋势，预计到 2025 年，陆上、海上风电的投资成本将分别下降 12% 和 15%，发电成本将分别下降 26%和 35%，风电成本有望接近甚至低于传统化石能源发电成本。各国纷纷出台推动风电发展的激励政策，逐步扩大风电市场规模，世界风电已经进入大规模发展阶段。

2005～2015 年中国风电新增装机容量和累计装机容量如图 1-2 所示。中国自 2012 年开始超过美国成为世界第一风电装机大国，2015 年风电累计装机容量占据全球市场份额 33.6%。

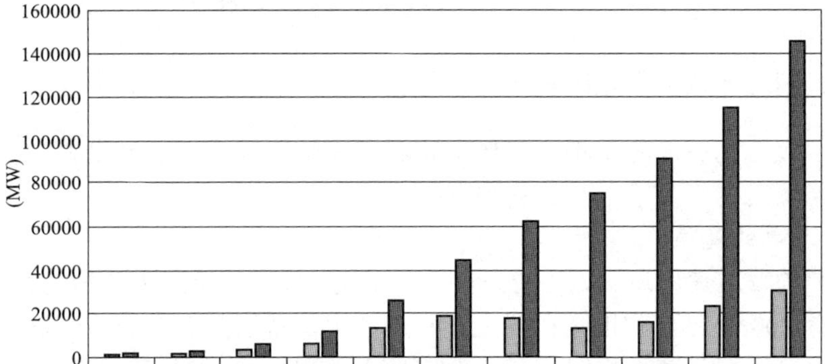

	2005	2006	2007	2008	2009	2010	2011	2012	2013	2014	2015
新增装机	507	1288	3311	6154	13803	18929	17630	12960	16089	23196	30753
累计装机	1250	2538	5849	12003	25806	44735	62365	75325	91414	114610	145363

图 1-2　2005～2015 年中国风电新增装机容量和累计装机容量统计图

2. 光伏发电的发展

全球光伏发电已超过风电成为增长速度最快的清洁能源发电品种，光伏发电已经进入大规模商业化开发阶段。2005～2015 年全球光伏新增装机容量和累计装机容量如图 1-3 所示。截至 2015 年底全球累计装机容量超过 227GW，占全球电力需求的 1.2%以上，中国以 19.7%的全球比重，首次超过德国成为世界最大的太阳能光伏发电国家。

中国的光伏发电从 2010 年开始获得跨越式发展，2010～2015 年中国光伏新增装机容量和累计装机容量如图 1-4 所示，累计装机容量从 2010 年的 0.8GW 增长到 2015 年的 43.18GW，增长了约 53 倍。

太阳能开发潜力巨大。预计到 2025 年，全球太阳能光伏发电累计装机容量将达到 756GW，年均增长率达到 13.1%，其中中国累计装机容量所占比重将达到 31.3%；

光伏发电成本将从 13 美分/kWh 降至 5.5 美分/kWh，投资成本将从 1810 美元/kW 降至 790 美元/kW。

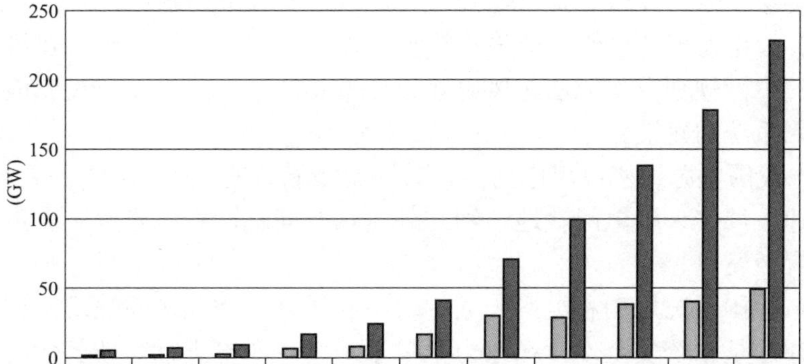

	2005	2006	2007	2008	2009	2010	2011	2012	2013	2014	2015
新增装机	1.4	1.6	2.3	7	8	16.8	30	29	38	40	50
累计装机	5.1	6.7	9	16	24	40.8	70.8	99.8	137.8	177.8	227.8

图 1-3　2005～2015 年全球光伏发电新增装机容量和累计装机容量统计图

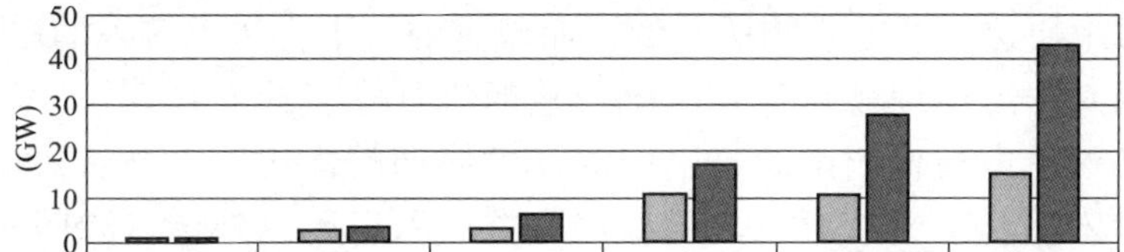

	2010	2011	2012	2013	2014	2015
新增装机	0.5	2.7	3.2	10.75	10.6	15.13
累计装机	0.8	3.5	6.7	17.45	28.05	43.18

图 1-4　2010～2015 年中国光伏发电新增装机容量和累计装机容量统计图

二、我国新能源基地规划建设及问题剖析

在“建设大基地，融入大电网”的风电规划思路主导下，目前我国风电集中开展大规模基地式集中开发。截至 2014 年 6 月底，全国已累计并网大型风电基地项目 8 个，并网容量 910 万 kW，并网容量占核准容量的 48%。它们是：酒泉基地一期 380 万 kW，张家口基地一期 135 万 kW，张家口基地二期 50 万 kW；承德基地 60 万 kW；通辽开鲁基地 90 万 kW；包头达茂旗基地 20 万 kW；新疆哈密东南部基地 140 万 kW 以及巴彦淖尔乌拉特中旗基地 35 万 kW。华北、东北、西北地区风电并网容量约占全国风电并网容量的 83.6%。我国能源分布与经济发展呈现地域不均衡的状态，风资源丰富地区位于北部偏远地区，远离东部和中部负荷中心，决定了风电的集中规模化开发、大容量远距离外送为我国现阶段风电开发

的主要方式，并将成为我国未来风电开发的主流形式。

规模化的风电开发与并网，给电网的运行与规划带来巨大挑战，现阶段运行中弃风现象严重，弃风量逐年攀升。具体存在着以下问题：

（1）风电发展速度快、建设周期短，而电网建设投资有限、建设周期相对较长，导致电网规划方案无法与风电建设速度相匹配。风电场建设完成后仍需等待配套接入系统的建设。

（2）我国电源结构以煤电为主，系统调峰能力差，且区域电网之间联系薄弱，风电快速发展带来了电网就地消纳与外送困难问题，由此导致了大量风电场建成后无法有效发电。

（3）我国电源规划和电网规划相对独立进行，相互之间缺乏协调；电网规划重点关注的是系统安全性，在电力电量平衡中对风电进行等效替代的处理方法未能充分考虑风资源及风电的随机性、波动性的影响。

（4）对于电力系统中不同的主体，常规电源、风电与电网的投资主体不同，对规划方案协调性的量化评估及其运行补偿机制核算难于实施。

现有的弃风严重、故障频发的运行问题，很大程度在于电网规划阶段未充分考虑风电快速发展的影响所导致。而现有的关于含风电接入的电网规划研究，主要采用对传统电网规划计入风电影响而进行修正的方式开展，从机理上无法实现波动的风电与传统电源、电网的有效协调与优化。本书从协调规划角度研究风电接入后对电网的影响，对风电集群接入、风电外送、源网匹配规划及规划方案评估等多方面开展研究，构建了含风电接入的电网协调规划模型与方法体系。

第二节　电力系统规划研究动态

一、电网规划现状

电网发展规划研究的是电源、电力系统与相邻电力系统之间的最优连接方案，即研究电力系统的电压等级、电力系统的结构等，以满足电力系统的可靠性、经济性与灵活性的基本要求[1]，是一个较为复杂的优化问题。由于电网的实际潮流分布复杂，无法直接通过对发电负荷的功率注入得到优化的电网方案，只能在确定电网规划方案后对其进行验证。为了在合理的时间内得到优化的电网规划方案，研究人员进行了大量的工作。

20 世纪 60 年代初期，国外的研究人员 Knight 首先提出利用数学优化方法对输电网的规划进行求解[2]，Sullivan 于 1977 年提出了系统的电力系统规划优化理论[3]。在国内，研究人员从 20 世纪 80 年代开始对电网规划进行系统的研究[4]，得到了适用于我国国情的优化规划系统理论[5]。

由于电网规划问题的特性，电网规划可分解为方案生成、方案验证与优选两个子问题开展研究。

在方案生成阶段，通常以电网规划的经济性最优为方案验证选取标准，对方案进行选择。启发式算法利用线路灵敏度信息对新增线路进行组合优化，对当前线路进行逐步修改，求解方便，与工程技术人员的直观思维相近，但当电网规模扩大时，由于线路之间的耦合关系、组合规模的急剧增加，难以获得优化解。电网规划问题本质是一个整数优化问题，利用数学优化解析法可以求得电网规划问题的优化解：例如隐性枚举法求解 0-1 规划问题，分支定界法、割平面法求解整数规划问题，都可以得到最优的电网规划结果。考虑到电网规划的投资及模拟运行验证两步特性，Pereira 于 1985 年提出使用 Benders 分解法对电网规划的优化问题进行求解，通过将电网规划问题分解为投资优化主问题及运行模拟子问题，利用最大流算法及线性规划算法分别求解并最终得到规划方案。通过对主问题、子问题采用不同的优化计算算法，Benders 分解法在电网规划中得到了广泛的应用，用于电网设计模型求解以及考虑故障风险的电网规划算法。

由于电网规划优化问题的复杂性，人工智能算法在求解中发挥了较为重要的作用[6]。遗传算法根据自然选择优胜劣汰进行优化，研究表明，对于电网规划线路选择，遗传算法具有较好的适应性；模拟退火算法将搜索解的变换步长逐渐缩小，在一个较大的搜寻空间内寻优；禁忌搜索算法通过禁忌表防止搜索陷入局部最优；粒子群算法通过对解空间中解粒子飞行速度与方向的模拟修正，可以避免陷入局部优化，搜索得到全局最优的规划方案。

随着电网的发展，电网规划的目标与条件更加复杂，考虑电网的经济性、可靠性以及环保性等多种属性的多目标优化算法得到了较快的发展。对于多目标电网规划优化问题的求解，研究人员尝试使用遗传算法、混合遗传—模拟退火算法以及非支配遗传算法（NSGA-II）等算法都取得了较好的效果。

随着电力改革、电力市场的实施，国内外研究人员对在电力市场条件下的电网规划进行了大量的研究，通过对电力市场条件下电网潮流分布变化、电网运行限制的变化、阻塞费用的变化、交易适应性的变化、源网配合以及价格因素等条件的分析，对规划方法及规划方案进行了有效地修正。

在确定数个备选方案后，电网规划方案的评价可以考虑更多的因素从而得到较为全面的结果。基于综合评价理论，研究人员对电网规划的对比优选给出了一系列的评价模型与方法，对于规划方案中的技术、经济、环境、适应等多方面因素给予了综合的评价。

综上所述，常规的电网规划在国内外的研究中，可以在合理的时间内得到最优的电网规划方案，但风电是一种资源相依型电源，具有风资源的随机性、波动性，现行的将其等效替代为某一容量的常规电源的规划方法难以充分考虑其影响，从机理上存在缺陷，使现有常规电网规划方法无法直接套用到含大规模风电的电网规划中。

二、风电特性研究现状

风电特性的研究是含风电电力系统各项研究的基础之一。在风电装机容量不断增大的同时，风电场、风电场集群的有功出力预测、波动随机特性建模及风电场有功控制能力分析逐渐成为风电特性研究的重点。

风电出力受到风资源的约束，其波动随机特性受到多种因素的影响，为大规模风电场建模带来了巨大困难，现有研究主要从两个方面对风电场出力模型进行研究：利用分析法，对风速、风电机组等建立详细模型及等效模型，通过对各个风电机组的风速、出力的模拟累加得到风电场出力；利用实际运行数据进行统计，从而建立风电场出力序列模型。这两种方法互为借鉴，前者为后者提供理论基础及拟合方法，后者为前者提供模型参数及修正验证。

对于风速、风电出力的建模主要有概率抽样法、时间序列法及统计分析法[7]。概率抽样法利用威布尔分布对长期平均风速分布进行随机模拟，利用尾流模型对风电场内部的风速分布进行分析，利用 Copula 模型对多个风电场之间的相关性进行分析，结合风电机组模型得到风电场整体的出力模型。时间序列法利用风速本身的时间序列特性，利用自回归滑动平均模型（ARMA）、人工神经网络模型等对风速进行建模，结合风力机模型计算得到风电出力特性。风电出力的预测在中短期已有较好的效果，但在中长期预测中，由于作为输入的数值天气预报精度不足，导致预测误差较大。

风电的统计分析在大规模风电开发后，得到了有力的数据支持，文献［8］分析了风电场集群的出力特性，指出风电场出力之间的负相关性使风电场集群出力具有平滑效应，并给出了量化分析方法。文献［9］、［10］利用实际数据分析了大规模风电基地的出力特性，在短时间尺度上具有平滑互补特性的同时，长时间尺度上风电场之间的出力具有一定的相关性，使得风电场集群与单个风电场、风电机组的特性差距较大。文献［11］提出了多时空尺度的风电特性评价指标体系，并分析了指标在不同时空尺度下的应用方法，结合实际运行数据指出风电并网后普遍出现了反调峰现象，平滑系数则与相关系数呈负相关的关系。但由于我国风电开发运行时间普遍较短，风电统计特性具有较强的地域性，对于我国各个地区的风电统计特性的分析仍有待进一步研究。

源于一次能源随机波动特点和发电机异步特性，风电机组出力的可控性较差，直接投切并网开关是目前在运风电场有功功率的主要控制手段[12]。文献［13］通过两层控制结构对风电场出力进行控制，并实现了恒功率输出及最大功率跟踪控制的切换及有功无功的解耦控制。文献［14］考虑储能在风电场的应用，提出了风电场有功控制的三层模型，实现了风电场有功输出综合控制。文献［15］对控制周期内机组运行状态进行分组，改进了有功功率控制的准确性和平稳性。文献［16］设计分级控制系统，使风电场能够参与系统调频控制。但风电场的有功控制系统仍主要处于研究阶段，实用化长期应用较少。

综上所述，现有研究已经提出了多种基于随机分布、随机序列的风电特性模型用于风电有功出力预测及波动特性分析，但风电场的有功控制能力差，由于风力机运行出力模型简单、风速及风电场模型精度较差以及风电场间的相关性描述不足等因素，风电的出力特性理论模型与实际统计仍有一定的误差。

三、含风电的电网规划

传统的电网规划主要包括扩建线路选择、扩建容量分析等。风电并网后，对于电网规划的研究主要从三个方面展开：综合考虑风电特性，对与风电相关的接入及送出系统进行规划分析；将风电造成的不确定性计入电网规划中，改进电网规划算法模型；改进风电接入后的电网方案评价方法。

（一）风电接入及送出系统规划

由于风力发电能量密度低，覆盖面积广，风电的接入需要大量电网线路的建设，包括风电基地的接入线路以及汇集升压后的外送线路。

风电场、风电基地接入电网的线路有交流、直流两种线路技术方案选择，交流线路为现有陆上风电接入系统规划较为常用的形式。

文献［17］通过将不确定性理论引入到传统的电网规划中，处理风电场出力的不确定性，应用蒙特卡罗方法求解，通过可靠性计算对风电场接入弱电网的问题进行了研究。文献［17］所示方法可以对数个接入线路方案进行对比分析，但只适用于单个风电场接入的工况。

对于多个风电场组成的大规模风电场集群相关的线路规划研究，研究人员也进行了一些有益的探索。

文献［18］在保证系统安全运行的同时引入风电最大发电能力约束，依据风电场减出力有功控制措施的实施概率，基于相关机会规划理论建立了计算风电并网容量的优化分析模型。文献［18］对风电的接入位置、容量进行了有效地分析，但没能对接入方案提出具体结果。

文献［19］对实际工程中风电开发汇集接入方案进行了电压分析、无功补偿分析及短路电流分析，验证了规划方案的可行性。但实际开发方案具有较强的主观因素，为现场规划人员人工干预得到的。

文献［20］指出，风电功率波动特性与输电容量的关联性，对风电出力波动进行量化分析后，提出了功率汇集外送输电容量静态优化的方法，可以显著提高输电工程的综合效益。但文献［20］只研究了风电场集群外部的线路，对于集群汇集过程研究不足。

为了解决风电场集群开发建设中的时序问题，文献［21］构建了投资时序矩阵与运行状态矩阵，将调峰能力与经济投资作为优化问题的目标，建立双层规划模型，利用遗传算法求解，给出了风电场集群的时序规划方法。

在大规模的海上风电接入系统中，直流线路的接入方案具有一定的优势[22]，直流输电技术包括采用相控变流器的传统高压直流输电以及基于电压源变流器的轻型高压直流输电两种形式。

文献［23］通过对风电场的变压器、变电站以及线缆的成本建模，并利用改进的遗传算法对成本进行优化，得到了大型海上风电场的接入线路规划方法。但由于海上风电场范围较小，排布均匀，该风电接入系统规划方法很难应用到陆上风电场集群中。

综上所述，现阶段针对集群风电场的接入及送出系统规划方面的研究较少，多数研究对象为单个或数个风电场，未能考虑大规模风电集群整体优化问题，对于风电场集群接入及送出系统的方案生成尚未有成熟的优化方案。

（二）电网规划的不确定性研究

经典的电网规划一般不考虑电网规划边界条件的不确定性，是一种确定性的规划。而电网规划中存在各种不确定性因素，既有随机发生事件导致的不确定性，如故障发生、负荷波动，也有未能准确预测估计导致的不确定性，如负荷预测误差、设备价格及电价等[24]。风电的加入扩大了不确定因素的类型及范围，经典的电网规划难以适应。研究人员在对不确定性电网规划的研究中，通过对经典电网规划进行改进，给出了含大量风电的电网规划的解决方案。

已有的不确定性电网规划主要有两类求解方法，一类利用随机理论，将不确定性进行数学建模描述，从而将数学模型与经典的电网规划模型相结合，建立不确定性电网规划模型；另一类利用蒙特卡罗法等模拟方法，通过生成大量场景，对各种不确定性因素进行刻画，从而对电网规划进行求解[25]。

文献［26］从极大化电网规划收益实现概率的角度，着重研究了输电网规划中价格因素不确定性的影响，利用双层相关机会规划模型，对含风电的电网规划进行了求解，不追求经济性最优解从而保证经济收益的实现。

文献［27］对电力市场条件下的电网规划进行了分析，考虑负荷及风电电源的不确定性，将电源投资均衡问题化为一系列线性不等式，从而可以利用现有混合整数规划程序与方法进行求解。

文献［28］利用 benders 分解法，通过将电网规划问题分解为规划主问题及运行子问题两层问题进行求解，将运行时元件故障、风电出力不确定性产生的切负荷、过载通过 benders 割反映到规划中，并与确定性方法进行了对比。但方法依赖于特定的风电模型方可保证规划主问题可解。

文献［29］利用多目标模拟算法求解电网规划问题，对负荷的相关性进行了建模，在蒙特卡罗仿真搜索过程中，利用禁忌表防止搜索陷入局部最优。文献［30］采用方差最大化决策和分类逼近理想解的排序方法，提出了随机模拟、神经元网络及非支配遗传算法结合的智能算法，对含风电的电网规划进行了求解，根据不同的经济性和可靠性指标确定数个规划方案。规划中，由于对风电出力采取了离散化的时间及出力采样处理，只能对数个典型场景进行分析，使风电的随机波动性无法得到全面的反映。

文献［31］、［32］将风险指标转化为经济性指标，利用蒙特卡罗法及点估计法对含风电系统的不确定性进行定量分析，并利用非支配遗传算法对多个优化目标进行综合优化，并利用模糊变量表征偏好，得到了不确定性电网规划的求解方法。在模型中，由于缺少对风电场相关性的考虑及利用正态分布的风速概率分布，求解结果有一定偏差。

文献［33］从安全校验的角度对含风电电网规划进行了改进，利用模糊聚类的方法对负荷、风电出力的场景进行简化，并利用遗传算法进行了求解。文献［34］将蒙特卡罗方法与概率直流潮流分析结合，建立了输电系统机会约束的规划模型，利用两步式遗传算法，避免了使用正态分布风速造成的误差。上述研究都对含风电的电力系统规划的相关问题进行了积极的探索，但仍然是在经典规划框架下进行的局部修正与优化。风电由于其特性仅作为波动源加入到规划问题中，对于风电本身与规划的协调研究开展较少。

为了使风电接入后的电网规划更加合理，必须考虑电源、电网规划协调进行的问题。在探索电源与电网协调的电网规划研究中，文献［35］以调峰限制修改电源规划方案并将调节机组选址问题与电网规划问题相结合，建立了针对风电并网问题的电源、电网协调规划模型，但其规划本质仍为串序进行的源网规划；文献［36］通过线路容量限制修正电源规划方案，再将电源规划方案作为电网规划方案的边界条件，通过迭代求解，但存在着效率较低，电源规划可行性差的问题。

综上所述，将风电造成的不确定性计入电网规划中，改进电网规划算法模型，已取得了一定的进展，其模型求解具有一定的实用性，但由于规划优化变量有限，风电仅作为波动源，电网规划被动承接电源规划结果，导致电网规划方案的合理性及优化性无法得到保证，现有研究多在经典规划框架下进行局部修正与优化，没能考虑在规划过程中风电电源特性对电网规划的影响。

（三）电网规划评估

电网规划方案的评估是电网规划中重要的内容，对验证规划方案的合理性、经济性、适应性具有重要的价值。在传统的电网规划中，主要以经济性及可靠性作为评估评价标准。风电接入后，不但在传统的电网运行过程中引入了大量不确定性因素，而且电网规划方案的评价属性也得到了扩展。

电网规划的评估即为对风电接入后的电网规划方案进行技术经济评价，文献［37］考虑风资源、环境、技术实力、经济效益等方面的指标，建立了风力发电可行性研究评价指标体系，并通过专家打分法、层次分析法对权重进行求解。文献［38］对区域电网规划进行评估，平衡电网性能、运行效率、社会效益和总成本最低四类目标因素，提出了面向智能电网的区域电网多适应性规划体系。专家评价法等主观综合评价法需要较多的专家数据，一方面具有一定的随意性，另一方面在大量规划方案筛选时，难以获得全部数据，具有一定的局限性，缺少一个客观指标对电网规划进行评估。

风电开发的清洁低碳特点以及新技术特点，使各国对风电开发都会进行一定的补贴及扶植，政策因素成为规划评估的重要影响因素[39]。文献［40］引入实物期权理论模型，研究了风电开发中的补贴、政策的不确定性，得到了政策补贴对风电开发总决策价值的影响。文献［41］从降低碳排放的角度，对电网规划决策方法进行了改进，从投资、调度、运营等多方面对低碳电网规划进行了评估。但上述低碳影响下的规划评估，多从政策角度进行定性分析，对于实际规划方案的定量分析较少。

为了对风电的接入效果进行全面的评估，风电接入后造成的电网成本的增长也必须得到足够的反映。文献［42］从全社会的角度，考虑了备用空间、环保收益，对海上风电的总社会成本进行了分析，对风电长期的收益给出了评估。文献［43］量化研究了大规模风电接入对电力系统辅助服务成本的影响，指出服务成本主要来自调峰及备用，提出了政策补偿机制的建议。文献［44］研究了多元主体的外部性影响，分析了风电接入后电网规划的外部补偿方式即抽蓄电站的投运及辅助服务的增加，基于随机生产模拟建立了风电接入电网规划的评估模型。对于补偿计算的模型，多为考虑定价措施、定价方法的研究，对于实际运行状态的分析较少。

综上所述，对于电网规划的评估，缺少客观量化的指标进行适应性、协调性的评价，在风电开发中，由于政策因素、环境因素以及风电运行特性，风电与电网规划、全社会的经济协调措施仍有待进一步研究。

第三节 含新能源的电力系统规划

一、含新能源的电力系统规划的挑战

在我国风电、光伏快速发展的背景下，含新能源的电力系统规划面临新的技术挑战，具体包括以下内容。

1. 间歇式电源基础数据、模型及参数辨识技术

目前，接入电网的间歇式电源主要有风力发电和光伏发电。本书将对这两种电源的模型和参数辨识技术以及通过实测手段建立模型并辨识参数进行描述，具体内容有：

（1）间歇式电源的仿真模型。首先，建立单个间歇式电源的模型结构与方程，包括风电、光伏的控制和保护系统数学模型；其次，通过分析间歇式电源厂站内多个元件间相互作用的机理，提出具有稳定分群结果的电源分群指标，以及间歇式电源厂站内部网络及控制器的化简方法；最后建立兆瓦级风电、光伏电站的电磁暂态、机电暂态和中长期动态数学模型，为对风电场、光伏电站进行仿真分析奠定基础。

（2）多时空尺度间歇式电源可靠性模型。包括综合考虑一次能源约束和设备可靠性的间歇式电源多状态可靠性模型；基于不同时间尺度一次能源信息的长期、短期可靠性模型；多空间尺度间歇式电源的多状态等效可靠性模型。在此模型基础上建立间歇式电源的多时空尺度可靠性模型的参数估计方法。

（3）间歇式电源模型的参数辨识技术。首先，建立单个间歇式电源各元件参数的可辨识性及辨识策略，确定间歇式电源厂站等值模型中可以通过理论聚合获得的参数以及需要重点辨识的参数以及间歇式电源厂站等值模型中各种不同响应速度元件之间的耦合规律，分析在快慢过程中可以分别辨识的参数；其次，利用各种间歇式随机输入输出信号辨识模型参数，提出单个间歇式电源中各种电量和非电量信号的同步测量技术，最后，建立单个间歇式电源各元件参数的现场实测方法和实测数据的预处理技术。

2. 间歇式电源并网全过程仿真分析技术

间歇式电源并网的仿真分析贯穿电磁暂态、机电暂态和中长期动态整个过程，全过程仿真技术可以对间歇式电源并网进行仿真分析，具体内容有：

（1）电磁暂态、机电暂态和中长期动态一体化仿真系统。包括间歇式电源电磁暂态、机电暂态和中长期动态仿真接口，提高算法计算效率和收敛性的仿真技

术，具有电磁暂态、机电暂态及中长期动态仿真能力的全过程仿真系统。

（2）全过程动态仿真应用分析技术。包括间歇式电源与电力系统全过程交互影响分析、间歇式电源接入电网安全稳定性分析、间歇式电源交直流外送系统运行控制特性分析，间歇式电源并网运行的系统调频调峰特性分析等。

3. 间歇式电源并网可靠性评估理论和方法

大规模间歇式电源具有显著的随机性和波动性，随机评估方法更适合于间歇式电源并网分析。间歇式电源接入电网的安全性、可靠性、经济性随机评估理论和方法的内容有：

（1）含间歇式电源的发输电系统可靠性评估理论和方法。包括考虑间歇式电源随机性的适用于规划的可靠性评估理论；考虑间歇式电源时变特性的短期运行可靠性评估理论；基于间歇式电源多状态可靠性模型的大规模发输电系统可靠性快速评估算法。

（2）间歇式电源并网随机生产模拟技术。包括考虑风、光一次能源随机性和间歇性的随机生产模拟技术；考虑间歇式电源随机性的电力电量平衡技术；考虑关键联络线约束和间歇式电源的多区域互联系统可靠性评估技术。

（3）考虑间歇式电源随机波动的概率安全性评估理论及方法。包括间歇式电源随机波动特性对系统安全稳定性的影响机理；间歇式电源接入电网概率安全风险指标体系和评估方法。

（4）间歇式电源规划和运行的可靠性、经济性综合评估方法。包括间歇式电源接入电网可靠性和经济性综合评估体系；基于可靠性经济性协调的间歇式电源接入容量和接入位置优化方法；考虑间歇式电源随机特性的运行风险和效益评价体系；基于合理运行风险水平的间歇式电源优化运行方法。

4. 间歇式电源与电网的协调规划技术

在上述成果的基础上，本书针对大规模间歇式电源与电网及常规电源的协调规划问题，从协调规划的角度阐述大规模间歇式电源并网技术，具体有：

（1）考虑多种因素的新能源资源综合评估技术。包括考虑环境因素、碳排放、产业发展等多种因素的新能源资源综合评估指标及模型；一次能源资源对自然条件变化的敏感性分析技术；新能源可替代容量分析技术。

（2）新能源发电协同消纳分析技术。多类型新能源出力与负荷特性相关性分析技术，包括考虑经济性和碳减排量的消纳市场空间模型及分析方法，受端电网接纳间歇式电源能力分析方法，新能源消纳市场的综合评估技术。

（3）适应间歇式电源接入的网源协调规划技术。包括间歇式电源并网对电网运行特性的影响，间歇式电源与电网协调发展规划机制，新能源送电规模与输电方案的协调规划技术，间歇式电源与电网发展时序敏感性分析技术，新能源交直流外送的技术经济评估技术，多能源互补的容量配置技术，新能源并网运行调峰调频特性分析技术，研究提高新能源接入能力措施的应用技术，考虑不确定性的间歇式电源与电网柔性综合规划技术。

（4）间歇式电源与电网协调规划评价体系。包括间歇式电源发展与电网适应措施之间协调性的评估理论与方法，间歇式电源与电网协调规划评价指标。

二、含新能源的电力系统规划的技术思路和研究目标

（一）研究目标

开展含新能源的电力系统规划方法研究，总体研究目标是建立基于实测的多时空尺度间歇式电源模型参数库，开发具有全过程分析、可靠性评估、协调规划等功能的间歇式电源并网分析与规划辅助决策平台，并在西北电网开展工程验证与示范应用。具体目标如下：

（1）掌握基于实测的间歇式电源建模技术，开发基础数据库和参数辨识软件。

（2）掌握间歇式电源电磁暂态、机电暂态、中长期动态仿真技术，开发间歇式电源并网全过程仿真分析系统。

（3）提出考虑间歇式电源随机特性的可靠性评估理论和方法，开发大规模间歇式电源并网后的规划及运行随机评估系统。

（4）构建间歇式电源与电网协调规划评价体系，开发间歇式电源接入电网规划辅助决策系统。

（5）建设区域电网间歇式电源并网分析及规划辅助决策示范平台。

（二）研究思路

总体上采取先理论分析、后技术开发、再示范验证的研究思路。在理论研究阶段，抓住间歇式电源大幅度、长时间功率随机波动的关键特点，深入开展机理分析，建立基于实测的多时间尺度间歇式电源仿真模型和多状态可靠性模型。在技术开发阶段，着重研发模型参数辨识，全过程仿真分析，安全性、可靠性、经济性分析评估，间歇式电源与电网及常规电源协调规划等四项关键技术，提出用于可靠性和经济性综合评估、间歇式电源与电网及常规电源协调发展综合评价的两套指标体系。在示范应用阶段，将在西北电网建设“间歇式电源并网分析与规划辅助决策平台”，实现基于在线实测的间歇式电源建模及参数辨识、并网运行分析、可靠性评估、规划辅助决策等功能。

（1）在间歇式电源基础数据、模型及参数辨识技术方面，建立典型类型的单个间歇式电源详细模型；采用理论分析、仿真验证的方法研究电源厂站内多个元件相互作用的机理，提出电源厂站的等值建模方法并得到等值模型；确定参数的可辨识性及需要重点辨识的参数；通过研究参数的异步辨识技术提高辨识精度；

根据参数实测的需要研究可行的测量技术，设计必要的现场试验方法；在仿真程序中实现实测模型，并对实测数据和仿真结果进行对比验证。

（2）在间歇式电源并网全过程仿真分析技术方面，分析间歇式电源的多时间尺度运行特性，建立符合实际的电磁暂态和中长期数学模型，提出计及间歇式电源的电磁暂态、机电暂态和中长期动态一体化仿真算法。算法研究过程中力求充分利用国内外在微分代数方程的数值计算和计算机软硬件方面的新成果，重点研究提高数值稳定性和仿真效率的算法，包括电磁暂态与机电暂态模型的接口算法、基于多核心 CPU 的并行算法、改进的数值积分方法等。构建间歇式电源的多时间尺度模型，开发适应大规模新能源接入的全过程计算分析软件，研究全过程动态仿真应用分析技术。

（3）在间歇式电源接入电网可靠性、安全性、经济性分析评估理论和方法方面，广泛收集一次能源运行数据，基于概率统计方法生成可靠性参数；采用空间聚合技术和整体辨识方法，建立适用于随机生产模拟、可靠性、安全性的多时空尺度的间歇式可靠性模型；研究考虑风、光、水、火一次能源随机性和间歇性的随机生产模拟技术；基于多状态快速排序技术和多状态空间分割法，研究适用于含大规模间歇式电源的发输电系统可靠性快速评估方法；综合考虑可靠性、安全性、经济性建立间歇式电源并网综合评价体系；开发适用于大规模间歇式电源接入的电源并网规划及运行随机评估系统。

（4）在间歇式电源与电网的协调规划技术方面，结合电力系统规划流程的各个环节，采用敏感性分析方法，研究多种因素对间歇式能源资源的影响，建立计及多种社会环境因素影响的间歇式能源资源综合评估模型。采用相关性分析方法，寻找与间歇式能源波动性相关度高的负荷特性区域，建立考虑碳减排效益的消纳空间综合评估模型，确定受端电网的消纳能力。归纳提炼间歇式电源与电网常规电源的协调发展规划原则，结合具体工程，研究各种规划方案的技术措施的适用条件。结合风险评估方法和复杂性理论，充分考虑间歇式电源的时变随机特性，研究间歇式电源与电网及常规电源协调发展的理论、方法和评价指标。

（5）在研究成果的工程验证与示范应用方面，以上述研究成果为基础，在风光电富集的西北电网建设“间歇式电源并网分析与规划辅助决策平台”，在此平台基础上对西北电网内有代表性的间歇式电源厂站进行等值建模并实测参数，验证参数辨识技术的有效性；在西北电网典型运行方式下进行随机全过程仿真分析，验证全过程仿真技术的准确性和可靠性；应用可靠性和经济性综合评估体系对含间歇式电源接入的西北电网中长期进行评估，并根据间歇式电源与电网及常规电源协调发展综合评价指标的分析结果提出辅助决策意见。

小　结

近年来风电和光伏在全球，特别是在我国得到了快速发展，已成为当前解决能源转型升级、气候变化及环境污染的有效方法，是目前国内外新能源发展的重点。风电和光伏由于受自然资源的固有特性影响具有较强的波动性和间歇性，随着风电、光伏等间歇式电源的渗透率不断提高，给电力系统规划、运行与控制带来了新的挑战与机遇。国内外学者对此进行了大量的研究，取得了初步成果。本章首先对国内外风电和光伏的发展进行了描述与展望，接着对含大规模间歇式电源的电力系统规划研究现状及方法进行了系统的综述。最后从间歇式电源参数辨识、并网全过程仿真、可靠性评估、间歇式电源与电网的协调规划、规划辅助决策平台等方面阐述了含间歇式电源的电力系统规划研究思路和技术路线。

第二章

间歇式电源仿真模型与参数辨识

第一节　风电机组的仿真模型

一、风电机组的结构

风力发电自 20 世纪 80 年代开始快速发展，涌现出许多形式的风力发电技术。最先商用化的风力发电机组是基于普通异步发电机的定速感应机组（Fixed Speed Induction Generator，FSIG）；随着近年来电力电子变流器及其控制技术的快速发展，基于双馈异步风电机组（Double-Fed Induction Generator，DFIG）和直驱永磁风电机组（Direct Dirve Permanent Magnet Synchronous Wind Turbine Generator，DDPMSG）的变速恒频风力发电机组已经取代 FSIG 这类恒速恒频风力发电机组。这两种风电机组的单机容量远大于 FSIG 机组，且具备了最大功率跟踪、有功无功解耦控制等特性。

1. 双馈感应发电机组的结构

DFIG 机组的结构如图 2-1 所示，它由叶片、轮毂、低速轴、增速齿轮箱、高速轴、DFIG、基于脉宽调制（Pulse Width Modulation，PWM）的“背靠背”变流器及各种控制器组成。DFIG 机组中“背靠背”变流器的功率一般为发电机额定功率的 20%～30%。通常将叶片和轮毂统称为风力机；将低速轴、增速齿轮箱和高速轴统称为传动系统（或称轴系）。DFIG 属于异步发电机，其定子绕组直接接入电网，转子为绕线式三相对称绕组，经“背靠背”变流器与电网相连，能够给 DFIG 提供交流励磁[45-46]。

当 DFIG 机组的转子以转差 s 旋转时，转子绕组中将施以转差频率 sf（f 为电网频率）的交流励磁，则转子电流产生的旋转磁场相对于转子以转差速度旋转，相对于定子以同步速度旋转。这与采用直流励磁的同步发电机转子以同步转速旋转时，在气隙中形成一个同步旋转磁场是等效的。由于交流励磁的可调节量包括频率、幅值和相位，所以控制灵活性明显优于只能调节幅值的直流励磁，除便于调速外（调节范围可以达到同步转速的±30%），还能够实现有功功率和无功功率的解耦控制。

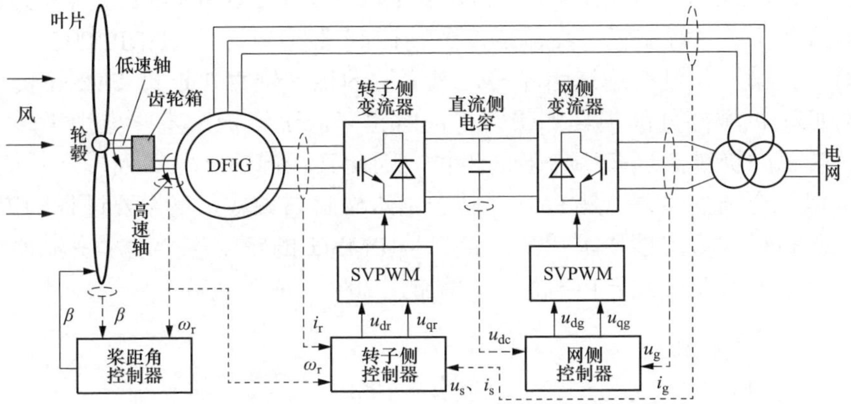

图 2-1　DFIG 机组结构图

图 2-1 中给出了 DFIG 机组中 3 个主要的控制器：桨距角控制器、"背靠背"变流器中网侧变流器的控制器（网侧控制器）和转子侧变流器的控制器（转子侧控制器）。

（1）桨距角控制器的功能是在风速超过额定风速时，通过调节桨距角来减少风力机的功率输入，从而将 DFIG 机组的输出保持在额定功率。该控制器的输入信号是机组输出的有功功率或机组的转速，在图 2-1 中画出的输入信号是机组的转速 ω_r，其输出信号是桨距角的目标值 β，变桨机构（未在图 2-1 中画出）将根据这一目标值来调节风机叶片与风轮平面的夹角（桨距角）。

（2）转子侧控制器采用矢量控制以实现有功、无功的解耦控制。有功功率控制主要实现最大功率跟踪控制，无功功率控制可以采取维持 DFIG 机端电压恒定或实现恒定功率因数输出（通常设定为单位功率因数）的策略。该控制器的输入信号包括 DFIG 机组定子电压 u_s、定子电流 i_s、转子电流 i_r、转子转速 ω_r 等，输出信号是转子侧励磁电压 d、q 轴目标值 u_{dr}、u_{qr}，空间矢量脉宽调制模块（Space Vector Pulse Width Modul，SVPWM）根据该输出信号生成 6 路 PWM 波形分别控制转子侧变流器的 IGBT 开关器件开通与关断，从而控制变流器输出所需的电压波形。

（3）网侧控制器的功能包括维持直流侧电容电压的恒定、控制变流器输出的无功功率。该控制器的输入信号包括网侧变流器的电压 u_g、电流 i_g、直流侧电容电压 u_{dc} 等，输出信号是网侧变流器输出电压 d、q 轴目标值 u_{dg}、u_{qg}，该输出信号同样送入 SVPWM 模块以控制变流器输出所需的电压波形。

2. 直驱永磁同步发电机的结构

DDPMSG 机组的结构如图 2-2 所示，它由叶片、轮毂、传动轴、永磁同步发电机（Permanent Magnet Synchronous Wind Turbine Generator，PMSG）、基于 PWM 的全功率“背靠背”变流器及各种控制器组成[47-50]。DDPMSG 有三个主要的特点：第一是没有增速齿轮箱，风力机的传动轴直接连接 PMSG 的转子，这样降低了机械部分的损耗和噪音，同时也降低了维护成本。但由于转速低，PMSG 转子的极对数远多于普通同步机，因此其径向尺寸很大而轴向长度很短，外形类似一个圆盘。第二是 PMSG 转子由永磁材料做成，不需要进行励磁控制，但对永磁材料的稳定性要求较高。第三是 PMSG 的定子经全功率变流器并网，变流器容量通常要达到发电机额定功率的 120%，成本较高。

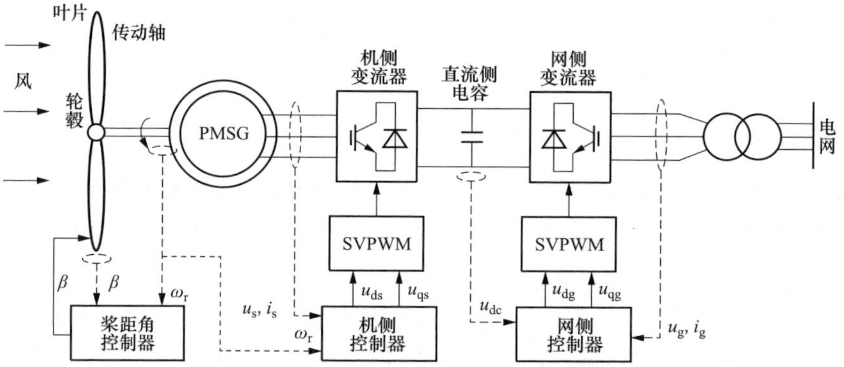

图 2-2 DDPMSG 机组结构图

对于采用“背靠背”变流器的 DDPMSG 机组，主要控制器包括桨距角控制器、“背靠背”变流器中网侧变流器的控制器（网侧控制器）和机侧变流器的控制器（机侧控制器）。

（1）桨距角控制器的功能、输入输出信号和 DFIG 机组相同。

（2）由于 DDPMSG 不需要进行励磁控制，因此机侧控制器的功能主要是实现最大功率点跟踪、将 PMSG 发出的频率和幅值均变化的交流电整流成直流电、控制与 PMSG 间的无功交换。该控制器的输入信号包括 PMSG 输出的电压 u_s、电流 i_s，转子转速 ω_r，输出信号为机侧变流器电压 d、q 轴目标值 u_{ds}、u_{qs}，SVPWM 模块根据该输出信号控制变流器输出所需的电压波形。

（3）网侧控制器通过矢量控制实现有功、无功的解耦控制。有功功率控制主要考虑维持直流电压的恒定，而无功功率控制可以考虑维持机端电压恒定或实现单位功率因数输出。该控制器的输入信号包括网侧电压 u_g、电流 i_g、直流侧电容电压 u_{dc} 等，输出信号是网侧变流器输出电压 d、q 轴目标值 u_{dg}、u_{qg}，该输出信号同样送入 SVPWM 模块以控制变流器输出所需的电压波形。

二、风电机组的模型

（一）风力机模型

风力机是将风的动能转换为另一种形式动能的旋转机械，其核心部件是风轮，而风轮又由叶片和轮毂组成。当风以一定的速度吹向风力机时，在风轮上产生的力矩驱动风轮转动，从而将风的动能变成风轮旋转的动能，两者都属于机械能。风力机捕获的机械功率 $P_{\rm m}$ 可以表示为

$$P_{\rm m}=\frac{1}{2}\rho\pi R^2 C_{\rm p}(\lambda,\beta)v^3 \tag{2-1}$$

式中：ρ 为空气密度；R 为风轮叶片的长度；πR^2 为风轮叶片的扫风面积；$C_{\rm p}(\lambda,\beta)$ 为风能利用系数；λ 为叶尖速比；β 为风力机叶片的桨距角度数；v 为风力机承受的输入风速。

在风速给定的情况下，风力机捕获的风功率主要取决于风能利用系数 $C_{\rm p}(\lambda,\beta)$，它表示在单位时间内风轮所吸收的风功率与通过风轮旋转面的全部风能之比，$C_{\rm p}$ 一般采用经验公式计算，目前广泛使用的 8 独立参数变桨距风力机模型为

$$C_{\rm p}=\left(\frac{c_1}{\Lambda}-c_2\beta-c_3\beta^{C_4}-c_5\right)e^{-\frac{c_6}{\Lambda}} \tag{2-2}$$

其中

$$\frac{1}{\Lambda}=\frac{1}{\lambda+c_7\beta}-\frac{c_8}{\beta^3+1} \tag{2-3}$$

参数 c_1～c_8 的常用取值为：c_1=110.23，c_2=0.4234，c_3=0.00146，c_4=2.14，c_5=9.636，c_6=18.4，c_7=−0.02，c_8=−0.003。叶尖速比 λ 是风轮叶片的叶尖速度与风速之比，可以表示为

$$\lambda=\frac{\omega_{\rm T}R}{v} \tag{2-4}$$

其中 $\omega_{\rm T}$ 是风力机旋转的角速度。根据贝兹极限理论，风能利用系数的理论最大值为 0.593，而实际使用的三叶片风力机的风能利用系数最大值能够达到 0.48 左右。

（二）桨距角控制器模型

桨距角控制器通过改变风轮叶片的桨距角来改变叶片迎风角，从而改变风力机捕获的风能大小。当风力机承受的风速高于额定风速时，桨距角控制器通过变桨机构增大叶片的桨距角以防止风力机的输出机械功率超过额定机械功率。而当风力机承受的风速低于额定风速时，叶片的桨距角保持在零度。桨距角控制还可

以在电网出现电压跌落故障时起到辅助实现低电压穿越的功能。

桨距角控制的原理简单，但不同类型或不同厂家生产的风电机组采用的桨距角控制方式可能不同。例如图 2-3（a）所示的桨距角控制器，其输入量是风电机组的实际有功输出功率的标幺值与额定机械功率的标幺值之差，由 PI 控制器计算桨距角调节的目标值，同时考虑机械部件的动作速率给予桨距角变化率的限制。

图 2-3（b）所示的桨距角控制器是以发电机的转速与额定转速的差值作为输入的，这是一个带输出限幅的比例控制器。以转速为输入量的控制方式更多的用在 DFIG 或 DDPMSG 等变速运行的风力发电机上。

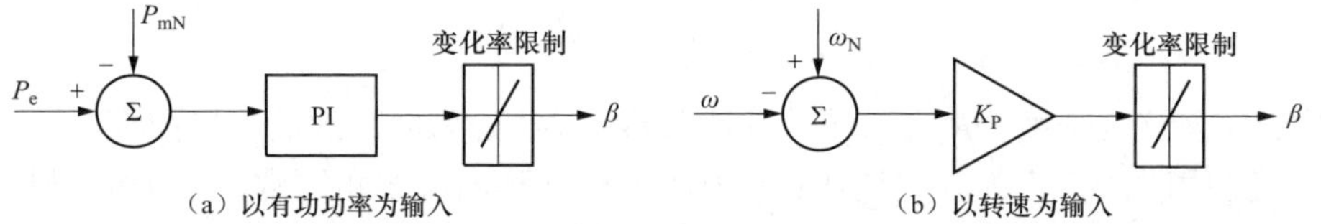

图 2-3　桨距角控制器框图

桨距角控制器的实现方法多种多样，在此不一一列举。

（三）传动系统模型

DFIG 机组的传动系统主要包括连接风力机的低速传动轴、增速齿轮箱和连接发电机转子的高速传动轴。与风力机和发电机相比，增速齿轮箱的惯性很小，所以可将齿轮箱的惯性忽略或计入发电机转子的惯性，这样可以得到表示传动装置的两质块模型，该模型的主要意图是描述传动系统的柔性及扭振特性，风电机组轴系扭振固有频率在 1～2Hz 范围内，两质块模型的结构如图 2-4 所示。

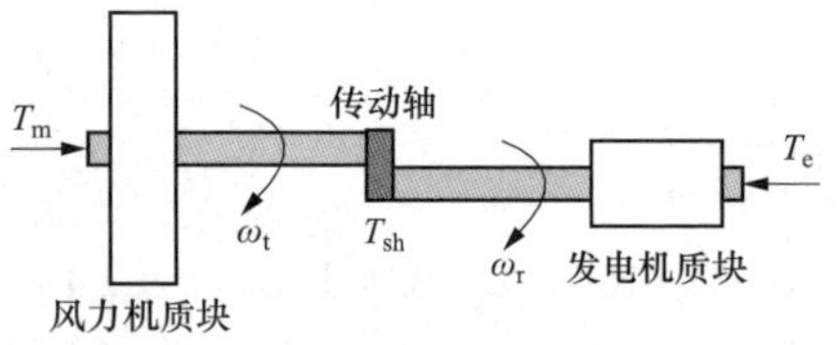

图 2-4　风电机组轴系的两质块模型示意图

该传动系统的动态可以描述为

$$\begin{cases} T_t \dfrac{d\omega_t}{dt} = T_m - [K_{sh}\theta_{tw} + D_{sh}(\omega_t - \omega_r)],\ T_m = P_m / \omega_t \\ T_g \dfrac{d\omega_r}{dt} = [K_{sh}\theta_{tw} + D_{sh}(\omega_t - \omega_r)] - T_e,\ T_e = P_{em} / \omega_s \\ \dfrac{d\theta_{tw}}{dt} = \omega_t - \omega_r \end{cases} \tag{2-5}$$

式中：T_t 和 T_g 分别为风力机和发电机的惯性时间常数；T_m 为风机的输入机械转矩；T_e 为发电机的电磁转矩；T_{sh} 为传动轴上的机械转矩；ω_t 为风力机折算到变速箱高

速侧的转速；ω_r 为发电机转子的转速；ω_s 为发电机的同步速；$s=(\omega_s-\omega_r)/\omega_s$ 为发电机转子的转差；K_{sh} 为风机传动轴的强度系数；θ_{tw} 为传动轴的扭曲角；D_{sh} 为阻尼系数；P_m 为机械功率，P_{em} 为定子的电磁功率。

对于 DFIG 发电机组，其传动系统有时也采用单质块模型。其动态方程表示为

$$T_J \frac{d\omega_t}{dt} = T_m - T_e \tag{2-6}$$

其中 T_J 为风力机和发电机总的惯性时间常数，即 $T_J=T_t+T_g$。

对于 DDPMSG 机组，其风力机传动轴直接与同步发电机的转子轴相连，中间没有增速齿轮，因此可以将传动系统与发电机看成单个刚体。可以简化为单质块模型，也称为集总质量模型，其形式与式（2-6）相同。

（四）"背靠背"变流器模型

基于 PMW 的"背靠背"变流器的结构如图 2-5 所示，主要由直流电容、网侧变流器和转子侧变流器等组成。下面以网侧变流器为例，讨论其模型方程，转子侧变流器模型与之相同。

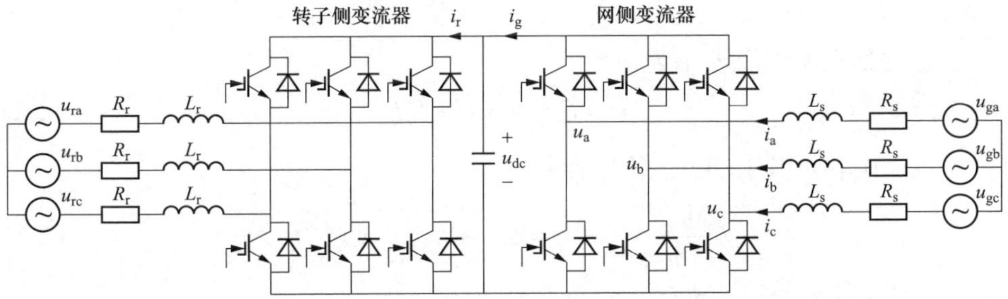

图 2-5 "背靠背"变流器的结构图

图中，u_{ga}～u_{gc} 为电网三相电压；i_a～i_c 为注入网侧变流器三相电流；u_a～u_c 为三相整流桥输入电压；u_{ra}～u_{rc} 为转子三相电压；R_s 和 L_s 为网侧变流器滤波电阻和电感；R_r 和 L_r 为转子侧变流器滤波电阻和电感；u_{dc} 为直流电容电压；i_g 为网侧变流器输出直流电流；i_r 为转子侧变流器输入电流。

1. *abc* 坐标模型

（1）采用开关函数描述的高频模型。定义开关函数 S_k 为：

$$S_k = \begin{cases} 0 \\ 1 \end{cases} \quad k = a,b,c \tag{2-7}$$

其中，当 S_k=1 时，表示 *k* 桥臂的上桥臂导通，下桥臂关断；当 S_k=0 时，相反。

三相电路的电压方程为

$$\begin{cases} L_{\mathrm{s}}\dfrac{\mathrm{d}i_{\mathrm{a}}}{\mathrm{d}t}=u_{\mathrm{ga}}-u_{\mathrm{a}}-R_{\mathrm{s}}i_{\mathrm{a}} \\ L_{\mathrm{s}}\dfrac{\mathrm{d}i_{\mathrm{b}}}{\mathrm{d}t}=u_{\mathrm{gb}}-u_{\mathrm{b}}-R_{\mathrm{s}}i_{\mathrm{b}} \\ L_{\mathrm{s}}\dfrac{\mathrm{d}i_{\mathrm{c}}}{\mathrm{d}t}=u_{\mathrm{gc}}-u_{\mathrm{c}}-R_{\mathrm{s}}i_{\mathrm{c}} \end{cases} \tag{2-8}$$

由于

$$u_k=S_k u_{\mathrm{dc}},\quad k=a,b,c \tag{2-9}$$

代入式（2-8）可得

$$\begin{cases} L_{\mathrm{s}}\dfrac{\mathrm{d}i_{\mathrm{a}}}{\mathrm{d}t}=u_{\mathrm{ga}}-S_{\mathrm{a}}u_{\mathrm{dc}}-R_{\mathrm{s}}i_{\mathrm{a}} \\ L_{\mathrm{s}}\dfrac{\mathrm{d}i_{\mathrm{b}}}{\mathrm{d}t}=u_{\mathrm{gb}}-S_{\mathrm{b}}u_{\mathrm{dc}}-R_{\mathrm{s}}i_{\mathrm{b}} \\ L_{\mathrm{s}}\dfrac{\mathrm{d}i_{\mathrm{c}}}{\mathrm{d}t}=u_{\mathrm{gc}}-S_{\mathrm{c}}u_{\mathrm{dc}}-R_{\mathrm{s}}i_{\mathrm{c}} \end{cases} \tag{2-10}$$

任意时刻直流电流表示为

$$i_{\mathrm{g}}=S_{\mathrm{a}}i_{\mathrm{a}}+S_{\mathrm{b}}i_{\mathrm{b}}+S_{\mathrm{c}}i_{\mathrm{c}} \tag{2-11}$$

对直流电容，其 KCL 方程表示为

$$C\frac{\mathrm{d}u_{\mathrm{dc}}}{\mathrm{d}t}=i_{\mathrm{g}}-i_{\mathrm{r}}=S_{\mathrm{a}}i_{\mathrm{a}}+S_{\mathrm{b}}i_{\mathrm{b}}+S_{\mathrm{c}}i_{\mathrm{c}}-i_{\mathrm{r}} \tag{2-12}$$

将式（2-10）和式（2-12）写成向量形式，有

$$\dot{\boldsymbol{x}}=\boldsymbol{A}\boldsymbol{x}+\boldsymbol{B}\boldsymbol{e} \tag{2-13}$$

式中，$\boldsymbol{x}=[i_{\mathrm{a}}\quad i_{\mathrm{b}}\quad i_{\mathrm{c}}\quad u_{\mathrm{dc}}]^T$；$\boldsymbol{e}=[u_{\mathrm{ga}}\quad u_{\mathrm{gb}}\quad u_{\mathrm{gc}}\quad i_{\mathrm{r}}]^T$。式（2-13）即为采用开关函数描述的变流器数学模型。

（2）低频模型。为获得采用占空比描述的变流器低频模型，可将式（2-13）分解为

$$\boldsymbol{A}=\boldsymbol{A}_L+\boldsymbol{A}_H,\quad \boldsymbol{x}=\boldsymbol{x}_L+\boldsymbol{x}_H \tag{2-14}$$

式中，下标 L 表示低频分量，下标 H 表示高频分量。由（2-13）可得

$$\dot{\boldsymbol{x}}_L+\dot{\boldsymbol{x}}_H=(\boldsymbol{A}_L+\boldsymbol{A}_H)(\boldsymbol{x}_L+\boldsymbol{x}_H)+\boldsymbol{B}\boldsymbol{e} \tag{2-15}$$

由式（2-15）可得低频模型

$$\dot{\boldsymbol{x}}_L = \boldsymbol{A}_L \boldsymbol{x}_L + \boldsymbol{B}\boldsymbol{e} \tag{2-16}$$

去除低频分量后可得高频模型

$$\dot{\boldsymbol{x}}_H = \boldsymbol{A}_L \boldsymbol{x}_H + \boldsymbol{A}_H \boldsymbol{x}_L + \boldsymbol{A}_H \boldsymbol{x}_H \tag{2-17}$$

通过傅里叶变换，可得开关函数低频分量，如下

$$\begin{cases} S_{\mathrm{a}} \approx \dfrac{m_{\mathrm{a}}}{2}\sin(\omega t+\delta) \\ S_{\mathrm{b}} \approx \dfrac{m_{\mathrm{b}}}{2}\sin(\omega t+\delta-120°) \\ S_{\mathrm{c}} \approx \dfrac{m_{\mathrm{c}}}{2}\sin(\omega t+\delta+120°) \end{cases} \tag{2-18}$$

其中，δ 为 PWM 开关函数的初始相位角；m_{a}、m_{b} 和 m_{c} 为各自的调制系数。事实上，当开关频率远高于电网的基波频率时，可以忽略 PWM 的高频分量，并假定 $m_{\mathrm{a}}=m_{\mathrm{b}}=m_{\mathrm{c}}=M$，分别代入式（2-10）和式（2-12）可得

$$\begin{cases} L_{\mathrm{s}}\dfrac{\mathrm{d}i_{\mathrm{a}}}{\mathrm{d}t} = u_{\mathrm{ga}} - \dfrac{M}{2}\sin(\omega t+\delta)u_{\mathrm{dc}} - R_{\mathrm{s}}i_{\mathrm{a}} \\ L_{\mathrm{s}}\dfrac{\mathrm{d}i_{\mathrm{b}}}{\mathrm{d}t} = u_{\mathrm{gb}} - \dfrac{M}{2}\sin(\omega t+\delta-120°)u_{\mathrm{dc}} - R_{\mathrm{s}}i_{\mathrm{b}} \\ L_{\mathrm{s}}\dfrac{\mathrm{d}i_{\mathrm{c}}}{\mathrm{d}t} = u_{\mathrm{gc}} - \dfrac{M}{2}\sin(\omega t+\delta+120°)u_{\mathrm{dc}} - R_{\mathrm{s}}i_{\mathrm{c}} \end{cases} \tag{2-19}$$

$$C\frac{\mathrm{d}u_{\mathrm{dc}}}{\mathrm{d}t} = \frac{M}{2}\sin(\omega t+\delta)i_{\mathrm{a}} + \frac{M}{2}\sin(\omega t+\delta-120°)i_{\mathrm{b}} + \frac{M}{2}\sin(\omega t+\delta+120°)i_{\mathrm{c}} - i_{\mathrm{r}} \tag{2-20}$$

2. *dq*0 坐标模型

（1）*dq*0 坐标下低频动态模型。三相静止对称 *abc* 坐标系中的逆变器模型具有物理意义清晰、直观等特点，但在这种数学模型中逆变器交流侧均为时变交流量，因而不利于控制系统设计。为此可以通过坐标变换将三相静止对称 *abc* 坐标系转换成和交流电网基波频率同步旋转的 *dq*0 坐标系，即通过 Park 变换，将三相静止对称 *abc* 坐标系中的时变交流量将转化为旋转 *dq*0 坐标系中的直流变量。

对式（2-19）进行 Park 变换，并整理，可得

$$\begin{cases} L_{\mathrm{s}}\dfrac{\mathrm{d}i_{\mathrm{d}}}{\mathrm{d}t} = u_{\mathrm{dg}} - \dfrac{M}{2}u_{\mathrm{dc}}\cos\delta - R_{\mathrm{s}}i_{\mathrm{dg}} + \omega L_{\mathrm{s}}i_{\mathrm{qg}} = u_{\mathrm{dg}} - u_{\mathrm{d}} - R_{\mathrm{s}}i_{\mathrm{dg}} + \omega L_{\mathrm{s}}i_{\mathrm{qg}} \\ L_{\mathrm{s}}\dfrac{\mathrm{d}i_{\mathrm{q}}}{\mathrm{d}t} = u_{\mathrm{qg}} - \dfrac{M}{2}u_{\mathrm{dc}}\sin\delta - R_{\mathrm{s}}i_{\mathrm{qg}} - \omega L_{\mathrm{s}}i_{\mathrm{dg}} = u_{\mathrm{qg}} - u_{\mathrm{q}} - R_{\mathrm{s}}i_{\mathrm{qg}} - \omega L_{\mathrm{s}}i_{\mathrm{dg}} \end{cases} \tag{2-21}$$

对式（2-20）进行 Park 变换，并整理，可得

$$C\frac{\mathrm{d}u_{\mathrm{dc}}}{\mathrm{d}t}=i_{\mathrm{r}}-\left(\frac{M}{2}\cos\delta i_{\mathrm{dg}}+\frac{M}{2}\sin\delta i_{\mathrm{qg}}+\frac{3}{2}i_{0\mathrm{g}}\right) \tag{2-22}$$

式中：u_{dg} 和 u_{qg} 分别为电网电压 $u_{\mathrm{ga}}\sim u_{\mathrm{gc}}$ 的 d 轴和 q 轴分量；i_{dg} 和 i_{qg} 分别为电网电流 $i_{\mathrm{a}}\sim i_{\mathrm{c}}$ 的 d 轴和 q 轴分量；u_{d} 和 u_{q} 分别为变流器电压 $u_{\mathrm{a}}\sim u_{\mathrm{c}}$ 的 d 轴和 q 轴分量。

（2）$dq0$ 坐标下三相 VSC 的静态模型。如忽略 VSC 两侧电容、电抗等储能元件的动态，以及换流阀本身的动态过程，可得三相静止 VSC 的模型。由式（2-21）可得

$$\begin{cases}u_{\mathrm{dg}}=u_{\mathrm{d}}+Ri_{\mathrm{dg}}-\omega Li_{\mathrm{qg}}\\ u_{\mathrm{qg}}=u_{\mathrm{q}}+Ri_{\mathrm{qg}}+\omega Li_{\mathrm{dg}}\end{cases} \tag{2-23}$$

则网络侧变流器、转子侧变流器的有功和无功功率可分别表示为

$$\begin{cases}P_{\mathrm{g}}=u_{\mathrm{dg}}i_{\mathrm{dg}}+u_{\mathrm{qg}}i_{\mathrm{qg}}\\ Q_{\mathrm{g}}=u_{\mathrm{qg}}i_{\mathrm{dg}}-u_{\mathrm{dg}}i_{\mathrm{qg}}\end{cases} \tag{2-24}$$

$$\begin{cases}P_{\mathrm{r}}=u_{\mathrm{dr}}i_{\mathrm{dr}}+u_{\mathrm{qr}}i_{\mathrm{qr}}\\ Q_{\mathrm{r}}=u_{\mathrm{qr}}i_{\mathrm{dr}}-u_{\mathrm{dr}}i_{\mathrm{qr}}\end{cases} \tag{2-25}$$

则根据图 2-5 所示的电流流向，该变流器的功率平衡方程可以写成

$$P_{\mathrm{r}}=P_{\mathrm{g}}+P_{\mathrm{DC}} \tag{2-26}$$

其中 P_{DC} 是并联电容器的有功功率，根据式（2-24）～（2-26）可得该变流器的模型为

$$Cu_{\mathrm{dc}}\frac{\mathrm{d}u_{\mathrm{dc}}}{\mathrm{d}t}=(u_{\mathrm{dg}}i_{\mathrm{dg}}+u_{\mathrm{qg}}i_{\mathrm{qg}})-(u_{\mathrm{dr}}i_{\mathrm{dr}}+u_{\mathrm{qr}}i_{\mathrm{qr}}) \tag{2-27}$$

在不考虑电力电子器件及储能元件的动态，而仅考虑电容充放电过程时，式（2-27）是变流器常用的模型。

（五）双馈感应发电机模型

1．abc 坐标下的方程

设定子磁链旋转速度为 ω_{s}（通常称之为同步速），转子旋转速度为 ω_{r}。各坐标之间的关系如图 2-6 所示，其中 abc 为发电机定子坐标，ABC 为发电机转子坐标，$d-q$ 表示转速为同步速 ω_{s} 的旋转坐标，$x-y$ 表示转速为同步速 ω_{s} 的系统公共坐标。转子绕组 A 轴领先于定子

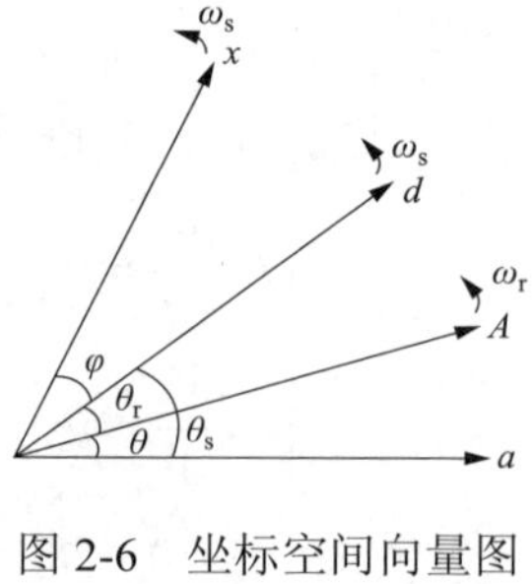

图 2-6　坐标空间向量图

绕组 a 轴的角度为 θ，d 轴领先于 a 轴的角度为 θ_s，d 轴领先 A 轴的角度为 θ_r。按照发电机惯例，设电流流出发电机为正。需要指出的是，异步发电机 $d-q$ 坐标系的转速通常取为同步速 ω_s，而同步发电机 $d-q$ 坐标系的转速则通常取为转子转速 ω_r。

设定子电流以流出 DFIG 为正，转子电流以流入为正。abc 坐标下的磁链方程为

$$\begin{bmatrix}\psi_a\\\psi_b\\\psi_c\\\psi_A\\\psi_B\\\psi_C\end{bmatrix}=\begin{bmatrix}L_{aa}&M_{ab}&M_{ac}&M_{aA}&M_{aB}&M_{aC}\\M_{ab}&L_{bb}&M_{bc}&M_{bA}&M_{bB}&M_{bC}\\M_{ca}&M_{cb}&L_{cc}&M_{cA}&M_{cB}&M_{cC}\\M_{Aa}&M_{Ab}&M_{Ac}&L_{AA}&M_{AB}&M_{AC}\\M_{Ba}&M_{Bb}&M_{Bc}&M_{BA}&L_{BB}&M_{BC}\\M_{Ca}&M_{Cb}&M_{Cc}&M_{CA}&M_{CB}&L_{CC}\end{bmatrix}\begin{bmatrix}-i_a\\-i_b\\-i_c\\i_A\\i_B\\i_C\end{bmatrix}$$

abc 坐标下的电压方程和功率方程分别为

$$\begin{bmatrix}u_a\\u_b\\u_c\\u_A\\u_B\\u_C\end{bmatrix}=\begin{bmatrix}R_s&0&0&0&0&0\\0&R_s&0&0&0&0\\0&0&R_s&0&0&0\\0&0&0&R_r&0&0\\0&0&0&0&R_r&0\\0&0&0&0&0&R_r\end{bmatrix}\begin{bmatrix}-i_a\\-i_b\\-i_c\\i_A\\i_B\\i_C\end{bmatrix}+\frac{d}{dt}\begin{bmatrix}\psi_a\\\psi_b\\\psi_c\\\psi_A\\\psi_B\\\psi_C\end{bmatrix}\tag{2-28}$$

$$P_e=u_ai_a+u_bi_b+u_ci_c\tag{2-29}$$

2. $dq0$ 坐标下的方程

通过 Park 变换可将定子 abc 变量和转子 ABC 变量均转换到公共的 $dq0$ 坐标中，推导出相应的方程。

（1）$dq0$ 坐标变换。利用 Park 变换，将定子 abc 变量转换到 $dq0$ 坐标中的变换方程为

$$\boldsymbol{P}_s=\frac{2}{3}\begin{bmatrix}\cos\theta_s&\cos(\theta_s-120)&\cos(\theta_s+120)\\-\sin\theta_s&-\sin(\theta_s-120)&-\sin(\theta_s+120)\\\frac{1}{2}&\frac{1}{2}&\frac{1}{2}\end{bmatrix}\tag{2-30}$$

将转子 ABC 变量转换到 $dq0$ 坐标中的变换方程为

$$\boldsymbol{P}_{\mathrm{r}}=\frac{2}{3}\begin{bmatrix}\cos\theta_{\mathrm{r}} & \cos(\theta_{\mathrm{r}}-120) & \cos(\theta_{\mathrm{r}}+120)\\ -\sin\theta_{\mathrm{r}} & -\sin(\theta_{\mathrm{r}}-120) & -\sin(\theta_{\mathrm{r}}+120)\\ \frac{1}{2} & \frac{1}{2} & \frac{1}{2}\end{bmatrix} \tag{2-31}$$

（2）$dq0$ 坐标下的磁链方程。对定子磁链方程式进行 Park 变换，一般不考虑 0 分量，可得

$$\begin{cases}\psi_{\mathrm{ds}}=-L_{\mathrm{ss}}i_{\mathrm{ds}}+L_{\mathrm{m}}i_{\mathrm{dr}}\\ \psi_{\mathrm{qs}}=-L_{\mathrm{ss}}i_{\mathrm{qs}}+L_{\mathrm{m}}i_{\mathrm{qr}}\end{cases} \tag{2-32}$$

类似可得，转子磁链方程为

$$\begin{cases}\psi_{\mathrm{dr}}=L_{\mathrm{rr}}i_{\mathrm{dr}}-L_{\mathrm{m}}i_{\mathrm{ds}}\\ \psi_{\mathrm{qr}}=L_{\mathrm{rr}}i_{\mathrm{qr}}-L_{\mathrm{m}}i_{\mathrm{qs}}\end{cases} \tag{2-33}$$

式中：L_{ss}、L_{rr}、L_{m} 为定子绕组电感、转子绕组电感和定子绕组与转子绕组之间的互感，绕组电感为漏感与互感之和，即 $L_{\mathrm{ss}}=L_{\mathrm{s\sigma}}+L_{\mathrm{m}}$，$L_{\mathrm{rr}}=L_{\mathrm{r\sigma}}+L_{\mathrm{m}}$。

（3）$dq0$ 坐标下的电压方程。对定子绕组的电压方程式进行 Park 变换，可得

$$\begin{cases}u_{\mathrm{ds}}=-R_{\mathrm{s}}i_{\mathrm{ds}}+\dfrac{\mathrm{d}\psi_{\mathrm{ds}}}{\mathrm{d}t}-\omega_{\mathrm{s}}\psi_{\mathrm{qs}}\\ u_{\mathrm{qs}}=-R_{\mathrm{s}}i_{\mathrm{qs}}+\dfrac{\mathrm{d}\psi_{\mathrm{qs}}}{\mathrm{d}t}+\omega_{\mathrm{s}}\psi_{\mathrm{ds}}\end{cases} \tag{2-34}$$

类似可得，转子电压方程为

$$\begin{cases}u_{\mathrm{dr}}=R_{\mathrm{r}}i_{\mathrm{dr}}+\dfrac{\mathrm{d}\psi_{\mathrm{dr}}}{\mathrm{d}t}-(\omega_{\mathrm{s}}-\omega_{\mathrm{r}})\psi_{\mathrm{qr}}\\ u_{\mathrm{qr}}=R_{\mathrm{r}}i_{\mathrm{qr}}+\dfrac{\mathrm{d}\psi_{\mathrm{qr}}}{\mathrm{d}t}+(\omega_{\mathrm{s}}-\omega_{\mathrm{r}})\psi_{\mathrm{dr}}\end{cases} \tag{2-35}$$

式中：R_{s}、R_{r} 为定子绕组电阻和转子绕组电阻。

由式（2-34）和式（2-35）可见：定子电压和转子电压均由三项组成，第一项为欧姆电压，第二项为磁链变化引起的脉变电压，第三项为速度电势。值得注意的是，异步风电机组的转子电压中比同步发电机多出了速度电势，此速度电势是由于转子转速与同步转速的相对运动引起的。如果转子转速也为同步转速时，此项即消失。另一点值得注意的是，同步发电机和异步电动机的转子电压为零，而异步发电机的转子电压则不为零。

（4）$dq0$ 坐标下的功率与转矩方程。根据式（2-29）可推导得标幺值功率方程为

$$P_e = u_{ds}i_{ds} + u_{qs}i_{qs} \tag{2-36}$$

电磁方程为

$$T_e = \psi_{ds}i_{qs} - \psi_{qs}i_{ds} = \psi_{dr}i_{qr} - \psi_{qr}i_{dr} = L_m(i_{qs}i_{dr} - i_{ds}i_{qr}) \tag{2-37}$$

上述 $dq0$ 坐标下的模型，也可称之为电磁暂态模型或者 Park 模型。通过定义实用变量可获得相应的实用模型。

3. 实用模型方程

采用如下的实用变量定义

$$\begin{cases} E'_d = -\omega_s \dfrac{L_m}{L_{rr}}\psi_{qr} \\ E'_q = \omega_s \dfrac{L_m}{L_{rr}}\psi_{dr} \end{cases} \tag{2-38}$$

由式（2-33）可得

$$\begin{cases} i_{dr} = \dfrac{\psi_{dr} + L_m i_{ds}}{L_{rr}} \\ i_{qr} = \dfrac{\psi_{qr} + L_m i_{qs}}{L_{rr}} \end{cases} \tag{2-39}$$

定义 $X_s = \omega_s L_{ss}$，$X'_s = \omega_s\left(L_{ss} - \dfrac{L_m^2}{L_{rr}}\right)$，$T'_0 = \dfrac{L_{rr}}{R_r}$。将式（2-38）、（2-39）代入式（2-35）并整理，可得

$$\begin{aligned} u_{dr} &= R_r\frac{\psi_{dr} + L_m i_{ds}}{L_{rr}} - s\omega_s\psi_{qr} + \frac{d\psi_{dr}}{dt} \\ &= R_r\frac{\dfrac{L_{rr}}{\omega_s L_m}E'_q + L_m i_{ds}}{L_{rr}} + s\frac{L_{rr}}{L_m}E'_d + \frac{d\left(\dfrac{L_{rr}}{\omega_s L_m}E'_q\right)}{dt} \end{aligned} \tag{2-40}$$

如暂态过程中 ω_s 不恒定时，有

$$\frac{d}{dt}\left(\frac{L_{rr}}{\omega_s L_m}E'_q\right) = \frac{L_{rr}}{L_m}\left(\frac{1}{\omega_s}\frac{dE'_q}{dt} - \frac{E'_q}{\omega_s^2}\frac{d\omega_s}{dt}\right) \tag{2-41}$$

将式（2-41）代入式（2-40）整理得转子 q 轴动态方程，同理可得 d 轴动态方程，如下

$$\begin{cases}\dfrac{\mathrm{d}E_{\mathrm{d}}'}{\mathrm{d}t}=-\dfrac{1}{T_0'}\left[E_{\mathrm{d}}'-(X_{\mathrm{s}}-X_{\mathrm{s}}')i_{\mathrm{qs}}\right]+s\omega_{\mathrm{s}}E_{\mathrm{q}}'-\dfrac{\omega_{\mathrm{s}}L_{\mathrm{m}}}{L_{\mathrm{rr}}}v_{\mathrm{qr}}+\dfrac{E_{\mathrm{d}}'}{\omega_{\mathrm{s}}}\dfrac{\mathrm{d}\omega_{\mathrm{s}}}{\mathrm{d}t}\\ \dfrac{\mathrm{d}E_{\mathrm{q}}'}{\mathrm{d}t}=-\dfrac{1}{T_0'}\left[E_{\mathrm{q}}'+(X-X')i_{\mathrm{ds}}\right]-s\omega_{\mathrm{s}}E_{\mathrm{d}}'+\dfrac{\omega_{\mathrm{s}}L_{\mathrm{m}}}{L_{\mathrm{rr}}}v_{\mathrm{dr}}+\dfrac{E_{\mathrm{q}}'}{\omega_{\mathrm{s}}}\dfrac{\mathrm{d}\omega_{\mathrm{s}}}{\mathrm{d}t}\end{cases}\tag{2-42}$$

将式（2-41）、式（2-42）代入式（2-34）并整理，可得

$$\begin{cases}\dfrac{X_{\mathrm{s}}'}{\omega_{\mathrm{s}}}\dfrac{\mathrm{d}i_{\mathrm{ds}}}{\mathrm{d}t}=-u_{\mathrm{ds}}-\left[R_{\mathrm{s}}+\dfrac{1}{\omega_{\mathrm{s}}T_0'}(X-X_{\mathrm{s}}')\right]i_{\mathrm{ds}}+(1-s)E_{\mathrm{d}}'+\\ \qquad\dfrac{L_{\mathrm{m}}}{L_{\mathrm{rr}}}v_{\mathrm{dr}}-\dfrac{1}{\omega_{\mathrm{s}}T_0'}E_{\mathrm{q}}'+X_{\mathrm{s}}'i_{\mathrm{qs}}+\dfrac{E_{\mathrm{q}}'}{\omega_{\mathrm{s}}^2}\dfrac{\mathrm{d}\omega_{\mathrm{s}}}{\mathrm{d}t}\\ \dfrac{X_{\mathrm{s}}'}{\omega_{\mathrm{s}}}\dfrac{\mathrm{d}i_{\mathrm{qs}}}{\mathrm{d}t}=-u_{\mathrm{qs}}-\left[R_{\mathrm{s}}+\dfrac{1}{\omega_{\mathrm{s}}T_0'}(X_{\mathrm{s}}-X_{\mathrm{s}}')\right]i_{\mathrm{qs}}+(1-s)E_{\mathrm{q}}'+\\ \qquad\dfrac{L_{\mathrm{m}}}{L_{\mathrm{rr}}}v_{\mathrm{qr}}+\dfrac{1}{\omega_{\mathrm{s}}T_0'}E_{\mathrm{d}}'-X_{\mathrm{s}}'i_{\mathrm{ds}}-\dfrac{E_{\mathrm{d}}'}{\omega_{\mathrm{s}}^2}\dfrac{\mathrm{d}\omega_{\mathrm{s}}}{\mathrm{d}t}\end{cases}\tag{2-43}$$

式（2-42）为转子动态方程，（2-43）为定子动态方程，它们组成了发电机的实用模型。通常在实用模型中忽略 ω_{s} 的导数项，即认为 ω_{s} 恒定。此时式（2-42）和（2-43）表示为

$$\begin{cases}\dfrac{\mathrm{d}E_{\mathrm{d}}'}{\mathrm{d}t}=-\dfrac{1}{T_0'}[E_{\mathrm{d}}'-(X_{\mathrm{s}}-X_{\mathrm{s}}')i_{\mathrm{qs}}]+s\omega_{\mathrm{s}}E_{\mathrm{q}}'-\dfrac{\omega_{\mathrm{s}}L_{\mathrm{m}}}{L_{\mathrm{rr}}}v_{\mathrm{qr}}\\ \dfrac{\mathrm{d}E_{\mathrm{q}}'}{\mathrm{d}t}=-\dfrac{1}{T_0'}[E_{\mathrm{q}}'+(X-X')i_{\mathrm{ds}}]-s\omega_{\mathrm{s}}E_{\mathrm{d}}'+\dfrac{\omega_{\mathrm{s}}L_{\mathrm{m}}}{L_{\mathrm{rr}}}v_{\mathrm{dr}}\end{cases}\tag{2-44}$$

$$\begin{cases}\dfrac{X_{\mathrm{s}}'}{\omega_{\mathrm{s}}}\dfrac{\mathrm{d}i_{\mathrm{ds}}}{\mathrm{d}t}=-u_{\mathrm{ds}}-\left[R_{\mathrm{s}}+\dfrac{1}{\omega_{\mathrm{s}}T_0'}(X-X_{\mathrm{s}}')\right]i_{\mathrm{ds}}+\\ \qquad(1-s)E_{\mathrm{d}}'+\dfrac{L_{\mathrm{m}}}{L_{\mathrm{rr}}}v_{\mathrm{dr}}-\dfrac{1}{\omega_{\mathrm{s}}T_0'}E_{\mathrm{q}}'+X_{\mathrm{s}}'i_{\mathrm{qs}}\\ \dfrac{X_{\mathrm{s}}'}{\omega_{\mathrm{s}}}\dfrac{\mathrm{d}i_{\mathrm{qs}}}{\mathrm{d}t}=-u_{\mathrm{qs}}-\left[R_{\mathrm{s}}+\dfrac{1}{\omega_{\mathrm{s}}T_0'}(X_{\mathrm{s}}-X_{\mathrm{s}}')\right]i_{\mathrm{qs}}+\\ \qquad(1-s)E_{\mathrm{q}}'+\dfrac{L_{\mathrm{m}}}{L_{\mathrm{rr}}}v_{\mathrm{qr}}+\dfrac{1}{\omega_{\mathrm{s}}T_0'}E_{\mathrm{d}}'-X_{\mathrm{s}}'i_{\mathrm{ds}}\end{cases}\tag{2-45}$$

由于定子动态过程较快，也有文献在研究电力系统机电暂态过程时忽略定子的动态，即令 $\mathrm{d}\psi_{ds}/\mathrm{d}t = 0$ 、 $\mathrm{d}\psi_{qs}/\mathrm{d}t = 0$ ，此时发电机定子电压方程推导如下

$$\begin{aligned} u_{ds} &= -R_s i_{ds} - \omega_s \left[-L_{ss} i_{qs} + L_m \left(\frac{\psi_{qr} + L_m i_{qs}}{L_{rr}} \right) \right] \\ &= -R_s i_{ds} - \omega_s \left[-L_{ss} i_{qs} + L_m \left(\frac{-\dfrac{L_{rr}}{L_m} E'_d + L_m i_{qs}}{L_{rr}} \right) \right] \\ &= -R_s i_{ds} - \omega_s \left[-\left(L_{ss} - \frac{L_m^2}{L_{rr}} \right) i_{qs} - E'_d \right] \\ &= -R_s i_{ds} + X'_s i_{qs} + \omega_s E'_d \end{aligned} \tag{2-46}$$

类似地可得交轴方程，从而获得完整电压方程如下

$$\begin{cases} u_{ds} = -R_s i_{ds} + X'_s i_{qs} + \omega_s E'_d \\ u_{qs} = -R_s i_{qs} - X'_s i_{ds} + \omega_s E'_q \end{cases} \tag{2-47}$$

发电机转子动态方程仍为式（2-44）。忽略发电机的定子动态以及 ω_s 的变化时，式（2-44）及式（2-47）构成了发电机的模型方程。

在美国通用电气公司（General Electric Company，GE）推荐的通用模型中忽略发电机的定转子动态，即令 $\frac{\mathrm{d}\psi_{ds}}{\mathrm{d}t} = \frac{\mathrm{d}\psi_{qs}}{\mathrm{d}t} = 0$ ， $\frac{\mathrm{d}\psi_{dr}}{\mathrm{d}t} = \frac{\mathrm{d}\psi_{qr}}{\mathrm{d}t} = 0$ ，此时发电机采用静态模型表示为

$$\begin{cases} u_{ds} = -R_s i_{ds} + \omega_s L' i_{qs} + \omega_s E'_d \\ u_{qs} = -R_s i_{qs} - \omega_s L' i_{ds} + \omega_s E'_q \end{cases} \tag{2-48}$$

$$\begin{cases} u_{dr} = R_r i_{dr} - s\omega_s (L_{rr} i_{qr} - L_m i_{qs}) \\ u_{qr} = R_r i_{qr} + s\omega_s (L_{rr} i_{dr} - L_m i_{ds}) \end{cases} \tag{2-49}$$

采用相量表示，如下

$$\begin{cases} \dot{V}_s = R_s \dot{I}_s + \mathrm{j}X_s \dot{I}_s + \mathrm{j}X_m \dot{I}_r \\ \dfrac{\dot{V}_r}{s} = \dfrac{R_r}{s} \dot{I}_r + \mathrm{j}X_m \dot{I}_s + \mathrm{j}X_r \dot{I}_r \end{cases} \tag{2-50}$$

根据式（2-50）得 DFIG 的静态模型如图 2-7 所示。

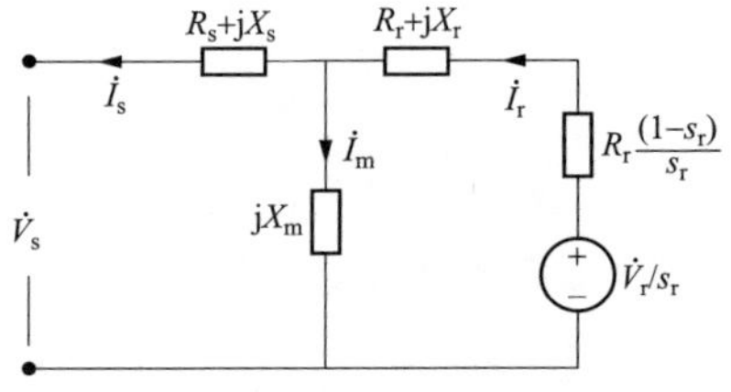

图 2-7　DFIG 的静态模型

（六）双馈感应发电机控制器的模型

采用定子磁链定向的矢量控制方式后，DFIG 的有功功率和无功功率（或电压）可以分别通过转子电流在 q 轴和 d 轴的分量进行解耦控制，本节以有功功率和电压的解耦控制为例，推导双馈感应发电机的控制器模型。

1. 转子侧控制器

转子侧控制器的目标是控制发电机的有功功率能够跟踪风机的输入功率并且维持发电机端口的电压恒定，此处采用的是恒电压控制，控制器的控制框图如图 2-8 所示。

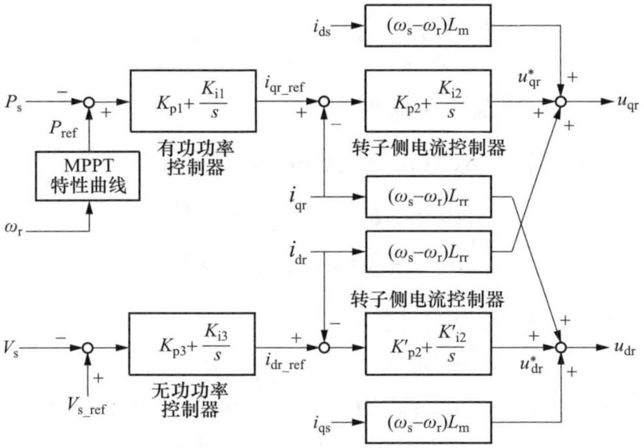

图 2-8 转子侧控制器框图

图 2-8 中，通常假设 $K'_{p2}=K_{p2}$， $K'_{i2}=K_{i2}$。根据控制框图，并假设中间变量 x_1、x_2、x_3 及 x_4，控制器方程可以写为

$$\begin{cases}\dfrac{\mathrm{d}x_1}{\mathrm{d}t}=P_{\mathrm{ref}}-P_{\mathrm{s}}=\Delta P\\ i_{\mathrm{qr\_ref}}=K_{\mathrm{p1}}(P_{\mathrm{ref}}-P_{\mathrm{s}})+K_{\mathrm{i1}}x_1\\ \dfrac{\mathrm{d}x_2}{\mathrm{d}t}=i_{\mathrm{qr\_ref}}-i_{\mathrm{qr}}=K_{\mathrm{p1}}(P_{\mathrm{ref}}-P_{\mathrm{s}})+K_{\mathrm{i1}}x_1-i_{\mathrm{qr}}\end{cases} \tag{2-51}$$

$$\begin{cases}\dfrac{\mathrm{d}x_3}{\mathrm{d}t}=u_{\mathrm{s\_ref}}-u_{\mathrm{s}}=\Delta u\\ i_{\mathrm{dr\_ref}}=K_{\mathrm{p3}}(u_{\mathrm{s\_ref}}-u_{\mathrm{s}})+K_{\mathrm{i3}}x_3\\ \dfrac{\mathrm{d}x_4}{\mathrm{d}t}=i_{\mathrm{dr\_ref}}-i_{\mathrm{dr}}=K_{\mathrm{p3}}(u_{\mathrm{s\_ref}}-u_{\mathrm{s}})+K_{\mathrm{i3}}x_3-i_{\mathrm{dr}}\end{cases} \tag{2-52}$$

从而可以得到

$$\begin{cases} u_{dr} = K_{p2}(K_{p3}\Delta u + K_{i2}x_3 - i_{dr}) + K_{i2}x_4 - s\omega_s L_m i_{qs} - s\omega_s L_{rr} i_{dr} \\ u_{qr} = K_{p2}(K_{p1}\Delta P + K_{i1}x_1 - i_{qr}) + K_{i2}x_2 + s\omega_s L_m i_{ds} + s\omega_s L_{rr} i_{qr} \end{cases} \tag{2-53}$$

式中：K_{p1} 和 K_{i1} 分别为有功功率控制的比例系数和积分系数；K_{p2} 和 K_{i2} 分别为转子侧 q 轴电流控制的比例系数和积分系数；K_{p3} 和 K_{i3} 分别为电压控制的比例系数和积分系数；K_{p4} 和 K_{i4} 分别为转子侧 d 轴电流控制的比例系数和积分系数；u_{s_ref} 为电压的控制目标；P_{ref} 为有功功率的参考值，其数值根据发电机转速 ω_r 查询最大功率跟踪特性曲线获得。

2. 网侧控制器

网侧控制器的目标是为了维持“背靠背”变流器中并联电容器的电压恒定，以及控制变流器输出的无功功率。电容器的电压通过网侧变流器电流 d 轴分量来控制，而无功功率通过网侧变流器电流的 q 轴分量来控制[51-55]，为了减小损耗，通常将 q 轴电流的参考值设为 0。网侧控制器框图如图 2-9 所示。

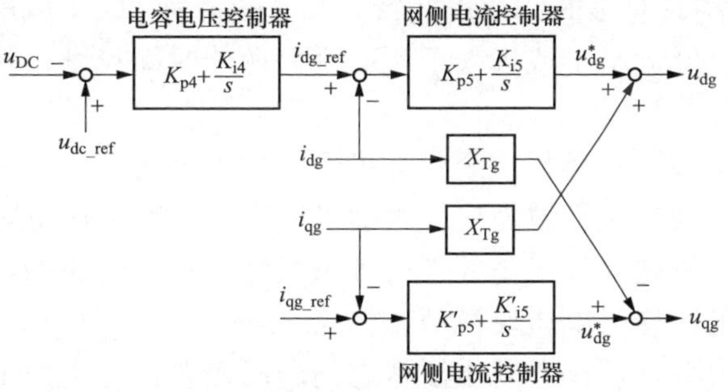

图 2-9　网侧控制器框图

图 2-9 中，通常假设 $K'_{p5} = K_{p5}$，$K'_{i5} = K_{i5}$；$X_{Tg} = \omega L$。根据控制框图，并假设中间变量 x_5、x_6 和 x_7，网侧控制器的模型可以写为：

$$\begin{cases} \dfrac{dx_5}{dt} = u_{dc\_ref} - u_{dc} = -\Delta u_{dc} \\ i_{dg\_ref} = -K_{p4}\Delta u_{dc} + K_{i4}x_5 \\ \dfrac{dx_6}{dt} = i_{dg\_ref} - i_{dg} = -K_{p4}\Delta u_{dc} + K_{i4}x_5 - i_{dg} \end{cases} \tag{2-54}$$

$$\frac{dx_7}{dt} = i_{qg\_ref} - i_{qg} \tag{2-55}$$

$$\begin{cases} u_{dg} = K_{p5}\dfrac{dx_6}{dt} + K_{i5}x_6 + X_{Tg}i_{qg} \\ \quad = K_{p5}(-K_{p4}\Delta u_{dc} + K_{i4}x_5 - i_{dg}) + K_{i5}x_6 + X_{Tg}i_{qg} \\ u_{qg} = K_{p5}\dfrac{dx_7}{dt} + K_{i5}x_7 - X_{Tg}i_{dg} \\ \quad = K_{P5}(i_{qg\_ref} - i_{qg}) + K_{i5}x_7 - X_{Tg}i_{dg} \end{cases} \tag{2-56}$$

式中：K_{p4}和K_{i4}分别为电容器电压控制器的比例系数和积分系数；K_{p5}和K_{i5}分别为网侧电流控制器的比例系数和积分系数；u_{dc_ref}为电容器电压的参考值；i_{qg_ref}为网侧q轴电流的参考值，通常设为0；X_{Tg}为连接变流器和网络的变压器电抗。

三、风电机组的推荐模型

上述介绍了DFIG风电机组各个组成部分的模型，将这些模型合并后就可以得到完整的DFIG详细模型（也可采用相同的方法获得DDPMSG机组的详细模型）。这种详细模型具有多时间尺度的特点。一般来说，如果风电机组中某个元件动态特性的时间尺度远小于或远大于所研究问题的时间尺度，那么就可以对该元件的模型进行简化[56-58]。

对于风力机模型，本身是一个代数模型，如果需要考虑风速变化、转子转速或桨距角的变化，则一般不做简化，否则可以简化成恒定转矩输入。

对于传动系统模型，如果需要考虑轴系柔性对转子转速的影响，则应使用两质块模型，否则可以使用单质块模型。

对于变流器模型，仅在考虑电磁暂态问题时需要计入电力电子器件的动态，否则只需要考虑直流侧电容的充放电过程。

对于控制器模型，在计算步长为几十毫秒或以下时，一般保留控制器的详细模型；而在使用秒级或以上计算步长时，一般网侧控制器模型可以忽略，仅保留其功能（如保持直流电容电压恒定等），而转子侧控制器一般保留。

对于发电机模型，DFIG属于异步发电机，根据所研究问题的准确性要求，可以同时考虑转子和定子绕组的动态，或忽略定子绕组动态，甚至使用稳态模型（但需要计及转速变化）。PMSG属于同步发电机，励磁恒定，本身没有转子绕组动态，不做简化时考虑定子绕组动态，进行简化时可以使用稳态模型。

表2-1列出了含风电电力系统研究中所涉及的一些主要研究问题，并根据其不同的时间尺度给出了风电机组模型选择的建议。

表 2-1　　风电机组推荐模型

<table>
<tr><th colspan="2">研究的动态过程</th><th>电磁暂态类过程</th><th>暂态类过程</th><th>中期动态过程</th><th>准稳态过程</th></tr>
<tr><td colspan="2">动态过程的时间尺度</td><td>几十微秒～十几毫秒</td><td>十几毫秒～数秒</td><td>数十秒～数分钟</td><td>数分钟～数十分钟</td></tr>
<tr><td colspan="2">可能包含的研究课题</td><td>谐波问题等</td><td>暂态功角稳定
暂态电压稳定</td><td>中期电压稳定
振荡类问题</td><td>调频、调压（风电机组能否参与调频、调压由控制策略决定）</td></tr>
<tr><td rowspan="6">推荐的风电机组各部分模型</td><td>风速</td><td>不考虑风速变化</td><td>不考虑风速变化</td><td>考虑风速变化</td><td>考虑风速变化</td></tr>
<tr><td>风力机及桨距角控制器</td><td rowspan="2">输出机械转矩设为恒定不考虑变桨控制</td><td>风力机采用代数模型考虑变桨控制</td><td>风力机采用代数模型考虑变桨控制</td><td>风力机采用代数模型考虑变桨控制</td></tr>
<tr><td>传动系统</td><td>两质块模型</td><td>两质块模型</td><td>单质块模型</td></tr>
<tr><td>发电机</td><td>DFIG 同时考虑定子和转子动态；PMSG 只考虑定子动态</td><td>DFIG 忽略定子绕组动态而考虑转子动态；PMSG 可用稳态模型</td><td>稳态模型（以代数方程描述，但计及转速变化）</td><td>稳态模型（以代数方程描述，但计及转速变化）</td></tr>
<tr><td>变流器</td><td>开关函数描述的高频模型</td><td>只考虑电容动态</td><td>稳态模型（同时忽略电力电子器件和电容的动态）</td><td>稳态模型（同时忽略电力电子器件和电容的动态）</td></tr>
<tr><td>控制器</td><td>详细模型</td><td>详细模型</td><td>稳态模型（仅保留控制功能）</td><td>稳态模型（仅保留控制功能）</td></tr>
</table>

第二节　风电机组的参数辨识

一、风力发电机组的参数辨识策略

现有文献在辨识风电机组的模型参数时，一般采用分环节的辨识方法，即在辨识风电机组某环节的参数时，认为其他环节的参数已知。这样做的缺点在于：当待辨识模块与其他模块的耦合性较强时，如其他模块的参数给定值不准确，将直接影响本模块的参数辨识精度[61-63]。为此，提出“分合协调”的参数辨识策略：即先将可以解耦的模块单独辨识；再将耦合性较弱的各模块先分块辨识，分块辨识之后进一步交叉协调辨识，这样可克服参数的近似所带来的辨识误差，以整体上提高参数的辨识精度。分块辨识的前提是各模块是否可以解耦辨识，所以下面先分析风电机组各模块的可解耦性。

所谓可解耦性，是指系统中连接在一起的各个子模块，能否分别单独进行辨识[64]。当系统中某个模块的方程可以写成各自的输入—输出形式，不涉及其他模块的变量或参数时，系统中该模块参数可解耦辨识。

然而电力系统中经常出现这样一类系统，虽然各子模块之间的状态变量有耦合，但各子模型的时间常数相差较大，且从特征根分析发现各子模块特征值模的数值差别较大，也就是过渡过程速度上差别较大[65]。数学上通常把各子模块的时间常数相差较大，其阶跃响应在时间轴上可划分为快动态和慢动态、甚至更多的时间尺度，这类系统称为多时间尺度动态系统[66]。一般情况下，多时间尺度动态系统难以辨识，这是因为系统具有较大的带宽，需选择很小的采样周期才能辨识出快动态特性，而过小的采样周期又使得慢动态的增益估计值对差分方程系数的估计误差非常敏感。对于多时间尺度动态系统的辨识问题，工程上常采用奇异摄动法将多时间尺度模型进行降阶，分别采用快动态和慢动态来近似原系统。

设系统的模型是一组含小参数的微分方程组

$$\begin{cases}\dfrac{\mathrm{d}\boldsymbol{x}}{\mathrm{d}t}=f(\boldsymbol{x},\boldsymbol{y},\boldsymbol{z})\\\varepsilon_1\dfrac{\mathrm{d}\boldsymbol{y}}{\mathrm{d}t}=g(\boldsymbol{x},\boldsymbol{y},\boldsymbol{z})\\\dfrac{\mathrm{d}\boldsymbol{z}}{\mathrm{d}t}=\boldsymbol{\varepsilon}_2 h(\boldsymbol{x},\boldsymbol{y},\boldsymbol{z})\end{cases} \tag{2-57}$$

式中：$\boldsymbol{x}$ 是正常速率变量；$\boldsymbol{y}$ 为快变量；$\boldsymbol{z}$ 为慢变量；$\boldsymbol{\varepsilon}_1$、$\boldsymbol{\varepsilon}_2$ 为正值小参数。在模型降阶时，通常取 $\boldsymbol{\varepsilon}_1=\mathbf{0}$、$\boldsymbol{\varepsilon}_2=\mathbf{0}$，即将快变量简化为代数变量、慢变量固定为常数 $\boldsymbol{z}^*$，便可得到简化的降阶模型

$$\begin{cases}\dfrac{\mathrm{d}\boldsymbol{x}}{\mathrm{d}t}=f(\boldsymbol{x},\boldsymbol{y},\boldsymbol{z}^*)\\\mathbf{0}=g(\boldsymbol{x},\boldsymbol{y},\boldsymbol{z}^*)\end{cases} \tag{2-58}$$

多时间尺度分解的前提是系统各子模型能在不同时间尺度上解耦，一般可基于模式可区分性分析各子模块的可解耦性。

下面以 DFIG 为例，分析其各组成模块的可解耦性，该方法同样适用于 DDPMSG 各模块的可解耦性分析。图 2-1 给出了双馈风电机组的模型结构：它由风力机、传动系统、发电机、变流器及控制器组成。从式（2-1）可以看出：风力机的输入量为风速及桨距角，输出量为机械功率。当桨距角以及风速都可测时，便可根据输出的机械功率辨识风力机各参数 c_1–c_8。因此风力机模型不涉及其他模块的变量或参数，可单独辨识。

从式（2-5）～式（2-56）的 DFIG 的传动系统、发电机以及控制器的模型来看，这三个模块的模型方程之间有耦合，无法单独辨识。但各模块的时间常数相差很大，它们的阶跃响应在时间尺度上可分为秒级的机电动态及秒级以上的机械

动态、毫秒级的电气动态以及微秒级的电力电子动态等，因此风电机组是典型的多时间尺度动态系统。下面将以含双馈风电机组的无穷大系统为例，分析风电机组在不同时间尺度上的模式可解耦性。

（一）模式可解耦性分析

算例系统为图 2-10 所示的含 DFIG 的单机无穷大系统（One Machine Infinite Bus System，OMIB），元件参数及初始条件见表 2-2。需要说明的是：①x_{TL} 为双回线路总的电抗，或者说单回线路电抗是其双倍；②忽略定子电阻，所以计算时取 $R_s=0$；③由于采用单质块模型，所以惯性时间常数取为 $T_J=2(H_g+H_t)=7s$；④绕组电感为漏感与互感之和，所以绕组电感 $L_{ss}=0.171+2.9=3.071$，$L_{rr}=0.156+2.9=3.056$。

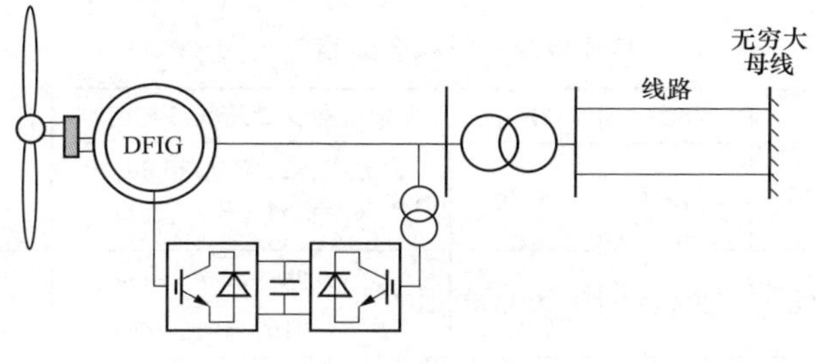

图 2-10　DFIG 接入无穷大系统

表 2-2　　**双馈风电机组参数**

基准值		S_B=1.5/0.9MVA，U_B=575V			
风力机		H_g/s	0.5	H_t/s	3
		K_{sh}	0.3000	D_{sh}	1.500
双馈风力发电机		R_s	0.00076	R_r	0.005
		$L_{s\sigma}$	0.171	$L_{r\sigma}$	0.156
		L_m	2.9	—	—
电容器		C	0.0001	U_{DC}/V	1200
控制器	转子侧有功 PI 控制器	K_{p1}	1	K_{i1}/s^{-1}	100
	转子侧电流 PI 控制器	K_{p2}	0.3	K_{i2}/s^{-1}	8
	转子侧无功 PI 控制器	K_{p3}	1.25	K_{i3}/s^{-1}	300
	直流电压 PI 控制器	K_{p4}	2.4	K_{i4}/s^{-1}	60
	网侧电流 PI 控制器	K_{p5}	1	K_{i5}/s^{-1}	100
	桨距角 PI 控制器	K_{p6}	0.3	K_{i6}/s^{-1}	8
线路电抗		x_{Tg}	0.15	x_{TL}	0.127
初始条件		P_{e0}=0.5，Q_{e0}=0			

注　表中未标单位的为标幺值。

根据 DFIG 机组各组成部分的数学模型，得该 OMIB 系统的状态方程。其状态变量为 $\boldsymbol{x}$=[$\omega_t, \theta_{tw}, s, x_8, \beta, i_{ds}, i_{qs}, E'_d, E'_q, x_1, x_2, x_3, x_4, u_{dc}, x_5, x_6, x_7]^T$，代数量和控制量为 $\boldsymbol{y}$=[$u_{ds}, \varphi, u_{dg}, u_{qs}, i_{dg}, i_{qg}, u_{dr}, u_{qr}, i_{dr}, i_{qr}]^T$。将该模型在运行点附近线性化，结果如下

$$\begin{cases}\dfrac{\mathrm{d}\Delta\boldsymbol{x}}{\mathrm{d}t}=\boldsymbol{A}\Delta\boldsymbol{x}+\boldsymbol{B}\Delta\boldsymbol{y}\\ \boldsymbol{0}=\boldsymbol{C}\Delta\boldsymbol{x}+\boldsymbol{D}\Delta\boldsymbol{y}\end{cases} \tag{2-59}$$

由上述方程可得特征矩阵 $\tilde{\boldsymbol{A}}=\boldsymbol{A}-\boldsymbol{B}\boldsymbol{D}^{-1}\boldsymbol{C}$，根据该特征矩阵 $\tilde{\boldsymbol{A}}$ 可计算系统的特征根，见表 2-3。

表 2-3　　特征根及主导状态变量参与因子

$\lambda=\sigma\pm j\omega$	ζ(%)	f(Hz)	主导状态变量及其参与因子	主导动态
$\lambda_{1,2}=-75.42\pm j379.26$	19.89	60.36	P_i_{ds}=0.62，P_i_{qs}=0.89；$P\_E'_d$=0.54，$P\_E'_q$=0.34	发电机定子
$\lambda_{3,4}=-193.47\pm j64.88$	298.18	10.33	$P\_E'_d$=0.85，$P\_E'_q$=0.66；P_i_{ds}=0.19，P_i_{qs}=0.69	发电机转子
$\lambda_{5,6}=-7.30\pm j67.25$	10.86	10.70	P_x_1=0.53；P_x_3=0.58；$P\_E'_d$=0.28，$P\_E'_q$=0.20	转子侧控制器
$\lambda_{7,8}=-20.83\pm j24.66$	84.47	3.93	P_u_{dc}=0.66，P_x_5=0.65	变流器及网侧控制器
$\lambda_{9,10}=-0.82\pm j10.41$	7.85	1.66	P_θ_{tw}=0.51，P_s_r=0.43	传动系统
$\lambda_{11,12}=-0.07\pm j0.98$	7.62	0.16	P_ω_t=0.43，P_x_8=0.50	桨距角控制器
$\lambda_{13,14}=-27.26\pm j1.08$	2526.31	0.17	P_x_2=0.54，P_x_4=0.53	转子侧控制器
$\lambda_{15}=-60.00$	—	—	P_x_6=1.00	网侧控制器
$\lambda_{16}=-3.33$	—	—	P_β=0.92	桨距角控制器
$\lambda_{17}=-100.00$	—	—	P_x_7=1.00	网侧控制器

由表 2-3 可以看出：该并网 DFIG 有 7 个振荡模式和 3 个衰减模式。振荡模式 $\lambda_{1,2}$、$\lambda_{3,4}$ 分别与发电机定子动态及发电机转子动态强相关；模式 $\lambda_{5,6}$、$\lambda_{13,14}$ 与转子侧控制器动态强相关；模式 $\lambda_{7,8}$ 与变流器及网侧控制器的动态强相关；$\lambda_{9,10}$ 及 $\lambda_{11,12}$ 分别为传动系统动态以及桨距角控制器的动态强相关；衰减模式 λ_{15}、λ_{17} 与网侧控制器的动态强相关；衰减模式 λ_{16} 与桨距角控制器强相关。

从模式的主导状态变量及参与因子可以看出：DFIG 的机械模式（$\lambda_{9,10}$、$\lambda_{11,12}$、λ_{16}）与电气模式（$\lambda_{1,2}$、$\lambda_{3,4}$、$\lambda_{5,6}$、$\lambda_{7,8}$、$\lambda_{13,14}$、λ_{15}、λ_{17}）解耦，DFIG 不存在机电模式。这是因为 DFIG 的风力机和发电机通过齿轮箱柔性连接，由于其通过电力电子变流器接入电网运行，电网侧感受不到发电机的惯性，因此这种风电机组的

机械动态与电气动态解耦。

电气模式包括发电机定子、转子动态（$\lambda_{1,2}$、$\lambda_{3,4}$）以及控制器动态（$\lambda_{5,6}$、$\lambda_{7,8}$、$\lambda_{13,14}$、λ_{15}、λ_{17}）2 部分，从模式 $\lambda_{5,6}$ 的主导状态变量及参与因子可以看出：转子侧控制器的动态与发电机转子动态具有较强的耦合性；而网侧控制器的动态（$\lambda_{7,8}$、λ_{15}、λ_{17}）与其他模块的耦合性较弱。

综上所述：DFIG 的机械动态与电气动态解耦；电气动态中发电机动态与转子侧控制器的动态耦合性较强，网侧控制器动态与其他模块的耦合性较弱。

（二）观测量的主导动态

以图 2-11 中基于 Matlab 平台搭建的系统为例，风电场有 6 台容量为 1.5 MW 的 DFIG 机组，风力发电机采用考虑控制器的详细模型，传动系统采用单质块模型。

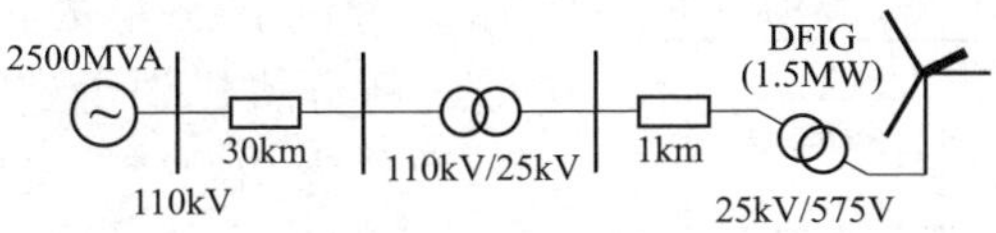

图 2-11　Matlab 中 DFIG 接入 110 kV 的系统

1. 电网侧故障

扰动设置为 t=0s 时发电机出口处发生瞬时性三相短路故障，故障持续 0.15s 后消失，系统恢复至原状态。图 2-12 为风电机组有功功率 P_e 和无功功率 Q_e 受扰轨线。

由图 2-12 可以看出受扰轨线的振荡频率较高，故障后约 0.4s 系统就趋于稳态。说明电网侧故障激发出了系统的快动态模式。

2. 阵风激励

在 $t = 5$s 时输入侧受阵风激励，风速及对应的风力发电机有功功率和无功功率的受扰轨线如图 2-13 所示。

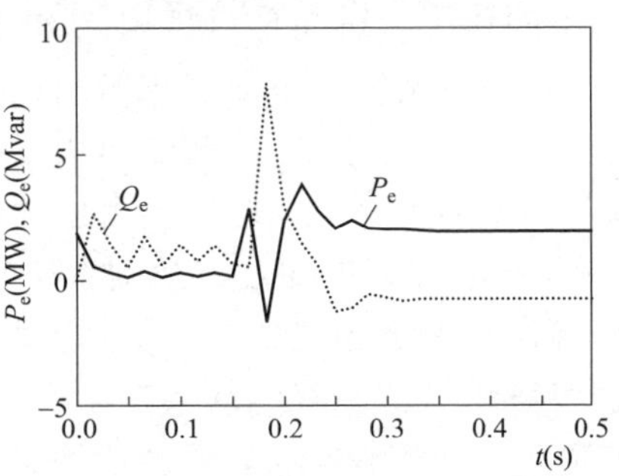

图 2-12　发电机有功功率和无功功率受扰轨线

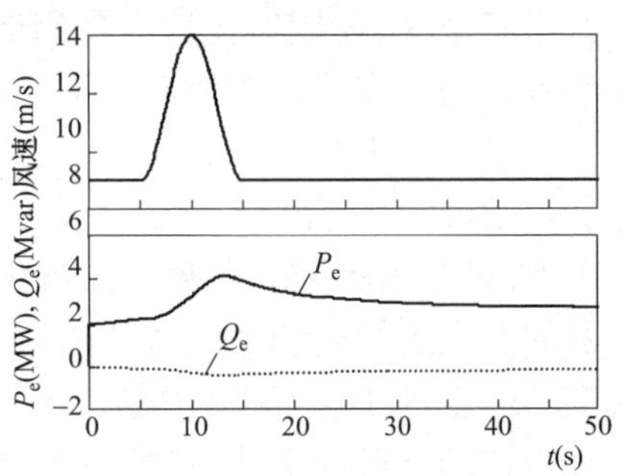

图 2-13　风电机组有功功率和无功功率受扰轨线

从图 2-13 可以看出，风电机组的有功功率和无功功率需经约 15s 才能到达新的稳态值。说明风速变化激发出的系统动态较慢，即与机械模式强相关的慢动态被激发。

（三）风力发电机组的参数辨识策略

根据上述可解耦性分析可知，在 DFIG 参数辨识时，可先将风力机单独辨识；由于发电机与控制器的动态存在耦合，在辨识发电机参数之前，通过在控制器的内部施加扰动，辨识控制器各参数。再将辨识得到的风力机参数以及控制器参数作为已知，进一步采用“分合协调”的参数辨识策略，辨识传动系统及发电机参数：①分块辨识机械部分的模型参数时，可忽略发电机及控制器的动态；②分块辨识发电机及控制器的参数时，可假设机械部分的状态量为常数；③交叉迭代辨识：将分块辨识得到的发电机及传动系统参数作为初始值，采用分块辨识的流程重新辨识发电机及传动系统参数。通过多轮的交叉迭代，获得最终的参数辨识结果。双馈风电机组的参数总体辨识流程如图 2-14 所示。

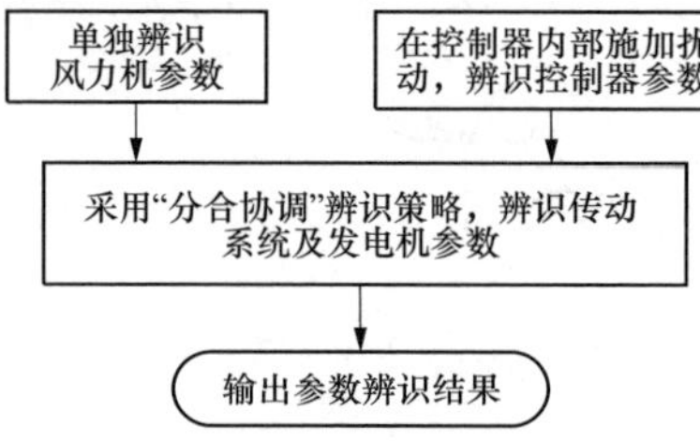

图 2-14 双馈风电机组的参数总体辨识流程

需要指出的是：上述“分合协调”的辨识策略也可用于某个模块的参数辨识，例如，控制器典型模型中包含 5 个 PI 控制器，且内外环 PI 控制器之间存在级联情况，其参数辨识较为困难。从控制器结构来看，其基本单元是 PI 控制器，在辨识其参数时，可在每个 PI 控制器的输入输出端引出测量端子，逐个对 PI 控制器的参数进行测试。但此方法仅在生产厂家给予配合的情况下才能实施，难以推广使用。因此在辨识控制器的参数时，可根据控制器中各个 PI 控制器之间的信号传递关系，选择合适的量测信号施加不同扰动（必要时屏蔽另一些量测信号的变化），从而突出某个 PI 控制器在特定量测信号扰动下的作用，进而重点辨识该 PI 控制器的参数。为此在辨识控制器参数时，采用“分合协调”的参数辨识策略：①先“分步辨识”，对于存在级联的两个 PI 控制器，先对后一级 PI 控制器所用量测信号施加扰动，同时屏蔽前一级 PI 控制器所用量测信号的变化，这样就可以解耦前后两个 PI 控制器的控制参数，先辨识出后一级 PI 控制器的参数，再对前一级 PI 控制器的参数进行辨识（此时认为后一级 PI 控制器参数为已知）；②进行“多轮迭代”辨识，各个 PI 控制器的输入量之间通过各种机械或电气的联系交织在一起，虽然某一扰动下对应 PI 控制器参数的灵敏度最大，但并不表示其余参数的灵敏度一定为零。“分步辨识”的策略是在某一扰动下辨识灵敏度最大的参数，但由于其他参数偏离真值，因此辨识结果会存在误差。通过“多轮迭代”辨识，可以使辨识结果逐步逼近真值，有效提高参数辨识的精度。

在辨识风电机组各模块的参数时：一般需经过实验设计、参数的可辨识性分析、辨识难易度分析、参数辨识方法、参数辨识结果分析等环节。风电机组各模块的参数辨识流程如图 2-15 所示。

下面以双馈风电机组为例，先详细介绍其各组成模块参数辨识流程及参数辨识结果，最后进行交叉迭代。

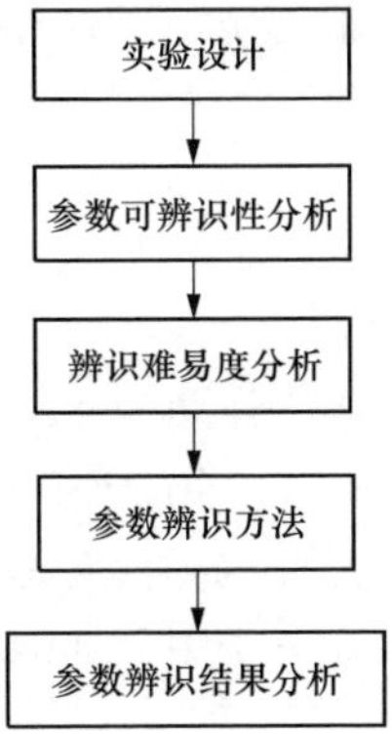

图 2-15　风电机组各模块的参数辨识流程

二、风力机的参数辨识

风力机的模型方程见式（2-1）～式（2-4）。由方程可知：风力机的模型是一组非线性代数方程，当方程线性无关且待辨识参数的个数小于或等于方程的数目时，参数便可辨识。下面以广泛采用的 8 独立参数变桨距风力机模型为例，研究风力机的参数辨识。

（一）实验设计

将式（2-3）代入式（2-2）可得

$$\begin{aligned} C_{\mathrm{p}} &= \left[c_1\left(\frac{1}{\lambda+c_7\beta}-\frac{c_8}{\beta^3+1}\right)-c_2\beta-c_3\beta^{C_4}-c_5\right]\mathrm{e}^{\frac{c_6c_8}{\beta^3+1}}\mathrm{e}^{-\frac{c_6}{\lambda+c_7\beta}} \\ &= \left[\frac{a(\beta)}{\lambda+c_7\beta}+b(\beta)\right]\mathrm{e}^{-\frac{c_6}{\lambda+c_7\beta}} \end{aligned} \qquad (2\text{-}60)$$

式中：$a(\beta)=c_1\mathrm{e}^{\frac{c_6c_8}{\beta^3+1}}$；$b(\beta)=-\left(\frac{c_1c_8}{\beta^3+1}+c_2\beta+c_3\beta^{C_4}+c_5\right)\mathrm{e}^{\frac{c_6c_8}{\beta^3+1}}$。

假设风力机中可测量参数为 R、v、β 和 ρ，根据这些测量量可计算得到 λ；厂家还会给出 P_{m}–v 曲线，即不同 β、不同 λ 对应的 C_{p} 为已知。因此根据 R、v、β 和 ρ 的测量值以及厂家给出的 P_{m}–v 曲线，可求出辨识参数 c_1–c_8。

（二）参数可辨识性分析

下面对参数的可辨识性进行讨论。

1. c_6 的可辨识性

根据式（2-60），当 β=0°，有

$$C_p=\left[\frac{a(0)}{\lambda}+b(0)\right]\mathrm{e}^{-\frac{c_6}{\lambda}} \qquad (2\text{-}61)$$

式中：$a(0)=c_1\mathrm{e}^{c_6c_8}$；$b(0)=-(c_1c_8+c_5)\mathrm{e}^{c_6c_8}$，即 $a(0)$ 和 $b(0)$ 为常数。

根据β=0°测量的 3 组数值 v_1～v_3、n_1～n_3，计算出相应的λ_1～λ_3以及 C_{p1}～C_{p3}，则有

$$C_{pi}e^{\frac{c_6}{\lambda_i}}=\frac{a(0)}{\lambda_i}+b(0),\quad i=1,2,3 \tag{2-62}$$

当 i 分别为 1、2 和 3 时，式（2-62）可分别表示为 3 个方程，且λ_1～λ_3以及 C_{p1}～C_{p3}已知，因此可根据这 3 个方程辨识得到参数 c_6，同时还可辨识 $a(0)$和 $b(0)$。

2. c_7 的可辨识性

在β为某一非零的测量值，即$\beta=\beta_m$时，取 3 组测量数据代入式（2-60）得

$$C_{pi}=\left[\frac{a(\beta_m)}{\lambda_i+c_7\beta_m}+b(\beta_m)\right]e^{-\frac{c_6}{\lambda_i+c_7\beta_m}},\quad i=1,2,3 \tag{2-63}$$

根据上述已辨识得到的参数 c_6，在 i 分别为 1、2 和 3 时，式（2-63）可分别表示为 3 个方程，根据已知的λ_1～λ_3以及 C_{p1}～C_{p3}，可辨识参数 c_7，同时还可辨识 $a(\beta_m)$和 $b(\beta_m)$。

3. c_1，c_5，c_8 的可辨识性

由 $a(0)=c_1e^{c_6c_8}$，$a(\beta_m)=c_1e^{\frac{c_6c_8}{\beta_m^3+1}}$ 可得

$$c_8=\left(1+\frac{1}{\beta_m^3}\right)\ln\frac{a(0)}{a(\beta_m)}\Big/c_6 \tag{2-64}$$

将求得的 c_8 代入 $a(0)$，可得

$$c_1=a(0)/e^{c_6c_8}$$

又由 $b(0)=-(c_1c_8+c_5)e^{c_6c_8}$，可计算得

$$c_5=-b(0)e^{-c_6c_8}-c_1c_8 \tag{2-65}$$

4. c_2，c_3，c_4 的可辨识性

取 3 组不同的β测量值β_{m1}～β_{m3}，由于 $b(\beta_{m1})$～$b(\beta_{m3})$可辨识，结合已辨识得到的参数 c_1，c_5，c_6～c_8，代入式 $b(\beta_{mi})=-\left(\frac{c_1c_8}{\beta_{mi}{}^3+1}+c_2\beta_{mi}+c_3\beta_{mi}{}^{C_4}+c_5\right)e^{\frac{c_6c_8}{\beta_{mi}^3+1}}$，$i=1,2,3$，便可辨识得到参数 c_2～c_4。

从上述可辨识性分析可以得出：当风力机中可同时测量 n，R，v，β，ρ 和 P_w 时，有 4 个独立的采样点数据便可辨识风力机组参数 c_1～c_8。在实际操作时，为避免单次辨识可能导致辨识误差较大的情况，可采用远多于 4 个采样点的数据进行拟合辨识，以保证参数的辨识精度。

（三）风力机的参数辨识结果

从上述风力机参数可辨识性分析的过程可见，辨识 c_1～c_8 的步骤如下：

（1）根据 β=0°时的 C_p–v 曲线和λ值，辨识参数 c_6 以及 $a(0)$和 $b(0)$；

（2）根据 $\beta=\beta_m$（β_m 为非零值）时的 C_p–v 曲线和λ值，辨识参数 c_7 以及 $a(\beta_m)$ 和 $b(\beta_m)$；

（3）由辨识得到的 $a(0)$、$b(0)$以及 $a(\beta_m)$和 $b(\beta_m)$；进一步辨识参数 c_1、c_5 和 c_8；

（4）另取非零的 β 时 C_p 及λ值多组，辨识参数 c_2～c_4。

根据上述步骤，获得风力机的参数辨识结果，见表 2-4。

表 2-4　　风力机的参数辨识结果

参　数	真　值	辨　识　值	误差（%）
c_1	110.23	110.23	0
c_2	0.42340	0.42345	0.012
c_3	0.00146	0.00144	–1.37
c_4	2.14000	2.14445	0.21
c_5	9.636	9.636	0
c_6	18.40000	18.39997	0
c_7	–0.02	–0.02	0
c_8	–0.003	–0.003	0

三、控制器的参数辨识

（一）实验设计

现有的文献一般通过机端电压跌落扰动辨识控制器参数。然而控制器共有 10 个参数，且存在 PI 控制器级联的情况（参数不可唯一辨识），因此在单一扰动下无法同时辨识所有参数。所以，必须设计出多种扰动，并且只辨识与某一扰动强相关的部分参数。

在实施扰动时，考虑到各个 PI 控制器都以电压或电流或转速的量测值作为输入信号，故在不同量测信号上施加扰动可达到触发对应 PI 控制器动作的目的。此外，在量测信号上施加扰动比较容易实现。由于是在二次侧进行，所以对机组冲击不大，而且可以在线实施。

根据图 2-8 和图 2-9 的双馈风电机组控制器的结构，设计的扰动实验如下所述。

1. 量测扰动 1：转子电流量测扰动且屏蔽机端电压量测变化

在图 2-8 中可以看到，无功功率控制器和转子侧电流控制器之间存在级联。转子电流量测量的扰动可以引起转子侧电流控制器响应；屏蔽机端电压量量测变化可以保持无功功率控制器输入量为零，从而屏蔽了无功功率控制器参数对 DFIG 动态响应的影响。

实现转子电流量测量扰动的电路如图 2-16 所示，这是一个简单的并联分流电路，图中电流表代表了 DFIG 的电流测量回路。该电路可以实现电流量测值的下跌。

实现屏蔽电压量测信号变化的电路如图 2-17 所示。首先在扰动施加前，由数字信号处理器 DSP 控制 A/D 转换器采集稳态时的机端电压波形 U，并由 DSP 控制 D/A 转换器及放大电路连续复制出该波形 U'，在转子电流量测信号扰动期间，由 DSP 切换模拟开关，从而将具有稳态波形的 U'输送给 DFIG 的量测回路。

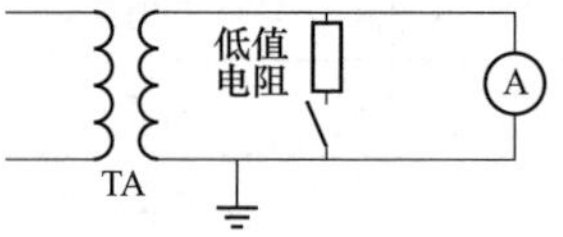

图 2-16 对交流电流量测信号施加扰动原理图

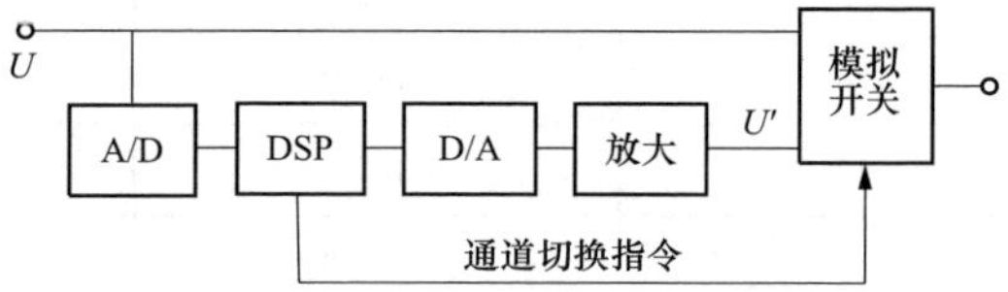

图 2-17 屏蔽电压量测信号变化的电路原理图

2. 量测扰动 2：转子转速量测信号扰动

由图 2-9 可以看到，转子侧有功功率控制器的控制参考值 P_{ref} 是根据 DFIG 的转子转速 ω_r 查询最大动率点跟踪（Maximum Power Point Tracking，MPPT）特性曲线自动生成的。如果在转子转速 ω_r 的量测信号上施加扰动，就可以改变 P_{ref} 的数值，从而激发有功功率控制器的动作。由于与其级联的转子侧电流控制器参数已经在量测扰动 1 中辨识得到，此时单独辨识有功功率控制器的参数已不存在可辨识性问题。

转速 ω_r 的量测信号是一个脉冲序列，脉冲的间隔用来计算转速。实现转速量测信号扰动的电路如图 2-18 所示，DSP 首先对真实的转速脉冲计数，获得实际的转速，再根据拟施加的转速信号扰动幅度计算出虚拟脉冲的间隔，并通过 D/A 转换器和放大电路产生包含转速扰动的虚拟转速信号，最后由 DSP 切换模拟开关将虚拟转速信号输送给 DFIG 的量测回路。

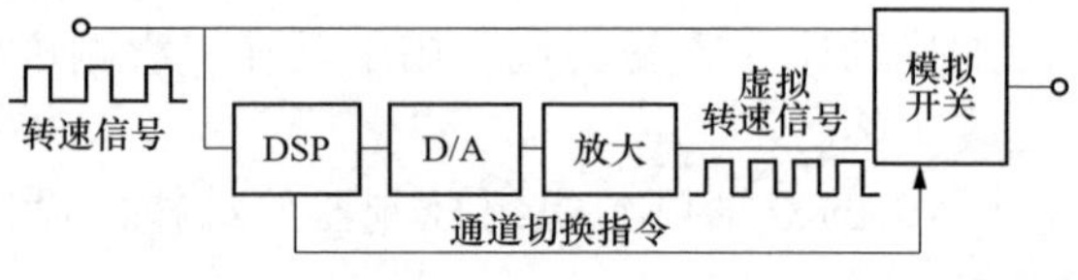

图 2-18 对转速量测信号施加扰动原理图

3. 量测扰动 3：机端电压量测信号扰动

对于级联的无功功率控制器和转子侧电流控制器，可以将量测扰动 1 中辨识出的电流控制器参数［K_{p2}，K_{i2}］作为已知量，再对机端电压量测信号施加一个扰动，就可以辨识无功功率控制器的参数。实现机端电压量测信号扰动的电路如图 2-19 所示，这是一个简单的串联分压电路，图中电压表代表了 DFIG 的电压测量回路。

4. 量测扰动 4：网侧电流量测扰动且屏蔽电容电压量测变化

从图 2-9 的网侧控制器结构图中可以看到，电容电压控制器的量测输入就是直流电容两端的电压，网侧电流控制器的量测输入是网侧控制器输出的电流，且这两个 PI 控制器是级联的。仿照量测扰动 1 的方法，在网侧电流量测信号上施加扰动，同时屏蔽电容电压量测变化，从而在此扰动下仅有网侧电流控制器发生动作，可以单独辨识其参数。

5. 量测扰动 5：直流电容电压量测信号扰动

在量测扰动 4 中获得网侧电流控制器参数后，只需在直流电容电压 u_{dc} 的量测信号上施加扰动，就可以触发电容电压控制器的动作。实现直流电容电压量测信号扰动的电路如图 2-20 所示，这是一个简单的串联分压电路。

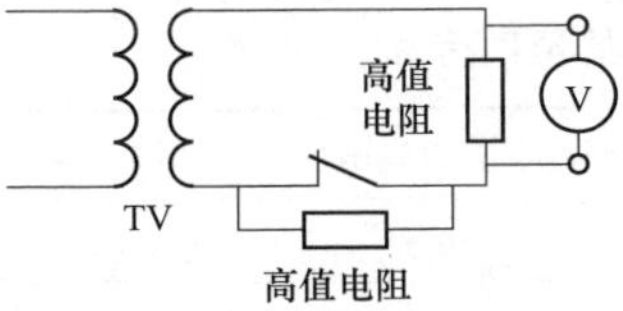

图 2-19　对机端电压量测信号施加扰动原理图

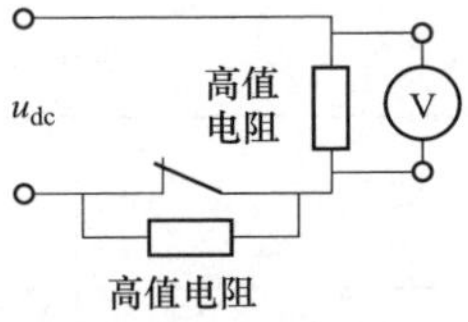

图 2-20　对直流电容电压量测信号施加扰动原理图

通过对上述 5 种扰动的实验设计，触发对应 PI 控制器的动态，辨识与该扰动强相关的控制器参数。在参数辨识之前，需明确参数是否可辨识，以及参数辨识的难易度，下面进一步通过轨迹灵敏度方法，分析对应扰动下的参数可辨识性及辨识的难易度。

（二）参数可辨识性及参数辨识难易度分析

以图 2-11 所示系统为例，分别采用上述的扰动 1～扰动 5，计算控制器参数在上述扰动下的轨迹灵敏度。

首先根据量测扰动 1，在转子电流量测信号施加 5%跌幅的扰动，观测时间共 0.3s，各控制器参数在该扰动下的轨迹灵敏度如图 2-21 所示。

从图 2-21 的轨迹灵敏度可以看出：参数［K_{p2}，K_{i2}］的轨迹灵敏度曲线均不同时过零，因此可区分辨识。

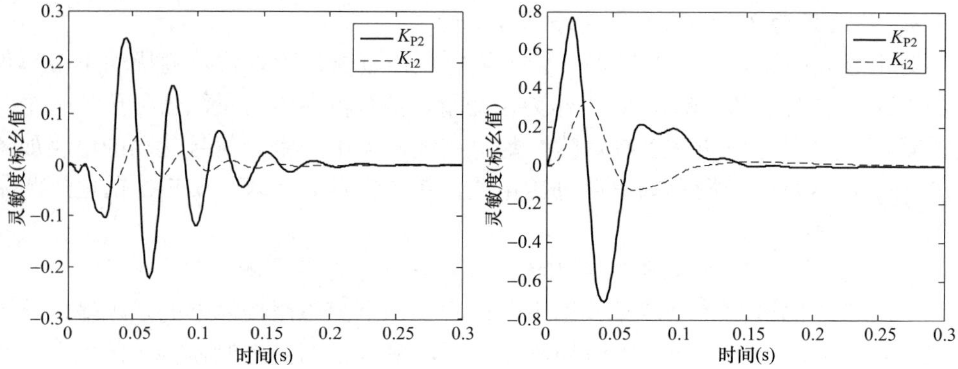

（a）观测量为发电机有功功率　　（b）观测量为发电机无功功率

图 2-21　扰动 1 下［K_{p2}，K_{i2}］的轨迹灵敏度

各控制器参数在扰动 1 下的灵敏度见表 2-5，其中 P_{DFIG} 表示 DFIG 的有功功率响应，Q_{DFIG} 表示 DFIG 的无功功率响应。可以看到，通过屏蔽机端电压的变化，顺利地将转子侧无功功率控制器参数［K_{p1}，K_{i1}］的灵敏度降低到万分之一以下。在该组扰动下，转子侧电流控制器参数［K_{p2}，K_{i2}］的灵敏度最大，以无功功率响应为观测量时优势更加明显，非常有利于这两个参数的单独辨识。

表 2-5　　转子电流量测扰动时各参数的灵敏度

参　数　名	不同观测量的灵敏度	
	P_{DFIG}	Q_{DFIG}
［K_{p1}，K_{i1}］	［0.0000，0.0000］	［0.0000，0.0000］
［K_{p2}，K_{i2}］	［0.0130，0.0085］	［0.0331，0.0196］
［K_{p3}，K_{i3}］	［0.0000，0.0000］	［0.0000，0.0000］
［K_{p4}，K_{i4}］	［0.0014，0.0005］	［0.0011，0.0004］
［K_{p5}，K_{i5}］	［0.0000，0.0000］	［0.0000，0.0000］

根据量测扰动 2：施加一个速度降低 5%的转速信号扰动，持续时间 0.1s，各控制器参数在该扰动下的轨迹灵敏度如图 2-22 所示。

从图 2-22 的轨迹灵敏度可以看出，扰动 2 下参数［K_{p2}，K_{i2}］、［K_{p3}，K_{i3}］的轨迹灵敏度曲线均不同时过零，可区分辨识。

观测时间共 0.5s 内各控制器参数在该扰动下的灵敏度见表 2-6。从表中可以看到，如果以 Q 为观测量，除参数［K_{p2}，K_{i2}］、［K_{p3}，K_{i3}］外，其他参数也有一定的灵敏度，不利于参数［K_{p3}，K_{i3}］的辨识；而以 P 为观测量，则级联的有功功率控制器［K_{p3}，K_{i3}］和转子侧电流控制器参数［K_{p2}，K_{i2}］的灵敏度非常突出。

由于［K_{p2}，K_{i2}］已经量测扰动 1 中辨识得到，因此可以在转速量测信号扰动下单独辨识有功功率控制器的参数［K_{p3}，K_{i3}］。

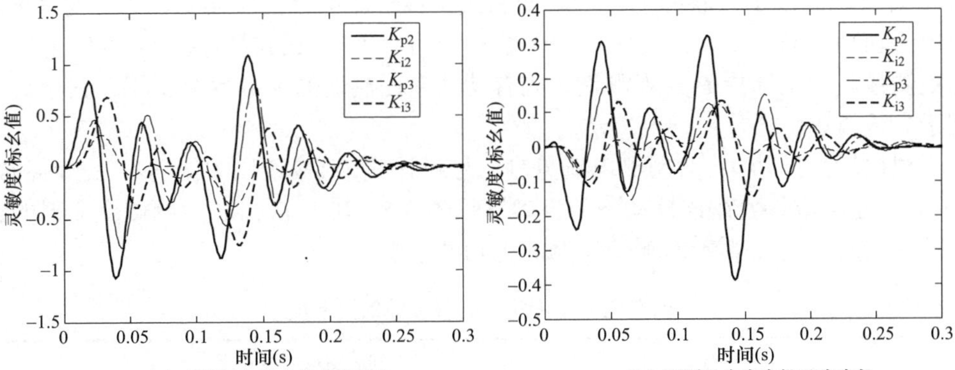

（a）观测量为发电机有功功率　　（b）观测量为发电机无功功率

图 2-22　扰动 2 下［K_{p2}，K_{i2}］、［K_{p3}，K_{i3}］的轨迹灵敏度

表 2-6　　转速量测扰动时各参数的灵敏度

参数名	不同观测量的灵敏度	
	P_{DFIG}	Q_{DFIG}
［K_{p1}，K_{i1}］	［0.0002，0.0003］	［0.0085，0.0516］
［K_{p2}，K_{i2}］	［0.0263，0.0075］	［0.0994，0.0265］
［K_{p3}，K_{i3}］	［0.0207，0.0157］	［0.0628，0.0439］
［K_{p4}，K_{i4}］	［0.0025，0.0004］	［0.0061，0.0010］
［K_{p5}，K_{i5}］	［0.0001，0.0001］	［0.0004，0.0002］

根据量测扰动 3：在机端电压量测信号施加一个 5%跌幅的扰动，观测时间共 0.3s。各控制器参数在该扰动下均可唯一辨识，各参数的灵敏度见表 2-7。

表 2-7　　机端电压量测扰动时各参数的灵敏度

参数名	不同观测量的灵敏度	
	P_{DFIG}	Q_{DFIG}
［K_{p1}，K_{i1}］	［0.0016，0.0046］	［0.2103，1.1900］
［K_{p2}，K_{i2}］	［0.0032，0.0007］	［0.1794，0.0854］
［K_{p3}，K_{i3}］	［0.0035，0.0044］	［0.0090，0.0087］
［K_{p4}，K_{i4}］	［0.0005，0.0001］	［0.0012，0.0002］
［K_{p5}，K_{i5}］	［0.0000，0.0000］	［0.0001，0.0000］

由表 2-7 可见：扰动 3 下参数［K_{p1}，K_{i1}］、［K_{p2}，K_{i2}］的轨迹灵敏度较大。如将量测扰动 1 中辨识出的电流控制器参数［K_{p2}，K_{i2}］作为已知量，此时［K_{p2}，K_{i2}］可辨识。由于级联的无功功率控制器和转子侧电流控制器实现的是对 DFIG 输出无功功率的调节，因此它们的参数对无功功率响应的灵敏度最大，应选择 Q 为观测量。如果选择 P 为观测量，则有功功率控制器的参数也会交织在其中，不利于参数辨识。

根据量测扰动 4：对网侧电流量测信号设计一个 5%跌幅的扰动，观测时间共 0.1s，各控制器参数在该扰动下的灵敏度见表 2-8，其中 P_{Grid} 表示网侧变流器的有功功率响应，Q_{Grid} 表示网侧变流器的无功功率响应。

表 2-8　网侧电流量测扰动时各参数的灵敏度

参　数　名	不同观测量的灵敏度	
	P_{Grid}	Q_{Grid}
［K_{p1}，K_{i1}］	［0.0002，0.0006］	［0.0002，0.0006］
［K_{p2}，K_{i2}］	［0.0002，0.0001］	［0.0002，0.0001］
［K_{p3}，K_{i3}］	［0.0001，0.0001］	［0.0001，0.0001］
［K_{p4}，K_{i4}］	［0.0000，0.0000］	［0.0000，0.0000］
［K_{p5}，K_{i5}］	［0.0046，0.0015］	［0.0157，0.0018］

从表 2-8 可以看到：屏蔽电容电压量测变化后，电容电压控制器的作用也被屏蔽；由于网侧电流控制器同时调节网侧变流器输出的有功功率、无功功率，因此其参数［K_{p5}，K_{i5}］对 P_{Grid} 和 Q_{Grid} 的灵敏度相当，但 Q_{Grid} 的灵敏度稍大。

根据量测扰动 5：对直流电容电压量测信号设计一个 5%跌幅的扰动，观测时间共 0.3s。由于电容电压控制器和网侧电流控制器级联回路主要通过调节网侧变流器的有功功率来实现对直流电容电压的调节，因此选择了 P_{Grid} 和 u_{dc} 作为观测量进行比较，各控制器参数在该扰动下的灵敏度见表 2-9。表中可以看到，如果选 P_{Grid} 作为观测量，则［K_{p4}，K_{i4}］的灵敏度并不突出，而以 U_{dc} 为观测量时，［K_{p4}，K_{i4}］的主导作用相对比较明显。

表 2-9　网侧电流量测扰动时各参数的灵敏度

参　数　名	不同观测量的灵敏度	
	P_{Grid}	u_{dc}
［K_{p1}，K_{i1}］	［0.0016，0.0023］	［0.0001，0.0001］
［K_{p2}，K_{i2}］	［0.0158，0.0023］	［0.0007，0.0001］

续表

参 数 名	不同观测量的灵敏度	
	P_{Grid}	u_{dc}
[K_{p3}，K_{i3}]	[0.0191，0.0131]	[0.0008，0.0006]
[K_{p4}，K_{i4}]	[0.0817，0.0112]	[0.0051，0.0017]
[K_{p5}，K_{i5}]	[0.0682，0.0037]	[0.0007，0.0002]

将上述各种扰动下所能辨识的重点参数、参数辨识的次序以及使用的观测量列于表 2-10。其中，“√”表示辨识某组参数时选用了该量测扰动。从表中可以看到，通过合理地设置量测信号扰动及屏蔽某些信号，可以使每个 PI 控制器的两个参数在特定扰动下被单独辨识，既有效地保证了参数的可辨识性，也提高了辨识算法的收敛速度和精度。

表 2-10 DFIG 控制器参数的辨识流程

辨识次序	控制器参数	量 测 扰 动					观测量
		1	2	3	4	5	
1	[K_{p2}，K_{i2}]	√					Q_{DFIG}
2	[K_{p1}，K_{i1}]		√				Q_{DFIG}
3	[K_{p3}，K_{i3}]			√			P_{DFIG}
4	[K_{p5}，K_{i5}]				√		Q_{Grid}
5	[K_{p4}，K_{i4}]					√	u_{dc}

（三）控制器参数的辨识策略及辨识结果

图 2-23 给出了控制器参数的辨识流程。首先根据扰动 1 辨识控制器参数[K_{p2}，K_{i2}]，再将辨识得到的 [K_{p2}，K_{i2}] 作为已知值，根据扰动 2 和扰动 3 分别辨识控制环节参数 [K_{p1}，K_{i1}] 和 [K_{p3}，K_{i3}]。进一步根据扰动 4，辨识网侧控制器参数 [K_{p5}，K_{i5}]；将辨识得到的 [K_{p5}，K_{i5}] 作为已知值，根据扰动 5 辨识参数 [K_{p4}，K_{i4}]。辨识算法使用标准粒子群算法。

采用如图 2-11 所示的测试系统，待辨识参数的真值以及参数的搜索范围见表 2-11。参数的搜索范围略小于该参数能够使 DFIG 从零初始状态顺利进入稳态运行的取值范围，是在对所有参数逐个进行测试后获得的。可以看到，各个参数的搜索范围都较大，有助于验证方法的有效性。使用的粒子群算法中，粒子数量设置为 20 个，迭代次数上限为 50 次，惯性权重从 0.9～0.45 按迭代次数递减，学习因子 C_1=C_2=2。

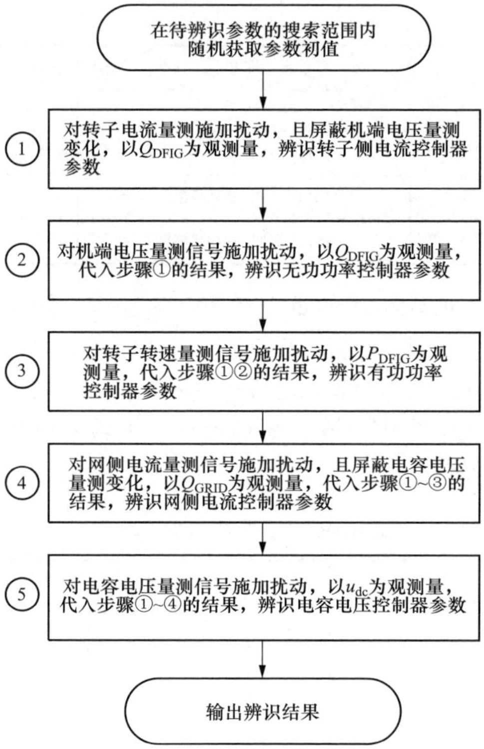

图 2-23　控制器参数的辨识流程

表 2-11　　控制器参数真值及其搜索范围

参　　数	真　　值	搜　索　范　围
K_{p1}	1.25	0.1～5
K_{p2}	0.3	0.1～2.4
K_{p3}	1	0.1～4
K_{p4}	0.002	0.0001～0.02
K_{p5}	1	0.1～1.1
K_{i1}	300	10～700
K_{i2}	8	0.1～32
K_{i3}	100	10～200
K_{i4}	0.05	0.1～0.5
K_{i5}	100	10～400

根据图 2-23 的辨识流程，首先在各个参数的搜索范围内随机生成一组参数的初值，如表 2-12 中第 3 列所示。对比表 2-11 中各个参数的真值，可以看到这组随机初值的偏差很大，可以用来模拟控制器参数完全未知的场景。参数的辨识结果见表 2-12。

表 2-12　　控制器参数辨识结果

参　数	真　值	随机初值	辨识结果	辨识误差/%
K_{p2}	0.3	1.9739	0.2960	−1.3333
K_{i2}/s^{-1}	8	28.995	8.1979	2.4738
K_{p1}	1.25	1.5771	1.2279	−1.7680
K_{i1}/s^{-1}	300	493.76	298.48	−0.5067
K_{p3}	1	2.6987	0.9451	−5.4900
K_{i3}/s^{-1}	100	112.43	93.747	−6.2530
K_{p5}	1	0.5177	1.0068	0.6800
K_{i5}/s^{-1}	100	393.39	102.11	2.1100
K_{p4}	0.002	0.0055	0.0020	0.0000
K_{i4}/s^{-1}	0.05	0.4719	0.0494	1.2000

注　表中未标单位的为标幺值。

各个控制器参数经过第一轮辨识后就已经有不错的精度，其中仅有［K_{p3}，K_{i3}］与真值的误差大于 5%。从表 2-7 的灵敏度数据中可以看到，采用转速量测信号扰动辨识有功功率控制器参数［K_{p3}，K_{i3}］时，电容电压控制器中参数 K_{p4} 的灵敏度大约是 K_{p3} 的 1/8，K_{i3} 的 1/6，而 K_{p4} 初值偏离真值近 3 倍，有可能造成了［K_{p3}，K_{i3}］的辨识误差。后面将研究通过交叉辨识，来进一步提高辨识精度。

四、传动系统的参数辨识

（一）实验设计

以图 2-11 所示系统为例。将前述辨识得到的风力机以及控制器参数作为已知。并从第一节的模型可解耦性分析可知：双馈风电机组的传动系统与电气部分耦合性较弱。因此在参数辨识时，可先假定发电机的参数，根据阵风激励辨识传动系统的参数。

（二）可辨识性与辨识难易度分析

设在 t=5s 输入侧受阵风激励，图 2-24～图 2-27 分别列出了该故障下 4 个不同观测量的轨迹灵敏度。

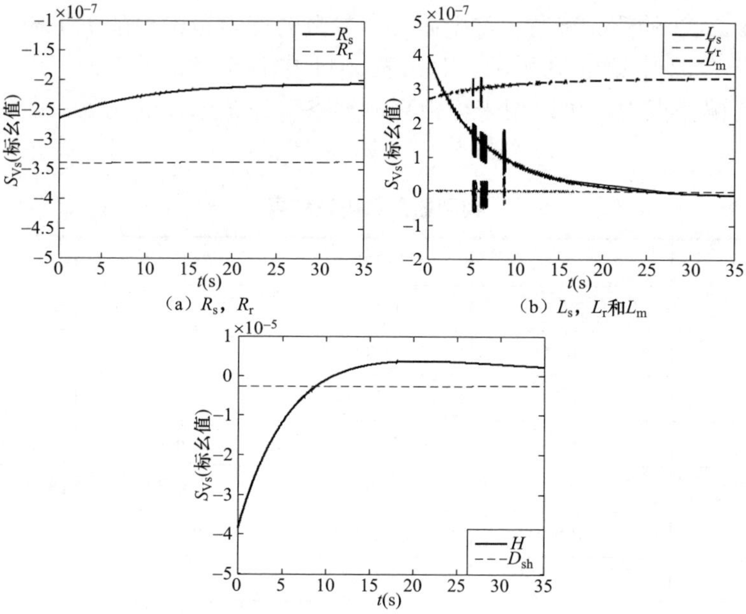

（a）R_s，R_r　（b）L_s，L_r和L_m

（c）H和D_{sh}

图 2-24　观测量为风电机组出口电压 U_s

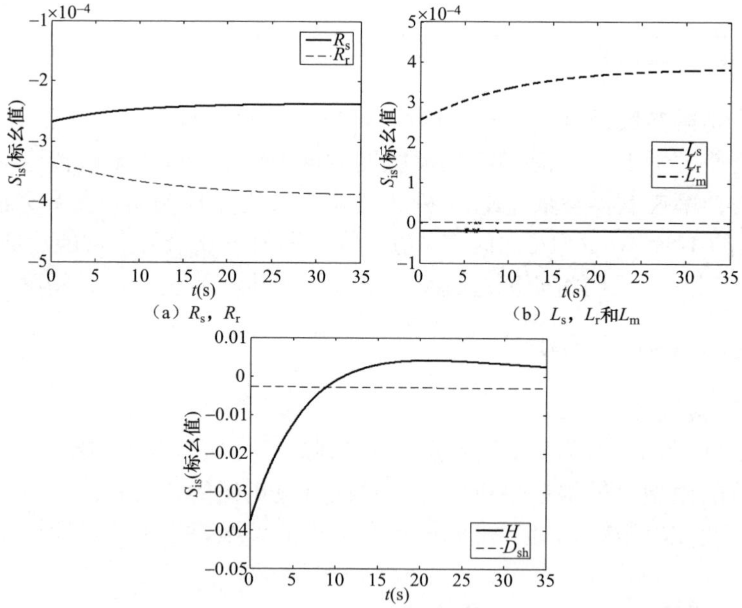

（a）R_s，R_r　（b）L_s，L_r和L_m

（c）H和D_{sh}

图 2-25　观测量为风电机组出口电流 I_s

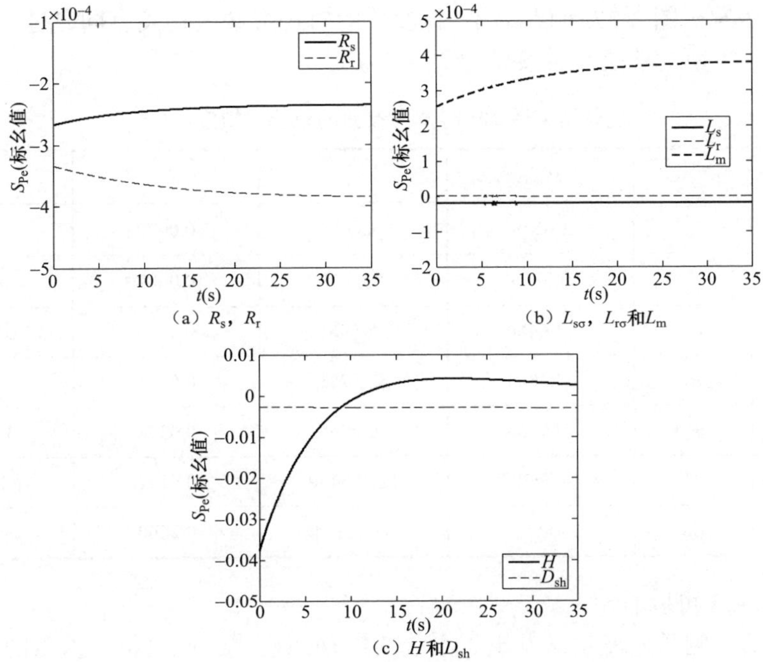

（a）R_s，R_r　（b）$L_{s\sigma}$，$L_{r\sigma}$和L_m　（c）H和D_{sh}

图 2-26　观测量为风电机组有功功率 P_{DFIG}

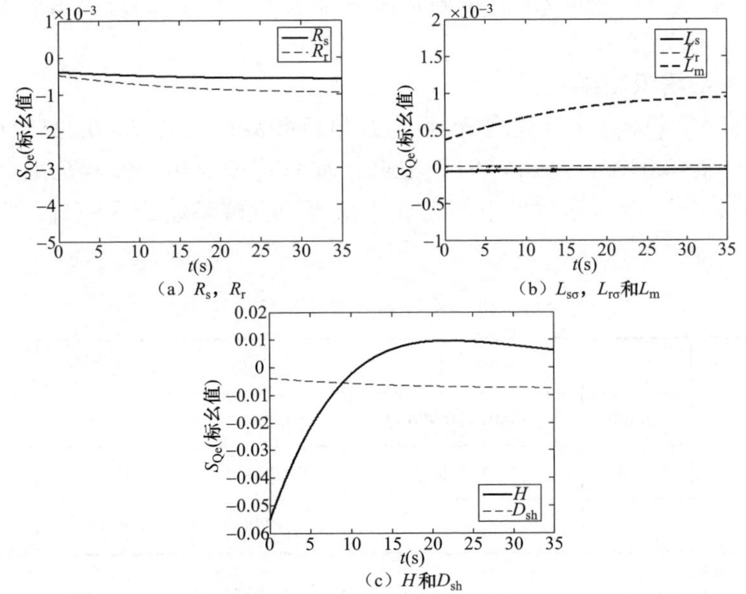

（a）R_s，R_r　（b）$L_{s\sigma}$，$L_{r\sigma}$和L_m　（c）H和D_{sh}

图 2-27　观测量为风电机组无功功率 Q_{DFIG}

从图 2-24～图 2-27 可以看出：各参数的轨迹灵敏度均没有同时过零点，可区分辨识。各参数的轨迹灵敏度结果见表 2-13。

表 2-13　　扰动结束后 20s 时窗内参数的轨迹灵敏度×10^{-4}

模型参数		P_{DFIG}	Q_{DFIG}	U_s	I_s
电气参数	$L_{s\sigma}$	1.9549	5.3796	0.0070	1.9803
	$L_{r\sigma}$	0.0360	0.0957	0.0002	0.0363
	L_m	34.6466	75.5961	0.0319	34.8192
	R_s	24.3083	52.1723	0.0221	24.4280
	R_r	37.0584	80.2866	0.0338	37.2423
机械参数	H	645.6709	1219.6450	0.6127	648.4093
	D_{sh}	290.5878	629.3274	0.2660	292.0274

由表 2-13 可以看出：

（1）输入侧风速变化激发出了系统的慢动态模式。此时机械参数的灵敏度普遍较大，容易辨识；而电气参数灵敏度普遍较小，难以辨识。

（2）各参数在观测量 Q_{DFIG} 的轨迹灵敏度最大，在 U_s 轨迹灵敏度最小。因此宜选择 Q_{DFIG} 作为观测量。

（三）参数辨识结果

以无功功率 Q_{DFIG} 作为观测量，设定发电机参数初始值：L_s=0.2354，L_r=0.0521，L_m=5.3029，R_s=0.0322，R_r=0.0091。根据传动系统参数初始搜索范围，获得各参数的初始估计。根据风速扰动下的受扰轨线辨识机械参数 H 和 D_{sh}。辨识结果见表 2-14。

表 2-14　　传动系统参数辨识结果

参　　数	真值	搜索范围	随机初值	辨识结果	误差（%）
H	5.0400	［0.5040，10.0000］	10.0000	5.0468	0.1349
D_{sh}	0.0100	［0，0.1000］	0.10000	0.0087	13.0000
适应度值 L	—	—	0.1738	0.0016	—

由表 2-14 可以看出：即使参数的初始值离真实值较远，传动系统参数仍具有较好的辨识精度。同时参数 H 的灵敏度较高，因此辨识精度也较好。

五、双馈风力发电机的参数辨识

（一）实验设计

以图 2-1 所示系统为例。将前述辨识得到的风力机以及控制器参数作为已知。并从第一节的模型可解耦性分析可知：DFIG 的传动系统与电气部分存在弱耦合性。因此在辨识发电机时，先设定传动系统的参数值，根据电网侧故障下观测量的受扰轨迹辨识发电机参数。

（二）可辨识性与辨识难易度分析

扰动设置为 t=0s 时发电机出口发生瞬时性三相短路故障，故障持续 0.15s 后消失，系统恢复至原状态。图 2-28～图 2-31 分别列出了该故障下 4 个不同观测量的轨迹灵敏度。

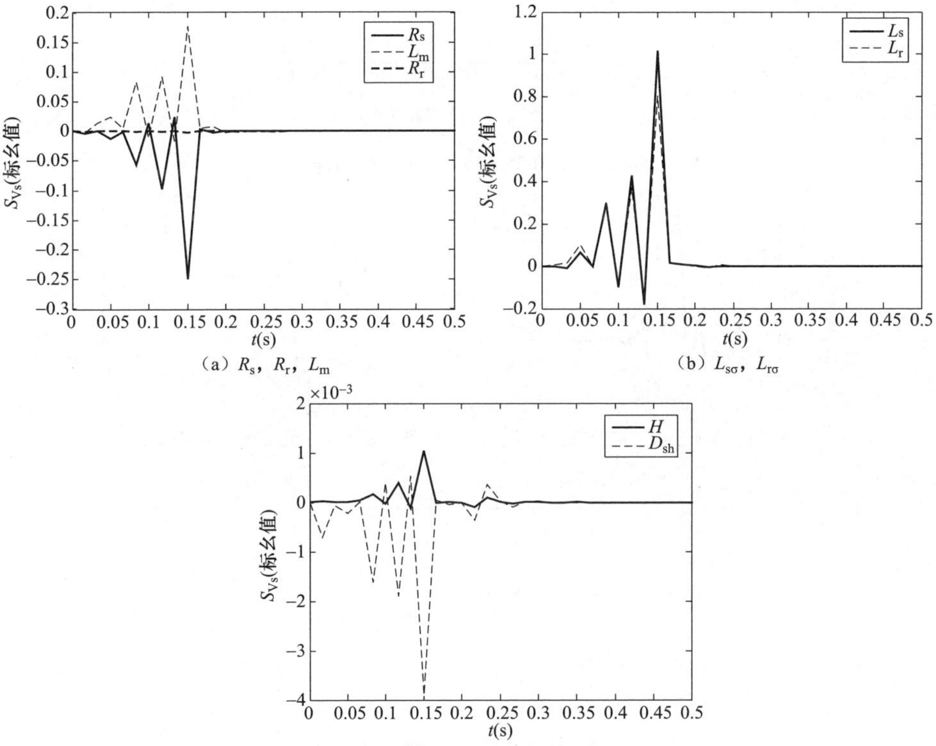

（a）R_s，R_r，L_m　（b）$L_{s\sigma}$，$L_{r\sigma}$

（c）H和D_{sh}

图 2-28　观测量为风电机组出口电压 U_s

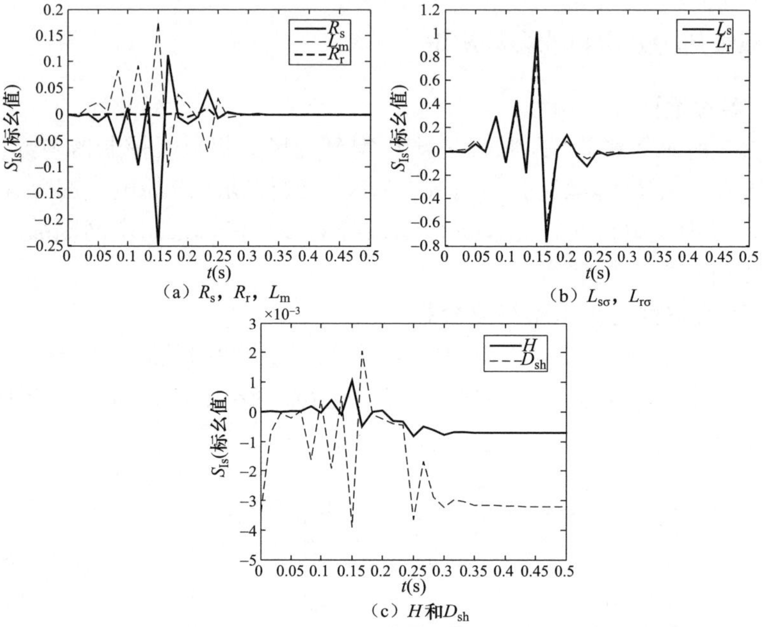

（a）R_s，R_r，L_m

（b）$L_{s\sigma}$，$L_{r\sigma}$

（c）H和D_{sh}

图 2-29　观测量为风电机组电流 I_s

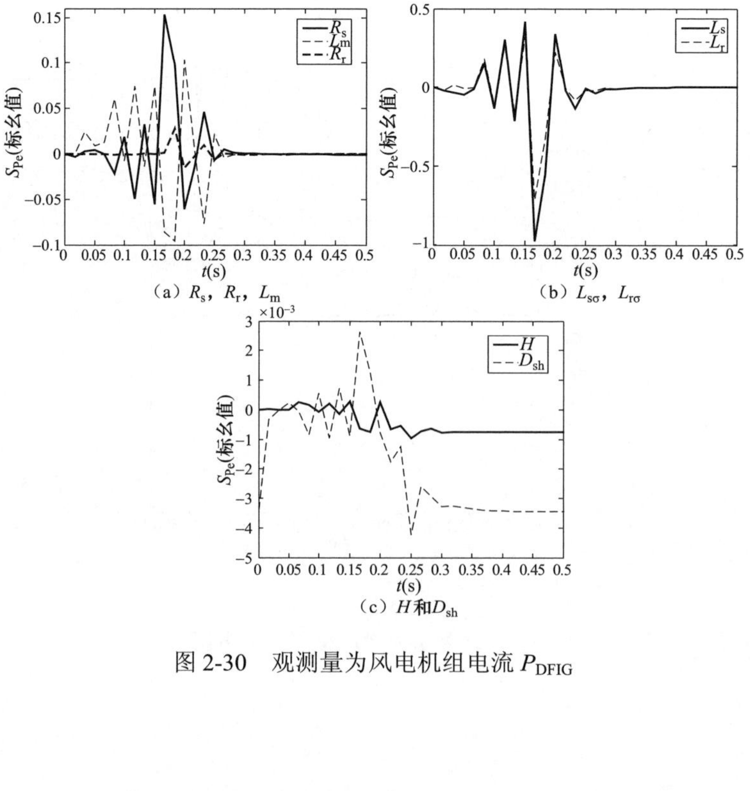

（a）R_s，R_r，L_m

（b）$L_{s\sigma}$，$L_{r\sigma}$

（c）H和D_{sh}

图 2-30　观测量为风电机组电流 P_{DFIG}

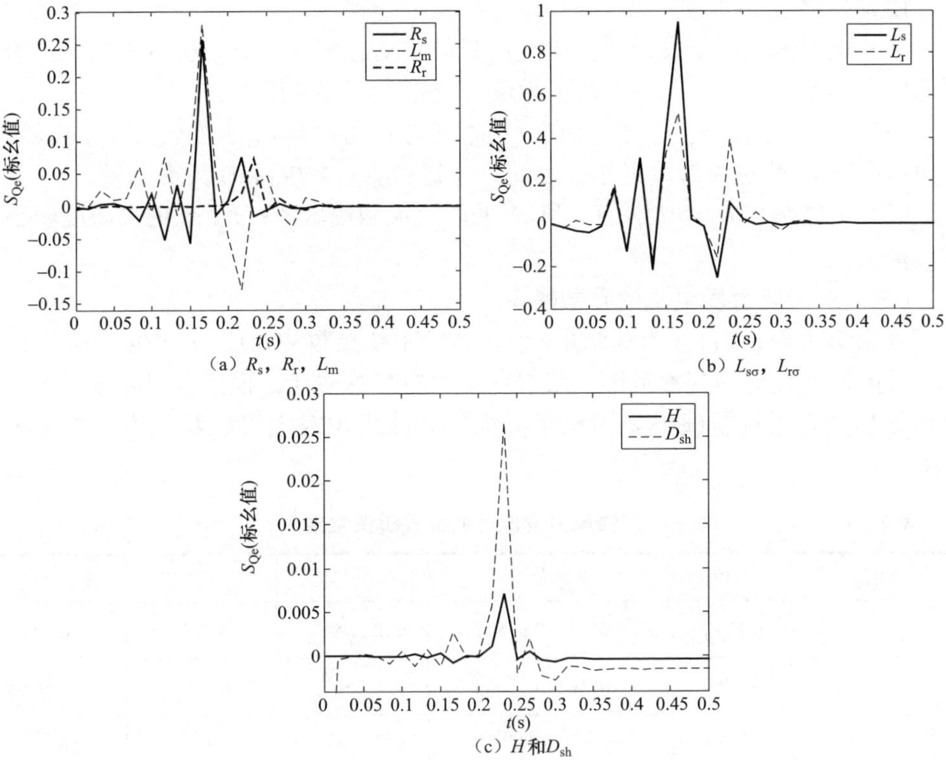

（a）R_s，R_r，L_m　（b）$L_{s\sigma}$，$L_{r\sigma}$　（c）H和D_{sh}

图 2-31　观测量为风电机组有功功率 Q_{DFIG}

从图 2-28～图 2-31 可以看出：参数 L_s 和 L_r 的轨迹灵敏度相位接近一致，难以区分辨识；其他参数均可区分辨识。

发电机各参数的轨迹灵敏度见表 2-15。

表 2-15　　故障消除后 0.5s 时窗内参数的轨迹灵敏度

模型参数		P_{DFIG}	Q_{DFIG}	U_s	I_s
电气参数	$L_{s\sigma}$	1.0029	0.6579	0.0142	0.5464
	$L_{r\sigma}$	0.6740	0.5992	0.0174	0.4067
	L_m	0.1897	0.3147	0.0087	0.1348
	R_s	0.1865	0.1865	0.0038	0.0960
	R_r	0.0330	0.0610	0.0016	0.0170
机械参数	H	0.0072	0.0072	0.0001	0.0059
	D_{sh}	0.0295	0.0293	0.0005	0.0251

由表 2-15 可以看出：

（1）电网侧故障激发出系统电气部分的快动态模式。此时机械参数的灵敏度普遍较小，难以辨识；电气参数灵敏度普遍较大，容易辨识。

（2）各参数在观测量为无功功率 Q_{DFIG} 或有功功率 P_{DFIG} 上的轨迹灵敏度较大，在出口电压 U_s 轨迹灵敏度最小。因此宜选择 Q_{DFIG} 或 P_{DFIG} 作为观测量。

（3）电气参数 $L_{s\sigma}$、$L_{r\sigma}$、L_m 和 R_s 的轨迹灵敏度较大；而 R_r 的灵敏度较小，难以辨识。

（三）双馈风力发电机的参数辨识

以无功功率 Q_{DFIG} 作为观测量，设定传动系统参数初始值：H=10s，D_{sh}=0.1pu。设定发电机参数初始搜索范围，获得各参数的初始估计。根据电网侧故障下的发电机无功功率受扰轨线，采用粒子群优化算法辨识发电机参数，辨识结果见表 2-16。

表 2-16　　双馈风力发电机的参数辨识结果

参数		真值	搜索范围	随机初值	辨识结果	误差（%）
电气参数	$L_{s\sigma}$	0.1710	[0.0171，0.8550]	0.2354	0.2124	24.2105
	$L_{r\sigma}$	0.1560	[0.0156，0.7800]	0.0521	0.1067	−31.6020
	L_m	2.9000	[0.2900，10.0000]	5.3029	3.1770	9.5517
	R_s	0.0076	[0，0.0380]	0.0322	0.0080	5.2632
	R_r	0.0050	[0，0.0250]	0.0091	0.0053	6.0000
	$L_{s\sigma}+L_{r\sigma}$	0.3270	—	0.2875	0.3191	−2.4159
适应度值 L_1		—	—	0.1474	0.0035	—

由表 2-16 可以看出：①由于参数 L_s 和 L_r 不能够区分辨识，故它们各自的辨识误差较大；但 $L_{s\sigma}+L_{r\sigma}$ 可辨识，且辨识精度较高；②参数 R_r 的灵敏度较低，但表中辨识精度较高，这是因为其初始估计值离真值较近；③各参数的初始搜索范围给得较宽时，各参数的辨识精度都小于 10%。说明本辨识方法的可行性。

六、交叉辨识

（一）控制器不同环节之间的交叉辨识

虽然在不同的量测信号扰动下，只有对应的 PI 控制器的参数灵敏度最大，并且也只辨识该 PI 控制器的参数。但是从表 2-5～表 2-9 中可以看到，非辨识参数的灵敏度并不都等于零，具有一定灵敏度的非辨识参数也会对 DFIG 的动态响应产生或多或少的影响。这意味着，不准确的非辨识参数必定会造成待辨识参数的辨识误差。为此，这里提出控制器不同环节“分合协调”的参数辨识策略，如图 2-32 所示。

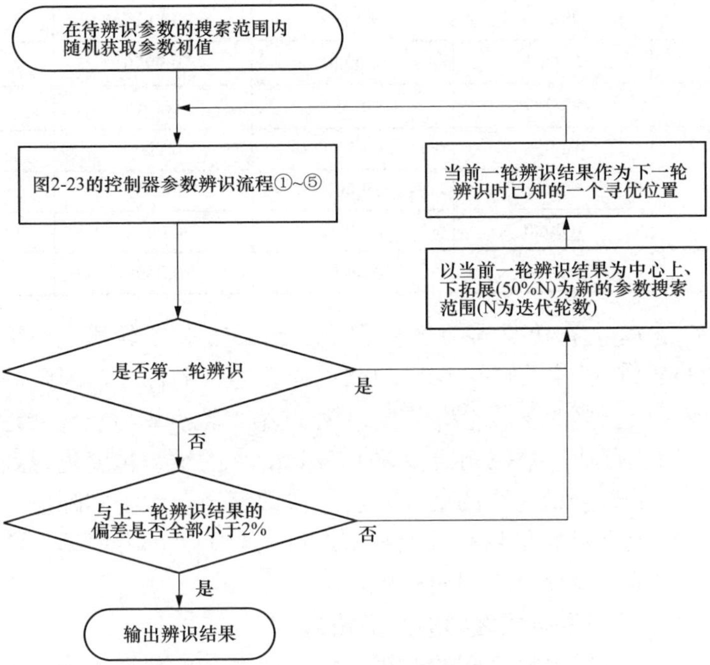

图 2-32　控制器参数的“分合协调”辨识流程

控制器“分合协调”的参数辨识步骤如下：

步骤 1：按照图 2-23 所示的控制器参数流程，获得第一轮的参数辨识结果；

步骤 2：将前一轮的参数辨识结果作为初始值，将该轮的参数搜索范围设置为前一轮辨识结果的±50%，重新按照图 2-23 的辨识流程进行下一轮辨识；

步骤 3：比较该轮与上一轮辨识结果，当所有参数前后 2 轮的偏差小于某一阈值（这里设为 2%），辨识结束并输出辨识结果；否则回到步骤 2，继续辨识。

以表 2-10 的控制器参数辨识结果作为初始值，重新按照图 2-23 的辨识流程辨识控制器各参数。各轮次的参数辨识结果见表 2-17。

表 2-17　控制器参数“分合协调”辨识结果

参　　数	第一轮辨识	第二轮辨识	第三轮辨识	辨识误差（%）
K_{p2}	0.2960	0.3010	0.3005	0.167
K_{i2}	8.1979	7.9849	8.0031	0.039

续表

参　　数	第一轮辨识	第二轮辨识	第三轮辨识	辨识误差（%）
K_{p1}	1.2279	1.2524	1.2524	0.192
K_{i1}	298.48	300.19	300.19	0.063
K_{p3}	0.9451	1.0026	0.9990	0.100
K_{i3}	93.747	101.57	100.17	0.170
K_{p5}	1.0068	0.9999	0.9999	0.010
K_{i5}	102.11	99.462	99.533	0.467
K_{p4}	0.0020	0.0020	0.0020	0.000
K_{i4}	0.0494	0.0499	0.0499	0.200

由于［K_{p3}，K_{i3}］在第 2 轮参数中得到的结果较第 1 轮辨识结果的变化达到［6.084%，8.344%］超过了偏差小于 2.0%而停止迭代的标准，因此进行了第 3 轮辨识。电容电压控制器的参数［K_{p4}，K_{i4}］经过第 1 轮辨识后已经接近真值，因此在第 2 轮辨识时，有功功率控制器参数［K_{p3}，K_{i3}］的辨识精度也得到了很大的提高。总体来说，随着辨识轮次的增加，辨识参数逐渐接近于实际值，说明增加交叉辨识环节整体上可提高参数的辨识精度。这表明了“分合协调”的参数辨识策略对于提高参数辨识精度所起到的积极作用。

（二）传动系统与发电机之间的交叉辨识

由于传动系统与发电机之间的弱耦合性，前面在单独辨识传动系统参数时，给定了发电机参数的初始估计；在单独辨识发电机参数时，设定了传动系统参数的初始估计。然因传动系统与发电机动态之间不是完全独立可辨识的，当发电机参数的初始估计误差较大时，也有可能影响传动系统的参数辨识精度；同样，当传动系统参数的初始估计误差较大时，也可能影响到发电机参数的辨识精度。

为此采用“分合协调”的参数辨识策略：即将第二节的传动系统和发电机的参数辨识作为第一轮辨识结果，在此基础上进一步采用“分合协调”的辨识策略，步骤如下：

步骤 1：首先将前一轮辨识得到的传动系统参数作为已知值，并将前一轮辨识得到的发电机参数作为初始值，基于电网侧故障下的发电机无功功率受扰轨线，采用粒子群优化算法重新辨识发电机参数；

步骤 2：将本轮辨识得到的发电机参数作为已知值，将前一轮辨识得到的传动系统参数作为初始值，基于风速扰动下发电机有功功率受扰轨线，采用粒子群优化算法重新辨识传动系统参数；

步骤 3：将本轮的辨识结果与上一轮的参数辨识结果进行比较，如各参数前后两轮的辨识结果偏差较大（这里设为 2%），重新回到步骤 1，否则“分合协调”辨识过程结束并输出传动系统及发电机的参数辨识结果。

传动系统及发电机的“分合协调”辨识流程见图 2-33。

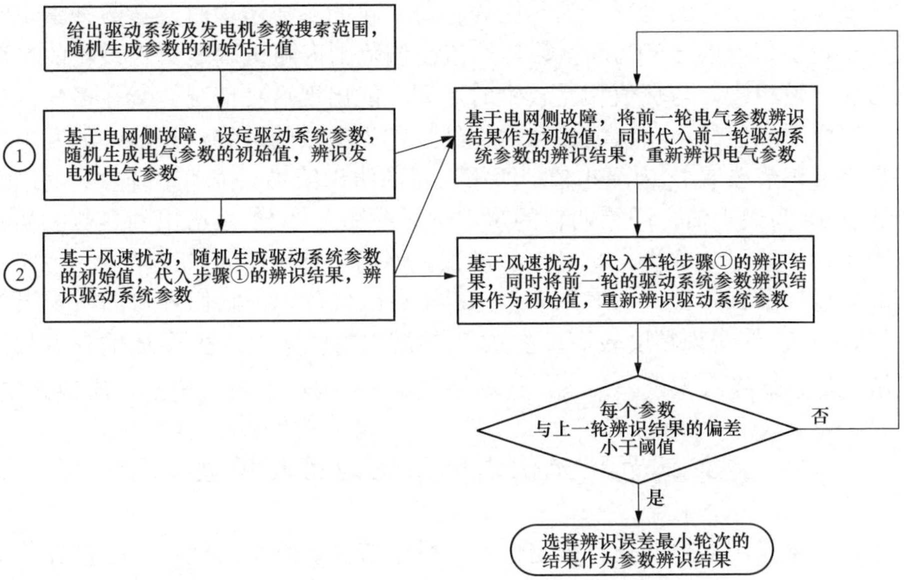

图 2-33 传动系统及发电机的“分合协调”辨识流程

以表 2-16 和表 2-17 的分块辨识结果作为第一轮辨识结果，进一步按照图 2-33 的辨识策略，传动系统及发电机参数的多轮次“分合协调”辨识结果见表 2-18。

表 2-18 传动系统及发电机参数的多轮次“分合协调”辨识结果

参数		真值	第一轮分块辨识	第二轮交叉辨识	第三轮交叉辨识	第四轮交叉辨识	辨识误差（%）
发电机参数	$L_{s\sigma}$	0.1710	0.2124	0.2073	0.1712	0.1728	0.1170
	$L_{r\sigma}$	0.1560	0.1067	0.1159	0.1536	0.1572	–1.5385
	L_m	2.9000	3.1770	3.1497	2.9053	2.9088	0.1827
	R_s	0.0076	0.0080	0.0094	0.0073	0.0082	3.9473
	R_r	0.0050	0.0053	0.0049	0.0059	0.0035	18.0000
	$L_{s\sigma}+L_{r\sigma}$	0.3270	0.3191	0.3232	0.3248	0.3310	–0.6728
适应度值 L_1		—	0.0035	0.0041	0.0028	0.0033	—
传动系统参数	H	5.0400	5.0468	5.0446	5.0457	5.0397	–0.0060
	D_{sh}	0.0100	0.0087	0.01030	0.0103	0.0103	3.0000
适应度值 L_2（$\times10^{-4}$）		—	16.0000	6.7612	7.7370	0.1262	—

根据前后轮次的误差判别标准，需经过 4 轮辨识。由表 2-18 辨识结果可以看出：①总体来说，随着交叉辨识轮次的增加，辨识参数逐渐接近于实际值，说明增加交叉辨识环节整体上可提高参数的辨识精度。偶尔也可能会出现后某轮次的辨识精度小于前一轮的情况，这是因为在每一轮的参数辨识时，参数搜索范围设定为前一轮辨识值的±50%，参数初始值在该范围内随机确定。当该轮的参数初始值与前一轮相比，与真值相差较大时，有可能出现这种情况。②在多轮次的辨识中，选取适应值最小轮次的参数辨识结果作为参数的最终辨识值：如发电机参数的最终辨识值选取 L_1 为最小值，即第三轮的辨识结果；传动系统参数的最终辨识值选取 L_2 为最小值，即第四轮的辨识结果；③表 2-18 中给出的参数的初始搜索范围较宽，采用“分块—交叉”的辨识策略仍具有较高的辨识精度，说明了本方法的可行性及强壮性；④参数 $L_{s\sigma}$、$L_{r\sigma}$ 不可区分辨识，它们各自的辨识误差较大，但 $L_{s\sigma}+L_{r\sigma}$ 的辨识精度较高；参数 R_s 的辨识精度次之；参数 R_r 的自身数值小且灵敏度低，最终辨识误差最大；传动系统参数中 D_{sh} 的灵敏度小，辨识误差大。

第三节　光伏发电系统的仿真模型

相比于风能，太阳能具有稳定性好、受季节性影响小的优点，在世界范围内得到了快速的发展，特别是在美国、日本、德国等发达国家已开始了大规模光伏发展计划和太阳能屋顶计划。规模化和大型化的光伏发电产业也已成为我国可再生能源发展战略的重要组成部分，是引导光伏产业发展的重要途径。但由于太阳能发电与传统电源在特性上具有较大差异，对其并网运行特性的研究成为目前太阳能发电产业和电力行业共同关心的重要课题。

太阳能发电主要有两大方向[67-70]：太阳能光热发电和太阳能光伏发电。太阳能光热发电是利用集热器将太阳能转换成热能并通过热力循环过程进行发电。根据国际能源署和欧洲太阳能光热发电协会预测，2020 年将达到 3000 万 kW，2025 年 6000 万 kW。与太阳能光伏发电系统相比，其特点在于储能更容易，可实现 24h 不间断发电。此外，该系统能与传统涡轮发电机电站实现无缝结合，改造成本较低。太阳能光伏发电是利用光伏电池将太阳能直接转变为电能。太阳能光伏发电系统主要由光伏电池板、控制器和逆变器 3 大部分组成。目前应用最广泛的太阳能电池包括单晶体硅光伏电池、多晶硅光伏电池以及薄膜光伏电池[71-72]等。

由于目前光热发电在集成优化设计、高温部件制造及维护等方面存在技术瓶颈，还没有进入大规模商业化建设阶段。因此，本节主要介绍太阳能光伏发电系统的模型。

一、太阳能光伏发电系统的结构

太阳能光伏发电系统结构如图 2-34 所示，它由光伏阵列、DC/DC 变换器、基于 PWM 的逆变器及其控制器、滤波器组成。光伏阵列所发出的直流电能，经逆变器变换为与电网同频率的交流电能送入电网。

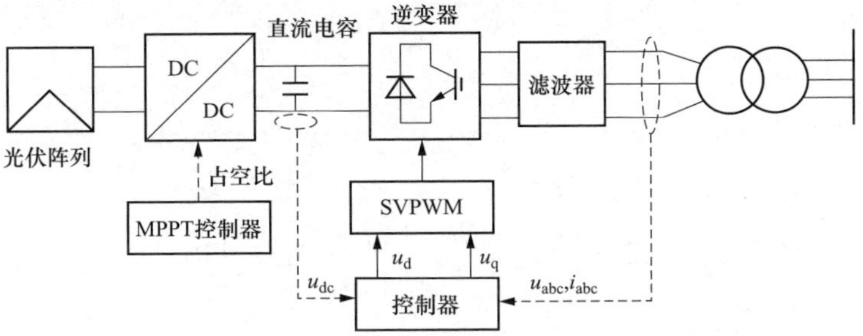

图 2-34　光伏发电系统结构

图 2-34 中，光伏阵列实现将太阳能转换为直流电能的功能；DC/DC 变换器功能是阻抗变换器，通过调节变换器开关的占空比来调节负载，从而实现光伏阵列的最大功率点跟踪；逆变器实现将直流电转换为与电网同步的交流电；滤波器实现滤波功能；变压器实现电压变换的功能。

最大功率点跟踪过程实际上是动态寻优过程，通过控制光伏电池输出电压控制最大功率输出，其原理是检测光伏阵列在不同工况的最大功率点，通过比较寻优，确定光伏阵列在一定光照和温度条件下输出最大功率时对应的工作电压，使阵列在不同的日照和温度环境下自动输出最大功率。目前常用的最大功率跟踪算法有恒压法、扰动观察法及电导增量法等，此外还有模糊控制法、最优梯度法、神经网络控制、基于优化算法的控制方法等，这些方法在系统复杂度、实现难易、跟踪速度和精度、硬件要求等方面各有优缺点，但控制的基本思想类似。

二、太阳能光伏发电系统的模型

（一）光伏阵列模型

光伏阵列由光伏电池串、并联组成，产生的电能通过逆变器和相应的滤波器输送到电网。单独的光伏电池功率很小，一般将大量的光伏电池串、并联构成光伏阵列。

1. 光伏电池模型

（1）机理模型。晶体硅光伏电池通常采用双二极管模型结构[73—78]，见图 2-35（a）。根据基尔霍夫定律可得其输出电流与端口电压的关系，如下

$$I = I_{ph} - I_{d1}\left[e^{\frac{q(U+IR_s)}{KT}} - 1\right] - I_{d2}\left[e^{\frac{q(U+IR_s)}{AKT}} - 1\right] - \frac{U + IR_s}{R_p} \tag{2-66}$$

对于非晶体硅光伏电池，图 2-35（b）所示的单二极管模型能更好描述其特性。输出电流可表示为

$$I = I_{ph} - I_s\left[e^{\frac{q(U+IR_s)}{AKT}} - 1\right] - \frac{U + IR_s}{R_p} \tag{2-67}$$

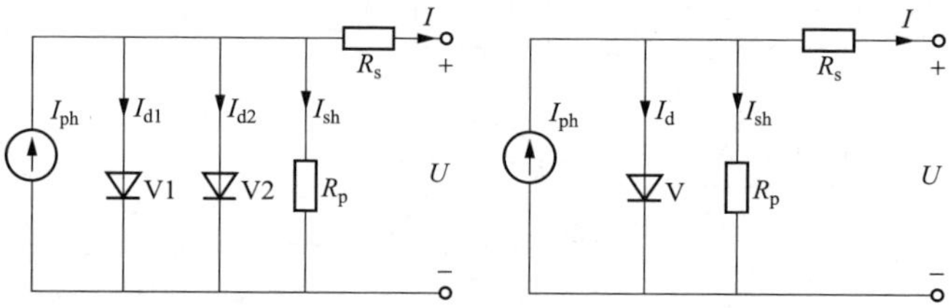

（a）双二极管模型　　（b）单二极管模型

图 2-35　光伏电池的等效电路

式中：U 和 I 分别为光伏电池的输出端电压和输出端电流；I_{ph} 为光生电流，其值正比于光伏电池的面积和入射光的辐射强度，而且会随环境温度的升高而略有上升；I_{d1}、I_{d2} 分别为二极管 D1 和二极管 D2 的反向饱和电流；I_{sh} 为光伏电池的漏电流；R_s 和 R_p 分别为等效串联阻抗和并联阻抗。T 为光伏电池热力学温度（K）；q 为电荷常量（1.6×10^{-19}C）；K 为波耳兹曼常数（1.38×10^{-23}J/K）；A 为二极管特性参数且 $1\leqslant A\leqslant 2$。当光伏电池输出高电压时 A=1，输出低电压时 A=2。

上述根据物理机理建立的光伏电池模型，其准确度较高，可真实反映电池在不同环境下的输出特性。但模型中涉及的光生电流、反向饱和电流等参数与电池的外特性参数没有对应关系，难以通过实际测量获取；且这些参数还与环境因素有关，通常为一定的取值范围。

（2）实用模型。工程上常采用光伏电池的实用模型，它不对光伏电池的物理本质进行描述，而仅模拟电池的外部特性。建模时根据电池的短路电流及开路电压等实测参数构建出光伏电池输出特性表达式，推导如下：

在式（2-67）的模型中，通常 R_p 数值较大，R_s 数值较小。忽略这 2 个参数时，$I_{ph}=I_{sc}$，$U=U_D$，则式（2-67）可变为

$$I = I_{sc} - I_s\left(e^{\frac{qU_D}{AKT}} - 1\right) = I_{sc}\left[1 - \frac{I_s}{I_{sc}}\left(e^{\frac{qU_D}{AKT}} - 1\right)\right] \tag{2-68}$$

开路时 I=0，$U=U_{oc}$，则有

$$\frac{AKT}{q}=\frac{U_{oc}}{\ln\left(\frac{I_{sc}}{I_s}+1\right)} \tag{2-69}$$

代入（2-68）可得

$$I=I_{sc}\{1-C_1[e^{U/(C_2U_{oc})}-1]\} \tag{2-70}$$

式中，$C_1=\frac{I_s}{I_{sc}}$，$C_2=\frac{1}{\ln\left(\frac{1}{C_1}+1\right)}$。

在最大功率点处，$I=I_m$，$U=U_m$，代入式（2-70）有

$$I_m=I_{sc}\{1-C_1[e^{U_m/(C_2U_{oc})}-1]\} \tag{2-71}$$

由于$e^{U_m/(C_2U_{oc})}\gg 1$，将式（2-71）中忽略−1，可解出 C_1

$$C_1=\left(1-\frac{I_m}{I_{sc}}\right)e^{-U_m/(C_2U_{oc})} \tag{2-72}$$

将式（2-72）代入式（2-70）可得

$$I=I_{sc}\left\{1-\left(1-\frac{I_m}{I_{sc}}\right)e^{-U_m/(C_2U_{oc})}[e^{U/(C_2U_{oc})}-1]\right\} \tag{2-73}$$

开路时 $I=0$，$U=U_{oc}$，则式（2-73）化为

$$0=I_{sc}\left\{1-\left(1-\frac{I_m}{I_{sc}}\right)e^{-U_m/(C_2U_{oc})}[e^{1/C_2}-1]\right\} \tag{2-74}$$

由于$e^{1/C_2}\gg 1$，忽略−1 这一项，可根据上式求解得 C_2

$$C_2=\left(\frac{U_m}{U_{oc}}-1\right)\Big/\ln\left(1-\frac{I_m}{I_{sc}}\right) \tag{2-75}$$

式中，U 和 I 为电池的输出电压和电流；I_{sc}、U_{oc}、I_m、U_m 分别表示为标准条件下（标准电池温度 25℃和标准光照强度 1000W/m^2）的光伏电池板的短路电流、开路电压、最大功率点电流和最大功率点电压。

（3）实际环境下的模型修正。为得到不同温度及光照强度下的输出特性，需要对上述模型进行修正。常用的方法是根据环境变化对光伏电池的输出电压和电流进行修正。如下

$$\Delta T=T-T_{ref} \tag{2-76}$$

$$\Delta S=\frac{S}{S_{ref}}-1 \tag{2-77}$$

$$I'_{sc} = I_{sc} \frac{S}{S_{ref}}(1 + a\Delta T) \tag{2-78}$$

$$U'_{oc} = U_{oc}(1 - c\Delta T)(1 + b\Delta S) \tag{2-79}$$

$$I'_{m} = I_{m} \frac{S}{S_{ref}}(1 + a\Delta T) \tag{2-80}$$

$$U'_{m} = U_{m}(1 - c\Delta T)(1 + b\Delta S) \tag{2-81}$$

式中：S 和 T 为实际的光照强度和环境温度；I'_{sc}、U'_{oc}、I'_{m}、U'_{m} 分别为实际环境下的短路电流、开路电压、最大功率点电流和最大功率点电压；a、b、c 是常数，分别取值为 a=0.0025(℃)$^{-1}$，b=0.0005(W/m^2)$^{-1}$，c=0.00288(℃)$^{-1}$。

2. 光伏阵列模型

太阳能光伏电池的基本单元是光伏电池片。一个光伏电池片只有不到 1V 大小的输出电压，输出功率的最大值也只是 1W 左右，容量有限。单个光伏电池片既不能满足负载用电的需要，也不易于安装使用，所以一般情况下不使用单个光伏电池片进行发电。根据负载用电的需要，将多片单体光伏电池经过串、并联连接起来构成光伏电池片的组合体，再进行组合体的封装，才可以发电。组合体在封装前被称为光伏电池模块组件；封装后被称为光伏电池板。除此之外，还可以根据需要将多个光伏电池板进行串、并联，构成大功率的发电装置，这就是光伏阵列[79—87]，如图 2-36 所示。

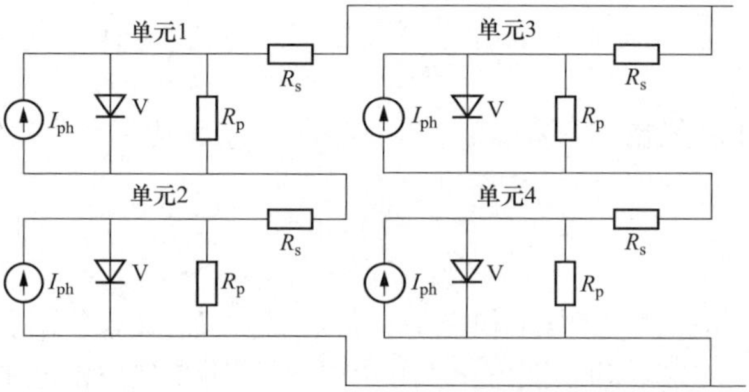

图 2-36 光伏阵列

光伏电池的串、并联等效过程见图 2-37。

根据图 2-37 的串、并联等效过程，当有 N_s 个串联、N_p 个并联的光伏电池组成光伏阵列时，其等效电路模型可表示为

$$I = N_p \left\{ I_{ph} - I_s \left[e^{\frac{q[U/N_s + (I/N_p)R_s]}{AKT}} - 1 \right] - \frac{U/N_s + (I/N_p)R_s}{R_p} \right\} \tag{2-82}$$

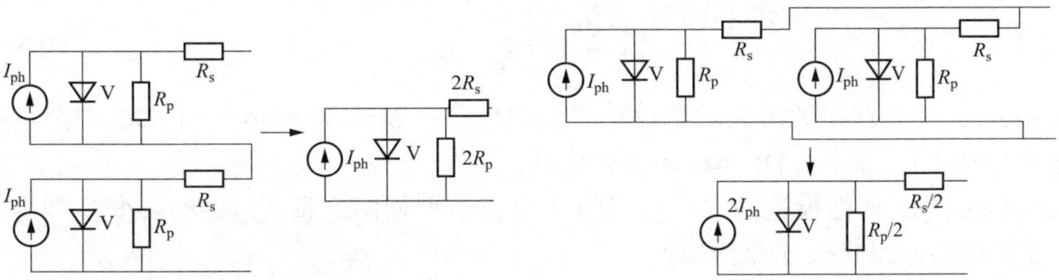

（a）串联等效　　（b）并联等效

图 2-37　光伏阵列等效电路

（二）DC/AC 逆变器及其控制系统模型

1. DC/AC 逆变器模型

DC/AC 三相逆变器结构如图 2-38 所示。

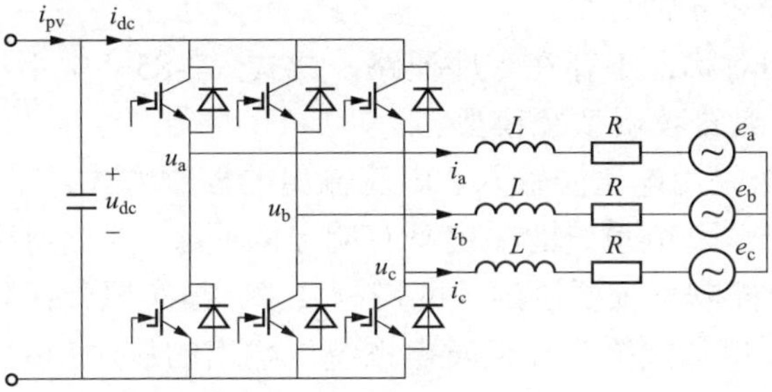

图 2-38　逆变器结构

图中，$e_a \sim e_c$ 为电网侧电压；$i_a \sim i_c$ 为注入逆变器三相电流；$u_a \sim u_c$ 为三相整流桥输入电压；R 和 L 为逆变器输出端滤波电阻和电感；u_{dc} 为直流电容电压；i_{pv} 为光伏阵列输出电流；i_{dc} 为注入逆变器的直流电流。

（1）abc 坐标模型。三相逆变器的电压方程为

$$\begin{cases} L\dfrac{\mathrm{d}i_a}{\mathrm{d}t} = u_a - e_a - Ri_a \\ L\dfrac{\mathrm{d}i_b}{\mathrm{d}t} = u_b - e_b - Ri_b \\ L\dfrac{\mathrm{d}i_c}{\mathrm{d}t} = u_c - e_c - Ri_c \end{cases} \tag{2-83}$$

式中：$u_k=S_k u_{dc}$，$k=a$，b，c；S_k 为开关函数：当 $S_k=1$ 时，表示 k 桥臂的上桥臂导通，下桥臂关断；当 $S_k=0$ 时，相反。

对于直流电容，有

$$C\frac{\mathrm{d}u_{\mathrm{dc}}}{\mathrm{d}t}=i_{\mathrm{pv}}-i_{\mathrm{dc}} \tag{2-84}$$

式中：u_{dc} 是光伏电池最大功率输出直流电压；i_{pv} 是光伏电池经 DC/DC 电路后的输出电流；i_{dc} 为注入 DC/AC 逆变器电流。

（2）$dq0$ 坐标模型。与风电机组变流器模型相同。将式（2-83）变换到旋转 $dq0$ 坐标系，得光伏逆变器模型

$$\begin{cases} e_{\mathrm{d}}=u_{\mathrm{d}}-Ri_{\mathrm{d}}-L\dfrac{\mathrm{d}i_{\mathrm{d}}}{\mathrm{d}t}-\omega Li_{\mathrm{q}} \\ e_{\mathrm{q}}=u_{\mathrm{q}}-Ri_{\mathrm{q}}-L\dfrac{\mathrm{d}i_{\mathrm{q}}}{\mathrm{d}t}+\omega Li_{\mathrm{d}} \end{cases} \tag{2-85}$$

式中的电阻 R 通常可以忽略。e_d 和 e_q 分别为电网电压 e_a～e_c 的 d 轴和 q 轴分量；i_d 和 i_q 分别为电网电流 i_a～i_c 的 d 轴和 q 轴分量；u_d 和 u_q 分别为整流桥输入电压 u_a～u_c 的 d 轴和 q 轴分量。

由于电网三相对称，不存在零序通路，故式（2-85）中不出现零序分量。

2. DC/AC 逆变器控制系统模型

DC/AC 逆变器采用电压源输入、电流输出的控制方式，即电压外环电流内环控制方式。因为光伏发电系统的输出具有明显的间歇性，不能要求按照负荷需求量发电，因此逆变控制系统要达到并网控制要求，需实现光伏阵列输出功率的 P、Q 解耦控制，使发电量始终为光伏发电系统能输出的最大功率。逆变控制系统框图如图 2-39 所示。

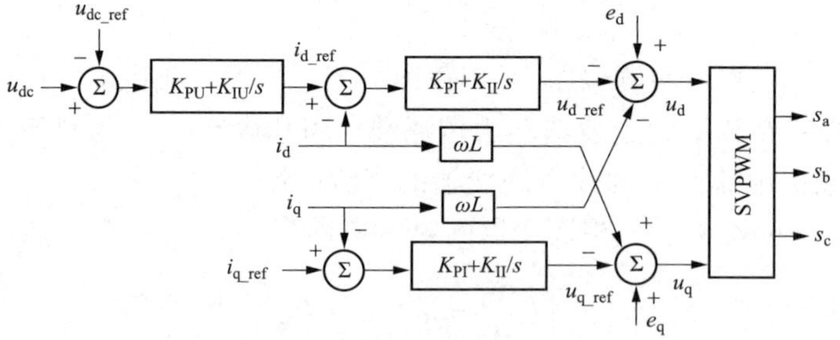

图 2-39　逆变控制系统框图

在光伏逆变器的控制系统设计中，采用电压外环、电流内环的双闭环控制结构。将电容电压 u_{dc} 与给定参考电压 u_{dc_ref} 比较后，经过 PI 控制器，电压控制环节的输出信号作为网侧电流有功分量的参考值 i_{d_ref}，同时为达到单位功率因数，设定无功分量参考值 i_{q_ref}=0。将 i_{d_ref}、i_{q_ref} 与网侧经变换后的反馈值比较后，经过电流内环 PI 控制器。将信号 u_d、u_q 经过 SVPWM 后，输出 6 路控制信号，实现对逆变器的控制。

电压外环的控制器模型为

$$\begin{cases}\dfrac{dx_1}{dt}=u_{dc}-u_{dc\_ref} \\ i_{d\_ref}=K_{PU}(u_{dc}-u_{dc\_ref})+K_{IU}x_1\end{cases} \tag{2-86}$$

式中：x_1 为中间变量；K_{PU}、K_{IU} 分别为电压外环 PI 控制器的比例、积分系数。

电流内环控制器模型为

$$\begin{cases}\dfrac{dx_2}{dt}=i_{d\_ref}-i_d \\ u_d=e_d-\omega Li_q-K_{PI}(i_{d\_ref}-i_d)-K_{II}x_2\end{cases} \tag{2-87}$$

$$\begin{cases}\dfrac{dx_3}{dt}=i_{q\_ref}-i_q \\ u_q=e_q+\omega Li_d-K_{PI}(i_{q\_ref}-i_q)-K_{II}x_3\end{cases} \tag{2-88}$$

式中：x_2、x_3 为中间变量；K_{PI}、K_{II} 分别为电流内环 PI 控制器比例、积分系数。

三、太阳能光伏发电系统的推荐模型

上述介绍了太阳能光伏发电系统各组成部分的模型，将这些模型合并后就可以得到完整的太阳能光伏发电系统详细模型。一般来说，如果光伏发电系统中某个元件动态特性的时间尺度远小于或远大于所研究问题的时间尺度，那么就可以对该元件的模型进行简化。

表 2-19 列出了含太阳能光伏发电系统研究中所涉及的一些主要研究问题，并根据其不同的时间尺度给出了太阳能光伏发电系统模型选择的建议。

表 2-19　太阳能光伏发电系统推荐模型

研究的动态过程		电磁暂态类过程	暂态类过程	中长期动态过程
动态过程的时间尺度		几十微妙～十几毫秒	十几毫秒～数秒	数十秒～数分钟
可能包含的研究课题		谐波问题等	暂态功角稳定 暂态电压稳定	中长期电压稳定、调频、调压、振荡类问题
推荐的太阳能光伏发电系统各部分模型	光照强度、环境温度	不考虑光照强度、环境温度变化	不考虑光照强度、环境温度变化	考虑光照强度、环境温度变化
	光伏阵列	单二极管模型	单二极管模型	单二极管模型
	变流器	开关函数描述的高频模型	只考虑电容动态	稳态模型（同时忽略电力电子器件和电容的动态）
	控制器	详细模型	详细模型	稳态模型 （仅保留控制功能）

第四节 光伏发电系统的参数辨识

一、光伏电池参数辨识

式（2-67）中由 5 个参数即 I_{ph}、I_s、R_s、R_p 以及 A 描述了太阳能电池的外特性。由于这些参数受实际光照强度、环境温度的影响，因此需根据实测太阳能电池的外曲线，辨识其模型参数[59—68]。

（一）参数辨识基于的方程

厂家通常会提供标准环境（标准光照强度和标准电池温度）下光伏电池测量参数，如开路电压 U_{oc_ref}、短路电流 I_{sc_ref}、最大功率点处的电压 U_{m_ref} 和电流 I_{m_ref} 及 $\left.\dfrac{dI}{dU}\right|_{U=0}$ 和 $\left.\dfrac{dI}{dU}\right|_{I=0}$ 等。当光伏电池采用式（2-67）的单二极管模型时，可根据这些观测量辨识光伏电池的 5 个参数，即 I_{ph_ref}，I_{s_ref}，R_{s_ref}，R_{p_ref}，A。方法如下

光伏电池开路时，根据 I=0、$U=U_{oc\_ref}$ 可得

$$0=I_{ph\_ref}-I_{s\_ref}\left[e^{\frac{U_{oc\_ref}}{AKT/q}}-1\right]-\frac{U_{oc\_ref}}{R_{p\_ref}} \tag{2-89}$$

光伏电池短路时，根据 $I=I_{sc\_ref}$、U=0 可得

$$I_{sc\_ref}=I_{ph\_ref}-I_{s\_ref}\left[e^{\frac{I_{sc\_ref}R_{s\_ref}}{AKT/q}}-1\right]-\frac{I_{sc\_ref}R_{s\_ref}}{R_{p\_ref}} \tag{2-90}$$

最大功率点处，$I=I_{m\_ref}$、$U=U_{m\_ref}$，可得

$$I_{m\_ref}=I_{ph\_ref}-I_{s\_ref}\left[e^{\frac{U_{m\_ref}+I_{m\_ref}R_{s\_ref}}{AKT/q}}-1\right]-\frac{U_{m\_ref}+I_{m\_ref}R_{s\_ref}}{R_{p\_ref}} \tag{2-91}$$

将式（2-67）两边对电压 U 求微分，可得

$$\frac{dI}{dU}=-\frac{\dfrac{I_s}{AKT/q}e^{\frac{U+IR_s}{AKT/q}}+\dfrac{1}{R_p}}{1+\dfrac{I_sR_s}{AKT/q}e^{\frac{U+IR_s}{AKT/q}}+\dfrac{R_s}{R_p}} \tag{2-92}$$

在 I=0、$U=U_{oc\_ref}$ 处

$$\left.\frac{\mathrm{d}I}{\mathrm{d}U}\right|_{I=0}=-\frac{\dfrac{I_{\mathrm{s}}}{AKT/q}\mathrm{e}^{\frac{U_{\mathrm{oc\_ref}}}{AKT/q}}+\dfrac{1}{R_{\mathrm{p}}}}{1+\dfrac{I_{\mathrm{s}}R_{\mathrm{s}}}{AKT/q}\mathrm{e}^{\frac{U_{\mathrm{oc\_ref}}}{AKT/q}}+\dfrac{R_{\mathrm{s}}}{R_{\mathrm{p}}}} \tag{2-93}$$

在 I=$I_{\mathrm{sc\_ref}}$、U=0 处

$$\left.\frac{\mathrm{d}I}{\mathrm{d}U}\right|_{U=0}=-\frac{\dfrac{I_{\mathrm{s}}}{AKT/q}\mathrm{e}^{\frac{I_{\mathrm{sc\_ref}}R_{\mathrm{s}}}{AKT/q}}+\dfrac{1}{R_{\mathrm{p}}}}{1+\dfrac{I_{\mathrm{s}}R_{\mathrm{s}}}{AKT/q}\mathrm{e}^{\frac{I_{\mathrm{sc\_ref}}R_{\mathrm{s}}}{AKT/q}}+\dfrac{R_{\mathrm{s}}}{R_{\mathrm{p}}}} \tag{2-94}$$

由于 P 是 U 的单峰函数，因此在最大功率点处

$$\left.\frac{\mathrm{d}P}{\mathrm{d}U}\right|_{U=U_{\mathrm{m\_ref}}}=\left.\frac{\mathrm{d}(UI)}{\mathrm{d}U}\right|_{U=U_{\mathrm{m\_ref}}}=I_{\mathrm{m\_ref}}+U_{\mathrm{m\_ref}}\left.\frac{\mathrm{d}I}{\mathrm{d}U}\right|_{U=U_{\mathrm{m\_ref}}}=0 \tag{2-95}$$

将（2-95）改写为

$$\left.\frac{\mathrm{d}I}{\mathrm{d}U}\right|_{U=U_{\mathrm{m\_ref}}}=-\frac{I_{\mathrm{m\_ref}}}{U_{\mathrm{m\_ref}}} \tag{2-96}$$

因此

$$-\frac{I_{\mathrm{m\_ref}}}{U_{\mathrm{m\_ref}}}=\left.\frac{\mathrm{d}I}{\mathrm{d}U}\right|_{U=U_{\mathrm{m\_ref}}}=-\frac{\dfrac{I_{\mathrm{s\_ref}}}{AKT/q}\mathrm{e}^{\frac{U_{\mathrm{m\_ref}}+I_{\mathrm{m\_ref}}R_{\mathrm{s\_ref}}}{AKT/q}}+\dfrac{1}{R_{\mathrm{p\_ref}}}}{1+\dfrac{I_{\mathrm{s\_ref}}R_{\mathrm{s\_ref}}}{AKT/q}\mathrm{e}^{\frac{U_{\mathrm{m\_ref}}+I_{\mathrm{m\_ref}}R_{\mathrm{s\_ref}}}{AKT/q}}+\dfrac{R_{\mathrm{s\_ref}}}{R_{\mathrm{p\_ref}}}} \tag{2-97}$$

根据式（2-93）～式（2-97）5 个独立的方程和已知值 $U_{\mathrm{oc\_ref}}$、$I_{\mathrm{sc\_ref}}$、$I_{\mathrm{m\_ref}}$、$U_{\mathrm{m\_ref}}$ 以及 $\left.\frac{\mathrm{d}I}{\mathrm{d}U}\right|_{U=0}$、$\left.\frac{\mathrm{d}I}{\mathrm{d}U}\right|_{I=0}$，采用牛顿—拉夫逊法便可辨识参数 $I_{\mathrm{ph\_ref}}$、$I_{\mathrm{s\_ref}}$、$R_{\mathrm{s\_ref}}$、$R_{\mathrm{p\_ref}}$ 和 A。

（二）初值计算

参数初值的确定对牛顿—拉夫逊法正确快速搜索到真值非常重要，下面将讨论参数的初值确定。定义

$$R_{\mathrm{s0}}=-\left.\frac{\mathrm{d}U}{\mathrm{d}I}\right|_{I=0} \tag{2-98}$$

$$R_{\mathrm{p0}}=-\left.\frac{\mathrm{d}U}{\mathrm{d}I}\right|_{U=0} \tag{2-99}$$

将方程（2-89）、（2-90）相减，可得

$$I_{s}\left(e^{\frac{U_{oc}}{AKT/q}}-e^{\frac{I_{sc}R_{s}}{AKT/q}}\right)-I_{sc}\left(1+\frac{R_{s}}{R_{p}}\right)+\frac{U_{oc}}{R_{p}}=0 \tag{2-100}$$

由式（2-94）可得

$$(R_{s0}-R_{s})\left(\frac{1}{R_{p}}+\frac{I_{s}}{AKT/q}e^{\frac{U_{oc}}{AKT/q}}\right)-1=0 \tag{2-101}$$

由式（2-95）可得

$$\frac{1}{R_{p}}-\frac{1}{R_{p0}-R_{s}}+\frac{I_{s}}{AKT/q}e^{\frac{I_{sc}R_{s}}{AKT/q}}=0 \tag{2-102}$$

由式（2-97）可得

$$I_{s}e^{\frac{U_{oc}}{AKT/q}}+\frac{U_{oc}-U_{m}}{R_{p}}-\left(1+\frac{R_{s}}{R_{p}}\right)I_{m}-I_{s}e^{\frac{U_{m}+R_{s}I_{m}}{AKT/q}}=0 \tag{2-103}$$

由光伏电池的特性参数可知 $e^{\frac{U_{oc}}{AKT/q}}\gg e^{\frac{I_{sc}R_{s}}{AKT/q}}$，因此方程（2-100）中可忽略 $e^{\frac{I_{sc}R_{s}}{AKT/q}}$；又因为 $R_{p}\gg R_{s}$，因此 $1+\frac{R_{s}}{R_{p}}\approx 1$；且方程（2-101）中 $\frac{I_{s}}{AKT/q}e^{\frac{U_{oc}}{AKT/q}}\gg\frac{1}{R_{p}}$，方程（2-102）中 $\frac{I_{s}}{AKT/q}e^{\frac{I_{sc}R_{s}}{AKT/q}}$ 远小于其他项的数值。根据上述分析，忽略式（2-100）～式（2-103）中数值较小的项，上述 4 个方程变化为

$$I_{s}e^{\frac{U_{oc}}{AKT/q}}-I_{sc}+\frac{U_{oc}}{R_{p}}=0 \tag{2-104}$$

$$(R_{s0}-R_{s})\frac{I_{s}}{AKT/q}e^{\frac{U_{oc}}{AKT/q}}-1=0 \tag{2-105}$$

$$R_{p}=R_{p0} \tag{2-106}$$

$$I_{s}e^{\frac{U_{oc}}{AKT/q}}+\frac{U_{oc}-U_{m}}{R_{p}}-I_{m}-I_{s}e^{\frac{U_{m}+R_{s}I_{m}}{AKT/q}}=0 \tag{2-107}$$

从式（2-99）～式（2-102）可解得

$$A=\frac{U_{m}+I_{m}R_{s0}-U_{oc}}{\frac{KT}{q}\left[\ln\left(I_{sc}-\frac{U_{m}}{R_{p0}}-I_{m}\right)-\ln\left(I_{sc}-\frac{U_{oc}}{R_{p}}\right)+\frac{I_{m}}{I_{sc}-U_{oc}/R_{p0}}\right]} \tag{2-108}$$

$$I_s = \left(I_{sc} - \frac{U_{oc}}{R_p} \right) e^{-\frac{U_{oc}}{AKT/q}} \tag{2-109}$$

$$R_s = R_{s0} - \frac{AKT}{qI_s} e^{-\frac{U_{oc}}{AKT/q}} \tag{2-110}$$

$$I_{ph} = I_{sc} \left(1 + \frac{R_s}{R_p} \right) + I_s \left(e^{-\frac{I_{sc}R_s}{AKT/q}} - 1 \right) \tag{2-111}$$

根据方程（2-106）、（2-108）～（2-111），可求得各参数的初始值。

（三）基于牛顿—拉夫逊方法的参数辨识

设由式（2-89）、式（2-90）、式（2-93）、式（2-94）、式（2-97）组成的 5 个方程统一写成如下形式

$$\boldsymbol{y} = \boldsymbol{f}(\boldsymbol{x}) = \begin{bmatrix} f_1(\boldsymbol{x}) \\ f_2(\boldsymbol{x}) \\ M \\ f_n(\boldsymbol{x}) \end{bmatrix} \tag{2-112}$$

其中 $\boldsymbol{x}$=[I_{ph}, I_s, A, R_s, R_p]。根据给定的数值 $\boldsymbol{y}$，寻找状态量 $\boldsymbol{x}$，使得方程（2-112）成立。将方程（2-112）的右边在平衡点附近泰勒展开，可得

$$\boldsymbol{y} = \boldsymbol{f}(\boldsymbol{x}_0) + \left.\frac{\mathrm{d}\boldsymbol{f}}{\mathrm{d}\boldsymbol{x}}\right|_{\boldsymbol{x}=\boldsymbol{x}_0} (\boldsymbol{x} - \boldsymbol{x}_0) + \cdots\cdots \tag{2-113}$$

忽略其高阶项，可得

$$\boldsymbol{x} = \boldsymbol{x}_0 + \left[\left.\frac{\mathrm{d}\boldsymbol{f}}{\mathrm{d}\boldsymbol{x}}\right|_{\boldsymbol{x}=\boldsymbol{x}_0} \right]^{-1} [\boldsymbol{y} - \boldsymbol{f}(\boldsymbol{x}_0)] \tag{2-114}$$

表示为如下的迭代公式

$$\boldsymbol{x}(i+1) = \boldsymbol{x}(i) + \boldsymbol{J}^{-1}(i)[\boldsymbol{y} - \boldsymbol{f}(\boldsymbol{x}(i))] \tag{2-115}$$

每一次迭代中的雅可比矩阵

$$\boldsymbol{J}(i) = \left.\frac{\mathrm{d}\boldsymbol{f}}{\mathrm{d}\boldsymbol{x}}\right|_{\boldsymbol{x}=\boldsymbol{x}(i)} = \begin{bmatrix} \frac{\partial f_1}{\partial x_1} & \frac{\partial f_1}{\partial x_2} & \mathrm{L} & \frac{\partial f_1}{\partial x_5} \\ \frac{\partial f_2}{\partial x_1} & \frac{\partial f_2}{\partial x_2} & \mathrm{L} & \frac{\partial f_2}{\partial x_5} \\ M & M & \mathrm{O} & M \\ \frac{\partial f_5}{\partial x_1} & \frac{\partial f_5}{\partial x_2} & \mathrm{L} & \frac{\partial f_5}{\partial x_5} \end{bmatrix} \tag{2-116}$$

设方程（2-89）、式（2-90）、式（2-93）、式（2-94）、式（2-97）分别为 $f_1(\boldsymbol{x})$～$f_5(\boldsymbol{x})$,可得雅可比矩阵中各元素的表达式为

$$J(1,1)=1,\quad J(1,2)=-\mathrm{e}^{\frac{U_{\mathrm{oc}}}{AKT/q}}+1,\quad J(1,3)=\frac{qI_{\mathrm{s}}U_{\mathrm{oc}}}{A^2KT}\mathrm{e}^{\frac{U_{\mathrm{oc}}}{AKT/q}},\quad J(1,4)=0,$$

$$J(1,5)=-\frac{U_{\mathrm{oc}}}{R_{\mathrm{p}}^2},\quad J(2,1)=1,\quad J(2,2)=-\mathrm{e}^{\frac{I_{\mathrm{sc}}R_{\mathrm{s}}}{AKT/q}}+1,\quad J(2,3)=\frac{qI_{\mathrm{s}}I_{\mathrm{sc}}R_{\mathrm{s}}}{A^2KT}\mathrm{e}^{\frac{I_{\mathrm{sc}}R_{\mathrm{s}}}{AKT/q}},$$

$$J(2,4)=-\frac{I_{\mathrm{s}}I_{\mathrm{sc}}}{AKT/q}\mathrm{e}^{\frac{I_{\mathrm{sc}}R_{\mathrm{s}}}{AKT/q}}-\frac{I_{\mathrm{sc}}}{R_{\mathrm{p}}},\quad J(2,5)=\frac{I_{\mathrm{sc}}R_{\mathrm{s}}}{R_{\mathrm{p}}^2},\quad J(3,1)=0,$$

$$J(3,2)=\frac{R_{\mathrm{s}}-R_{\mathrm{s0}}}{AKT/q}\mathrm{e}^{\frac{U_{\mathrm{oc}}}{AKT/q}},\quad J(3,3)=\frac{\left(AKT+qU_{\mathrm{oc}}\right)qI_{\mathrm{s}}\left(R_{\mathrm{s0}}-R_{\mathrm{s}}\right)}{A^3K^2T^2}\mathrm{e}^{\frac{U_{\mathrm{oc}}}{AKT/q}},$$

$$J(3,4)=\frac{I_{\mathrm{s}}}{AKT/q}\mathrm{e}^{\frac{U_{\mathrm{oc}}}{AKT/q}}+\frac{1}{R_{\mathrm{p}}},\quad J(3,5)=\frac{R_{\mathrm{s0}}-R_{\mathrm{s}}}{R_{\mathrm{p}}^2},\quad J(4,1)=0,$$

$$J(4,2)=\frac{R_{\mathrm{s}}-R_{\mathrm{p0}}}{AKT/q}\mathrm{e}^{\frac{I_{\mathrm{sc}}R_{\mathrm{s}}}{AKT/q}},\quad J(4,3)=\frac{(R_{\mathrm{p0}}-R_{\mathrm{s}})I_{\mathrm{s}}q(AKT+qI_{\mathrm{sc}}R_{\mathrm{s}})}{A^3K^2T^2}\mathrm{e}^{\frac{I_{\mathrm{sc}}R_{\mathrm{s}}}{AKT/q}},$$

$$J(4,4)=\frac{I_{\mathrm{s}}}{AKT/q}\mathrm{e}^{\frac{I_{\mathrm{sc.ref}}R_{\mathrm{s}}}{AKT/q}}-\frac{q^2(R_{\mathrm{p0}}-R_{\mathrm{s}})I_{\mathrm{s}}I_{\mathrm{sc}}}{A^2K^2T^2}\mathrm{e}^{\frac{I_{\mathrm{sc.ref}}R_{\mathrm{s}}}{AKT/q}}+\frac{1}{R_{\mathrm{p}}},\quad J(4,5)=\frac{R_{\mathrm{p0}}-R_{\mathrm{s}}}{R_{\mathrm{p}}^2},$$

$$J(5,1)=0,\quad J(5,2)=\frac{(I_{\mathrm{m}}R_{\mathrm{s}}-U_{\mathrm{m}})}{AKT/q}\mathrm{e}^{\frac{U_{\mathrm{m}}+I_{\mathrm{m}}R_{\mathrm{s}}}{AKT/q}},$$

$$J(5,3)=\frac{qI_{\mathrm{s}}(U_{\mathrm{m}}-I_{\mathrm{m}}R_{\mathrm{s}})(AKT+qU_{\mathrm{m}}+qI_{\mathrm{m}}R_{\mathrm{s}})}{A^3K^2T^2}\mathrm{e}^{\frac{U_{\mathrm{m}}+I_{\mathrm{m}}R_{\mathrm{s}}}{AKT/q}},$$

$$J(5,4)=\frac{qI_{\mathrm{m}}I_{\mathrm{s}}}{AKT}\mathrm{e}^{\frac{U_{\mathrm{m}}+I_{\mathrm{m}}R_{\mathrm{s}}}{AKT/q}}+\frac{q^2I_{\mathrm{s}}R_{\mathrm{s}}(I_{\mathrm{m}}^2-U_{\mathrm{m}})}{A^2K^2T^2}\mathrm{e}^{\frac{U_{\mathrm{m}}+I_{\mathrm{m}}R_{\mathrm{s}}}{AKT/q}}+\frac{I_{\mathrm{m}}}{R_{\mathrm{p}}},\quad J(5,5)=\frac{U_{\mathrm{m}}-I_{\mathrm{m}}R_{\mathrm{s}}}{R_{\mathrm{p}}^2}。$$

根据计算得到的初始值，根据式（2-115）的迭代过程，便可得到参数 $\boldsymbol{x}$=［$I_{\mathrm{ph\_ref}}$，$I_{\mathrm{s\_ref}}$，$R_{\mathrm{s\_ref}}$，$R_{\mathrm{p\_ref}}$，A］的辨识结果。

（四）实际环境下的参数辨识

要获得在任意光照强度和电池温度下的光伏电池参数值，文献［60］给出了各参数随光照强度和电池温度的影响，如下：

$$\mu_{U_{oc}}=\left.\frac{\partial U}{\partial T}\right|_{I=0}=\frac{U_{oc\_ref}-U_{oc\_T}}{T_{ref}-T} \tag{2-117}$$

$$\mu_{I_{sc}}=\left.\frac{\partial U}{\partial T}\right|_{U=0}=\frac{I_{sc\_ref}-I_{sc\_T}}{T_{ref}-T} \tag{2-118}$$

$$A=A_{ref}\frac{T}{T_{ref}} \tag{2-119}$$

$$I_s=I_{s\_ref}\left(\frac{T}{T_{ref}}\right)^3 e^{\frac{1}{k}\left(\frac{E_{ref}}{T_{ref}}-\frac{E}{T}\right)},\quad E=E_{ref}[1-0.0002677(T-T_{ref})] \tag{2-120}$$

$$I_{ph}=\frac{S}{S_{ref}}\frac{M}{M_{ref}}[I_{ph\_ref}+\mu_{I_{sc}}(T-T_{ref})] \tag{2-121}$$

$$R_s=R_{s\_ref} \tag{2-122}$$

$$R_p=R_{p\_ref}\frac{S_{ref}}{S} \tag{2-123}$$

其中，E 为材料的禁带宽度（energy band gap），这里 E_{ref}=1.121eV；S 为光照强度；M 为气团调节量；下标 *ref* 表示参考值。

二、DC/AC 逆变器控制参数辨识

如上节所述，在光伏并网逆变器的控制模型中，需要辨识的参数包括电压外环 PI 控制器的比例积分系数[K_{PU},K_{IU}]，电流内环 PI 控制器的比例积分系数[K_{PI},K_{II}]，逆变器输出端滤波电感和升压变压器的总电感值 L（忽略总电阻 R）等 5 个。由于 DC/AC 逆变器采用双环控制，内外环 PI 控制器处于级联状态，在以往单纯采用一次侧电压跌落扰动或控制参考值阶跃扰动的情况下，无法解决参数不可唯一辨识的问题。

本节将沿用本章第二节所述的在二次侧量测信号上施加或屏蔽扰动的思路来辨识 DC/AC 逆变器的控制参数，只是施加扰动的形式有较大差别。由于施加的扰动会引起逆变器输出电流的较大变化，因此对于实际的 DC/AC 逆变器，应该使用较大功率的直流稳压电源替代光伏面板接于逆变器直流侧电容两端。本节对 Matlab 2013b 所提供的光伏并网逆变器详细模型进行参数辨识，详细流程如下。

1. 辨识电压外环控制器参数［K_{PU}，K_{IU}］

首先使用可编程直流稳压电源的输出替代电容电压量测信号 u_{dc}，并网端的电

压、电流为真实的量测信号；然后分以下 3 个步骤施加扰动。

（1）逆变器启动时，先设定$u_{dc}=u_{dc_ref}=500V$，根据式（2-86），此时逆变器输出电流$i_d=0$，即此时不输出有功功率。

（2）设置虚拟量测信号u_{dc}阶跃至505V，即$\Delta u_{dc}=0.01$（标幺值），持续时间$t=0.05s$后恢复到500V，波形如图 2-40 所示。经过该扰动后，由直流稳压电源供电的逆变器开始向外输出有功功率，逆变器响应的观测量选为并网侧 d 轴电流分量。

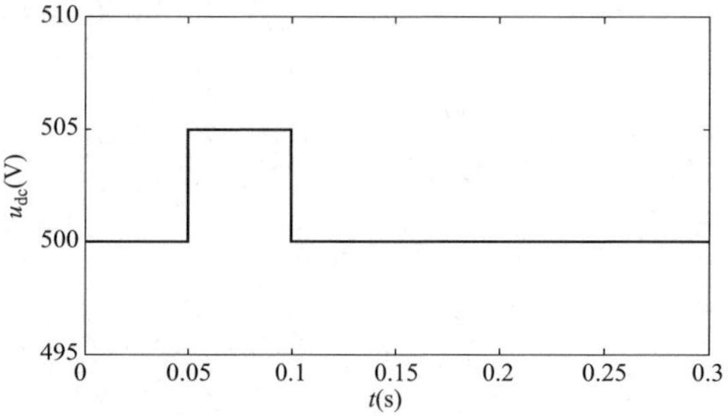

图 2-40　虚拟量测信号 u_{dc} 的扰动波形

该扰动经过 PI 控制器的理想输出如图 2-41 所示。图中标出了输出曲线 i_d 各段与输入信号和控制器参数之间的关系，理论上根据图 2-41 就可以求得控制参数［K_{PU}，K_{IU}］。但是，在计及电力电子器件动态（使用 DC/AC 逆变器的详细模型）时的 i_d 输出如图 2-42 所示，从图 2-44 中可以看到，实际输出波形中的谐波含量很大，和理想输出相比，在两个虚拟量测信号阶跃发生点上的波形畸变严重，要从中准确计算出 K_{PU} 较为困难。

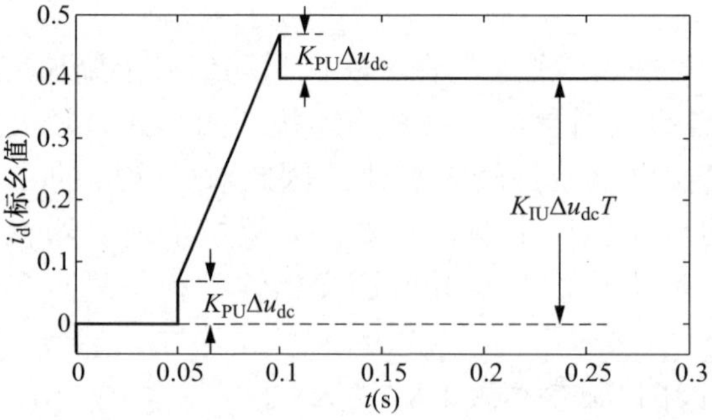

图 2-41　虚拟量测信号 u_{dc} 扰动经 PI 控制器后的理想输出

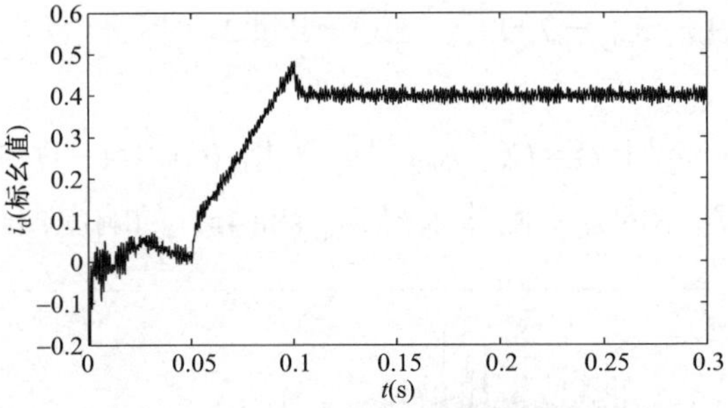

图 2-42　虚拟量测信号 u_{dc} 扰动下逆变器的实际输出波形

考虑到虚拟量测信号 u_{dc} 扰动结束后，逆变器输出电流 i_d 的大小与 K_{IU} 有关，即

$$i_d = \int_0^T K_{IU}\Delta u_{dc}dt = K_{IU}\Delta u_{dc}T \tag{2-124}$$

因此，根据扰动结束后的 i_d 输出值计算得到 K_{IU}，在图 2-44 所示的 i_d 输出曲线中取 0.2s～0.3s 段的数据计算得到 $i_{d0} = 0.3999$，根据式（2-124）可得 $K_{IU} = 799.8$（K_{IU} 的真实值为 800）。

（3）再对虚拟量测信号 u_{dc} 叠加一个幅度为 $\Delta u_{dc} = 1V$［$\Delta u_{dc} = 0.002$（标幺值）］，频率 $f = 2Hz$ 的正弦扰动信号。叠加后的虚拟量测信号为 $u_{dc} + \Delta u_{dc}\sin(4\pi t)$，其输入 PI 控制器后的响应为

$$\begin{aligned} i_d &= i_{d0} + K_{PU}\Delta u_{dc}\sin(4\pi t) + K_{IU}\Delta u_{dc}\int_0^t \sin(4\pi x)dx \\ &= i_{d0} + K_{PU}\Delta u_{dc}\sin(4\pi t) - \frac{K_{IU}\Delta u_{dc}}{4\pi}(\cos 4\pi t - 1) \end{aligned} \tag{2-125}$$

忽略电流内环控制器的快速调节过程，直接测量逆变器输出的 i_d，如图 2-43 所示。

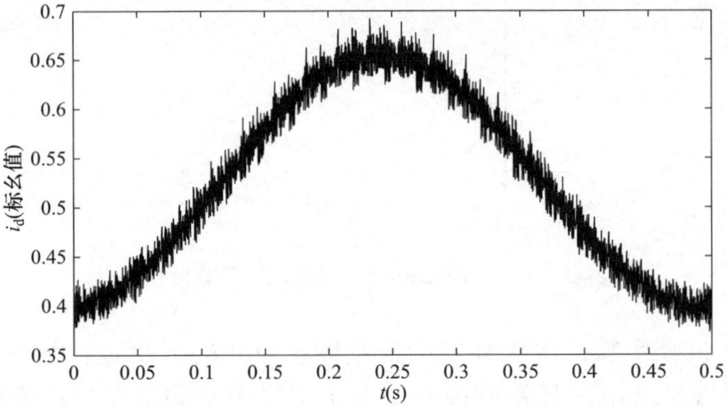

图 2-43　虚拟量测信号 u_{dc} 施加正弦扰动信号后逆变器的输出

由于 $i_{d0}=0.3999$，$K_{IU}=799.8$，$\Delta u_{dc}=0.002$（标幺值），所以由式（2-125）可得

$$K_{PU}\sin(4\pi t)=(i_d-i_{d0})/\Delta u_{dc}+K_{IU}(\cos 4\pi t-1)/4\pi \tag{2-126}$$

并可由图 2-43 所示的 i_d 实测值求得 $K_{PU}\sin(4\pi t)$ 的响应曲线如图 2-44 所示。

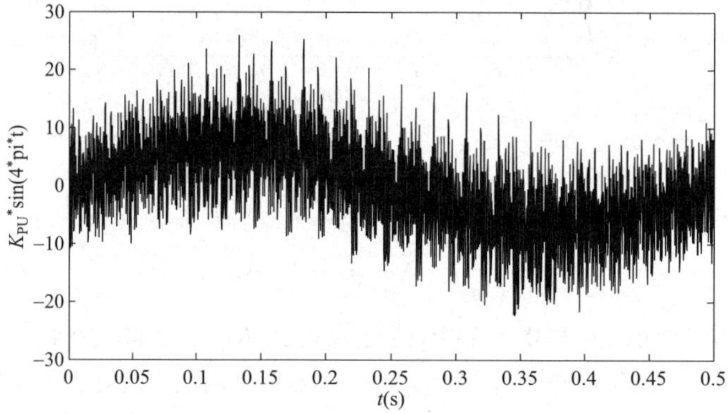

图 2-44　$K_{PU}\sin(4\pi t)$的响应曲线

可见其中的谐波分量较多，对其做傅里叶变换 FFT，取频率 $f=2$Hz 分量的幅值即为 K_{PU}，FFT 结果如图 2-45 所示，从而得出 $K_{PU}=6.914$（K_{PU} 的真实值为 7）。

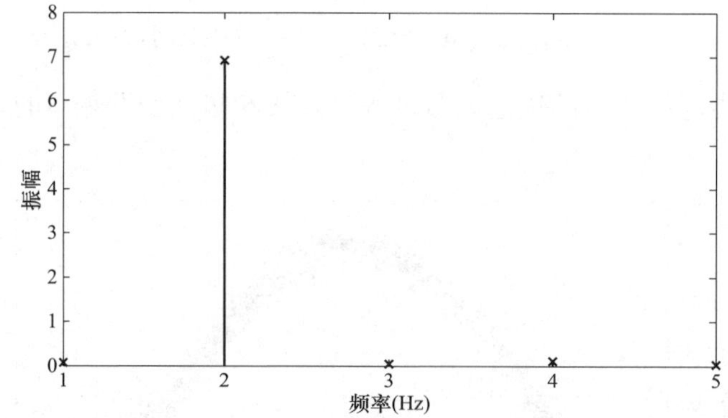

图 2-45　$K_{PU}\sin(4\pi t)$的响应曲线的 FFT 分析结果

通过以上 3 个步骤，电压外环的控制器参数［K_{PU}，K_{IU}］可以在不采用优化算法的情况下直接求出，且精度很高，展示出采用量测信号扰动来辨识参数的便利性。

2. 辨识电流内环控制器参数［K_{PI}，K_{II}］和电感值 L

在辨识电流内环控制器参数［K_{PI}，K_{II}］和电感值 L 时，需要对电容电压量测信号和并网点电压量测信号的变化进行屏蔽，同时制造电流量测信号的扰动。在本节中，电容电压量测信号是由可编程直流稳压电压替代的，只要保持可编程直流稳压电源的输出等于电容额定电压即可实现屏蔽量测信号 U_{dc} 的变化；屏蔽电压量测信号 U 变化的方法同本书第二章第三节。在第三章第三节中电流扰动设置为阶跃扰动，而在这里提出一种在电流量测信号上实施 q 轴电流分量正弦扰动的参数辨识方法。

为在电流量测信号上实施 q 轴电流分量正弦扰动，需要使用如图 2-46 所示的扰动施加电路，图中 U、I 为逆变器并网侧的实际电压、电流量测值。DSP 根据电压 U 的相位对电流 I 进行 d、q 分解，得到稳态电流量测信号 i_{d0}、i_{q0}，并以此构造虚拟电流量测信号。虚拟电流量测信号的 d 轴分量 $i'_{d}=i_{d0}$、q 轴分量 $i'_{q}=i_{q0}+\Delta i_{q}$，考虑到控制器中 q 轴电流参考值 $i_{q\_ref}=0$，即稳态时 $i_{q0}=0$，则 $i'_{q}=\Delta i_{q}$。这里设置 $\Delta i_{q}=-A\sin(4\pi t)$，其中幅值 $A=0.01$（标幺值）。然后将将 i'_{d}、i'_{q} 恢复成虚拟的三相电流量测信号后送入逆变器。

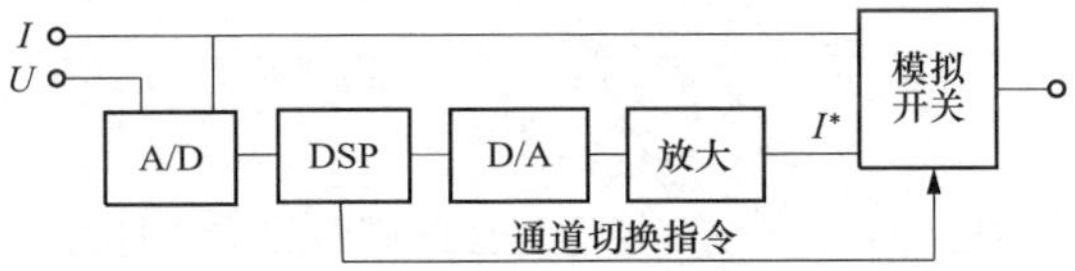

图 2-46 在电流量测信号上实施 q 轴电流分量正弦扰动的电路

将 $i'_{q}=i_{q0}+\Delta i_{q}$ 代入式（2-88）可得

$$u_{q}=e_{q}+\omega Li'_{d}-\Omega(i_{q\_ref}-\Delta i_{q})=e_{q}+\omega Li_{d0}-\Omega(-\Delta i_{q}) \tag{2-127}$$

其中，$\Omega(-\Delta i_{q})$ 是 i'_{q} 经过内环电流 PI 控制器后的输出。将（2-127）代入（2-85）得到

$$\omega Li_{d0}-\omega Li_{d}=\Omega(-\Delta i_{q})+L\frac{di_{q}}{dt} \tag{2-128}$$

式中 i_{q} 为电路中真实的 q 轴电流，当设置的量测信号扰动 Δi_{q} 很小且变化缓慢时，忽略 $L\frac{di_{q}}{dt}$ 项。将 $\Delta i_{q}=-A\sin(4\pi t)$，代入式（2-128）可得

$$\omega L(i_{d0}-i_{d})=K_{IP}\,A\sin(4\pi t)-\frac{K_{II}A}{4\pi}[\cos(4\pi t)-1] \tag{2-129}$$

如果并网点的电压处于额定频率，即 $\omega=1$，则

$$i_{d0}-i_{d}=\frac{K_{IP}}{L}A\sin(4\pi t)-\frac{K_{II}}{L}\cdot\frac{A}{4\pi}[\cos(4\pi t)-1] \tag{2-130}$$

从式（2-130）可以看到，在 q 轴电流量测信号正弦扰动下能够确定内环控制器 3 个待辨识参数之间的比值 K_{IP}/L、K_{II}/L 和 K_{IP}/K_{II}。

DC/AC 逆变器详细模型的仿真曲线如图 2-47 所示，其中灰色曲线为详细模型仿真得出的 $i_{d0}-i_{d}$，其中谐波较多；黑色曲线是根据式（2-130）等号右边的分量计算得出的，这表明式（2-130）是正确的。

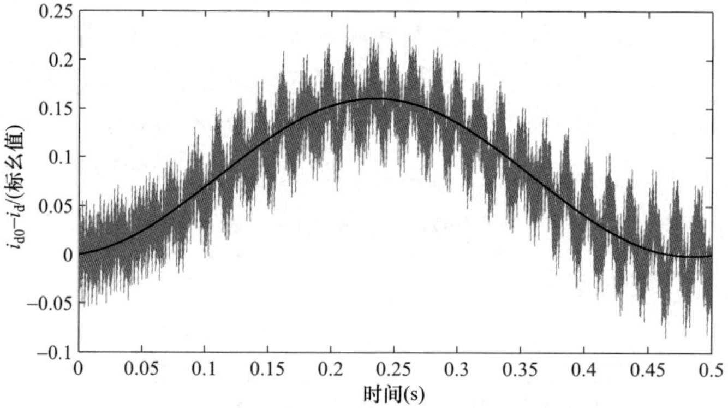

图 2-47　DC/AC 逆变器详细模型的仿真曲线

比值 K_{IP}/L、K_{II}/L 和 K_{IP}/K_{II} 的求取步骤如下：

（1）根据式（2-130）等号右边的表达式，首先对图 2-47 中灰色曲线做 FFT，取 FFT 结果中的直流分量和 2Hz 频率分量，结果如图 2-48 所示。

（2）FFT 结果中的直流分量即为 $\frac{K_{II}}{L}\cdot\frac{A}{4\pi}=0.0775$，由于 $A=0.01$（标幺值），从而可以得到 $K_{II}/L=97.389$（真实值为 $K_{II}/L=20/0.2=100$）。

（3）取 $t=0.125$s（$4\pi t=\pi/2$）时刻，在 2Hz 频率分量中

$$(i_{d0}-i_{d})\big|_{t=0.125}=\frac{K_{IP}}{L}A=0.0143$$

从而可以得到 $K_{IP}/L=1.425$（真实值为 $K_{IP}/L=0.3/0.2=1.500$）。

（4）从而 $K_{IP}/K_{II}=1.425/97.389=0.01463$（真实值为 $K_{IP}/K_{II}=0.3/20=0.01500$）。

至此，电流内环控制器 3 个参数之间的比值已经较为精确的确定下来，现在只需要求得其中任何 1 个参数即可求出全部 3 个参数。

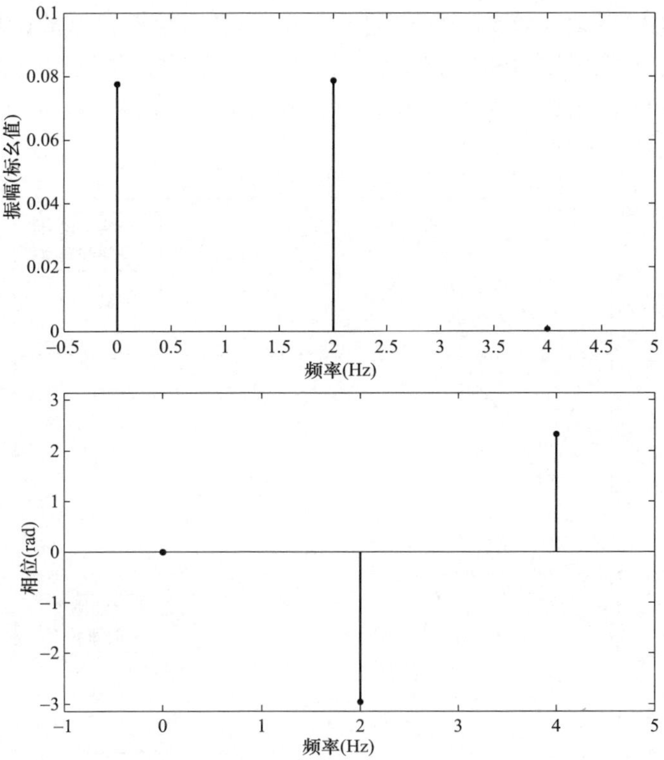

图 2-48 q 轴电流量测信号正弦扰动下 d 轴电流真实输出的 FFT 结果

如果认为 L 就是实际逆变器中滤波电感和升压变压器的真实总电感，那么可以直接测量该电感的数值，打开逆变器外壳和测量 L 的过程不会对逆变器本身造成伤害。测量方法可分为两种，一种是直接测量电感值，绕线电感的测量已有成熟方法不再赘述，变压器电感可以根据铭牌参数计算，这个方法可在断电的情况下实施，比较安全；另一种是在逆变器工作时测量滤波电感和变压器两端的电压和流过的电流，从而计算出电感值。获得 L 数值后，[K_{PI}, K_{II}] 就可以根据其与 L 的比值来确定。

如果要通过辨识方法来确定这 3 个参数，则可以在端口电压的量测信号上设置一个虚拟的电压跌落，并以逆变器的输出功率为观测量来优化参数。这种方法模拟了日常电网扰动时，关注光伏电源功率响应的场景。而且，由于是在二次侧的量测信号上施加扰动，实施安全、操控方便。

这里设置一个幅度 5%、持续 50ms 的三相电压量测信号扰动，同时观测 P、Q 的响应（计算误差时权重各取 50%），只辨识 L 一个参数，[K_{PI}, K_{II}] 根据其与 L 的比值确定。辨识过程中采用 PSO 算法，设置总共 10 个粒子，最多迭代 50 轮，

L 的搜索范围为［0.01，0.5］，学习因子 $c_1 = c_2 = 2$，惯性权重从 0.9～0.45 递减。由于是单参数寻优，因此 PSO 寻优速度很快，最终的辨识结果为：$[K_{PI} \quad K_{II} \quad L]=$ $[0.296 \quad 20.237 \quad 0.208]$（真值为 $[0.3 \quad 20 \quad 0.2]$），功率响应曲线的对比如图 2-49 所示。

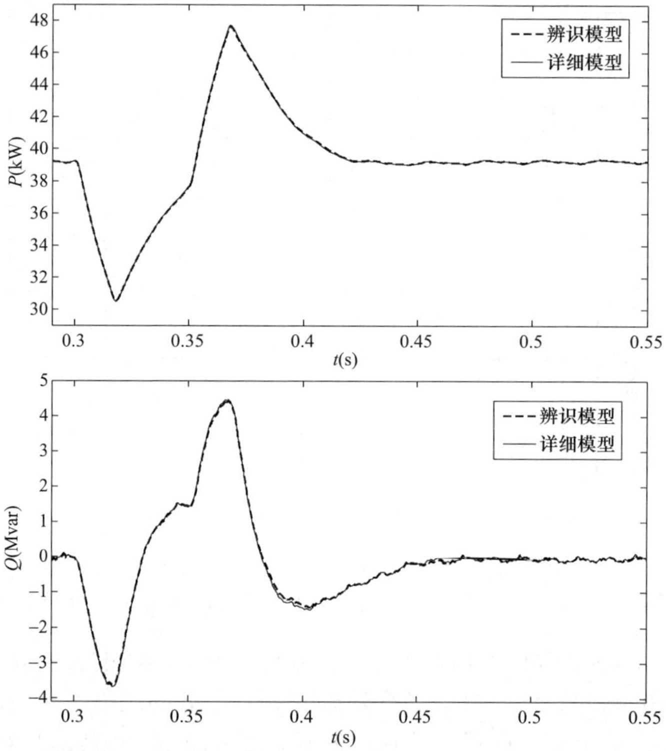

图 2-49 详细模型与辨识模型的功率响应曲线对比

至此，DC/AC 逆变器的 5 个参数都得到了辨识，且具有很好的辨识精度，见表 2-20。

表 2-20　　　　光伏逆变器控制参数辨识结果

参数名	电压外环		电流内环		
	K_{PU}	K_{IU}	K_{PI}	K_{II}	L
真实值	7	800	0.3	20	0.2
辨识值	6.914	799.8	0.296	20.237	0.208
辨识误差	1.229%	0.025%	1.333%	1.185%	4.000%

综合以上步骤，可以画出采用量测信号扰动来辨识光伏并网 DC/AC 逆变器控制参数的完整流程，如图 2-50 所示。

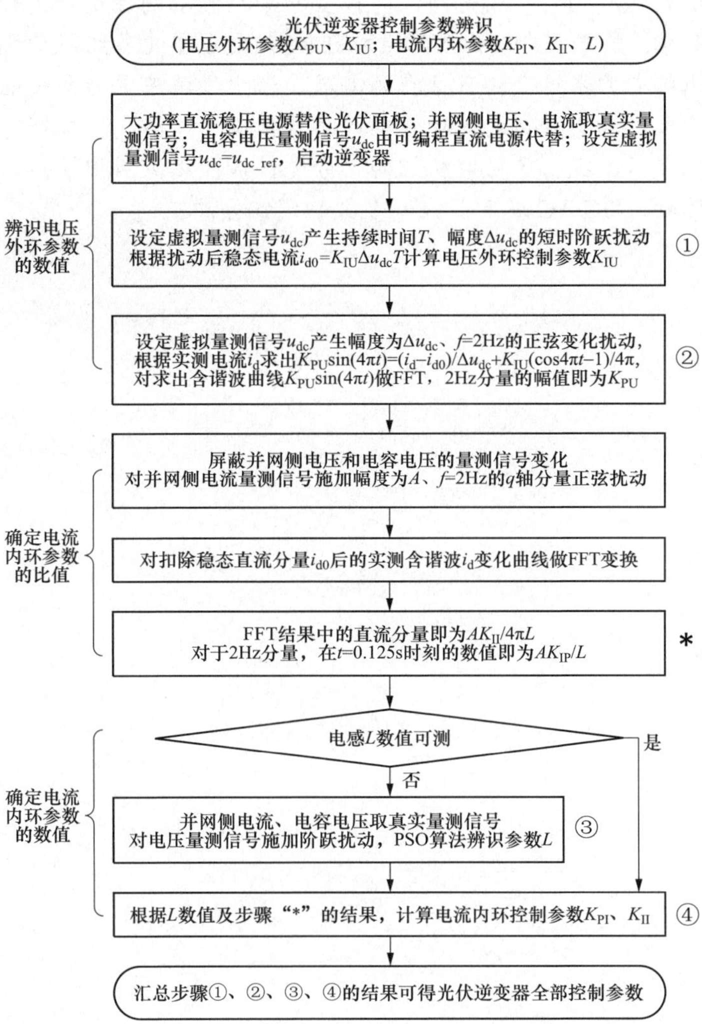

图 2-50 采用量测信号扰动辨识 DC/AC 逆变器控制参数的流程图

小 结

电力系统数字仿真是电力系统规划、设计、运行、分析与控制的主要工具，仿真结果的可信度直接影响系统运行的安全性与经济性。“乐观”的计算结果将给系统安全埋下安全隐患，而“保守”的结果将降低系统运行的经济性。提高动态仿真的可信度需要以保证参与仿真计算的模型及参数的有效性为基础。

随着间歇式电源的大规模并网，其模型及参数的准确性是分析含间歇式电源电力系统的基础。本章首先给出了风电机组/光伏发电单元各组成模块不同详细程度的模型，根据电力系统全过程仿真的需求，给出了适应电力系统电磁暂态、机电暂态以及中长期动态分析的间歇式电源推荐模型。然后，本章研究了间歇式电源的参数辨识技术，提出了风电机组的“分合协调”参数辨识策略，以及光伏电池5个关键参数、DC/AC逆变器控制参数的辨识方法。

第三章

大规模新能源电源并网全过程仿真

第一节　电力系统全过程动态仿真概念

电力系统是一个由发电、输电、配电、用电等设备，及其辅助控制和保护系统构成的超大规模复杂系统，系统规模庞大，元件众多。电力系统对电压、频率以及各种操作的动态响应时间可从几微秒、几毫秒到几分钟甚至数小时。电力系统元件与控制系统动态响应的时间范围如图 3-1 所示。

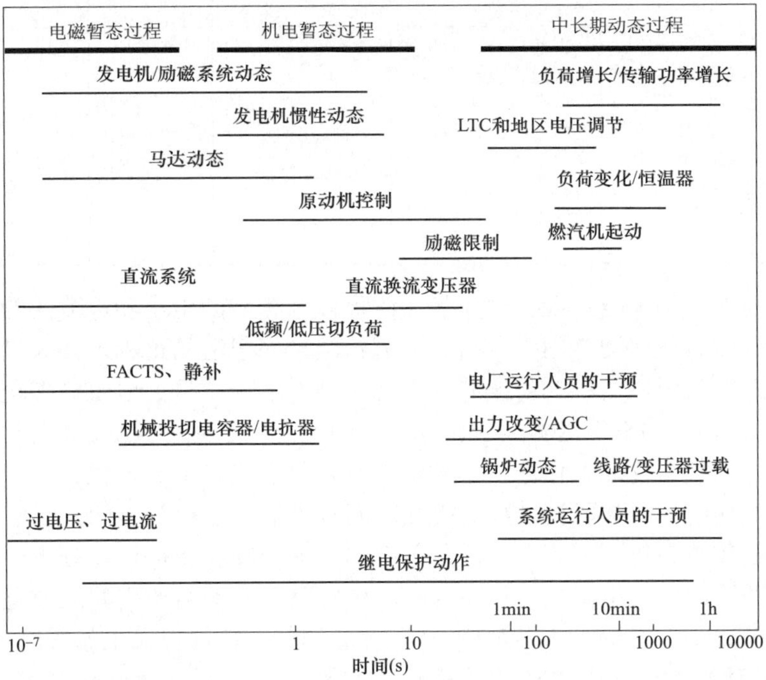

图 3-1　电力系统元件与控制系统动态响应的时间范围

目前，根据仿真过程的不同，电力系统仿真通常分为：电磁暂态过程仿真、机电暂态过程仿真和中长期动态过程仿真三种，它们的特点和区别如表 3-1。

表 3-1　　三种类型仿真比较

类型	基本特点	仿真目的	模型与算法	仿真时间	仿真程序
电磁暂态过程仿真	描述电力系统各元件电磁场变化及电压电流的瞬时变化，过程变化快，考虑元件非线性、电磁耦合、输电线分布参数、三相不对称等因素	研究故障或操作后可能出现的暂态过电压和过电流，以此为根据设计设备参数，研究其限制和保护措施；研究电力电子设备、直流阀系统、控制保护策略等问题	根据电磁暂态理论，由元件代数、微分方程建立其电磁暂态模型，采用时域瞬时值计算	数微妙到数秒	各版本 EMTP/ATP、PSCAD/EMTDC、NETOMAC 等
机电暂态过程仿真	综合描述系统机械暂态和电磁暂态过程，涉及发电机组、调速系统和励磁系统，一般只描述系统基频的电压电流变化	主要用于分析电力系统稳定性。分析静态稳定为发电机励磁系统、PSS 和其他调节装置的形式参数选择提供依据；分析暂态稳定为制定防止大扰动下系统失稳的措施提供依据	采用基波相量理论计算，电压电流值全部转换成为复数相量，元件采用稳态或准稳态模型，系统网络以元件阻抗和导纳形式表示	数毫秒到数秒，步长通常 10ms 左右	PSD 机电暂态程序、PSASP、PSS/E、SIMPOW、NETOMAC 等
中长期动态过程仿真	描述大规模系统扰动以及由此引发的有功和无功、发电量和消耗量之间不平衡等持续时间较长、动作较缓慢的现象	事故后分析，提供反事故依据；电压稳定性分析，提供防止电压崩溃的措施；考核系统承受严重故障的能力，为系统规划提供依据；自动发电控制（AGC）策略等	采用适合刚性变量法的变阶、变步长仿真算法	几十秒到数分钟，步长为十毫秒到几秒不等	电科院全过程仿真程序、EUROSTAG、LTSP、EXTAB 等

电磁暂态过程主要指元件中电场和磁场以及相应的电压和电流的变化过程。传统的电磁暂态程序通常用于分析和研究持续时间很短的过程，如大气过电压和操作过电压的问题，过程的持续时间在几十微妙之内；目前电磁暂态程序也应用在直流输电和 FACTS 等这类具有快速响应的电力电子元件设备的控制与保护、新型快速继电保护装置的动作原理、故障点探测原理以及电磁干扰、次同步谐振、铁磁谐振等问题上，被研究过程的持续时间有可能长达到数十秒。

由于电磁暂态仿真主要考虑的是某个局部的详细动态过程，分析中不但需要考虑元件的非线性、电磁耦合以及计及输电线路分布参数所引起的波过程，而且还需要考虑线路三相结构的不对称、线路参数的频率特性以及电晕等因素的影响，因此，在电磁暂态仿真中通常采用时域瞬时值分析方法，电力网络采用 ABC 三相或更一般的全相模型，且用微分方程式描述。基于以上的原因，电磁暂态仿真的规模受到限制，通常不能超过几十个节点、线路和发电机；仿真步长也非常小，一般取 20～200μs。

电磁暂态程序常见的有各种版本的 EMTP 程序（包括免费版本的 ATP-EMTP）、由加拿大 Manitoba 直流研究中心开发的 PSCAD/EMTDC 和德国西门子公司开发的 NETOMAC 程序等。

电力系统机电暂态过程的仿真用来分析当电力系统在正常运行状态下受到某种扰动后，能否经过一定的时间回到原来的运行状态或者过渡到一个新的稳定运行状态的问题，主要包括暂态稳定问题和小干扰稳定问题。其中，暂态稳定是系统遭受严重扰动下保持同步稳定运行的能力；小扰动稳定则是电力系统在小扰动下保持同步的能力。

机电暂态变化过程的持续时间常常在几秒到几十秒，由于系统频率变化不大，仿真时采用基波相量理论分析，将网络中的电流和电压等变量变换成为复数相量，各支路元件都以它们的复数阻抗或导纳表示，这样，电路的基本定律与稳态分析完全相同。机电暂态时域数字仿真的计算步长比电磁暂态程序大很多，常常取 0.5 个周波～2 个周波。

目前，工程应用中采用较普遍的机电暂态仿真程序，国内的有中国电力科学研究院的 PSD-BPA 电力系统分析程序和电力系统分析综合程序（PSASP）。国际上常用的有美国 PTI 公司的 PSS/E、瑞典 ABB 公司开发的 SIMPOW 程序、德国西门子公司开发的 NETOMAC 等。

中长期动态过程分析主要关注的是大规模系统扰动以及由此引发的有功功率和无功功率、发电量和消耗量之间不平衡等持续时间较长、动作较缓慢的现象。这类现象包括：热力机组的锅炉动态特性、水轮机组水管及其阀门的动态特性、自动发电控制、发电和输电系统的保护和控制、变压器抽头调节与饱和特性以及核反应系统的动态响应等现象。中长期动态稳定计算的仿真和研究范围包括：复杂和严重事故的事后分析，研究正确的反事故措施；电压稳定性分析，研究电力系统电压稳定性的机理和防止电压崩溃的有效措施；规划设计阶段，考核系统承受极端严重故障的能力，以研究相应对策；研究事故发展过程和训练运行人员紧急处理能力；研究紧急无功支援的有效性；自发电控制（AGC）策略等。

系统中长期过程在大型电力系统中所经历的时间较长，中期现象一般持续十几秒到几分钟，而长过程现象则持续几分钟到十几分钟。电压和频率的变化范围较大，涉及的电力系统元件较多，特别是要考虑具有中长期过程特性的模型，如锅炉、核电站等模型。中长期过程的仿真中通常采用适合刚性变量法的变阶变步长计算方法（多采用 Gear 法，在某些情况下与其他方法混用），计算步长根据系统变化的剧烈程度，自动调整步长，通常从毫秒级到几秒不等。

目前，主要的长过程动态稳定计算程序，国内有中国电力科学研究院独立开发完成的我国第一套中长期过程计算软件“电力系统全过程动态仿真程序”；国际上有法国电力公司 EDF 开发的 EUROSTAG。需要说明的是，这些中长期程序由于采用了变步长的微分代数方程算法，除了能仿真中长期动态过程外，对于机电暂态过程的仿真，也完全可以胜任。

20 世纪 90 年代以来，世界范围内电网大面积停电事故频发，造成了巨大经济损失和社会影响。这些事故一般由电力系统多重连锁性反应故障引发，其发展过程通常历经数十分钟，其中既有秒级的快速机电暂态过程，又有发电机过励限值动作等分钟级慢速动态过程。例如，2003 年 8 月 14 日，美国东部地区 8 个州和加拿大的安大略省发生了大规模的停电事故，损失负荷达 61800MW，受停电影响人数达 5000 万。随后英国、巴西、丹麦、意大利、印度等国也相继发生了较大范围的停电事故，给事发国家带来巨额的经济损失和社会影响。为此，各国政府都将与电网安全相关的研究作为重点支持方向。更深入地理解电力系统动态过程机理、研究准确快速的稳定分析方法已成为当务之急。

在大规模互联电网中，低频振荡问题引发的系统稳定性引起了行业广泛的关注。对于区域互联电网来说，低频振荡频率较低，交流联络线上输送功率的振荡周期较大，为了在时域模拟出电网的阻尼特性，需要把常规电网稳定仿真的时间由通常的 10s 左右延长到数十秒以上。在我国，在电网规划、调度部门的日常稳定性仿真计算的时间尺度已经由常规的秒级机电暂态过程延伸到 40s，甚至分钟级以上的中长期动态仿真过程。例如，以我国华北—华中互联电力系统为例，长治—南阳—荆门特高压交流联络线两侧系统的低频振荡频率约为 0.15Hz，联络线上功率波动的周期约为 8s，为了观察电力系统是否存在低频振荡，则时域仿真至少需要仿真 5 个摇摆周期，即 40s 的仿真时间。

第二节　电磁暂态计算方法概述

在电磁暂态数字仿真中，电力系统的元件，根据精度的要求，可以用微分或偏微分代数方程式来表示。至于求解这些微分代数方程式的算法，既可以采用状态变量法，也可以采取离散化模型法。和绝大部分 EMTP 程序一样，PSD-PSModel 的解法也采用离散化模型法。

PSD-PSModel 采用隐式梯形算法，原因是隐式梯形算法数值稳定性好、算法成熟。

UDModel 是与 PSD-PSModel 配套求解控制系统的子程序，也采用隐式梯形积分算法并差分化，用来求解控制系统各种传递函数。

一、离散化模型

通常针对特定的电磁暂态过程，可以把系统元件分为两类：一类为集中参数元件，另一类为分布参数元件。集中参数的元件，比如电阻、电感、电容，其数学模型可以用常微分代数方程式表示，其仿真过程本质就是求解常微分代数方程式的问题；分布参数元件的数学模型为偏微分方程式，其解可以理解为波的传播过程，其电磁暂态仿真模型具有天然的时间上的离散性。

暂态网络差分解法不要求先形成网络的微分方程组，而是先将网络中元件的微分代数关系式，用数值积分公式差分化，即表示成差分关系式。在选定数值计算的积分公式之后，电力系统元件在各个时间离散点上即化成等效的电阻（或电导）和等值的电流源（或电压源）相并联（或串联）的等值网络。从而使网络的暂态分析成为在各个时间离散点上一系列的代数方程式计算。

目前用于电力系统电磁暂态仿真的程序基本都采用离散化模型法进行求解，其求解过程如下：

（1）先选择适当的数值积分方法，把描述单个元件特性的微分方程式离散化，形成单个元件的离散化伴随模型；

（2）根据单个元件的离散化伴随模型建立整个系统的离散化伴随网络；

（3）通过对整个系统的离散化伴随网络的求解，得到某个时间离散点上的解；

（4）利用当前已求得的解，递推下一个离散时刻的离散化伴随模型；

（5）重复上面的过程就得到系统在整个仿真时段上的离散点的解。

离散化模型可以将网络中所有的分布参数元件和集中参数元件等效为电导和电流源（电压源）的组合，从而把用微分代数方程式描述的网络转化为用代数方程式描述的网络方程。也就是说，在一个积分步长 Δt 内（例如由 t-Δt 到 t），常微分方程将被转换成相应的差分方程。该差分方程式描述了 t 时刻的电压、电流与 t-Δt 时刻的电压、电流之间的相互关系，而 t-Δt 时刻的电压和电流是前一个步长的计算结果，对于本步长的计算来说是已知量。进而，这些差分方程可以用一种由纯电阻和电流源构成的电路来代替，以反映 t 时刻未知电压和电流之间的关系，其中电阻的大小决定于元件的参数和积分步长，而电流源的大小则由 t-Δt 时刻电压和电流值确定。这样，网络的求解可以表示为式（3-1）的形式

$$GV(t) = I(t - \Delta t) \tag{3-1}$$

其中，$\boldsymbol{G}$ 表示电网等值电导矩阵，矩阵很可能因为网络参数或拓扑结构变化时而改变；$V(t)$代表 t 时刻电网中各节点电压，为待求量；$I(t$-$\Delta t)$为 t-Δt 时刻网络的等值电流源，在 t 时刻为已知量。

二、隐式梯形算法

目前，电力系统仿真软件多采用隐式梯形积分方法对元件进行建模。梯形公式是一种 A 稳定的数值积分公式，局部截断误差是三阶的。梯形法会滤去接于电压源的电感上的高频电流，在电流强迫流经电感的情况下，又会放大跨接于电感上的高频电压。在前一情况下，梯形法的作用如积分器，它的性能很好；但在后一情况下，它作为微分器时性能很差，其结果表现为当电流的导数突变时的数值振荡，例如断路器遮断电流时的情况。

考察下面带阻尼的隐式梯形算法：

对于一阶微分方程

$$\frac{\mathrm{d}y}{\mathrm{d}t}=f(t) \tag{3-2}$$

积分时引入一个阻尼系数 α，则差分方程可写为

$$y(t)=y(t-\Delta t)+\frac{\Delta t}{2}[(1+\alpha)f(t)+(1-\alpha)f(t-\Delta t)] \tag{3-3}$$

引入阻尼系数 α 后，积分方法将随 α 变化而变化。如果 $\alpha<1$，振荡将会被阻尼。可以看出：

（1）当 $\alpha=0$ 时，积分方法变为纯隐式梯形积分方法，精度高，但是由于上一步 $f(t-\Delta t)$ 的存在，在某些特殊情况下会引起数值振荡。

（2）当 $\alpha=1$ 时，积分方法变为后退欧拉法，精度较低，但是由于上一步已经消去，不会存在数值振荡。

（3）当 $0<\alpha<1$ 时，积分方法介于梯形积分法和后退欧拉法之间，其精度也介于它们之间，对数值振荡有一定的阻尼作用，但不能完全解决数值振荡问题。

三、控制系统解法

UDModel 子程序是与 PSD-PSModel 相配合用于自定义控制系统仿真的子程序，主要用来模拟仿真 HVDC 换流站、FACTS 设备的控制。

控制系统常用方框图来表示传递函数块、限幅器等各种控制元件之间的相互联系。在 UDModel 中也采用方框图表示，符合使用者习惯，以便使用者给定数据简单。各种信号以字符串来定义，字符串长度任意，但是中间不能有空格。利用输入信号和输出信号的适当命名，可以完成各模块之间的任意连接。

目前 UDModel 的控制系统是与电气网络分别求解。网络解的输出在下一时步中可以做为 UDModel 的输入量；UDModel 的输出量在同一时步作为网络解的输入量。UDModel 可以将网络中任意元件的任意输出，都作为输入量；网络解以

UDModel 的输出信号作为电压源、电流源，作为可控硅等 FACTS 设备的触发信号，也可以作为打开或闭合开关的命令等。UDModel 与网络交互求解过程如图 3-2 所示。

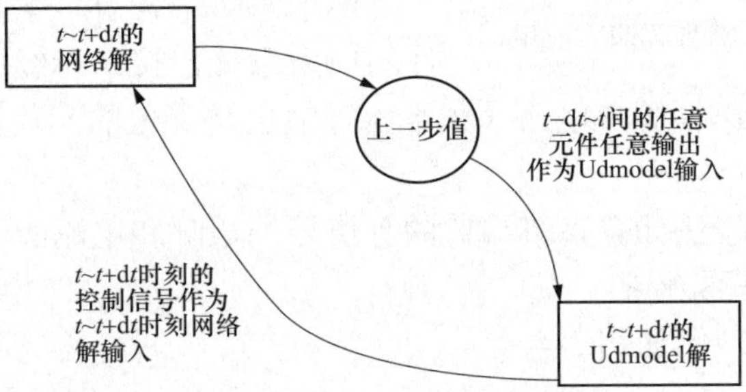

图 3-2 UDModel 与网络交互求解过程

目前 UDModel 的特点有：

（1）丰富的自定义模块。

1）常用的加减乘除、逻辑运算、三角函数与反三角函数、指数、求模和相角、最大最小值、绝对值、符号环节、限幅环节、速率限制、初始化环节、积分、导数、PI 控制、一阶延时环节。

2）分段函数、图表插值、磁滞曲线、死区环节、采样保持环节、延时环节、取上一步值。

3）多种信号发生器、用户逐点定义非线性输入。

（2）积分算法。目前只支持简单的隐式梯形积分法。

（3）支持大系统的子系统功能划分。

第三节 基于故障支路导纳矩阵的电磁暂态—机电暂态网络混合仿真算法

针对大规模电网发生的任意类型故障，本章提出基于电流补偿法的混合仿真算法，该仿真方法对机电暂态网络规模没有任何限制，适应于机电暂态网络包含有单相、两相以及三相对称或不对称条件下的任意故障类型，可以同时进行多个电磁暂态局部网络仿真，计算结果准确。

一、机电暂态系统对电磁暂态系统等效方法

为了便于使用已有的暂态稳定程序和数据，对传统外部交流系统采用了基波

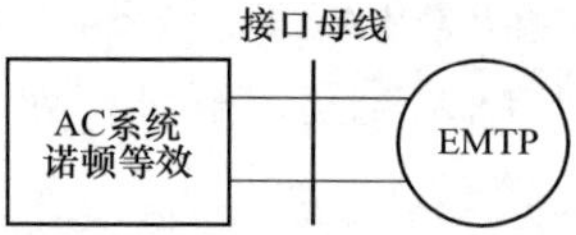

图 3-3　机电暂态对电磁暂态的等值电路

正序、负序以及零序三序等值模型。外部机电暂态子系统对电磁暂态子系统等效为诺顿电路，如图 3-3 所示。

由于网络中含有多条直流或 FACTS 元件的电力系统，接口母线的数量不止一个，可以采用多端耦合诺顿等效电路（戴维南等值也是等效的）代替外部交流系统进行电磁暂态仿真。

主要是利用补偿法计算直流端口的等值导纳矩阵和电流源。

1. 补偿算法基本原理

补偿算法的原理图如图 3-4 所示。

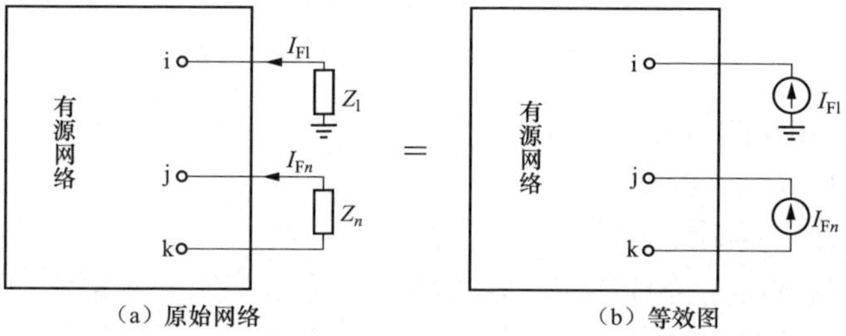

图 3-4　补偿算法的原理图（原始网络和等效图）

其中的 Z_1，Z_2，……，Z_n 为端口连接的附加阻抗。

根据替代定理，在已知阻抗中电流的情况下，端口阻抗的变化量可以用该电流代替，即可以等效为图 3-4（b）。

端口电压计算方法如下：

（1）从端口向网络内部看，可得式（3-4）

$$V_F = V_F^0 + Z_T I_F \tag{3-4}$$

式中：V_F 为端口电压矢量；V_F^0 为没有端口附加阻抗（端口开路）的端口开路电压矢量；Z_T 为端口开路时的端口等值阻抗矩阵；I_F 为端口注入的电流矢量。

（2）反过来，如果已经知道端口电压矢量 V_F 和端口注入的电流矢量 I_F，那么可以推导出端口开路电压矢量 V_F^0，如式（3-5）

$$V_F^0 = V_F - Z_T I_F \tag{3-5}$$

2. 电磁暂态计算与 PSD 机电暂态稳定程序计算交互过程

（1）初始化时，在正负零三序节点导纳矩阵中删除参与电磁暂态仿真的支路，通过以上处理，相当于从原系统中删除了整个参与电磁暂态仿真的局部系统。

（2）初始时刻和计算过程中系统发生网络变化时，计算电磁暂态仿真网络端口开路时的端口等值阻抗矩阵 Z_{T}。

1）计算各个端口注入单位电流时各个节点的电压，对应的各电压值如下，见式（3-6）

$$\begin{cases} V_1 = [v_{1,1} \quad v_{1,2} \quad v_{1,3} \quad \cdots \quad v_{1,n-1} \quad v_{1,n}] \\ V_2 = [v_{2,1} \quad v_{2,2} \quad v_{2,3} \quad \cdots \quad v_{2,n-1} \quad v_{2,n}] \\ \cdots\cdots \\ V_k = [v_{k,1} \quad v_{k,2} \quad v_{k,3} \quad \cdots \quad v_{k,n-1} \quad v_{k,n}] \end{cases} \tag{3-6}$$

式中：k 为直流端口数；n 为总的节点数。

2）形成电磁暂态网络端口之间的阻抗矩阵——自阻抗对应本端口注入单位电流时的本节点的电压，互阻抗对应本端口注入单位电流时其他端口节点的电压，参见式（3-7）

$$Z_{\mathrm{T}} = \begin{bmatrix} Z_{11} & Z_{12} & \cdots & Z_{1k} \\ Z_{21} & Z_{22} & \cdots & Z_{2k} \\ \cdots & \cdots & \cdots & \cdots \\ Z_{k1} & Z_{k2} & \cdots & Z_{kk} \end{bmatrix} \tag{3-7}$$

（3）在计算过程中的每一步，根据上一迭代计算出的电磁暂态网络的注入系统的电流 I'_F，应用补偿法［公式（3-4）］计算，修正全网的节点电压。

（4）每一步计算电磁暂态网络端口的等值电压——即电磁暂态网络端口的开路电压：

从全网的节点电压抽出电磁暂态网络端口的电压，该电压的值为式（3-8）

$$V_{\mathrm{F}} = [v_1 \quad v_2 \quad v_3 \quad \cdots \quad v_n]^T \tag{3-8}$$

根据补偿法原理，在网络中注入上一迭代计算出的电磁暂态网络的注入系统的电流 I'_F，计算去掉该电流后的各个节点的电压值［式（3-7)］，该电压作为本次迭代的开路电压［参见式（3-9)］

$$V_{\mathrm{F}}^0 = V_{\mathrm{F}} - Z_{\mathrm{T}} I'_{\mathrm{F}} \tag{3-9}$$

（5）得到开路电压 V_{F}^0 和端口等值阻抗矩阵 Z_{T} 后，作为戴维南等值电路参数传递给电磁暂态网络，电磁暂态网络进行电磁暂态仿真计算，计算出新的电磁暂态端口注入系统的电流 I_{F}，进入下一次网络求解迭代计算。

详细计算流程如图 3-5 所示。

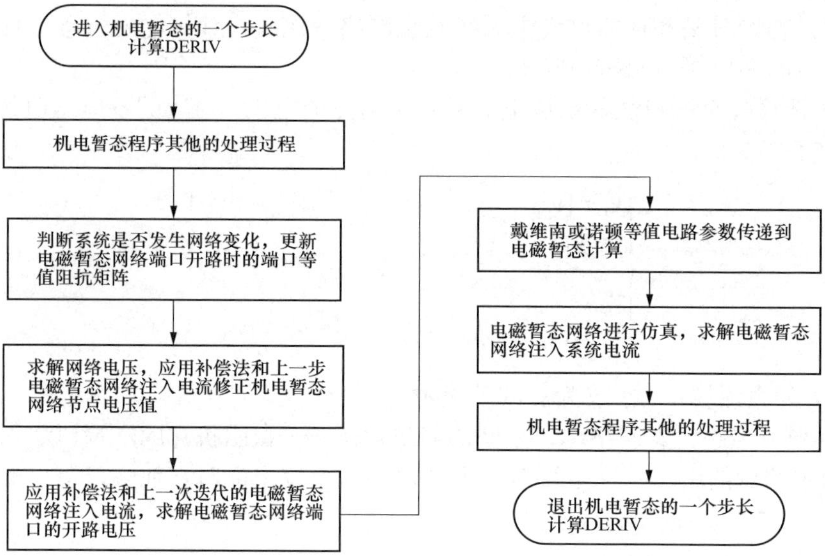

图 3-5 详细计算流程图

3. 正负零三序等值电路到 ABC 三相瞬时值电路的转换

在电磁暂态计算过程中，针对 ABC 三相瞬时值网络进行求解，因此在得到机电暂态网络的正负零三序诺顿等值电路形式后，需要把基于正负零三序的诺顿等值导纳和等值电流源转换为基于 ABC 三相的瞬时值模型，最后并入电磁侧网络方程中求解。

如果考虑电磁暂态子系统返回的正负零三序等值电流，那么接口处的正负零三序网络方程式如式（3-10）

$$\boldsymbol{Y}_{\mathrm{eq}}^{(1,2,0)} \times \boldsymbol{V}^{(1,2,0)} = \boldsymbol{I}_{\mathrm{eq}}^{(1,2,0)} + \boldsymbol{I}_{\mathrm{emt}}^{(1,2,0)} \tag{3-10}$$

式中：$\boldsymbol{Y}_{\mathrm{eq}}^{(1,2,0)}$ 为正负零三序诺顿等值导纳矩阵，矩阵阶数为（3m）×（3m）阶；$\boldsymbol{V}^{(1,2,0)}$ 为 3m 阶的正负零三序接口处母线电压向量；$\boldsymbol{I}_{\mathrm{eq}}^{(1,2,0)}$ 为 3m 阶的正负零三序诺顿等值电流向量；$\boldsymbol{I}_{\mathrm{emt}}^{(1,2,0)}$ 为 3m 阶的电磁暂态子系统对应的正负零三序等值电流向量。

定义变换矩阵 $\boldsymbol{s}$，见式（3-11）

$$\boldsymbol{s} = \begin{bmatrix} 1 & 1 & 1 \\ a^2 & a & 1 \\ a & a^2 & 1 \end{bmatrix} \tag{3-11}$$

式中：$a = e^{j120^\circ} = -0.5 + j\sqrt{3}/2$

如果接口母线有 m 个，定义分块对角矩阵 $\boldsymbol{S}$ 及其逆矩阵 $\boldsymbol{S}^{-1}$，见式（3-12）

$$\boldsymbol{S} = \begin{bmatrix} s & 0 & 0 & 0 \\ 0 & s & 0 & 0 \\ 0 & 0 & \cdots & 0 \\ 0 & 0 & 0 & s \end{bmatrix} \qquad \boldsymbol{S}^{-1} = \begin{bmatrix} s^{-1} & 0 & 0 & 0 \\ 0 & s^{-1} & 0 & 0 \\ 0 & 0 & \cdots & 0 \\ 0 & 0 & 0 & s^{-1} \end{bmatrix} \tag{3-12}$$

显然，$\boldsymbol{S}$ 及其逆阵的矩阵规模为 3m 阶，式（3-10）可以转换为

$$\boldsymbol{Y}_{\text{eq}}^{(1,2,0)} \times \boldsymbol{S}^{-1} \times V^{(a,b,c)} = \boldsymbol{S}^{-1} \times \boldsymbol{I}_{\text{eq}}^{(a,b,c)} + \boldsymbol{S}^{-1} \times \boldsymbol{I}_{\text{emt}}^{(a,b,c)} \tag{3-13}$$

式（3-13）左乘矩阵 $\boldsymbol{S}$ 做进一步变换，得到式（3-14）

$$(\boldsymbol{S} \times \boldsymbol{Y}_{\text{eq}}^{(1,2,0)} \times \boldsymbol{S}^{-1}) \times \boldsymbol{V}^{(a,b,c)} = \boldsymbol{I}_{\text{eq}}^{(a,b,c)} + \boldsymbol{I}_{\text{emt}}^{(a,b,c)} \tag{3-14}$$

这样 ABC 三相形式的诺顿等值导纳矩阵见式（3-15）

$$\boldsymbol{Y}_{\text{eq}}^{(a,b,c)} = \boldsymbol{S} \times \boldsymbol{Y}_{\text{eq}}^{(1,2,0)} \times \boldsymbol{S}^{-1} \tag{3-15}$$

而 ABC 三相形式的诺顿等值电流向量见式（3-16）

$$\boldsymbol{I}_{\text{eq}}^{(a,b,c)} = \boldsymbol{S} \times \boldsymbol{I}_{\text{eq}}^{(1,2,0)} \tag{3-16}$$

这样，就可以将接口处的正负零三序诺顿等值电路转换为 ABC 三相形式的诺顿等值电路。

继续深入考察 ABC 三相形式的诺顿等值导纳计算过程，由于 $\boldsymbol{S}$ 及其逆阵 $\boldsymbol{S}^{-1}$ 为分块对角阵，因此式（3-15）计算过程中，可以将（3m×3m）的矩阵乘法运算为单个小矩阵（3×3）的计算，如 $\boldsymbol{Y}_{\text{eq}}^{(a,b,c)}$ 中第 i 行第 j 列小矩阵的值 $\boldsymbol{y}_{\text{eq}ij}^{(a,b,c)}$ 为

$$\boldsymbol{y}_{\text{eq}ij}^{(a,b,c)} = S \times \boldsymbol{y}_{\text{eq}ij}^{(1,2,0)} \times S^{-1} \tag{3-17}$$

式（3-17）的物理意义为：正负零三序诺顿等值导纳矩阵转换为 ABC 三相诺顿等值导纳矩阵的过程中，单条支路的 ABC 三相导纳值，只与该支路的正负零三序导纳值有关，而与其他支路的参数无关。这样就做到了计算过程中不同支路之间的解耦。

最后得到的多端口 ABC 三相形式的诺顿等值电路如图 3-6 所示。

4. ABC 三相诺顿等值电路转换为电磁暂态计算用方程式

在每一个机电暂态/电磁暂态数据交换时刻，都会完成以下的计算步骤：

步骤 1：机电暂态稳定程序进行正负零三序诺顿等值，更新诺顿等值参数。

步骤 2：将诺顿等值电路参数（正负零三序等值导纳和等值电流）传递给电磁暂态子系统，并完成 ABC 三相等值电路的转换。

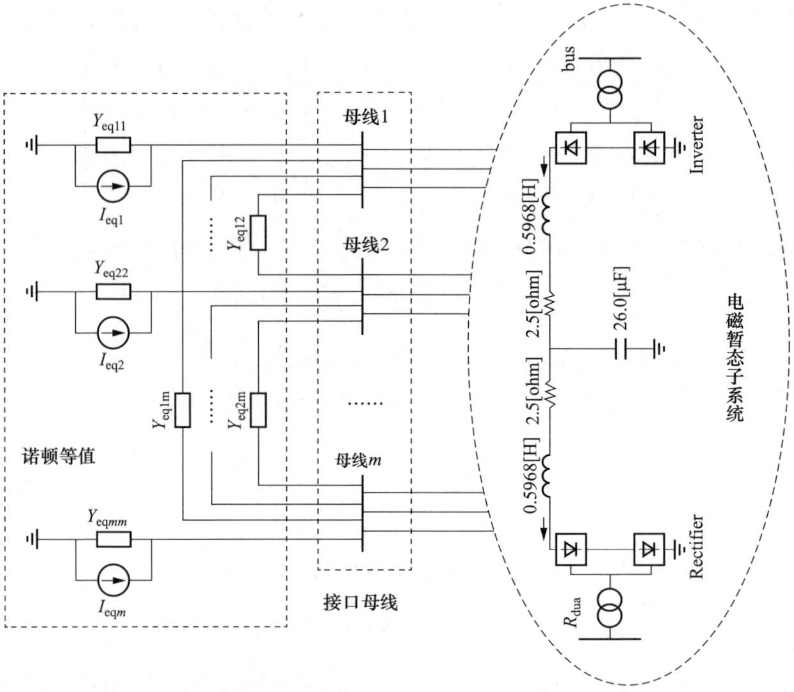

图 3-6 多端口诺顿等值电路

步骤 3：将 ABC 三相等值电路转换成电磁暂态计算中常用的等值电导和等值历史电流源的形式。

步骤 4：将等值诺顿三相电流源转换成 ABC 三相瞬时值形式。

步骤 5：将等值电导、等值历史电流值、三相瞬时诺顿等值电流并入电磁暂态侧网络方程式中求解，完成电磁暂态的计算过程。

由于机电暂态侧的网络比较复杂，比如负的等值负荷、串补等情况，在上述转换步骤中，将会遇到以下的特殊情况：

（1）支路电导部分出现负电阻。

（2）支路电纳部分可能为感性，也可能为容性。

第（1）种情况的出现主要是由负的等值负荷引起的，在电磁暂态计算中，负电阻直接会引起数值不稳定，但对于大型的电网，这种情况出现的概率不大，并且即使出现负电阻时，该值也是非常大（导纳很小），采取的措施有以下几种：

1）发出警告，引起计算人员注意。

2）如果负电阻值很大（相比电抗值，R/X>10 倍），可以直接忽略，将不会引起较大的计算误差。

3）如果负电阻值较小，直接影响计算，将要求计算人员把等值点附近负的负荷转换为发电机的形式。

第（2）种情况是有可能经常出现的情况，并且在计算过程中会随机出现。由于是等值网络，这些支路很少情况下是实际的纯电阻、电感或电容，很可能是电感、电容、电阻的组合。因为无法得到等值网中具体的物理连接情况，只能根据电纳的正负值，简单以单纯的电感和电容加以模拟。这样，就不能将所有的支路全部视为感性支路或容性支路，当然，通过转换公式直接整体转换出电磁暂态用的导纳矩阵和历史项也是不正确的，而是应该根据每条支路的具体情况判断出电容或电感来进行具体的转换。

在电磁暂态计算中，如果是电感，其离散化模型（考虑了后退欧拉法）见式（3-18）

$$u_j(t)-u_k(t)=L\frac{\mathrm{d}i(t)}{\mathrm{d}t}$$

$$\frac{\mathrm{d}i(t)}{\mathrm{d}t}=\frac{1}{L}[u_j(t)-u_k(t)]$$

$$\begin{aligned}i(t)&=i(t-\Delta t)+\frac{\Delta t}{2L}\{(1+\alpha)[u_j(t)-u_k(t)]+\\&\quad(1-\alpha)[u_j(t-\Delta t)-u_k(t-\Delta t)]\}\\&=\frac{\Delta t(1+\alpha)}{2L}[u_j(t)-u_k(t)]+hist(t-\Delta t)\end{aligned} \tag{3-18}$$

$$hist(t-\Delta t)=i(t-\Delta t)+\frac{\Delta t(1-\alpha)}{2L}[u_j(t-\Delta t)-u_k(t-\Delta t)]$$

对于特定的支路 j–$k(i\neq k)$对应的负导纳 $B_{jk(j\neq k)}$，如果 $B_{jk(j\neq k)}$ 大于 0，就表示该支路为电感性质，其电感值为 L_{jk}，见式（3-19）

$$L_{jk}=\frac{1}{\omega_0 B_{jk}} \qquad \frac{1}{L_{jk}}=\omega_0 B_{jk} \qquad (B_{jk}>0) \tag{3-19}$$

如果 $B_{jk(j\neq k)}$ 小于 0，就表示该支路为电容性质，其电容值为 C_{jk}，见式（3-20）

$$C_{jk}=\frac{-B_{jk}}{\omega_0} \qquad \frac{1}{C_{jk}}=\frac{-\omega_0}{B_{jk}} \qquad (B_{jk}<0) \tag{3-20}$$

对应的电感形式离散化模型见式（3-21）

$$\begin{cases}\dfrac{1}{L_{jk}}=\omega_0 B_{jk}\\ Y_{jk}=-\omega_0 B_{jk}\dfrac{\Delta t(1+\alpha)}{2}\\ hist_{jk}(t-\Delta t)=i_{jk}(t-\Delta t)+\dfrac{\Delta t(1-\alpha)}{2}\omega_0 B_{jk}(t-\Delta t)[u_j(t-\Delta t)-u_k(t-\Delta t)]\\ i_{jk}(t)=hist_{jk}(t-\Delta t)+\dfrac{\Delta t(1+\alpha)}{2}\omega_0 B_{jk}[u_j(t)-u_k(t)] \qquad (B_{jk}>0)\end{cases} \tag{3-21}$$

对应的电容形式离散化模型见式（3-22）

$$\begin{cases}C_{jk}=\dfrac{-B_{jk}}{\omega_0}\\ Y_{jk}=\dfrac{2}{\Delta t(1+\alpha)}\dfrac{B_{jk}}{\omega_0}\\ hist_{jk}(t-\Delta t)=-\dfrac{1-\alpha}{1+\alpha}i_{jk}(t-\Delta t)+\dfrac{2}{\Delta t(1+\alpha)}\dfrac{B_{jk}}{\omega_0}[u_j(t-\Delta t)-u_k(t-\Delta t)]\\ i_{jk}(t)=hist_{jk}(t-\Delta t)-\dfrac{2}{\Delta t(1+\alpha)}\dfrac{B_{jk}}{\omega_0}[u_j(t)-u_k(t)] \qquad (B_{jk}<0)\end{cases} \tag{3-22}$$

其中电流的历史项都是由节点 j 流向 k，合成到节点 j 的注入电流时候应该取负值。

而对于节点 j，其自身对地导纳见式（3-23）

$$B_{jj-g}=B_{jj}+\sum_{k=1,k\neq j}^{n}B_{jk} \tag{3-23}$$

同样地根据 B_{jj-g} 的正负值，可以把母线 j 对地支路表示为单纯的电感或电容与电阻的并联。

如果 B_{jj-g} 小于 0，就表示该支路为电感形式，见式（3-24）

$$L_{jj-g}=\frac{-1}{\omega_0 B_{jj-g}} \qquad \frac{1}{L_{jj-g}}=-\omega_0 B_{jj-g} \qquad (B_{jj-g}<0) \tag{3-24}$$

如果 B_{jj-g} 大于 0，就表示该支路为电容形式，见式（3-25）

$$C_{jj-g}=\frac{B_{jj-g}}{\omega_0} \qquad \frac{1}{C_{jj-g}}=\frac{\omega_0}{B_{jj-g}} \qquad (B_{jj-g}>0) \tag{3-25}$$

在电磁暂态计算中，对应的电感形式离散化模型见式（3-26）

$$\begin{cases}\dfrac{1}{L_{jj-g}}=-\omega_0 B_{jj-g}\\ Y_{jj-g}=-\omega_0 B_{jj-g}\dfrac{\Delta t(1+\alpha)}{2}\\ hist_{jj-g}(t-\Delta t)=i_{jj-g}(t-\Delta t)-\dfrac{\Delta t(1-\alpha)}{2}\omega_0 B_{jj-g}u_{\mathrm{j}}(t-\Delta t)\\ i_{jj-g}(t)=hist_{jj-g}(t-\Delta t)-\dfrac{\Delta t(1+\alpha)}{2}\omega_0 B_{jj-g}u_j(t) \qquad (B_{jj-g}<0)\end{cases} \tag{3-26}$$

电容形式见式（3-27）

$$\begin{cases}C_{jj-g}=\dfrac{B_{jj-g}}{\omega_0}\\ Y_{jj-g}=\dfrac{2}{\Delta t(1+\alpha)}\dfrac{B_{jj-g}}{\omega_0}\\ hist_{jj-g}(t-\Delta t)=\dfrac{1-\alpha}{1+\alpha}i_{jj-g}(t-\Delta t)-\dfrac{2}{\Delta t(1+\alpha)}\dfrac{B_{jj-g}}{\omega_0}u_j(t-\Delta t)\\ i_{jj-g}(t)=hist_{jj-g}(t-\Delta t)+\dfrac{2}{\Delta t(1+\alpha)}\dfrac{B_{jj-g}}{\omega_0}u_j(t) \qquad (B_{jj-g}>0)\end{cases} \tag{3-27}$$

其中电流的历史项都是由节点 j 流向地，合成到节点 j 的注入电流时候应该取负值。

二、电磁暂态系统仿真结果对机电暂态网络的等效方法

由于电磁暂态子程序仿真结果是详细系统元件电压、电流的三相瞬时值，而外部交流系统基于基频、正序、单相、相量模型，因此需要把电磁暂态子程序仿真得到的接口母线电压、电流瞬时值转化为基频相量值。

常用的方法有离散傅立叶变换和最小二乘曲线拟合法。离散傅立叶变换求取电压、电流信号的基频正序分量需要获得整周波数据，而最小二乘曲线拟合方法不受此限制。最小二乘曲线拟合方法对电磁暂态数据窗的长度（即机电暂态的仿真步长）没有限制，它使用接口母线的瞬时频率作为电压、电流信号的频率进行曲线拟合。因此，在系统频率偏移的情况下，相对于离散傅立叶变换法应用最小二乘曲线拟合法可以提高机电暂态/电磁暂态混合仿真的精度。

最小二乘曲线拟合方法求取电压、电流信号基频分量的步骤描述如下：

假设某一个余弦信号的幅值为 A，初相角为 φ，角频率为 ω。其中：角频率 ω 作为已知量，根据机电暂态仿真得到的接口母线的瞬时频率由 $\omega=2\pi f$ 求出。

则余弦信号可以表示为式（3-28）的形式

$$y(t)=A\cos(\omega t+\varphi) \tag{3-28}$$

经过数学变换后得到式（3-29）

$$y(t)=A\cos\varphi\cos\omega t-A\sin\varphi\sin\omega t \tag{3-29}$$

令 $C_1=A\cos\varphi$， $C_2=-A\sin\varphi$， $F_1(t)=\cos\omega t$， $F_2(t)=\sin\omega t$ 。

则式（3-29）可以换算为式（3-30）

$$y(t)=C_1F_1(t)+C_2F_2(t) \tag{3-30}$$

由于该余弦信号的角频率 ω 已知，幅值 A 和相角 φ 未知，所以需要求解 C_1 和 C_2 才能求得此余弦信号。

根据最小二乘曲线拟合方法定义，误差函数 E 可以表示为式（3-31）

$$E=\sum_{i=1}^{n}(x_i-y_i)^2 \tag{3-31}$$

式中：信号采样点 $x_i=x(i\Delta t)$；余弦信号 $y_i=y(i\Delta t)$。

根据式（3-31）误差函数可以推出式（3-32）：

$$E=\sum_{i=1}^{n}\{x_i-C_1F_1(t_i)-C_2F_2(t_i)\}^2 \tag{3-32}$$

相对于每个离散时间点的残差 r 可以定义为式（3-33）

$$r_i=x_i-C_1F_1(t_i)-C_2F_2(t_i) \tag{3-33}$$

改写成残差的矩阵形式，为式（3-34）

$$\begin{bmatrix} r_1\\ r_2\\ \vdots\\ r_n \end{bmatrix}=\begin{bmatrix} x_1\\ x_2\\ \vdots\\ x_n \end{bmatrix}-\begin{bmatrix} F_1(t_1) & F_2(t_1)\\ F_1(t_2) & F_2(t_2)\\ \vdots & \vdots\\ F_1(t_n) & F_2(t_n) \end{bmatrix}\begin{bmatrix} C_1\\ C_2 \end{bmatrix} \tag{3-34}$$

即如式（3-35）所示

$$[r]=[X]-[F][C] \tag{3-35}$$

则误差函数用残差矩阵表示，如式（3-36）所示

$$\begin{aligned} E=[r]^T[r]&=\begin{bmatrix} r_1 & r_2 & \cdots & r_n \end{bmatrix}\begin{bmatrix} r_1\\ r_2\\ \vdots\\ r_n \end{bmatrix}=r_1^2+r_2^2+\cdots+r_n^2\\ &=[[X]-[F][C]]^T[[X]-[F][C]]\\ &=[X]^T[X]-[C]^T[F]^T[X]-[X][F][C]+[C]^T[F]^T[F][C] \end{aligned} \tag{3-36}$$

由最小二乘曲线拟合的定义可知式（3-37）

$$\frac{\partial E}{\partial C}=-2[F]^T[X]+2[F]^T[F][C]=0 \tag{3-37}$$

则如式（3-38）

$$[F]^T[X]=[F]^T[F][C] \tag{3-38}$$

其中：$[C]=[[F]^T[F]]^{-1}[F]^T[X]$

令 $A=[F]^T[F]$，$B=[F]^T[X]$，

则变换为式（3-39）

$$[C]=[A]^{-1}B \tag{3-39}$$

假设矩阵 $\boldsymbol{A}$ 可以表示为式（3-40）

$$\boldsymbol{A}=\begin{bmatrix} a_{11} & a_{12} \\ a_{21} & a_{22} \end{bmatrix} \tag{3-40}$$

其中参数见式（3-41）

$$\begin{cases} a_{11}=\begin{bmatrix} F_1(t_1) \\ \vdots \\ F_1(t_n) \end{bmatrix}^T \begin{bmatrix} F_1(t_1) \\ \vdots \\ F_1(t_n) \end{bmatrix} \\ a_{12}=a_{21}=\begin{bmatrix} F_1(t_1) \\ \vdots \\ F_1(t_n) \end{bmatrix}^T \begin{bmatrix} F_2(t_1) \\ \vdots \\ F_2(t_n) \end{bmatrix} \\ a_{22}=\begin{bmatrix} F_2(t_1) \\ \vdots \\ F_2(t_n) \end{bmatrix}^T \begin{bmatrix} F_2(t_1) \\ \vdots \\ F_2(t_n) \end{bmatrix} \end{cases} \tag{3-41}$$

同样矩阵 $\boldsymbol{B}$ 可以表示为式（3-42）

$$\boldsymbol{B}=\begin{bmatrix} b_1 \\ b_2 \end{bmatrix} \tag{3-42}$$

其中参数见式（3-43）

$$\begin{cases} b_1=\begin{bmatrix} F_1(t_1) \\ \vdots \\ F_1(t_n) \end{bmatrix}^T \begin{bmatrix} x(t_1) \\ \vdots \\ x(t_n) \end{bmatrix} \\ b_2=\begin{bmatrix} F_2(t_1) \\ \vdots \\ F_2(t_n) \end{bmatrix}^T \begin{bmatrix} x(t_1) \\ \vdots \\ x(t_n) \end{bmatrix} \end{cases} \tag{3-43}$$

求出矩阵 **A** 和矩阵 **B** 即可求得 C_1，C_2，从而可以求出基频电压或电流信号的幅值和相角。

电磁暂态子系统对机电暂态子系统等值为基频负荷或者基频电流源。由于机电暂态系统相对于电磁暂态系统而言属于慢变系统，因此，采用在一个机电暂态仿真步长内的恒功率负荷作为电磁暂态子系统等效来进行机电暂态子程序仿真。根据接口母线电压、注入网络电流相量即可求出电磁暂态子系统基频等效负荷。由于机电暂态仿真基于基频单相相量模型，所以在使用最小二乘曲线拟合法时只需求取电磁暂态子系统基频等效负荷而忽略接口母线电压和注入网络电流的各次谐波分量。

三、电磁暂态程序与机电暂态程序相互接口时数据交换

对于接口数据交换时序的问题，目前相关文献中都以电磁暂态、机电暂态串行计算方式进行。其基本接口时序如图 3-7 所示（假设机电暂态计算步长取 10ms，对应半个周波）。

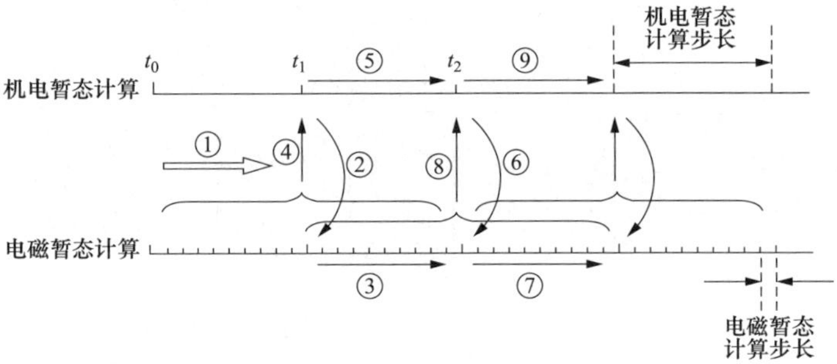

图 3-7　电磁—机电混合仿真接口基本时序

步骤 1：机电暂态仿真和电磁暂态仿真从 t_0 时刻运行到 t_1 时刻。

步骤 2：机电暂态仿真过程将 t_1 时刻求得的接口点电压、电流等信息转换成诺顿等值电路参数的形式，并送入电磁暂态仿真过程。

步骤 3：电磁暂态仿真过程利用 t_1 时刻从机电暂态仿真过程获得的诺顿等值参数，进行 t_1～t_2 时段的电磁暂态计算。

步骤 4：电磁暂态仿真过程计算到 t_2 时刻时，利用过去一个周波的计算结果计算得出边界点电压、电流等参量的基波有效值，并送入机电暂态仿真过程。

步骤 5：机电暂态仿真过程获得边界点信息后，进行 t_1～t_2 时刻网络的计算。

步骤 6：重复进行步骤 2～步骤 5，直到系统拓扑结构发生变化或仿真结束。

当网络拓扑改变时（故障发生或故障消除时刻），接口电压或电流将出现突变，这时如果仍采用基本交换时序进行两部分网络的信息交换，一方面从三相瞬时值

获取基波相量有效值平均了变量突变前的值和突变后的值，产生不应有的误差；另一方面，从物理意义上解释，故障信息也没能及时得到反映。为了及时反映对侧系统动态变化对本侧系统的影响，接口时序将按图 3-8 所示顺序进行。

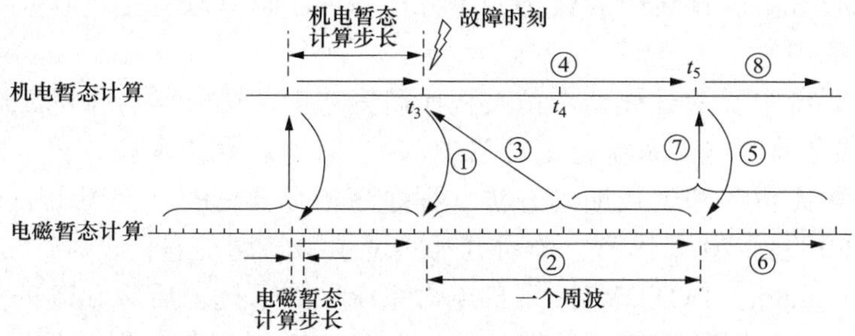

图 3-8　电磁—机电混合仿真接口故障时序

假设 t_3 时刻系统发生故障（故障可以发生在电磁暂态侧，也可发生在机电暂态侧），在故障点的计算过程将发生改变：

步骤 1：机电暂态仿真过程将 t_3 时刻求得的接口点电压、电流等信息转换成诺顿等值电路参数的形式，并送入电磁暂态仿真过程。

步骤 2：电磁暂态仿真过程利用 t_3 时刻从机电暂态仿真过程获得的诺顿等值参数，进行 t_3～t_5 时段的电磁暂态计算。

步骤 3：利用过去一个周波的计算结果计算得出边界点电压、电流等参量的基波有效值，作为机电暂态 t_3 时刻的值，送入机电暂态仿真过程。

步骤 4：机电暂态仿真过程获得边界点信息后，进行 t_3～t_5 时刻网络的计算。

步骤 5：从 t_5 时刻开始，两个仿真过程的接口重新恢复为上文所述基本交换时序，直到下一次网络拓扑改变或仿真结束。

从以上描述可以看出，采用这种串行接口时序，电磁暂态网络仿真时，机电暂态网络的仿真处于停止状态，同样，机电暂态网络仿真时，电磁暂态网络的仿真也处于停止状态。电磁暂态仿真和机电暂态仿真交替进行，其间的相互等待影响了仿真速度。但采用这种仿真时序，能够保证两个仿真网络计算的精度基本不受影响。

第四节　机电暂态与中长期动态仿真接口算法

一、全过程动态仿真技术

1. 稳定仿真程序的发展

电力系统机电暂态仿真程序的研究和开发较早且应用广泛，国内外有大量的成熟商业程序。例如，美国西门子公司的 PSS/E 程序、美国 GE 公司的 PSLF 程序、加拿大的 DSA PowerTools 软件包中的 PSAT 程序、德国的 DigSILENT 程序、瑞典 ABB 公司的 SIMPOW 程序等；国内的 PSD 电力系统分析软件包和 PSASP 电力系统综合分析软件包中的暂态稳定分析程序。这些软件都已在实际电力系统中获得广泛应用。

在电力系统中长期过程动态仿真程序研究方面，国外学者做的工作较早。20 世纪 80 年代之前的电力系统稳定计算中，受当时的计算技术和计算机发展水平的制约，机电暂态程序和中长期动态仿真程序是相互分离的。美国电力科学研究院（EPRI）在 20 世纪 70 年代第一个研究与实现了中长期动态仿真程序（Long Term Dynamic Simulator，LOTDYS）具备电力系统受到干扰之后 20min 的动态过程仿真能力。受制于当时的计算机硬件技术，LOTDYS 程序存在两个主要问题：一是为提高计算效率，仅仅仿真中长期动态过程，从而假设发电机功角摇摆已消失，系统频率相同；二是忽略了机电暂态过程的仿真，需要先用暂态稳定程序模拟电力系统受到扰动后的短时间动态过程，用于判断电网稳定性和保护和安全自动装置的动作情况，然后再用 LOTDYS 程序仿真系统的中长期动态过程。

由于电力系统机电暂态过程和中长期动态过程紧密耦合，20 世纪 80 年代之后，考虑机电暂态与中长期动态的全过程动态仿真程序发展较快，逐渐克服了暂态过程与长过程交替计算的缺陷，适于中长期动态仿真的建模技术得到了较大发展。目前，国际上具有代表性的机电暂态及中长期动态仿真程序有：

（1）1988 年，比利时 TRACTEBEL 公司研发了电力系统机电暂态和中长期动态过程统一仿真程序 STAG，可模拟电力系统的快速和慢速变化过程。在法国电力公司（EDF）参与该程序的完善与开发后，程序更名为 EUROSTAG。

（2）1993 年，日本东京电力公司联合美国通用电气公司共同研发了能够仿真机电暂态和中长期动态的程序 EXSTAB。程序分为机电暂态和中长期过程两种计算模式，两者可以自动切换。

（3）1994 年，美国 EPRI 基于其扩展的中期稳定计算程序（ETMSP），推出了长过程动态仿真程序。该程序采用梯形积分法，改变步长计算根据发电机功角和局部误差；在发电机转子摇摆方程式中人工加入了阻尼，目的是为了所有同步发电机在中长期动态模拟中频率相同。受数值积分算法的制约，计算步长需要小于 5s。因此，在仿真数十分钟及以上的中长期动态稳定性问题时，该程序有一定的局限性。

（4）1995 年，美国 PTI 公司开始对应用比较广泛的 PSS/E 软件包的稳定性仿真程序进行扩展，使之能够进行机电暂态和中长期动态的仿真计算。与 ETMSP 程序类似，在中长期动态稳定计算中也在转矩公式中加入了人工阻尼。

国内具有代表性的机电暂态及中长期动态仿真程序主要由中国电力科学研究院开发：

（1）1989年，开发了中长期动态仿真程序。该程序当时主要用于计算大亚湾核电站的机电暂态及中长期动态过程分析，由于数值积分算法的收敛性较差和数学模型不完善等原因，后来该程序停止了开发。

（2）1999年，为满足我国西电东送和全国联网的稳定性仿真需求，开发了全过程动态仿真程序PSD-FDS。该程序采用Gear算法，对大功率电力电子元件的仿真存在由于数值求解的迭代收敛性差而导致仿真步长过小，甚至有的情况下计算中断的问题（EUROSTAG和SIMPOW程序也存在类似问题），而且，程序所采用的中长期动态元件模型一般参考国外文献，与国内实际设备模型差别较大。

2. 全过程动态仿真的特点和功能

电力系统全过程动态仿真技术能够将电力系统机电暂态、中期和长期动态过程有机地结合在一起进行仿真，能够描述系统受到扰动之后整个连续的动态过程。

全过程动态仿真技术的仿真时间跨度大，能够仿真从数秒到几十分钟甚至若干小时的动态过程。与常规的机电暂态仿真技术相比，其仿真难度更大、技术更复杂，主要的技术特点为：

（1）系统微分方程的刚性比大。机电暂态稳定计算中系统的刚性不明显，而全过程动态仿真系统中的最大和最小时间常数差异较大，刚性比可达105。例如：大型火电机组动力系统模型中汽包的惯性时间常数为数百秒，电力电子设备模型的惯性时间常数为毫秒级，两者差异很大。

（2）需要采用具有自动变步长功能的数值积分算法。在机电暂态过程中（系统快变阶段），为保证计算收敛性，采用小步长；在中长期动态过程中（系统慢变阶段），需要加大步长，以加快仿真速度，进而减少仿真计算所需时间。

（3）仿真中需要求解的线性方程组阶数高。由于求解的数值稳定性和收敛性要求，算法实现过程中需要联立求解由微分方程差分后的代数方程和电力网络方程组成的高阶线性方程组。与通常采用简单迭代求解的机电暂态仿真相比，线性方程组的阶数非常高，

（4）模拟的设备和系统种类众多。不仅需要考虑机电暂态仿真模型，而且需要考虑中长期动态元件模型，以及更多的继电保护和安全自动装置模型。例如，机电暂态不需要考虑的火电机组锅炉设备及其控制系统、自动电压/发电控制、发电机励磁限制、电网过负荷保护等元件的动态模型。

（5）仿真程序开发实现难度大。由于仿真算法复杂和模型数量繁多，程序编程开发难度较大，主要体现在程序架构设计、算法模块开发和模型添加等方面。

全过程动态仿真技术的主要应用功能概括为：

（1）用于常规机电暂态仿真技术进行的时域仿真计算分析。

（2）多重连锁事故或严重故障后的全过程动态仿真。可以进行各种连锁反应性故障的机理分析，如频率、电压异常引发的连锁故障、大规模潮流转移引发的连锁故障等，研究连锁故障的本质原因，以及防止连锁故障引起大面起停电等反事故措施。

（3）动态电压稳定性的时域计算分析。研究中长期过程中机组过励限制引发的电压稳定问题，研究电网电压稳定机理和制定防止电网电压崩溃的安全技术措施；研究发电厂自动电压控制策略、变电站无功补偿和电压控制策略；研究多馈入直流对受端系统的电压稳定性影响。

（4）源网协调研究：研究发电厂动力系统和辅助设备、发电机涉网保护的动态特性对电网安全运行的影响。研究机组涉网保护与电网协调技术规范、配置方案、保护定值校验和优化；研究火电机组的过速保护控制策略；研究 AGC 控制策略、电力系统旋转备用的安排和分布等。

（5）发电机涉网保护的动态校核与优化。可用于更准确地分析机组涉网保护与电网之间的相互影响，并动态校核涉网保护对不同运行方式和故障形式的适应性，合理评估涉网保护定值和参数。为实现涉网保护的定值优化，火电机组超速保护控制策略的合理设置，以及不同涉网保护之间协调配合提供有力工具。

（6）电网安全稳定控制策略及第三道防线的研究。通过建立的继电保护和安全稳定控制系统模型可实现更为准确的多时间尺度全过程动态分析，并应用于校核电网安全控制策略，优化控制对象，进行电网第二、三道防线等相关仿真研究。

二、大型稀疏线性方程组的求解算法研究

1. 概述

全过程动态仿真采用时域法数值积分计算分析由电力网络、发电机及励磁和调速器、静态无功补偿设备等构成的大规模刚性非线性微分代数方程组。由于积分算法通常选择隐式方法，所以，牛顿法在积分计算过程中被大多数积分算法所采用，而牛顿法求解非线性方程组时必然离不开大型线性方程组的求解。

对于大规模电力系统的全过程动态仿真来说，大型稀疏线性方程组的求解其难点之一，主要体现在：①需要求解的不对称矩阵阶数很高。方程阶数一般高达数万阶。以我国现有的华北—华中华东互联电网的暂态稳定仿真为例，仿真节点（母线）数目 20000 左右，发电机近 2000 台，方程组阶数约为 150000；如果进行中长期动态仿真，加入相应模型后，阶数将更高。②对算法求解效率要求高。对于模拟电网 15min 的动态过程，方程求解次数一般在 15000 次以上，由于反复计

算求解的次数非常多，故要求每次的求解速度尽量快。

近年来，具有共享内存的多核心 CPU 硬件技术发展迅速，已在微型计算机中得到普及应用。如果仅采用串行计算方法，基于单核心 CPU 的串行计算需求而设计数据和程序结构，则不能充分利用计算所用硬件资源。为实现利用多核心 CPU 的并行计算，OpenMP 技术因具有良好的线程扩展性、强大的线程负载自适应调度能力、跨操作系统平台的移植性和编程简单等优点被广泛采用。

对于本章研究的全过程动态仿真来说，由组合积分算法可知，采用固定步长的积分算法时，其计算与常规暂态稳定计算基本一致，因此并行计算方法也可采用类似方法；采用变步长 Gear 法时，并行计算方法目前尚未见到相应的文献报导。对于变步长 Gear 法的并行计算，线性方程组的并行求解是实现并行的难点。暂态稳定中方程组求解主要是针对由导纳矩阵形成的电力网络矩阵，如何把其划分为采用对角块加边矩阵（bordered block diagonal form，BBDF）是研究的热点。较为成功的稀疏矩阵划分算法当属 K.W.Chan 于 1995 年提出的基于因子表路径树的网络划分方法。对于全过程动态仿真来说，联立求解方程组除了电力网络方程外，还有发电机及其控制系统等动态元件形成的代数方程，这些并行方法不能直接使用，需要结合本章求解方程的矩阵特点进行。

充分利用稀疏矩阵的结构特点和特殊性，是提高大规模线性方程组求解效率的一种常用方法。本章首先分析了仿真中大型线性方程组的求解矩阵特点，以此为基础，提出了一种利用稀疏矩阵分块结构的直接求解算法。然后，根据提出的工作量消去树，利用 OpenMP 编程技术，实现了基于多核心 CPU 的并行方程组求解。方程组的求解验证表明，与通用求解器相比，采用新算法实现的求解器的串行速度要快数倍，且并行计算方法也可得到较为满意的加速比。

2. 算法的构造

（1）直接法和迭代法选取。直接法和迭代法是求解大规模线性方程组的两种基本类型。它们的优缺点分别为：

1）直接法。它通过有限次的数值计算，直接求得方程解。例如，常用的高斯消去法、LU 分解方法等。其优点是如果不考虑舍入误差影响，可以求出准确解，但缺点是当稀疏矩阵病态情况下（矩阵条件数很大时），舍入误差对解的影响不能忽略，方法不适用。另外，在大规模方程组系数矩阵的 LU 分解过程中，如果注入元数量大时，将需要很大的计算机内存，且耗时也很多。

2）迭代法。它通过逐步迭代逼近方程组的准确解。它的优点是对计算机内存需求较少，但存在收敛性和收敛速度问题。目前最有效的求解大规模线性方程组的迭代方法是 Krylov 子空间法。

矩阵 $\boldsymbol{A}$ 的条件数定义如下

$$\kappa(\boldsymbol{A}) = \|\boldsymbol{A}\| \|\boldsymbol{A}^{-1}\| \tag{3-44}$$

条件数量化了 $\boldsymbol{A}x=b$ 的敏感性，条件数越大，解的精度越低。认为：如果单位舍入误差和条件数分别为 $u \approx 10^{-d}$ 和 $\kappa_{\infty}(\boldsymbol{A}) \approx 10^{q}$，则高斯消去法产生的解大约有 d-q 位十进制有效数字。从数值计算的角度而言，双精度浮点数的精度约为 10^{-16}，即 d 约为 16。条件数本身无法准确计算，一般都采用近似算法估计其上界。

（2）矩阵的分块特点及其利用。由于多数行业都有求解线性方程组的需求，目前的求解算法种类很多，但求解效果与方程组的性质和结构密切相关。充分利用矩阵结构特点可以获得很高的求解计算效率。例如，对于带状、三对角等具有特殊结构的矩阵，用追赶法等计算速度很快。

全过程动态仿真所求解的线性方程组来源有两类：①发电机及其控制系统等动态设备的微分代数方程式，这些设备绝大部分可看作“并联”在母线（节点）上。②输电网络方程，与潮流计算中导纳矩阵的结构和元素值相同，具有对角占优和结构对称的特点。通过电网母线电压和注入母线的电流，两类方程组紧密联系。输电网络方程计算的母线电压是动态设备模型的微分代数方程式的输入量；设备模型输出的母线电流为输电网络方程的输入。

全过程动态仿真中的稀疏矩阵结构如图 3-9 所示。尽管该矩阵为不对称结构矩阵，但也有自己的特点。整体上可分为 A、B、C 和 D 四大分块。A 和 B 块对应于动态设备模型方程。A 为块对角矩阵；B 块为设备模型代数方程对母线电压的偏导数形成的元素，列号对应输电网络矩阵求解量编号；C 和 D 块属于输电网络方程计算得到：C 为因设备模型注入母线的电流而产生的元素；D 为潮流计算中导纳矩阵。如果电网没有故障或操作事件时，C 和 D 块元素的数值维持不变。

A 块中矩阵具有多重的嵌套分块结构。A 可进一步进行分块，这样，A 中又包含许多对角小分块，每个母线上并联的设备模型可形成一个独立对角块。独立对角块数目要比母线总数少，原因为有的母线上并没有设备模型。如果对独立对角块再进行分块，每个分块将更小，例如，发电机励磁系统子块、发电机调速器子块等。

表 3-2 列举了一些全过程动态仿真算例中的稀疏矩阵参数。

表 3-2　　动态仿真算例中一些稀疏矩阵的主要参数

阶　数	非　零　项	条　件　数
18792	80929	4.21e8
54603	235144	3.7e9
66089	306754	6.7e9
81476	352394	2.7e9

综上所述，求解矩阵的关键特征如下：

（1）矩阵结构整体上归属于 BBDF 矩阵。A、B、C 和 D 四大分块矩阵中，A 分块结构特点最为突出，其阶数是另一大分块 D 的 3～5 倍。此外，A 分块内部又嵌套了大量独立的小分块矩阵 A_i。

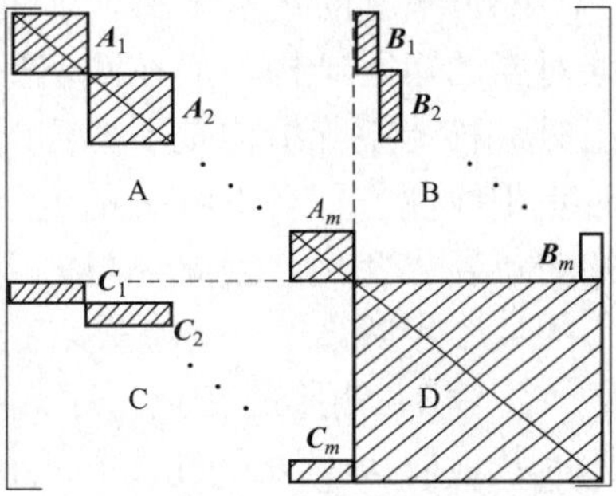

图 3-9 稀疏矩阵的结构

（2）分块 B 和 C 元素数目少，且结构特殊。与常规潮流计算中通过网络划分形成的 BBDF 矩阵区别在于边界块的结构：每个 B 块一般只有 2～4 列，每个 C 块一般也只有 2～4 行；而且，C 块内部的行之间相互独立，B 块内部的列之间也相互独立。

（3）矩阵规模虽大，但极其稀疏，平均到每行的非零元素数目少于 10 个。

（4）矩阵条件数不大。从基于一阶范数的矩阵条件数来看（见表 3-2），仿真矩阵的条件数不算太大，求解精度能够保证。2 型全过程动态仿真算例中矩阵参数见表 3-3。

表 3-3　　2 型全过程动态仿真算例中矩阵参数

阶　　数	A 阶数	D 阶数	非　零　项
18792	13690	5102	80929
54603	42887	11716	235144
66089	47047	19042	306754
81476	61388	20088	352394

利用直接法求解方程组时，这种稀疏矩阵分块方法有如下两个主要的结构特点能够为其所采用：

（1）A 中相互独立的小分块矩阵 A_i。小分块矩阵 A_i 由描述了并联在电网母线上的动态设备模型的微分代数方程式所产生。由这些设备的原理和控制系统可知，位于不同母线的绝大部分设备之间没有电气量和信号的联系，因此，A 块矩阵不但具有明显的分块结构特点，而且由于小分块矩阵相互之间的彼此独立性，可以分别对其进行 LU 数值分解和求解。

（2）大量小分块矩阵的结构完全相同。随着我国电网稳定计算分析数据管理的规范化，各网省公司都已建立较为完善的动态设备模型数据库。该库中大量数据为动态仿真中的常见模型，即传统的“四大参数”：发电机、励磁、调速和负荷参数。其中，发电机稳定仿真模型只有两种类型，励磁和调速系统模型常用种类也分别不超过 10 种，负荷模型只有感应电机和静态负荷两类。因此，很多小分块矩阵 A_i 的结构完全相同。

（3）求解的基本步骤。只在电网发生故障/操作等事件时，才需要修改输电网络对应的矩阵结构，而在数值积分过程中，大部分时步的迭代计算求解线性方程组时，稀疏矩阵结构是不变化的。此外，本章采用伪牛顿法，所以还有相当多的时步中线性方程组求解时稀疏矩阵结构和元素值都保持不变，只是方程组右端已知向量发生变化。因此，与大多数通用求解器相同，本文的方程组求解也分为如下的 4 个步骤。

步骤 1：矩阵的节点排序。稀疏矩阵的 LU 分解可能有大量注入元产生，注入元的数量取决于消元的顺序。不同的消元顺序对应的 LU 矩阵规模会相差数倍，因此，通过矩阵排序来减少注入元，是提高矩阵 LU 分解速度的有效方法。

步骤 2：矩阵的 LU 符号分解。符号分解是在矩阵数值分解之前的一次模拟的 LU 分解，不采用具体元素值进行分解。其作用是记录一套针对 LU 分解中需要存取数据的存储结构。LU 分解的消去过程中会产生很多的注入元，如果能够事先记录这些参与分解元素、注入元素和消去元素的位置，则在数值 LU 分解中根据这些记录，采用简单直接的寻址方式，使得数据查询大大减少，计算效率可以显著提高。只有矩阵结构发生变化，符号分解才需要重新进行。对于动态仿真来说，利用符号分解可明显提高 LU 分解效率。

步骤 3：矩阵的 LU 数值分解。由于全过程动态仿真计算中 LU 分解次数很多，其分解时间是整个积分计算的主要速度瓶颈之一。而在常规机电暂态计算中 LU 分解只在电网发生事件瞬间进行，符号 LU 分解不太必要。

步骤 4：方程的前代回代求解。与普通根据 LU 矩阵前代回代求解方程组方法完全一样。

3. 基于分块矩阵的方程组求解算法

（1）近似最小度排序算法。矩阵的节点优化排序对提高求解性能非常重要，但求解矩阵的最优排序方法是个 NP 完全问题（不能够在合理的时间内进行求解）。目前主要的矩阵排序算法有最小度排序（minimum degree ordering algorithm，MMD）和嵌套排序两种类型。最小度排序的基本思想是尽量找出度最小的节点，把其编号放在矩阵前面；嵌套排序将原矩阵由大到小逐步分割为较为独立的小矩阵，当划分的足够小时，则对这些小矩阵调用最小度排序。比较成熟的嵌套排序软件是 METIS。

近似最小度排序（Approximate Minimum Degree Ordering Algorithm，AMD）算法于 1996 年左右由 Patrick R.Amestoy 等学者提出。AMD 算法虽然采用节点的

近似最小度，速度比较突出，但并不影响其排序效果。矩阵排序方面相应的成熟软件库有 AMD、COLAMD 等。选用了 20 多个矩阵对 AMD 排序与其他排序方法进行了排序效果的实测对比，这些矩阵来自多个行业，有广泛的代表性。结果表明 AMD 速度是最快的，对于注入元较少的矩阵，排序效果也最好。AMD 在保证排序质量的前提下，所需时间明显小于 MMD、MA27 等，有些例子甚至要低一个数量级。以 METIS 为代表的嵌套排序，需要把矩阵分为一系列小矩阵，矩阵的分割对应于图论及组合数学中的很多问题，非常复杂。METIS 在最底层仍然调用了 MMD，其运行时间远多于 AMD。因此，本章选用 AMD 算法进行矩阵的排序，下面以对称矩阵为例对此算法予以介绍。

矩阵 LU 分解过程中，矩阵每行（列）i 的度 deg(i)定义为该行（列）消元后，非零元的个数，即 L 或 U 中邻接集 $adj(i)$的大小。邻接集和度的公式描述如下

$$adj(i)=\{j\,|\,L(j,i)\neq 0\} \quad 或 \quad adj(i)=\{j\,|\,U(i,j)\neq 0\} \tag{3-45}$$

$$\deg(i)=|\,adj(i)\,| \tag{3-46}$$

为描述 AMD 算法，需要利用商图（quotient graph）进行。商图 Q 是由普通（待消去）节点 V、消去节点 $\overline{V}$ 及节点之间的连线 E 组成的动态数据结构，即：$Q=\{V,\overline{V},E\}$，则消去过程中的商图定义如下：

消去前的商图为

$$Q^0=\{V^0,E^0\} \tag{3-47}$$

式中：$V^0=\{1,\cdots,n\};E^0=\{(i,j)\,|\,A(i,j)\neq 0\}$

第 i 次消去时的商图为

$$Q^i=\{V^i,\overline{V}^i,E^i\} \tag{3-48}$$

其中，$V^i=V^{i-1}/\{i\};\overline{V}^i=\overline{V}^{i-1}\cup\{i\}$；

$E^i=E^{i-1}/\{(j,k)\,|\,j\in adj(i) and\ k\in adj(i)\}$。

V^i 是当前商图 Q^i 的普通节点集，$\overline{V}^i$ 是消去节点集，E^i 是当前商图 Q^i 的边集。公式中的“/”代表去除（即不包括）。第 i 个节点消去后，其相邻节点之间必然两两相连。如果节点 i 的相邻节点之间在消去前不存在连线，则消去后必然存在连线，新的连线即增加的注入元。AMD 算法中，这些本来需要新增加的连线不需要增加，这样商图会越来越稀疏，对应图的遍历，查找等操作时间会很快，这是 AMD 加速的重要原因。

图 3-10 为一个 10 阶矩阵消去过程中的商图变化过程。黑色加粗圆圈是当前节点，虚线绘制的圆圈代表已经消去的节点，其他是普通节点。

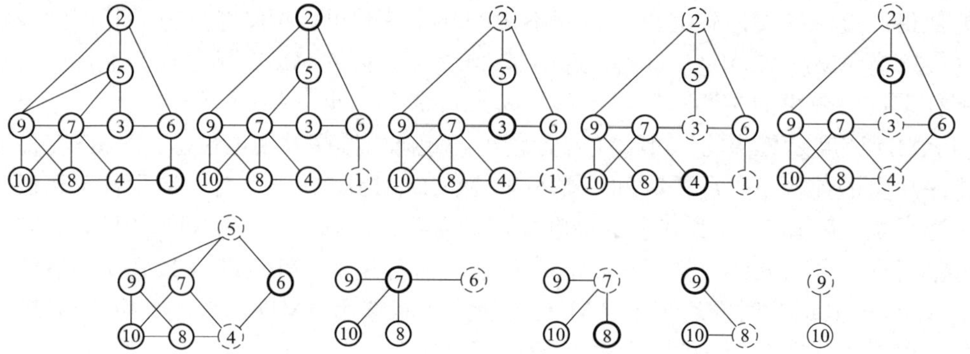

图 3-10　10 阶矩阵消去过程中的商图结构

AMD 基本排序算法的主要步骤如下：

步骤 1：内存分配。分配 deg 数组，用于记录每个节点的度；分配 order 数组，记录排序结果；分配消去节点的邻接集 *element* 数组，并赋初值为各待消去节点的邻接集。

步骤 2：第 i 步消去，选择待消去节点 V^i 中度最小的作为当前节点，设为 i，记录入 order 数组。

步骤 3：节点 i 从普通节点转化为消去节点，即 $V^i = V^{i-1}/\{i\};\overline{V}^i = \overline{V}^{i-1} \cup \{i\}$。更新其 element 数组

$$element(i) = \{k \mid (i,k) \in E^{i-1} and\ k \in V^{i-1}\} \bigcup element(j) \mid (i,j) \in E^{i-1} and\ j \in \overline{V}^{i-1} \tag{3-49}$$

步骤 4：遍历 *element*(i)中的每个节点 j，删去商图中这些节点之间的连线。即

$$E^i = E^{i-1} / \{(j,k) \mid j \in adj(i) and\ k \in adj(i)\} \tag{3-50}$$

步骤 5：遍历 *element*(i)中的每个节点 j，更新它们的度，采用近似度计算如下

$$\deg(j) \approx \sum_{k \in \overline{V}^i} (\deg(k) - 1) + |\{k \mid k \in V^i\}|^i \tag{3-51}$$

其中，$(j,k) \in E^i$。

与 j 相邻的节点有两部分，一部分属于未消去节点，还有一部分已消去节点。因此近似度的值包括两部分，未消去节点的数量加上已消去节点的度。

步骤 6：转入步骤 2，直到消去全部节点。

在 Tinney-2 标准的最小度排序算法中，每一步都选择最小度的节点，并且该节点消去后，要更新所有相邻节点的度。而 AMD 算法采用近似算法，快速估计这些相邻节点的度。实测表明，这样做速度要快数倍，而最终注入元的数量基本一样。

表 3-4 为电力系统稳定计算矩阵的一些实测对比，可以看出，AMD 的排序结果要优于 METIS，且速度要快很多，10 万阶的算例要快一个数量级。因此确定电力系统稳定计算矩阵的基本排序算法为 AMD。值得关注的是该表还反映出这些矩阵非常稀疏，产生的填入元较少。

表 3-4　AMD 和 METIS 算法算例对比

阶数	非零元数	AMD		METIS	
		LU 非零元数	时间/ms	LU 非零元数	时间/ms
126823	556735	706873	16	855625	280
66089	306754	378133	10	448017	125
54603	235144	289332	10	341950	96

（2）分块的符号 LU 分解方法。除了符号 LU 分解外，符号分解阶段的任务主要为：矩阵分块、节点优化排序等。分解的主要流程如下：

步骤 1：将稀疏矩阵划分为 4 块，A、B、C 和 D 四大分块。统计设备模型动态方程和输电网络方程的数目，把整个矩阵分为 A、B、C 和 D 四大分块。并且，再把 A 块按照电网母线分为一系列对角小分块矩阵 A_i。

步骤 2：A 分块的内部排序与符号 LU 分解。由于对角小分块矩阵 $\boldsymbol{A}_i$ 是相互独立的，其符号 LU 分解过程也可独立完成。对于结构相同的小分块，节点优化排序、符号 LU 分解仅需进行一次即可，计算时间也可节省。

步骤 3：D 块矩阵的节点优化排序。排序后产生总置换矩阵 P，即可进行 D 块矩阵的符号 LU 分解。

步骤 4：采用 A 和 D 块矩阵排序，对分块 B 和 C 块进行符号 LU 分解。

（3）基于分块的方程组求解算法。基于分块矩阵的方程组求解算法与普通基于 BBDF 矩阵的方法基本一致，差异在于本算法有效利用了全过程动态仿真中矩阵的特殊分块结构特点。分块 LU 分解的主要公式如下

$$\begin{bmatrix} A & B \\ C & D \end{bmatrix} = \begin{bmatrix} L_A & 0 \\ L_C & I \end{bmatrix} \begin{bmatrix} I & 0 \\ 0 & \hat{D} \end{bmatrix} \begin{bmatrix} U_A & U_B \\ 0 & I \end{bmatrix} \tag{3-52}$$

式（3-9）中，L_A 和 L_C 分别为 LU 分解后分块矩阵 $\boldsymbol{A}$ 和 $\boldsymbol{C}$ 的下三角矩阵；U_A 和 U_B 分别是 LU 分解后分块矩阵 $\boldsymbol{A}$ 和 $\boldsymbol{B}$ 的上三角矩阵；$\hat{D}$ 是分块矩阵 $\boldsymbol{D}$ 的 LU 矩阵；$\boldsymbol{I}$ 是单位矩阵。

假定矩阵 $\boldsymbol{A}$ 具有 m 个对角小分块结构，并与小分块矩阵 $\boldsymbol{B}$ 和 $\boldsymbol{C}$ 的块相互对应，那么，式（3-52）按小分块矩阵展开后的表达式为

$$\begin{bmatrix} A_1 & & & & B_1 \\ & A_2 & & & B_2 \\ & & \ddots & & \vdots \\ & & & A_m & B_m \\ C_1 & C_2 & \cdots & C_m & D \end{bmatrix} = \begin{bmatrix} L_1 & & & & \\ & L_2 & & & \\ & & \ddots & & 0 \\ & & & I_m & \\ I_{c1} & I_{c2} & \cdots & I_{cm} & I \end{bmatrix} \begin{bmatrix} I & & & & \\ & I & & & \\ & & \ddots & & 0 \\ & & & I & \\ & & 0 & & \hat{D} \end{bmatrix} \begin{bmatrix} U_1 & & & & U_{B1} \\ & U_2 & & & U_{B2} \\ & & \ddots & & \vdots \\ & & & U_m & U_{Bm} \\ & & 0 & & I \end{bmatrix} \tag{3-53}$$

分块 LU 数值分解方法的计算步骤描述如下。

步骤 1：LU 分解矩阵 A 的 m 个对角小分块

$$A_i = L_i U_i \quad i = 1, \cdots, m \tag{3-54}$$

步骤 2：求解 L_C

$$L_{Ci} U_i = C_i \quad i = 1, \cdots, m \tag{3-55}$$

步骤 3：求解 U_B

$$L_{Ci} U_{Bi} = B_i \quad i = 1, \cdots, m \tag{3-56}$$

步骤 4：更新 $\hat{D}$ 矩阵

$$\hat{D} = D - L_C U_B = D - \sum_{i=1}^{m} L_{Ci} U_{Bi} \tag{3-57}$$

步骤 5：分解 $\hat{D}$，即 $\hat{D} = L_D U_D$。

步骤 1～4 是都是针对小分块矩阵的计算。对于多数电网母线而言，由于母线上所连接设备模型相同，小分块矩阵 $\boldsymbol{A}_i$ 结构相同，数值 LU 分解时使用的是同一个符号 LU 分解结构。由于相当数量的母线仅有一台设备产生注入电流，则矩阵 C_i 大多数情况下只有两行；且矩阵 B_i 由于通常只与一条母线的电压有关，也只有两列，所以矩阵 $\boldsymbol{D}$ 的修正项 $L_{Ci}U_{Bi}$ 通常为对其对角元数值的修正［见式（3-18）］。$\boldsymbol{D}$ 块矩阵规模远比小分块大，LU 分解计算量较大。

利用分块矩阵，前代回代求解的算法如下。

步骤 1：使用符号 LU 分解的置换矩阵 $\boldsymbol{P}$，对方程组右端已知向量 b 进行置换，即 $\bar{b} = Pb$。

步骤 2：小分块矩阵 $\boldsymbol{A}_i$ 的前代计算。对式（3-58）进行求解先得到 y_i，再使用式（3-59）修正$\overline{b}_D$。

$$L_i y_i = \overline{b}_i \quad (i = 1, \cdots, m) \tag{3-58}$$

$$\overline{b}_D = \overline{b}_D - L_{Ci} y_i \quad (i = 1, \cdots, m) \tag{3-59}$$

步骤 3：矩阵 $\boldsymbol{D}$ 的前代和回代计算。求解式（3-60）和式（3-61）中的方程组，得到$\overline{x}_D$。

$$L_D y_D = \overline{b}_D \tag{3-60}$$

$$U_D \overline{x}_D = y_D \tag{3-61}$$

步骤 4：对角块的回代计算。先使用式（3-62）修正 y_i，再求解式（3-63）三角方程组得到$\overline{x}_i$。

$$y_i = y_i - U_B \overline{x}_D \quad (i = 1, \cdots, m) \tag{3-62}$$

$$U_i \overline{x}_i = y_i \quad (i = 1, \cdots, m) \tag{3-63}$$

步骤 5：使用符号 LU 分析的置换矩阵 $\boldsymbol{P}$ 对解向量 x 置换，即 $x = P^T \overline{x}$。

4. 基于分块矩阵和工作量消去树的并行求解算法

（1）并行求解的基本思路。对于大规模电力系统的全过程动态仿真来说，方程组规模通常在数万阶以上，利用并行计算是解决快速求解该方程组问题的有效途径之一。近年来，具有多核心 CPU 的计算机的普及应用为低成本的并行计算提供了有利条件。多核心 CPU 也称为多核心处理器，它将两个及以上的 CPU 核心封装在一个 CPU 中，是目前 CPU 技术的发展趋势。与采用机群方式的并行计算相比，虽然其并行任务数受限于 CPU 核心数，但它共享内存，多个线程直接访问内存，无须传递消息，速度更快。

任务的划分是并行求解的关键，就是将计算任务分成若干个部分，分别由相应的处理器承担，以实现并行计算。基本的划分方法有：均分划分、平方根划分、分治、平衡树等。

全过程动态仿真中求解矩阵总体上分为 A、B、C 和 D 四大分块。B 和 C 块元素个数只有若干个，主要的计算量集中于 A 和 D 分块，而 A 分块的结构具有良好的并行特性，D 分块也使用消去树理论进行并行 LU 分解计算，具体如下：

1）A 包含了很多独立的小分块矩阵，且很多小块有相同的矩阵结构（例如，采用相同负荷和发电机模型的节点）。小块的相互独立性提供了并行分解的良好粒度，即直接根据这些小块来划分任务。基于成熟高效的 OpenMP 并行编程架构，能够高效利用这种并行性突出的分块结构。

2）D 块是对应于电力网络方程导纳阵形成的矩阵，是并行求解的难点。本文根据消去树理论，提出了基于工作量消去树的多任务平衡算法，实现多个 CPU 之间的负载均衡。工作量消去树不仅记录了稀疏 LU 分解过程中的节点间依赖关系，还记录了每个节点对应子树的 LU 分解计算量。通过子树的分割与合并，实现每个任务的计算量基本相同。

（2）基于 OpenMP 的并行编程方法。在并行算法的编程实现方面，目前还没有出现一种商业化的新的并行计算计算机语言，通常依靠传统开发语言，例如，C++/C、Fortran，并且采用并行程序设计模型。这些设计模型主要分为两类：一类是共享存储模型，主要是采用多线程，例如，目前已成为事实工业标准的 OpenMP；另一类是消息传递模型，例如，MPI，适于基于计算机群的并行计算。并行技术对代码的修改比较少，且充分利用了多核的特点，效果更好。因此，本文选取基于 OpenMP 的多核心 CPU 并行计算技术实现方程组的并行求解。

OpenMP 是 DEC、IBM、Intel、SGI 等公司为共享内存的处理器进行并行计算而设计的应用接口。它具有很好的可移植性，具备跨操作系统平台进行多线程并行应用开发的能力，在编程语言的循环级别（细粒度）和子程序/函数级别（粗粒度）的多线程并行处理方面功能强大，且灵活高效。对于已经存在的串行执行程序，在适于并行的代码内通过增加 OpenMP 编译指令，即可实现在多核心 CPU 或共享内存的对称多处理器上多线程并行执行程序。例如：对于编程中没有依赖关系的循环处理代码，OpenMP 仅在循环开始位置加入简单的指令就能够将循环的任务自动分为并行任务，开发者无需为任务分解、变量共享和同步、任务调度等细节而编写代码。

OpenMP 的并行处理采用了分叉—合并（fork-join）模式。当程序开始执行时与串行程序相同，只设一个主线程，由主线程进行串行部分处理。当遇到并行代码段时，使用派生（分叉）出的新线程来执行。当再次回到串行代码段时，这些派生的并行线程将结束。其执行模式如图 3-11 所示，程序启动后只有一个执行串行部分的主线程，通过多次“分叉—合并”实现了串行—并行—串行等运行模式。

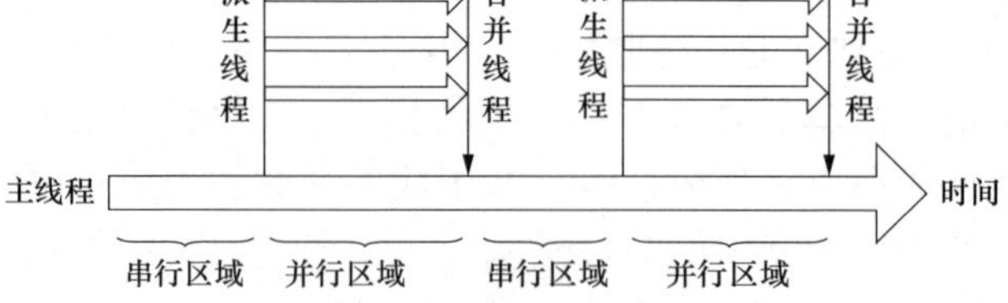

图 3-11　OpenMP 的执行模式图

OpenMP 具备计算任务的动态调度功能，能够自动将静态划分与动态调度结合在一起，在多个内核之间灵活分配任务。如图 3-12 所示的例子：为了在四核 CPU 计算 32 个小分块任务，OpenMP 启动时采用简单的平均法分配任务，即每个核的任务队列里有 8 个小块。P1 所分配的块任务较小，率先计算完成。通过任务的动态调度机制，执行 P3 的 CPU 核心可继续计算其他的任务队列里的小块。这样无论小块的大小如何变化，四个核都能充分利用。

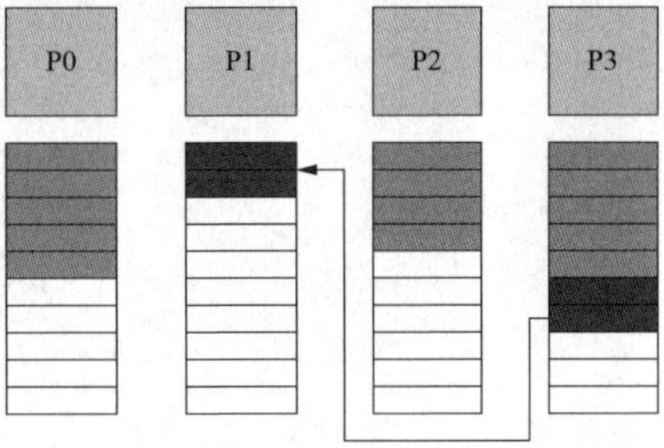

图 3-12　OpenMP 的动态调度示例

（3）矩阵消去树理论及其应用。首先介绍消去树理论。消去树的结构由 LU 矩阵的结构确定，消去树的每个节点对应于矩阵的一列（行），该节点只与其父节点相连，父节点定义如下

$$P(i)=\min\{L_{k,i}\neq 0;k>i\} \tag{3-64}$$

n 阶矩阵 $\boldsymbol{A}$ 的消去树可用如下长度为 n 的数组来定义，该数组第 i 个元素就是 $P(i)$ 即

$$ET(A)=\{P(i),i=1,\cdots,n\} \tag{3-65}$$

节点 i 是 $P(i)$ 的子节点。一般子节点 j 也有自己的子节点，这些节点统称为后代节点。即对于 $\boldsymbol{L}$ 矩阵中的每一个非零元，$L_{j,i}(j>i)$，i 是 j 的后代节点。最后一个节点就是根节点，对应于矩阵的最后一行（列），其他节点都是根节点的后代节点。下面的三个语句是互相等价的：

1）节点 i 的父节点为 k。

2）$\boldsymbol{L}$ 中第 i 行对角元左边的第一个非零元的位置是 k。

3）$\boldsymbol{U}$ 中第 i 列对角元上边的第一个非零元的位置是 k。

子树 $T(i)$ 定义为节点 i 以及 i 的所有后代节点。i 即该子树 $T(i)$ 的根节点，子树的递归定义如式（3-66）

$$T(i)=i\cup\{T(j);P(j)=i\} \tag{3-66}$$

图 3-13 是一个 10 阶矩阵的 LU 结构图及其消去树。图 3-13（a）中黑点是非零元，圆圈为注入元。图 3-13（b）中 j 为根节点，节点 i 为节点 h、e、d 的父节点，子树 $T(g)$ 包含 g、c、f 和 a 四个节点。

图 3-13 中 10 阶矩阵的消去树生成过程如图 3-14 所示。

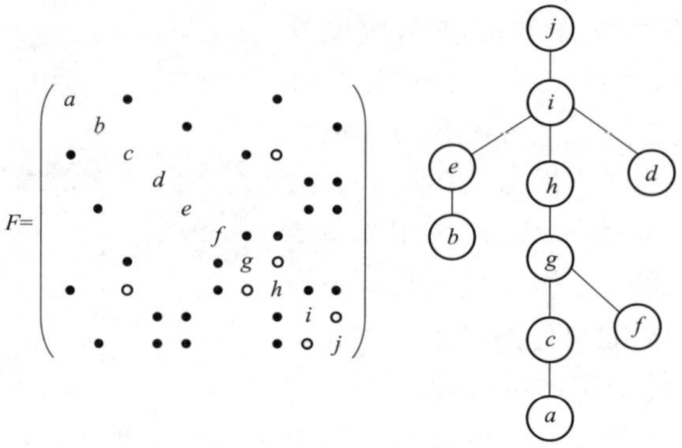

（a）LU结构图　　（b）LU消去树

图 3-13　10 阶矩阵的 LU 结构图及其消去树

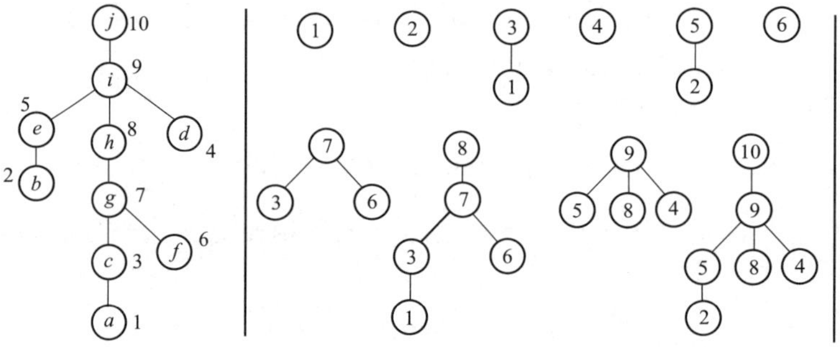

图 3-14　一个 10 阶矩阵的消去树及每步过程

消去树记录了 LU 分解过程中各个节点之间的依赖关系。对于矩阵 LU 分解过程的任务划分来说，消去树有两个重要特性可以利用：

1）消去某节点 i 之前，必须先消去该节点的所有后代节点。

2）如果节点 i 和 j 属于互相独立的两棵子树，那么 L 矩阵中没有非零元素（j，i），即这两棵子树是相互独立的，消去过程可独立进行。同样的，如果多棵子树之间没有依赖关系，就可以同时分布到多个 CPU 上计算，这就是根据消去树理论进行并行 LU 分解中任务划分的原理。

基于工作量消去树的并行 LU 分解方法的提出。

并行求解对任务划分有很高的要求，这些任务相互独立且计算量基本相同，这样并行效率最高。本章提出一种新的数据结构：工作量消去树，可同时记录节点之间的依赖关系及计算量，并实现了基于该结构的任务划分算法。

工作量消去树 $WET(A)$以消去树为基础，每个节点增加一个权值 $w(i)$，代表以该节点为根节点的子树的 LU 分解计算量。即

$$WET(A) = \{P(i), w(i), i = 1, \cdots, n\} \tag{3-67}$$

其中，$P(i)$ 是第 i 个节点的父节点，节点 i 的工作量 $w(i)$计算方法为

$$w(i) = \text{节点}\,i\,\text{的计算量} + \sum_{P(j)=i} \text{节点}\,j\,\text{的计算量} \tag{3-68}$$

工作量的基本单位是浮点运算次数。单个节点消去过程的运算次数取决于该行（列）的非零元个数，有 n 个非零元，则该节点消元的浮点运算次数为 $n+2n^2$（n 次除法，n^2 次减法及乘法）。在已生成消去树的基础上，工作量消去树的生成算法如下：

1）矩阵的消去树用 parent 数组表达，记录了每个节点的父节点。分配 w 数组，其初始值为该节点消去过程的浮点运算次数。

2）遍历消去树的节点。

3）设当前节点为 i 则

$$w[parent(i)] = w[parent(i)] + w(i) \tag{3-69}$$

以图 3-13 所示的 10 阶矩阵为例，表 3-5 出了每个节点的工作量，对应的工作量消去树右侧部分如图 3-15 所示。图 3-15 中，每个节点上边上标注的数字即为该节点的工作量，它是该节点工作量与其所有子树的工作量之和。例如节点 g 本身的工作量是 3，两棵子树{c，f}的工作量之和为 30，这样它的工作量就是 33。根节点 j 的子树{i}工作量是 76，而本身无须计算，这样其工作量就是 76。

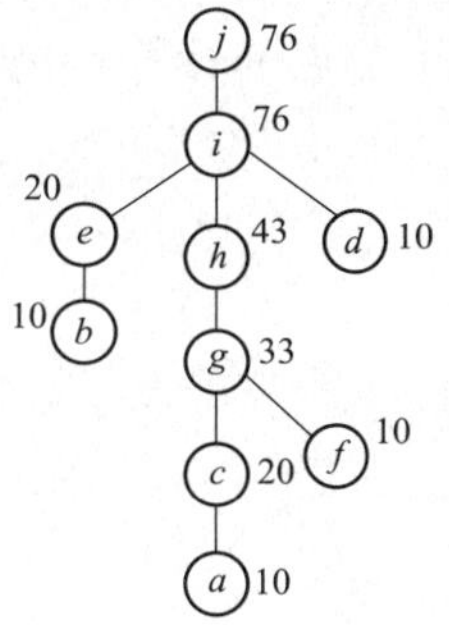

图 3-15　工作量消去树结构图

表 3-5　　10 阶矩阵中节点的工作量

节　点	节点工作量	节点所有子树的工作量
a	10	10
b	10	10
c	10	20
d	10	10
e	10	20
f	10	10
g	3	33
h	10	43
i	3	76

工作量消去树不仅记录了稀疏 LU 分解过程中的节点间依赖关系，还记录了每个节点对应子树的 LU 分解计算量。通过子树的分割与合并，可实现每个计算任务的计算量基本相同。

工作量消去树的分割算法如下：

1）把消去树的根节点作为划分节点。

2）遍历划分节点的子节点，将每棵子树划分添加到任务集，并计算该子树的工作量。

3）如果划分已达到标准（任务比较均匀，且不少于 CPU 内核数），则退出。

4）选择任务集中权值最大的那棵子树，删除该子树，其根节点作为划分节点，转 2）。

图 3-16 是上述 10 阶矩阵在双核 CPU 上的划分结果示例。{*e*，*d*，*b*}的计算量是 30，{*g*，*c*，*a*，*f*}的计算量是 33。两部分的计算量是 63（82%），剩下 *h*，*i*，*j* 三个节点的计算量为 13（18%）。

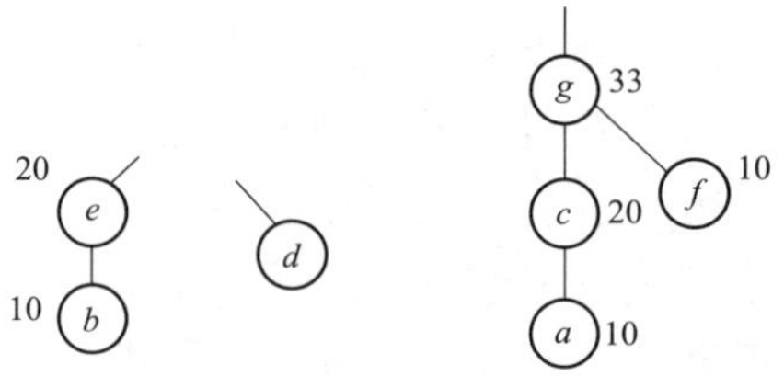

（a）CPU-1计算量30　　（b）CPU-2计算量33

图 3-16　适于双核 CPU 的 10 阶矩阵 LU 分解的任务划分

表 3-6 给出了全过程动态仿真中一些矩阵在 CPU 内核数为 4 的情况下的实际划分结果。可以看出划分后任务数较多，工作量相差较大。在把这些任务分配到 CPU 的内核上时，不适合采用简单的划分（如上节提到的均分划分或功能划分），必须依赖 OpenMP 的动态均衡技术，在实际运算过程中，动态的把任务分配到不同的内核上。

表 3-6　全过程动态仿真中矩阵节点工作量及任务划分

阶数	非零元数	任务数	并行工作量	最大工作量	最小工作量
126823	556735	10	92.0%	17.7%	5.29%
66089	306754	11	90.3%	12.8%	4.3%
54603	235144	11	90.1%	20%	3.49%

（4）并行数值求解算法。与串行算法相同，并行求解算法也分为 4 步：矩阵的节点排序、符号分解、LU 分解及前代和回代求解。其中，矩阵的节点排序与串

行算法完全相同，而符号分解中的主要差别是增加了工作量消去树的生成和并行任务的划分。仿真过程中，对于相同结构的稀疏矩阵，节点排序和符号分解只需做一次，而大多数计算时间都消耗在数值 LU 分解及前代回代，这两个步骤是并行求解的重点。

并行 LU 分解主要分为两个部分，即 A 分块和 D 分块内部的并行 LU 分解。设 CPU 有 n 个核，则由串行 LU 分块的公式可得到并行的 LU 分解步骤和公式。

1）并行分解分块矩阵 $\boldsymbol{A}$ 的 m 个对角小块 $\boldsymbol{A}_i$

$$\begin{cases} A_1 = L_1 U_1 & A_2 = L_2 U_2 & \cdots & A_{m1} = L_{m1} U_{m1} \\ A_{m1+1} = L_{m1+1} U_{m1+1} & A_{m1+2} = L_{m1+2} U_{m1+2} & \cdots & A_{m2} = L_{m2} U_{m2} \\ \cdots & \cdots & \cdots & \cdots \\ A_{m-mn+1} = L_{m-mn+1} U_{m-mn+1} & A_{m-mn+2} = L_{m-mn+2} U_{m-mn+2} & \cdots & A_m = L_m U_m \end{cases} \tag{3-70}$$

式（3-70）中：$m1 + m2 + \cdots mn = m$，CPU 的核 1 对应的任务数为 $m1$，核 2 对应的任务数为 $m2$，…，核 n 对应的任务数为 mn。下面的式（3-72）～式（3-74）中的 $m1$ 等含义也与式（3-70）相同。

2）分块矩阵 $\boldsymbol{A}$ 的 m 个对角小块并行求解 L_C

$$\begin{cases} L_{C1} U_1 = C_1 & L_{C2} U_2 = C_2 & \cdots & L_{Cm1} U_{m1} = C_{m1} \\ L_{C(m1+1)} U_{m1+1} = C_{m1+1} & L_{C(m1+2)} U_{m1+2} = C_{m1+2} & \cdots & L_{Cm2} U_{m2} = C_{m2} \\ \cdots & \cdots & \cdots & \cdots \\ L_{C(m-mn+1)} U_{m-mn+1} = C_{m-mn+1} & L_{C(m-mn+2)} U_{m-mn+2} = C_{m-mn+2} & \cdots & L_{Cm} U_m = C_m \end{cases} \tag{3-71}$$

3）分块矩阵 $\boldsymbol{A}$ 的 m 个对角小块并行求解 U_B

$$L_{Ci} U_{Bi} = B_i \quad i = 1, \cdots, m$$

$$\begin{cases} L_{C1} U_{B1} = B_1 & L_{C2} U_{B2} = B_2 & \cdots & L_{Cm1} U_{Bm1} = B_{m1} \\ L_{C(m1+1)} U_{Bm1+1} = B_{m1+1} & L_{C(m1+2)} U_{Bm1+2} = B_{m1+2} & \cdots & L_{Cm2} U_{Bm2} = B_{m2} \\ \cdots & \cdots & \cdots & \cdots \\ L_{C(m-mn+1)} U_{B(m-mn+1)} = B_{m-mn+1} & L_{C(m-mn+2)} U_{B(m-mn+2)} = B_{m-mn+2} & \cdots & L_{Cm} U_{Bm} = B_m \end{cases} \tag{3-72}$$

4）并行更新 $\hat{D}$ 矩阵

$$\hat{D} = D - L_C U_B = D - \sum_{i=1}^{m} CL_i \times BU_i \tag{3-73}$$

5）并行分解 $\hat{D}$，即 $\hat{D} = L_D U_D$。设 $\hat{D}$ 根据工作量消去树划分，得到 n 个并行

任务，则

$$\begin{cases} D_1 = L_1U_1 & D_2 = L_2U_2 & \cdots & D_{m1} = L_{m1}U_{m1} \\ D_{m1+1} = L_{m1+1}U_{m1+1} & D_{m1+2} = L_{m1+2}U_{m1+2} & \cdots & D_{m2} = L_{m2}U_{m2} \\ \cdots & \cdots & \cdots & \cdots \\ D_{m-mn+1} = L_{m-mn+1}U_{m-mn+1} & D_{m-mn+2} = L_{m-mn+2}U_{m-mn+2} & \cdots & D_m = L_mU_m \end{cases} \tag{3-74}$$

上述第 1 步到第 3 步的并行直接基于 A 块中的独立小分块矩阵。这些小块的相互独立性提供了并行分解的基本粒度，即直接根据这些小块来划分任务。任务的初始划分（静态划分）采用等分，即每个内核分派的小块数量相同；而这些小块的大小不同，具体的计算量是有差别的，需要实时计算过程中采用动态调度。这样，每个内核实际完成的小块数量并不相同。即式（3-70）～式（3-74）中，$m1$、$m2$、…、mn 并不相同。

对于 D 块矩阵求解，基于工作量消去树来划分为多个任务，并行时同样需要 OpenMP 的动态调度。因为划分的任务数一般大于 CPU 内核数，每个内核分配到的任务可能不一样，而且，这些任务的计算量数量级一样，但还是有差别的，其计算时间也不一样。并行计算开始时，OpenMP 通过静态划分将每个任务分配到 CPU 的内核上，计算过程中，率先完成计算的内核通过动态调度来获得新的任务。这样，不管 D 矩阵的结构如何变化，工作量消去树划分任务结合 OpenMP 动态调度，都能保证并行效率。

前代和回代求解的分块并行计算方法与矩阵并行 LU 数值分解类似，此处不再详述。置换过程是个简单的循环语句，直接调用 OpenMP 的并行循环语句即可完成。A 块的并行前代与回代利用了 A 块中的独立小分块矩阵，其静态划分和动态调度过程与并行数值分解过程也类似。

5. 算法求解效率的验证

根据上述算法，本文开发了适用于全过程动态仿真的大型稀疏线性方程组求解器（Electric sparse solver，ESS），并将其和现有求解器分别进行了串行和并行求解的对比验证。

（1）串行求解算法。用于对比验证的求解器有 UMFPACK 求解器和统一求解器。UMFPACK 求解器由美国 Florida 大学的 Timothy A.Davis 开发，代表了目前大型稀疏线性方程求解的最高水平，其他很多求解器都将它作为衡量依据。UMFPACK 采用多波前法（multifrontal algorithm，MA）求解方程组。多波前法的主要思路是从高阶的稀疏矩阵中查找且构造出其中非零元素密集的子块，称之为波前矩阵，用对各个波前矩阵的分解和求解来代替对原矩阵的分解。稠密的波前矩阵可直接采用经过高度优化的矩阵计算基础库（BLAS/LAPACK）而获得很高的计算效率。统一求解器由中国电科院研发的适用于全过程程序的线性稀疏方程求解器，计算中不利用分块矩阵求解。

用于测试的硬件规格：电脑型号是 Dell Optiplex 960；CPU 采用 Intel（R）Core（TM）2Q9650 内存容量为 4GB；操作系统为：Microsoft Windows 7。

以仿真中不同规模的 4 个矩阵为例，进行符号 LU 分解、数值 LU 分解、前代和回代求解三个步骤的计算速度对比。4 个矩阵的阶数为：18792、54603、81476 和 126869。其中规模最大的矩阵中 A 分块的阶数为 99203，D 分块的阶数则为 27666。该最大矩阵对应的仿真电网的运行方式为我国华中和华北两大区域电网构成的互联电网的 2013 年冬季方式，其中发电机台数为 1345，负荷点数为 2974，母线数为 13833，支路数为 17135。

表 3-7～表 3-9 是上述矩阵在一次求解过程中的耗时对比。在符号 LU 分解过程中，ESS 算法耗费的时间小于 1ms，尽管其他两种求解器耗时多，但是由于符号分解在仿真中的次数少，故而对仿真速度的影响不如数值分解、前代和回代求解；在数值 LU 分解过程中，ESS 求解器比统一求解器和 UMFPACK 求解器的计算速度分别快约 4 倍和 20 倍；在前代和回代求解过程中，ESS 求解器比统一求解器的计算速度稍快，而 UMFPACK 的求解速度最慢，耗时为前两者的 3～5 倍。

表 3-7　　符号 LU 分解时间

阶　　数	符号 LU 分解时间（ms）		
	ESS	UMFPAK	统一求解
18792	小于 1	16	105
54603	小于 1	63	251
81476	小于 1	94	316
126869	小于 1	156	990

表 3-8　　数值 LU 分解时间

阶　　数	数值 LU 分解时间（ms）		
	ESS	UMFPAK	统一求解
18792	1.25	47	4.84
54603	3.91	125	16.1
81476	6.25	188	27.0
126869	11.72	297	40.5

表 3-9　　前代和回代求解时间

阶　数	前代和回代求解时间（ms）		
	ESS	UMFPAK	统一求解
18792	0.47	2.34	0.62
54603	1.40	7.19	1.88
81476	2.18	11.25	3.13
126869	4.53	18.9	5.47

相比统一求解器所采用的常规 LU 分解，符号 LU 分解算法的计算速度比较快的主要原因是：对于具有相同结构的小分块子矩阵 $\boldsymbol{A}_{\mathrm{i}} \dots \boldsymbol{A}_{\mathrm{m}}$，只储存一个相同的符号 LU 分解结构，从而节省了内存开销。既能提高 CPU 缓存的利用率，同时又能降低缺页中断的次数，并减少其产生的内存交换耗时增加。随着矩阵规模的增加，该分解的速度优势会更加明显。

采用多波前法的 UMFPACK 求解器经过消去树的构造、波前的装配，再对稠密的波前矩阵调用 BLAS/LAPACK 等高效库。仅当波前矩阵较大时，BLAS/LAPACK 的高效率优势才能充分发挥，进而抵消装配波前带来的额外开销。而在全过程动态仿真的计算过程中，矩阵具有非常大的稀疏性，如果采用 UMFPACK 求解器，将难以生成稠密的波前，不能发挥多波前法的计算优势。而在这些波前矩阵的查找、构造和更新等过程中需要占有大量的运算，因此，UMFPACK 的 LU 分解和求解计算效率反而很低。

（2）并行求解算法。对于并行求解计算的验证，仍使用串行算法的例子，对其求解计算时间与对应的串行算法进行了比较。用于并行求解测试的多核心 CPU 为 Intel（R）Intel i7-4770（3.4Ghz，4 核心），内存容量 3.2GB；软件环境为 Windows 7。得到的计算结果见表 3-10 和表 3-11。

表 3-10　　LU 数值分解时间对比

阶　数	串行求解（ms）	并行求解（ms）		
		2 核心	3 核心	4 核心
54603	0.514	0.265	0.202	0.171
126869	1.341	0.718	0.546	0.437

表 3-11　　前代和回代时间对比

阶　数	串行求解（ms）	并行求解（ms）		
		2 核心	3 核心	4 核心
54603	0.203	0.140	0.110	0.109
126869	0.531	0.359	0.297	0.265

为说明算法的速度，本文定义的加速比 S_p 计算方法如下

$$S_p = \frac{T_{\text{Seriel}}}{T_{\text{Parallel}}} \tag{3-75}$$

其中，T_{Seriel} 和 T_{Parallel} 分别为串行和并行的计算时间。

测试结果表明，对于 LU 分解，采用 2～4 核心 CPU 的加速比 S_p 分别为 1.9、2.5 和 3.0；对于前代和回代求解，加速比 S_p 分别为 1.5、1.8 和 2.0。基于 OpenMP 的多核心 CPU 并行技术，能够充分利用全过程动态仿真中微分和代数方程组中矩阵分块的结构特点，适于电力系统机电暂态及中长期动态的全过程仿真的大型稀疏线性方程组的快速并行求解。

三、数值积分算法研究

1. 概述

全过程动态仿真程序需采用时域积分方法计算电力系统受到扰动之后的数秒到数十分钟的动态过程。因此，具备自动变步长功能的数值积分方法是整个全过程动态仿真技术的核心和基础。全过程动态仿真程序涉及更广泛的稳定计算模型，除了最基本的暂态稳定过程的各类计算模型外，还包含中长期稳定计算模型，因而与电力系统暂态稳定程序相比，微分方程的刚性比和模型阶数均大大增加，对数值积分算法的数值稳定性、收敛性和计算效率提出了更高的要求。

在电力系统暂态稳定性时域仿真中，一般可将电力系统数学模型用高维非线性、非自治的分时段微分代数方程组来描述，电力系统暂态稳定性仿真问题在数学上可以归结为求解一个微分—代数方程组的初值问题。对于常微分方程的数值积分求解，称“算法是数值稳定的”是指在扰动（初始误差、截断误差、舍入误差）影响下其求解过程中的累积误差不会随着积分步数的增加而增加。数值稳定性问题是数值积分算法中时常出现的现象，对于本来是稳定的系统，若仿真结果得到了不稳定的结论，通常原因是积分步长取值过大而造成了误差的积累。

为保证数值求解的稳定性，步长 h 的取值很关键，需要满足每个值 $\overline{h_i}$ 都不超出所采用积分方法的绝对稳定域，即

$$\overline{h_i} = h\lambda_i, i = 1, 2, \cdots, m \tag{3-76}$$

式中：λ 为微分方程右端函数的特征值；m 为特征值个数。

当积分方法的绝对稳定域为有限时，最大步长往往受到限制。例如，二阶龙格—库塔法等显式积分方法，计算步长 h 要限制在系统最小时间常数的数量级，即：最大步长 h 约等于 $\dfrac{1}{\max\limits_i |\text{Re}\,\lambda_i|}$。如果仿真计算总时间 t 与系统的最大时间常

数同一数量级，则时域计算的积分步数 $N(N=T/h)$ 的数量级就与刚性比 R 相同。因此，对于 R 很大的系统来说，如果积分步长受到限制，则积分步数很多，计算速度很慢。

因此，为避免因数值稳定性而限制了积分步长，就需要保证所采用的数值积分算法具有 A 稳定性，即算法的绝对稳定域需要包含复平面的左半平面。后退欧拉法和梯形积分法都是 A 稳定的，前者是一阶算法，后者是二阶算法，因而计算精度高。具有 A 稳定性的数值积分算法必定是隐式算法，在现有具有 A 稳定性的二阶隐式数值积分算法中，梯形积分法的误差常数最小。

2. 积分算法问题的分析

（1）算法概况。全过程动态仿真中求解的微分代数方程组与常规的电力系统暂态稳定仿真一样，可写为

$$\begin{cases}\dfrac{\mathrm{d}y_1}{\mathrm{d}t}=f(y_1,y_2,t)\\0=g(y_1,y_2,t)\end{cases} \tag{3-77}$$

式（3-77）中：y_1 是 n_1 维的状态向量（或称为微分变量），由电力系统动态元件状态方程中的状态量组成。

y_2 是 n_2 维的代数向量（代数变量），由电力网络方程和控制系统中代数方程中的非状态变量构成。

微分方程组的总阶数为 n_1 和 n_2 之和。由于仿真对象通常为由超过数万个母线、数千台发电机及其控制系统、数十条直流输电线路组成的大规模交直流混合电力系统，式（3-77）中的微分代数方程组阶数常达数万阶以上。

式（3-77）中代数约束方程的雅可比矩阵一般情况下是非奇异的，因此，全过程动态仿真中的微分方程组的指标（Index）为 1，相当于隐式的非线性微分代数方程组，可以采用刚性常微分方程的相关分析和数值积分法进行计算。

对电力系统动态仿真来说，已经有很多获得应用的仿真软件，下面就一些软件的仿真算法求解过程简单加以总结。

1）电力系统暂态稳定仿真算法：电力系统暂态稳定仿真算法已经比较成熟，国内外有很多应用广泛的暂态稳定程序。国内代表性的程序为 PSD 电力系统分析软件包和 PSASP 电力系统综合分析软件包的暂态稳定仿真程序。两者都采用基于隐式积分梯形公式的交替求解算法，其基本步骤为：

a. 利用隐式积分的梯形公式对发电机等元件及其控制系统的微分方程进行差分化，并对差分后的代数方程式进行简单迭代计算，得到电力网络方程的注入电流。

b. 求解电力网络方程得到更新的母线电压。

c. 步骤 a. 和 b. 交替进行，直到相邻迭代步的注入电流或母线电压之差小于容许值。

该算法具有良好的数值稳定性，并具有类似显式积分法编程简单、易于扩展的优点。但缺点为需要采用较小的步长（通常为 0.01s），且步长固定，对于中长期动态仿真程序而言，不能直接采用该算法。

2）中长期动态仿真算法：已有程序主要有美国的 ETMSP 和 PSS/E 程序中的中长期动态仿真计算软件。它们的积分算法为变步长的梯形积分法，与暂态稳定中固定步长的梯形积分算法的区别为：

a. 差分后的微分方程与电力网络等代数方程进行联立求解；根据功角变化等判据进行自动变步长计算。

b. 为了增大计算中的积分步长，提高仿真计算速度，在发电机转子摇摆方程中认为加入阻尼。

该算法的主要问题在于采用人工阻尼的处理方法使其不能够用在对电力系统阻尼控制等问题进行研究，从而限制了该程序的工程应用范围。

3）全过程动态仿真算法：针对中长期动态过程的仿真算法，目前还不成熟，尤其是适合全过程动态仿真的算法仍在研究探索。国内中国电力科学研究院于 1999 年开始进行全过程动态仿真程序（PSD-FDS）的研究和开发。国外现有的可以模拟电力系统机电暂态及中长期动态过程的仿真程序有：ABB 公司的 SIMPOW、法国 EDF 的 EUROSTAG、日本的 EXSTAB 等。这些程序的算法有两类：

a. 机电暂态和中长期动态过程分别采用不同的数值积分算法和模型。这类程序在仿真中根据一定判据判断当前状态是属于机电暂态还是中长期动态过程，然后采用相应的数值积分算法和模型。例如：EXSTAB 程序在机电暂态中采用小步长的显式积分算法，在中长期动态过程中采用类似于梯形积分的隐式积分算法。

b. 采用统一数值积分算法对机电暂态及中长期动态过程进行仿真，算法和模型不进行切换。具有代表性的是具备变阶变步长功能的 Gear 类数值积分算法，目前已被 SIMPOW、EUROSTAG 和 PSD-FDS 程序采用。Gear 方法的优点是暂态及中长期动态过程的算法和模型计算中不需要切换，但大量应用后发现系统处于快变阶段的步长控制和控制系统中间断环节的处理还存在一些问题。

（2）Gear 算法的主要步骤。Gear 法是公认的求解刚性问题的有效方法之一。为了解决多步变阶变步长和自启动问题，实用 Gear 引入了 Nordsieck 向量 Z_n 存储前几步微分方程的右端函数值及求解变量导数，使之属于单步多值法。每步的时域积分主要有四个步骤构成：预测、校正、截断误差计算和变阶变步长。

为方便叙述 Gear 算法，定义如下的微分方程式

$$\begin{cases} y' = f(t, y) \\ y(0) = y_0 \end{cases} \tag{3-78}$$

记积分过程中的第 n 步的 Nordsieck 向量为 Z_n

$$Z_n = \left[y_n, \frac{h}{1!} y'_n, \frac{h^2}{2!} y''_n, \cdots, \frac{h^k}{k!} y_n^{(k)} \right]^T \tag{3-79}$$

式中：$y_n, y'_n, y''_n, \cdots$ 是 $y(t_n), y'(t_n), y''(t_n) \cdots$ 的近似值。如果算法公式中用到之前的步数较多，那么 Z_n 中就将需要更高阶的变量导数。但是，只有不大于 2 阶的 Gear 法是 A 稳定的，所以对于电力系统动态仿真来说，使用的最大阶数为 2。

1）预测。第 $n+1$ 步的 Z_{n+1}^P 值可由第 n 步的 Z_n 来预测

$$Z_{n+1}^P = PZ_n \tag{3-80}$$

式中：P 是 Pascal 上三角矩阵，其第（i，j）元素是当 $j \geqslant i$ 时为 $\begin{pmatrix} j \\ i \end{pmatrix} = \frac{j!}{(j-i)!i!}, j \geqslant i \geqslant 0$，当 $j < i$ 时为零。

Z_{n+1} 中变量 y 及其一阶和二阶导数的预测值分别是 y_{n+1}^p、y'^p_{n+1} 和 y''^p_{n+1}。

2）预测值的校正计算。设 Δy_{n+1} 为第 n+1 步的预测值 y_{n+1}^p 与求解值 y_{n+1} 之差，即 $\Delta y_{n+1} = y_{n+1} - y_{n+1}^p$，则第 n+1 步的 Nordsieck 向量 Z_{n+1} 与该步预测值 Z_{n+1}^P 之间的关系为

$$Z_{n+1} = Z^P{}_{n+1} + l\Delta y_{n+1} \tag{3-81}$$

式中：l 为 Gear 法的系数向量。对于二阶 Gear 法，l_0=1，l_1=1.5，l_2=0.5；对于二阶 Adams 法，l_0=1，l_1=2，l_2=1。

对于二阶 Gear 法或 Adams 法，展开式（3-81），则得到如下三个公式

$$y_{n+1} = y_{n+1}^p + l_0 \Delta y_{n+1} \tag{3-82}$$

$$hy'_{n+1} = y'^P_{n+1} + l_1 \Delta y_{n+1} \tag{3-83}$$

$$\frac{h^2}{2!} y''_{n+1} = \frac{h^2}{2!} y''^P_{n+1} + l_2 \Delta y_{n+1} \tag{3-84}$$

将式（3-82）和（3-83）的预测值代入式（3-84），得到第 n+1 步的差分方程式为

$$hy'^p_{n+1} + l_{1,n+1} \Delta y_{n+1} - hf(y_{n+1}^p + \Delta y_{n+1}, t_{n+1}) = 0 \tag{3-85}$$

采用伪牛顿法对式（3-85）进行迭代计算可求得 Δy_{n+1}。然后，根据式（3-82）～

（3-84）得到第 n+1 步的 Z_{n+1}。

3）截断误差计算。第 n+1 步的截断误差为

$$E_{n+1} \approx C_{k+1} k! | \nabla z_{n+1}^{(k)} | \tag{3-86}$$

其中：k 为阶数，$C_{k+1} = \frac{1}{k+1}$，$\nabla z_{n+1}^{(k)} = z_{n+1}^{(k)} - z_{n}^{(k)} = \frac{h^{k+1}}{k!} y_{n+1}^{(k+1)}$。$y_{n+1}^{k+1}$ 是解 y_{n+1} 的 k+1 阶导数。

由上式（3-86）可以看出，第 n+1 步计算的 Z_{n+1} 向量与上步 Z_n 向量的倒数第一个分量相减就能得到截断误差 E_{n+1}。

计算中如果满足 $E_{n+1} \leqslant \varepsilon_0$，则认为该步计算成功，否则就重新计算该步。

4）变阶与变步长控制。由于刚性问题的求解变量存在快变分量和慢变分量，在数值积分计算过程中，当变量变化速度大时，应该使用小步长计算；而当变化速度非常小时，可以使用大步长计算。对于多步变阶积分方法，启动计算时一般采用小步长和低阶，之后，在满足计算误差和收敛性要求的前提下，适当调整积分步长和阶数，以保证计算效率。

对于下一步的积分计算或者由于积分失败而重新计算，需要改变步长。调整系数为α，则所用的步长为αh。α 由式（3-87）来确定

$$C_{k+1} k! \alpha^{k+1} | \nabla z_{n+1}^{(k)} | = \varepsilon_0 \tag{3-87}$$

如果采用经这个α 调整的步长，且误差正好又与 h_{k+1} 成比例（即 $\nabla z_{n+1}^{(k)}$ 不变），则下一次误差检验式（3-87）刚好可以满足。

“安全”因子选取 1.3 和 1.4 的考虑是：当变阶和变步长时，误差的估计准确性更差，而且变阶还要附加计算，所以系数取值较大，同时需要变阶时，因降阶计算量小而尽可能降阶。

积分计算的每步计算 α_k、α_{k-1} 和 α_{k+1} 后，根据它们中最大者计算下一步的阶和步长。但是，在积分过程中的每步都修正步长和阶数在计算量方面并不合适，可做如下考虑：

a．如果该步积分不成功，则计算α。

b．改变步长或阶的 $k+1$ 步内不计算α（为使步长或阶的变化次数少）。

c．如果上步计算α时步长不能够增加，则在 15 步内不计算α（目的是避免大量的额外计算）。

（3）Gear 法的步长控制问题。在电力系统发生故障和操作后的机电暂态过程中，电压、电流和控制系统状态变量的值变化较快，为了保证收敛性，积分算法需要使用较小的计算步长。但 Gear 类算法在此过程中为了计算收敛，步长往往过

小，计算效率低。在较严重故障的情况下，仿真中步长特别小，甚至达到 1ms 以下，导致仿真耗时很长，计算效率低下。例如，图 3-17 为一个机电暂态仿真算例中采用 Gear 法时计算步长随时间的变化曲线，故障在 0.2s 发生，0.3s 被切除。在故障期间和故障后恢复初期的 0.2～0.9s，Gear 法步长一直小于 0.005s（最小值为 0.0005s），共积分计算了 920 步。如果使用常规暂态稳定程序中的梯形积分算法，步长为 0.01s，则仅需要 70 步即可完成。而且，Gear 法需要联立求解高阶的微分代数方程组，每积分步的计算量远大于常规暂态稳定的梯形积分法。只有在步长为常规梯形积分法的 5～6 倍以上时，Gear 法大步长的计算速度优势才能发挥。再如，对于我国华北—华中电网仿真算例，仅机电暂态仿真时，采用 Gear 法计算相比于机电暂态程序，其仿真过程所需时间通常要多出若干倍（这里需要指出的是，除积分算法外，联立求解大规模方程组的计算量大也是制约程序计算速度的主要因素之一）。

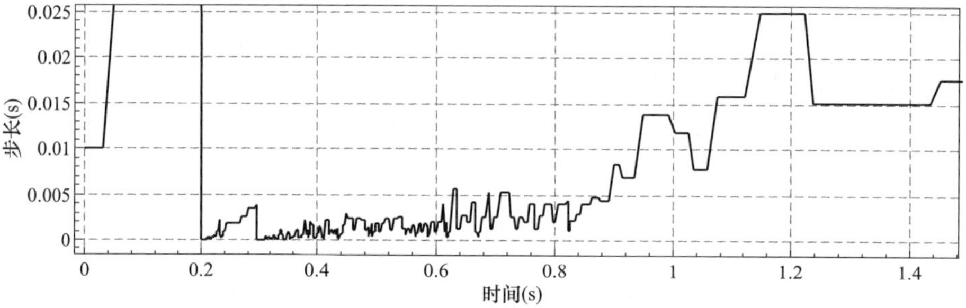

图 3-17　Gear 法的在暂态稳定阶段的仿真步长

（4）含有间断环节的控制系统仿真问题。对于微分方程右端函数是连续的刚性系统，Gear 法使用起来比较有效，但是对于全过程动态仿真来说，控制系统含有大量的死区、限幅等非线性环节（如图 3-18 所示），导致微分方程的右端函数是不连续的。例如：对于图 3-18 带有限幅的一阶惯性环节来说，其微分方程如式（3-88）所示，其中有三个右端函数，它们分别在不同的条件下使用。

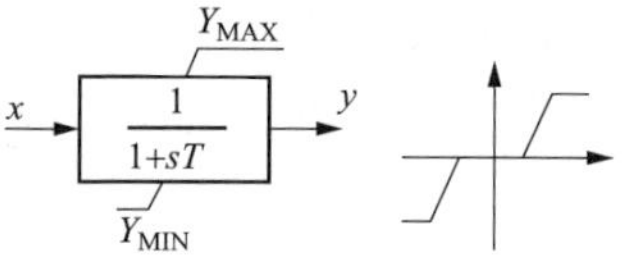

图 3-18　具有间断特性的控制系统环节

$$\frac{\mathrm{d}y}{\mathrm{d}t}=\begin{cases}Y_{MAX} & (x-y)>0\text{且}y=Y_{MAX}\\ \dfrac{x-y}{T} & Y_{MIN}<y<Y_{MAX}\\ Y_{MAX} & (x-y)<0\text{且}y=Y_{MIN}\end{cases} \tag{3-88}$$

在电力系统全过程动态仿真中，含有间断特性的系统数量很常见且数量多。

例如，一台发电机控制系统模型中间断环节的数量一般都超过 10 个。对于含千台以上发电机的大规模电网来说，间断环节数量将很多。

采用 Gear 法时，间断点发生的时刻是很难预先准确估计的，积分计算的预测阶段不能预知校正迭代中右端函数会发生间断，右端函数需要变换为另一函数，也无法预知变换之后的导数值，这样使得校正阶段发生间断点的变量误差很大，或者迭代不收敛，算法将为此而缩小步长，同时，雅克比矩阵也要重新计算。缩小步长后由于不含间断，且误差减小，将放大步长，又会将间断点包含在步长中间，步长将再次缩小。这样反复多次，直到积分区间不包含间断点为止，通常最后是以小步长“爬过”间断点。很小的步长和大量的雅可比矩阵求解导致计算量大增，计算效率严重下降。

电力系统仿真中通常用两种方法来解决遇到的控制系统间断问题：

①间断点的准确计算法。仿真中先不考虑间断环节，按当前右端函数正常积分计算。在该步积分成功后再判断该步内是否可能发生间断，如果有，则计算出间断发生时刻，把计算步长减小到间断发生时刻，并对该步进行重新进行计算。通过断点后，Gear 法重新从一阶积分启动，开始正常计算。该方法计算精度高，被 SIMPOW 程序应用，但是其缺点是在大规模电网仿真中，控制系统模型的间断环节数量众多，需要反复回退到间断点处重新一阶启动积分，求解速度受到很大影响，且编程开发很复杂。

②间断点附近的小步长积分法。当积分过程中遇到发生间断时，对不发生间断的模型以正常积分步长正常计算，而把发生间断的控制系统模型方程式隔离出来，采用小步长时域积分计算到正常步长末尾，同时还要保证该发生间断的模型方程不影响整体误差计算。这种方法也可以较为准确计算含有间断的微分方程式，但主要缺点在于局部小步长积分的编程开发难度较大及间断点后的变阶启动问题。对于间断模型的局部小步长积分计算，如果采用不变阶的固定步长计算，例如，梯形积分法，则编程开发简单，但是 Nordsieck 向量 Z_{n+1} 中的二阶导数不易计算出；如果采用变阶变步长算法，则小步长积分结束后，状态变量不一定是二阶。这样，Z_{n+1} 中的二阶导数不能准确计算出来，难以协调与其他正常微分方程的求解变量精度，将导致发生间断的模型在后续积分计算中具有较大的截断误差，从而系统整体积分步长由此而缩小，仿真计算效率大为降低。

在电力系统的机电暂态过程中，系统控制容易出现间断问题。当系统变量快速变化时，尤其是大幅振荡过程中，含限幅等间断环节的控制系统的右端函数切换频繁。由于电力系统设备的控制系统间断环节多，如若采用上述两种方案不但程序开发难度高，可靠性低，而且仿真速度很慢。

小 结

风电和光伏发电的运行和控制特性与常规发电机组有很大的不同，尤其是风电和光伏发电的随机波动性对电网的影响很大，且大规模的风电机组和光伏发电单元接入系统后，系统调频/调峰/调压问题、动态电压稳定性问题将变得突出，电力系统中发生大的故障扰动对系统和风电场、光伏电站都将造成严重的冲击，并对其安全稳定运行构成威胁。风电机组和风电场、光伏电站的运行特性决定了其对电力系统的影响程度，建立能够精确反映风电机组和风电场、光伏电站多时间尺度全过程模型，开发间歇式电源的电磁暂态、机电暂态和中长期动态一体化仿真平台，是进行其他相关研究的基础。

本章以电磁暂态仿真程序PSD-PSModel和全过程仿真程序PSD-FDS为基础，研究了间歇式电源的电磁暂态、机电暂态以及中长期动态一体化仿真方法。针对算法的特殊性，提出了基于分块矩阵的LU分解算法以及多核心并行算法，研究了大规模风力发电、光伏发电的电磁暂态、机电暂态和中长期动态模型和仿真技术，开发了含风力发电和光伏发电系统的全过程动态仿真程序。

第四章

含大规模新能源的电源优化规划

第一节　电源优化规划概述

电力工业是国民经济的基础，又是一个投资密集的部门。电源的发展规划不仅涉及巨额的投资支出，对电力工业的发展有重大影响，而且对于整个国民经济发展也至关重要，因此，电源规划受到日益广泛的重视。电力系统电源优化规划（Generation Expansion Planning and Optimization，GEPO）是电力系统发展规划的重要组成部分，其主要任务是根据系统若干年内的负荷需求预测，在满足未来负荷需求的条件下，考虑各种约束条件（如，电源建设顺序、投资约束、系统可靠性要求等），寻求一个最优的电源建设方案，确定在何时何地建设何种类型、多大容量的电厂[5]。最优的电源建设方案应该是社会、经济效益最好，且满足一定可靠性指标和环保要求的方案，以满足各行各业对合理用电的需求。

人类文明的不断进步，工业化和自动化水平的不断提高，社会的发展对于能源的需求量越来越大，带来化石能源匮乏、环境污染加剧的严重问题。过去以煤炭、石油、天然气等不可再生能源发电的模式不可延续，清洁能源的开发利用成为了世界各国急需解决的问题。

目前，风能、太阳能等新能源发电已在现代电力系统中占据重要地位。虽然新能源发电产业发展迅猛，但由于存在缺乏规划、无序开发、相关政策不完善等问题，新能源发电规划与并网困难问题短期之内很难解决。因此正确评估新能源发电的效益，统筹考虑新能源电源与其他常规电源的合理配置，加强新能源电源和电网的统一规划，是促进我国整个新能源产业协调发展的关键。

长期以来，我国电源结构形成了以火电为主，水电为辅，核电等其他新电源为补充的发电格局。这种以燃煤火电为主的电源结构存在发电效率低、环境污染大以及调峰能力不足等众多弊端。值得注意的是，我国电源结构优化问题已开始得到重视。相关部门采取了一系列有益的措施，例如优先、积极发展水电；优化发展火电，有效利用煤炭资源；积极发展核电；因地制宜发展新能源发电；统筹水电、火电的建设运营，保护环境等，实现电力的可持续发展。

在我国电源结构调整中，有学者建议，强化以优化电源结构为目的的管理制度和政策，使电力投资体制管制成为优化电源结构的导向之一。在设计电源建设方案时，提出多种不同电源种类组合的电源建设方案，对各方案的中长期经济效益进行对比分析，有助于优化我国电源结构。

电源规划研究的难点首先在于如何建立科学合理的数学模型，其次在于如何对此复杂问题进行求解，最后在于如何对规划的方案进行评价和校验。电源规划是一个多变量、多约束、多时空耦合的非线性混合整数规划问题。当系统规模很大时，为满足负荷不断增长的要求，待选方案将显著增多，会发生“组合爆炸”现象。此外，该问题还属于典型的非凸多峰问题，除了全局最优解外，一般还存在若干局部最优解。因此利用经典算法求解这类问题非常困难。

自 20 世纪 80 年代以来，国内外研制开发了许多电源规划优化软件[69]。国外主要有国际原子能机构（IAEA）委托美国田纳西流域工程管理局（TVA）与橡树岭国家实验室（ORNL）研制开发的 WASP-III（Wien Automatic System Planning Package）[89]，该程序包主要采用截断动态规划的方法；加拿大研制开发的 MIPPS（Monenco Integrated Power Planning System），其采用动态规划方法，计算时间过长；在美国电力科学院（EPRI）的资助下，麻省理工学院（MIT）研制开发 EGEAS（the Electric Generation Expansion Analysis System）软件，其以线性规划（LP），广义 Benders 分解法进行线性和非线性迭代。此外，还有美国通用电气公司研制开发的 OGP 最优发电规划程序，美国俄亥俄州立大学研制开发的生产费用模拟程序 PCS（Production Cost Simulation）及容量扩建及可靠性评价系统 CERES（Capacity Expansion and Reliability Evaluation Systems），以及法国电力公司研制开发的 MNl 国家投资模型等。上述软件的问题主要在于：①对水电厂考虑得十分粗糙；②电源规划模型是按发电容量总体需求优化的，忽略了系统中的发电厂的地理分布和网架需求等因素；③难以适应大地域、大规模、长周期的电源规划发展。

国内许多学者对电源规划也进行了大量研究，并取得了丰硕的成果，主要有西安交通大学的 JASP（Jiaotong Automatic System Planning Package）[90-91]，其以等年值费用最小为目标，按发电站优化，考虑了不同厂址对投资和运行费用的影响，便于进行区域电力电量平衡，并充分考虑了对水电及抽水蓄能电站的优化[92]。华中科技大学研制开发了 WHPS 2000，该软件主要是采用确定型生产模拟方法对给定电源规划方案进行电力电量平衡及费用指标的校核。另外，北京水利电力经济研究所研制开发了 GESP/V4.1 程序，采用混合整数规划优化方法，对水电做了较细致的考虑，并提供了分区间的最优潮流计算。现在，该程序引入了环保规划，升级为发电环保综合规划模型 GESP-III[93]。除此外，还有清华大学研制开发的IRELP/I 多分区电力长期规划模型等。

总而言之，这些电源规划软件结合我国的实际情况，建立了细致的模型和算法，大大提高了我国电源优化规划的水平，对提高规划人员的认识水平，减轻规划工作量方面发挥了重要的作用。

随着时代的发展，原有的电源优化模型也暴露出其局限性。如有一些不确定因素（包括社会、政治因素、电力市场、厂网分开等）难以概括到电源规划当中，对于环保因素的处理也比较粗略，含新能源的电源优化规划、网源协同规划等问题有待进一步研究。没有考虑到可持续发展的一次能源的资源成本和环境成本，不利于与系统中现有电源一起对能源结构的进行优化，从而不可能使整个系统的费用的最小化。电力系统是一个统一的整体，而电力负荷特性又是随经济发展水平等变化的，原来相对优化的电源结构已不能与变化的电力负荷特性相适应，如何在我国可持续发展能源结构的指导下，充分满足系统的电力需求和负荷特性要求，将新建电源与原有电源结合起来进行统一规划，最大限度地将成熟的先进技术与变化的能源结构形势结合起来，形成最优的电源结构是我国电力系统建设中迫切需要解决的问题。

本章将重点叙述新能源电源与其他常规电源的合理配置相关问题，即统筹考虑新能源的电源规划问题。新能源与常规能源的不同主要体现在其出力的波动性、不确定性，及可能具有的反调峰特性。新能源发电并网有可能导致等效负荷峰谷差增大，给电网调频、调峰带来不利影响。新能源机组的可控性不足，不能像常规机组一样灵活地控制输出功率。随着新能源发电技术的不断进步，单个新能源电厂规模和风电基地规模越来越大，电力系统中新能源发电所占比例日趋增长，新能源发电对电力系统的影响日益突出，给传统的电源规划提出了新的要求。因此，在电源规划中需要充分考虑新能源发电的影响，合理规划电源结构，研究含有新能源发电的电源规划的理论和方法。

第二节　电源投资优化决策

电源优化程序中，总体上可分为以下两个模块：①各发电机组装机进度的投资决策问题；②规划方案的运行情况的可行性、经济性、可靠性评价等问题。其中投资决策的主要功能是确定各类机组的装机进度，为多时段动态整数型规划问题。规划方案的校验与分析主要包括随机生产模拟和典型日运行方式安排，为非线性实数型规划问题。为了提高计算效率，程序根据分解协调的原理将这两部分分别优化、再交替迭代加以协调。总体结构如图 4-1 所示。

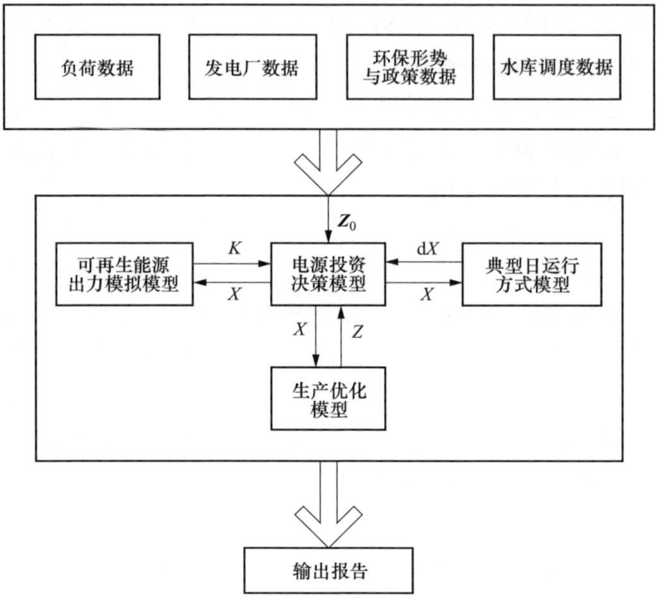

图 4-1 电源规划总体结构图

电源投资决策模型对电源投建方案进行优化，给出各待选电厂的投建时间表（在图 4-1 中用决策变量 X 表示），并分别与可再生能源出力模拟模型、典型日运行方式模型及生产优化模型进行协调迭代。电源投建方案的选取是以经济最优为原则，目标函数是系统总费用，优化方向是系统总费用最小。

可再生能源出力模拟模型的任务是根据电源投资决策模型给出的逐年电源投建计划（决策变量 X），选取可再生能源典型出力曲线（图 4-1 中的 K），供生产优化模型进行生产模拟，以及典型日运行方式模型进行日运行方式校验。

典型日运行方式模型的功能是根据电源投资决策模型所确定的逐年电源投建计划安排典型日运行方式，以分析电源结构的合理性及运行的可靠性，并由此来判断系统是否需要及何时需要采用调峰设备（图 4-1 中的 dX）。典型日运行方式的选取是一个非常重要的问题，要反映机组状态、一次能源（来水、风能）、负荷变化等多种场景和一些极端情况，如各月最大负荷日、枯水季最大负荷日、最严重的风电反调峰情况等。

生产优化模型包括制定检修计划及进行随机生产模拟。由于是长期规划，检修计划通常按照简单直观的等备用的原则制定，在规划期内按检修规程要求安排各机组的检修。随机生产模拟采用等效电量函数法，对水电机组的处理采用了高效的直接最优排位算法。

电源投资决策模型在优化电源投建计划时，除了需要知道各发电厂的投资以外，还需要知道各发电厂的发电量、运行费用及整个系统应满足的备用率。我们称这些为运行决策变量，在图 4-1 中用 Z 来表示，由生产优化模型求出。

在进行生产模拟之前，Z 是未知数，因此对于电源投资决策模型必须给出运行决策变量的初始值 Z_0。通常 Z_0 是以原始数据的形式输入的，主要包括系统的备用率及各发电厂的年利用小时数。

迭代开始后，随着电源投产决策的优化，目标函数值也逐渐下降。当目标函数停止下降，且电源投资决策模型和生产优化模型在迭代过程中相继两次 Z 值的变化量小于给定的容许误差时，则可认为收敛。这时我们就得到了最优电源规划方案。

电源投资决策的作用：确定电源的逐年投产计划，以满足预测负荷和电量的需求。各个电厂的投产顺序是由其经济指标决定的。当电量存在缺额时，按照度电成本由低到高的顺序投产机组；当电力存在缺额时，按照千瓦成本由低到高的顺序投产机组。度电成本即平均发一度电的成本，千瓦成本即平均提供一千瓦电力的成本，这里的成本包括拉平的投资费用和运行费用。运行费用是直接与发电量相关的，在确定每年的电源投产计划之前，各电厂的运行费用是未知数，导致度电成本和千瓦成本无法计算。为了解决这一问题，采用分解协调迭代方法，先对各电厂的年利用小时数赋初值，计算度电成本和千瓦成本，确定电源投产计划；再对该投产计划进行随机生产模拟，得到各电厂的实际年利用小时数；将随机生产模拟计算出的年利用小时数替换初值，重新进行电源投产决策。重复该过程，直到结果收敛为止。值得注意的是，根据度电成本和千瓦成本确定电源投产顺序的过程，隐含了以经济性最优作为优化方向。因此，该算法能确保收敛结果达到总费用最低。

在电源投资决策层面，主要关注电厂的三个方面：总费用、提供电力的能力、总排放量。电厂的总费用包括拉平的投资和运行费用。其中投资部分包含了火电厂的污染治理设备投资；运行费用包括固定运行费和可变运行费，火电厂的燃料费用、排污处罚、绿色证书交易，可再生能源电厂的发电补贴等都可以按照此模型进行量化计算。常规电厂提供电力的能力可以用其装机容量来衡量，可再生能源电厂提供电力的能力用其置信容量衡量。电厂（主要是燃煤电厂）的排放量要满足单个电厂的排放量约束和整个区域的排放量约束；超出的部分或处以惩罚，或推迟甚至取消该电厂的投产计划。

一、电源优化的通用数学模型

国际上电源规划技术的研究始于 20 世纪 80 年代，电源规划的对象都是火电机组、水电机组（包括抽水蓄能机组）以及核电机组等常规发电机组，大都没有

涉及可再生能源发电，其目标函数主要为规划方案的总现值费用最小或等年值费用最小，数学模型的一般形式如式（4-1）所示

$$\begin{aligned} \min \quad & f(\boldsymbol{X},\boldsymbol{Y}) \\ s.t. \quad & G(\boldsymbol{X}) \leqslant a \\ & H(\boldsymbol{Y}) \leqslant b \\ & K(\boldsymbol{X},\boldsymbol{Y}) \leqslant d \\ & \boldsymbol{X} \geqslant \boldsymbol{0}, \boldsymbol{Y} \geqslant \boldsymbol{0} \end{aligned} \tag{4-1}$$

式中：$f(\boldsymbol{X},\boldsymbol{Y})$ 为目标函数；$\boldsymbol{X}$ 为发电机组的装机容量变量；$\boldsymbol{Y}$ 为发电机组的发电量变量；$G(\boldsymbol{X})$ 为发电机组装机容量的技术经济关系约束；$H(\boldsymbol{Y})$ 为与发电机组电量相关的机组约束；$K(\boldsymbol{X},\boldsymbol{Y})$ 为与发电机组容量相关的机组约束；a，b，d 为常数。

电源规划一般以系统总支出费用最小为目标函数，包括两个部分：第一部分与投建发电机组的容量有关，称为固定成本，如发电厂的建设投资费用；第二部分与发电机组的实际发电量有关，称为可变成本，如发电厂的运行和燃料费用。电源规划的研究可以涉及很广的范围，实际应用中的规划目标可能不仅仅是上述的投资和运行费用。文献［94］的目标函数分别计及了可靠性指标、输电费用、未来不确定性、负荷和水文数据以及市场因素等；文献［95］的目标函数中考虑了电力市场条件下需求侧管理的影响。

电源规划的约束条件主要包括两个部分：施工约束和运行约束。施工约束主要有：待建电厂最大装机数量约束、待建电厂装机连续性约束、年最大装机数量约束、最早投产年限约束、财政支付能力约束等；运行约束主要有：电力平衡约束、电量平衡约束、系统可靠性指标约束、系统备用约束、发电机组最大和最小出力约束、火电燃料消耗约束、水电水量消耗约束、环境保护约束等。

如前所述，电源规划的目标函数一般可以分为与容量有关的固定成本和与发电量有关的可变成本两部分，因此可以利用分解协调技术，将电源规划问题分解为两个部分：电源投资决策和生产优化决策。电源投资决策确定系统电源的投产进度，生产优化决策计算扩建系统的技术经济指标。式（4-1）中的目标函数进而可以写为

$$f(\boldsymbol{X},\boldsymbol{Y}) = f_1(\boldsymbol{X}) + f_2(\boldsymbol{Y}) \tag{4-2}$$

进而，整个电源规划问题可以分解为如下两个子问题：式（4-3）为电源投资决策子问题，式（4-4）为生产优化决策子问题。

$$\begin{aligned} \min \quad & f_1(\boldsymbol{X}) \\ s.t. \quad & G(\boldsymbol{X}) \leqslant a \end{aligned} \tag{4-3}$$

$$
\begin{aligned}
\min \quad & f_2(\boldsymbol{Y}) \\
s.t. \quad & H(\boldsymbol{Y}) \leqslant b \\
& K(\boldsymbol{X},\boldsymbol{Y}) \leqslant d
\end{aligned} \tag{4-4}
$$

电源投资决策从本质上讲是一个非线性、高维数的整数规划问题，数学上还未见有效的严格算法。目前可以采取的手段有：采用启发式算法[96-97]，包括爬山和排序两个过程，先假定所有待选发电厂都是火电厂，采用排序法依次加载机组，然后再利用爬山法对水电厂的投资进度进行调整；采用动态规划法[98]，或简化为连续量问题或混合整数规划问题，利用传统数学优化算法进行求解，这些算法一般都是对模型进行了一系列程度不同的简化后使用的，所求得的结果并不能算是严格意义上的最优解，而且对大规模问题的求解效率仍然无法接受；采用人工神经网络[99]、遗传算法等人工智能算法求解，这类算法的优点是全局最优性，缺点是收敛速度慢、结果缺乏严格的理论依据、多次运算的结果可能产生不一致等。文献［100］采用了一种新的启发式算法：GA-Benders 分解法，它结合了遗传算法和 Benders 分解法，求解排放限制下的电源规划问题。文献［101］将目标函数定为：在市场竞争环境下的发电商的利益最大化。用博弈论解决该问题。文献［102］研究远距离风电场接入和输电网架重构后的多目标优化问题。采用非支配排序遗传算法来达到帕累托最优。文献［103］采用粒子群算法，对电源规划结果的系统年费用、失负荷概率、电量不足期望三个目标寻找其帕累托最优。文献［104］研究市场环境下的发输系统联合规划；采用双层优化模型，上层是投资决策问题，下层是市场出清结果；应用二元理论和库恩—塔克（Karush-Kuhn-Tucker）最优性条件，将双层优化模型简化为混合整数线性和非线性规划问题。文献［105］采用层次分析法（AHP），考虑电网安全性，对光伏电厂做出规划。文献［106］采用了两种时间尺度下的模型，小时水平模型的优化目标是电价变动最小，年水平模型的目标是线路投资、系统运行费用最小，增加的发电容量最小。

二、新型电源规划数学模型

现代电力系统中电源结构日渐复杂，在电源规划中应采用不同的模型。根据机组的运行特性和建设方式的不同，可以将待建电源分为几种不同的类别：

（1）火电厂（包括燃煤机组、燃气机组、核电机组和热电机组，因其共同的燃料消耗特性，将他们合并为一类），各机组投建顺序相互独立，可担当基荷和峰荷，参与调峰。

（2）水电厂（包括库容水电和径流水电），机组应在大坝建成后按照计划的投产进度连续建成，发电量与发电出力由水文情况和水库调度决定，机组开停灵活，调节迅速，适合担当峰荷。

（3）抽水蓄能电厂。抽水蓄能电厂是一种特殊形式的电厂，它具有上、下两个水库，既可以作为电源，又可以作为负荷。作为电源时，用上水库中所储蓄的水进行发电，使机组以水轮机—发电机方式运行，以满足系统高峰负荷期间的功率需求。作为负荷时，使机组以电动机—水泵方式运行，以便发电时再度使用。

（4）可再生能源发电厂（包括风电场和光伏电站等），各机组投建顺序相互独立，机组出力可控性差，不消耗燃料，担当基荷，不参与主动的调峰，这类电厂中的机组在电源规划中以等效机组形式计入，等效机组是电厂中同时建设和投产的若干台机组的合并机组。

（5）其他类型电厂。该电厂类型用来描述可能出现的具有明显不同于以上四类电厂特征的其他类型的电厂。

为了叙述方便，首先对决策变量的定义做一简单说明。

假设规划期为 N_T 年，系统中待选火电厂有 N_{TN} 个，待选水电厂有 N_{HN} 个，待选抽水蓄能电厂有 N_{PN} 个，待选风电场有 N_{WN} 个，待选光伏电厂有 N_{PVN} 个，待选其他类型电厂有 N_{OTN} 个，则系统待选电厂的总个数为 $N_{TN}+N_{HN}+N_{PN}+N_{WN}+N_{PVN}+N_{OTN}=N_{GN}$ 个。同理，假设系统中已有火电厂有 N_{TO} 个，已有水电厂有 N_{HO} 个，已有抽水蓄能电厂有 N_{PO} 个，已有风电场有 N_{WO} 个，已有光伏电厂有 N_{PVO} 个，已有其他类型电厂有 N_{OTO} 个，则系统已有电厂的总个数为 $N_{TO}+N_{HO}+N_{PO}+N_{WO}+N_{PVO}+N_{OTO}=N_{GO}$ 个。

因此，决策变量的有 $N_T \times N_{GN}$ 个，即需要确定规划期的每一年、每个电厂的投产台数。用 X_{ti} 表示第 t 年电厂 i 新增的机组台数。

对于火电厂、小型水电厂、抽水蓄能电厂、风电场、光伏电厂、其他类型电厂来说，只要机组台数不超过最大容许台数、各机组投产年根据系统电力电量平衡及优化原则确定，是相对独立的；对大型水电厂来说，当大坝建成后其机组应按照可行性报告中拟定的投产进度连续建成。在这种情况下，只需要确定该水电厂第一批机组的投产年，其余机组的投产进度依据水电厂的投产进度表确定。水电厂第一批机组的投产时间用爬山法确定，后文将详细描述。

1. 目标函数

电源规划一般涉及多个电源工程项目，这些工程项目的使用寿命和投产年限可能各不相同，因此在规划期末具有不同的剩余使用年限。为统一比较尺度，我们采用等年值法。等年值表示在规划期内每年为电力系统平均支出的费用，包括工程项目的固定年费用和拉平的年运行费用。等年值最小就意味着在规划期内平均为电力系统支出的费用最小。因此，确定目标函数为

$$\min B=\sum_{t=1}^{N_{\mathrm{T}}}\left(\sum_{i=1}^{N_{\mathrm{GN}}}a_{ti}X_{ti}+CRF\sum_{i=1}^{N_{\mathrm{GN}}}c_{ti}X_{ti}\right)+CRF\sum_{t=1}^{N_{\mathrm{T}}}\sum_{i=1}^{N_{\mathrm{GO}}}c_{ti}X_{ti} \tag{4-5}$$

式中：X_{ti} 为电厂 i 在第 t 年投产的机组台数；a_{ti} 为电厂 i 在第 t 年投产一台机组的投资费用，a_{ti} 可由下式获得

$$a_{ti}=\frac{p(1+p)^{N_{\mathrm{I}}}}{(1+p)^{N_{\mathrm{I}}}-1}\sum_{\tau=1}^{t}\pi_{ti}^{(\tau)}(1+p)^{1-\tau} \tag{4-6}$$

式中：p 为贴现率；N_{I} 为发电机组的使用寿命；$\pi_{ti}^{(\tau)}$ 为电厂 i 在第 t 年投产机组时在第 τ 年的投资流。

电厂投资变动、火电厂污染处理设备投资、投资现金流都体现在投资流数组 $\pi_{ti}^{(\tau)}$ 中。

目标函数的第二项与年运行费用有关，由于各发电厂每年的年运行费用不尽相同，故应逐年把年运行费用转换为现值再求等年值。这里的计算只是为了把年运行费用拉平，故我们用规划期的年数 N_{T} 求资金回收系数 CRF

$$CRF=\frac{p(1+p)^{N_{\mathrm{T}}}}{(1+p)^{N_{\mathrm{T}}}-1} \tag{4-7}$$

c_{ti} 为电厂 i 在第 t 年投产一台机组在规划期内的年运行费用现值的总和。对于火电厂 i，有下式

$$c_{ti}=\sum_{\tau=t}^{N_{\mathrm{T}}}[FO_i+VO_i](1+p)^{1-\tau} \tag{4-8}$$

式中：FO_i 为电厂 i 每台机组的固定运行费；VO_i 为电厂 i 每台机组的可变运行费。

火电厂的排污处罚体现在可变运行费 VO_i 中。同理，对于水电厂或抽水蓄能电厂 i，由下式可得 c_{ti}

$$c_{ti}=\sum_{\tau=t}^{N_{\mathrm{T}}}[FO_i+VO_i](1+p)^{1-\tau} \tag{4-9}$$

对于新能源电厂 i，由下式可得 c_{ti}

$$c_{ti}=\sum_{\tau=t}^{N_{\mathrm{T}}}[FO_i+VO_i](1+p)^{1-\tau} \tag{4-10}$$

2. 约束条件

（1）待选机组。

1）由投资决策变量的定义可知，X_{ti} 必须为整数，而且取值不小于 0。

2）电厂每年投产机组的台数应受施工及制造能力所容许投产台数 M_{ti} 的限

制，即

$$X_{ti} \leqslant M_{ti} \tag{4-11}$$

3）电厂的总装机台数不应超过给定的最大装机台数 N_{gi}，即

$$\sum_{t=1}^{N_T} X_{ti} \leqslant N_{gi} \tag{4-12}$$

4）电厂的装机进度必须与可行性报告中规定的投产进度一致。

5）电厂第一台机组的投建时间 $NYST_i$ 大于等于该电厂的建造时间 CY_i，也就是说电厂必须先建设好才能投产，有下式

$$NYST_i \geqslant CY_i \tag{4-13}$$

（2）系统运行。

1）电力平衡。

$$\sum_{\tau=1}^{t}(\sum_{i=1}^{N_{GN}} X_{ti}W_i) \geqslant C_t \tag{4-14}$$

式中：W_i 为电厂能提供的电力，计及指令投建的电厂、水电厂水文条件、风电场置信度；C_t 为系统在第 t 年需要新建机组的总出力容量。

C_t 由下式决定

$$C_t = D_{mt}(1+R_{Dt}) - \sum_{k=1}^{N_{GO}} W_{tk} \tag{4-15}$$

式中：D_{mt} 为第 t 年系统最大负荷；R_{Dt} 为容量备用系数；W_{tk} 为已有电厂 k 在第 t 年能提供的电力，计及机组退役、扩建情况，水电厂水文条件，风电场置信度；N_{GO} 为已有电厂总数。

2）电量平衡。

$$\sum_{\tau=1}^{t}\left(\sum_{i=1}^{N_{GN}} X_{ti}W_iH_{ti}\right) \geqslant E_t \tag{4-16}$$

式中：H_{ti} 为电厂 i 在第 t 年的年利用小时数；E_t 为系统在第 t 年需要新建发电厂补充的发电量。

E_t 由下式决定

$$E_t = E_{Lt}(1+R_{Et}) - \sum_{k=1}^{N_{GO}} W_{tk} \cdot H_{ti} \tag{4-17}$$

式中：E_{Lt} 为第 t 年系统的总需求电量；R_{Et} 为第 t 年系统的电量贮备系数；H_{ti} 为电厂 i 在第 t 年的年利用小时数。

3）最小技术出力。最小技术出力约束将在典型日运行方式模型中校验，如不满足则应增加调峰措施，重新进行电源投资决策。

4）可靠性。可靠性约束在生产优化模型中校验，如不满足则应提高 R_D、R_E 的值，或重新选择风电场置信度，反馈到电源投资决策模型中来。

（3）环境约束。

1）各类排放物约束。各电厂各类排放物的排放量不能超过国家规定的排放上限，由下式满足

$$EM_{jt} \leqslant EMAX_j \tag{4-18}$$

式中：EM_{jt} 为排放物 j 在第 t 年的排放量；$EMAX_j$ 为排放物 j 规定的最大排放量。

2）区域总污染物约束。每个区域内各类排放物的排放总量不能超过国家规定的排放上限

$$\sum_{j=1}^{J} EM_{jt} \leqslant EMAX_{jL} \tag{4-19}$$

式中：J 为区域 L 的总电厂数；$EMAX_{jL}$ 为区域 L 的排放物 j 规定的最大排放量。

3. 负荷模型

负荷模型在电源优化决策中起着关键性的作用：年度预测电量和预测最大负荷决定了系统的新增装机容量；每月的最大负荷决定了检修计划和生产模拟安排；日负荷曲线决定了日运行方式的安排。因此，生成合理、准确的负荷模型至关重要。在目前的负荷预测水平下，准确预测出未来 8760h 的负荷曲线是不现实的，因此，程序应用的负荷预测方法是根据预测的关键特征量和历史的负荷基准值，对未来全年的 8760h 负荷做出预测。下面介绍了一种负荷模型的生成方法。该方法具有需要的原始负荷数据少、调节自由度大等特点。

（1）负荷模型的形成。全年的月最大负荷曲线标幺值 $DM_i, i=1\sim12$。其中 $i=1\sim12$ 表示一年的 12 个月。$i=1$ 表示 1 月，依此类推。

各季度的典型周负荷曲线标幺值 $DW_{kj}, k=1\sim4, j=1\sim7$。其中，$k=1$ 表示春季，对应月份为 3、4、5 月；$k=2$ 表示夏季，对应月份为 6、7、8 月；$k=3$ 表示秋季，对应月份为 9、10、11 月；$k=4$ 表示冬季，对应月份为 12、1、2 月，即 $i=12,1,2$。$j=1\sim7$ 表示一周的 7 天。$j=1$ 表示星期一，依此类推。

各季度的典型日负荷曲线标幺值 $DD_{kh}, k=1\sim4, h=1\sim24$。其中，$k=1$ 表示春季，对应月份为 3、4、5 月；$k=2$ 表示夏季，对应月份为 6、7、8 月；$k=3$ 表示秋季，对应月份为 9、10、11 月；$k=4$ 表示冬季，对应月份为 12、1、2 月，即 $i=12,1,2$。$h=1\sim24$ 表示一天的 24h，$h=1$ 表示 1 点，依此类推。

负荷曲线生成过程是：$DH_{ijh} = DM_i DW_{kj} DD_{kh}$。其中 i 和 k 的对应关系为：

$$\left.\begin{matrix} i=3 \\ i=4 \\ i=5 \end{matrix}\right\} k=1,\quad \left.\begin{matrix} i=6 \\ i=7 \\ i=8 \end{matrix}\right\} k=2,\quad \left.\begin{matrix} i=9 \\ i=10 \\ i=11 \end{matrix}\right\} k=3,\quad \left.\begin{matrix} i=12 \\ i=1 \\ i=2 \end{matrix}\right\} k=4$$

这样每个月就得到了一周的小时负荷曲线。将这一周的负荷曲线延展到整月，就得到了全年的 8760h 负荷曲线。

（2）负荷模型的修正。对全年 8760h 负荷积分，得到全年累积电量 E_{sum}。但 E_{sum} 不一定等于这一年的预测电量 $E_{predict}$。为了使 8760h 负荷积分的结果等于预测电量 $E_{predict}$，需要对负荷曲线进行修正。

负荷曲线修正要尽可能保留原有负荷曲线的形状走势，最大最小负荷不变，对非最大最小负荷的点做出修正。负荷修正的时间尺度是与生产模拟的时间尺度对应的。如果生产模拟以月为周期，就要保证每月的最大最小负荷不变；如生产模拟以周为周期，就要保证每周的最大最小负荷不变。

图 4-2 定性表示了一种负荷曲线的修正方法。图中实线为一天 24h 的原始负荷曲线，可见，最大负荷出现在 19：00，次高峰出现在 12：00，最小负荷出现在 3：00。如果预测电量 $E_{predict}$ 大于累积电量 E_{sum}，就要抬高负荷曲线。抬高的原则是，保持最大负荷（19：00）和最小负荷（3：00）不变，其他点负荷增大，但增大后的负荷不能超过原来的最大负荷（19：00）。同理，如果预测电量 $E_{predict}$ 小于累积电量 E_{sum}，就要降低负荷曲线。

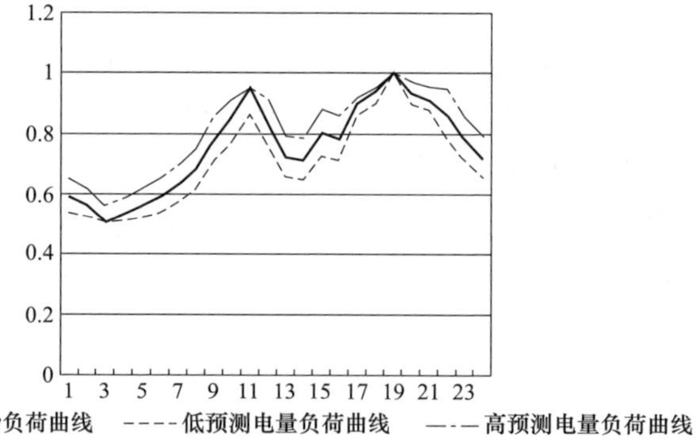

图 4-2 负荷修正示意图

三、投资决策算法

上述电源投资决策模型在运筹学上属于非线性整数规划问题。虽然目前已有分枝定界法等典型通用算法，但就实际应用而言，它们还只能解决小规模的整数规划问题。

单节点电源规划模型就其本质来说，也属于整数规划问题。但这种模型把同类机组的发电厂合并起来，所以变量数就大大减少。

当电源规划按发电厂进行优化时，模型中的变量数远远超过了目前整数规划算法的计算能力。而且由于决策变量 X_{ti} 受到约束条件，取值很小，在这种情况下就不能采取上述连续量取整的办法。

对于大规模整数规划问题，目前数学界几乎一致公认，至少在可以预见的将来不可能出现有效的严格算法。基于这种估计，在工程实际问题上出现了许多针对具体问题设计的启发式算法。启发式算法虽然不能从理论上保证取得问题的最优解，但可以在较少的计算时间内取得接近最优解的结果。

针对上节的数学模型，我们开发了一种启发式算法。该算法包括排序和爬山过程两部分。

排序法的基本思路是首先计算火电厂 i 机组在第 t 年投产时，系统每增加一度发电量需要增加的等年值 ϕ_{ti}。然后计算火电厂 i 机组在第 t 年投产时系统增加每千瓦装机容量所需增加的等年值 ψ_{ti}。显然按照电力电量平衡条件，优先让 ϕ_{ti} 和 ψ_{ti} 小的发电厂投产是最经济的。因此，需要逐年对待选发电厂按 ϕ_{ti} 和 ψ_{ti} 分别排一个优先次序，然后根据电力电量分区平衡及备用要求初步确定每年应投产的机组。

爬山过程的基本思路是从排序法确定的装机序列中寻求使目标函数最小的电源规划方案。爬山过程的算法流程相当于优化算法中的坐标轮换法。初始值的选择对这种爬山过程非常重要。它不仅影响寻求最终解的速度，还可能影响最终解的优化程度。从优化理论来讲，爬山法只能保证局部最优，只有当初始值在最优解“足够近”的邻域时才能使局部最优变为全局最优。

投资决策的目的是寻找满足电力电量需求的电源投产计划，其决策流程如图 4-3 所示。

容易想到，投产计划是由三个因素决定的：系统的电力电量需求，新投电厂提供电力电量的能力，待选电厂的投产顺序。下面将分别阐述这三个因素：

（1）系统的电力电量需求。系统的电力缺额和电量缺额是投产新电厂的驱动力。其中，不管是已有电厂还是待选电厂，其正常运行时提供的出力是确定的，下文不再对此作讨论。电量是系统运行的结果，不能提前获知。分解协调迭代的思路就是先给各电厂所发电量赋初值，确定投产计划后，计算出各电厂的实际发电量，将这个发电量替换原来的初值，重新做决策，直到各电厂的发电量收敛到一个确定值，投产计划也随之固定。

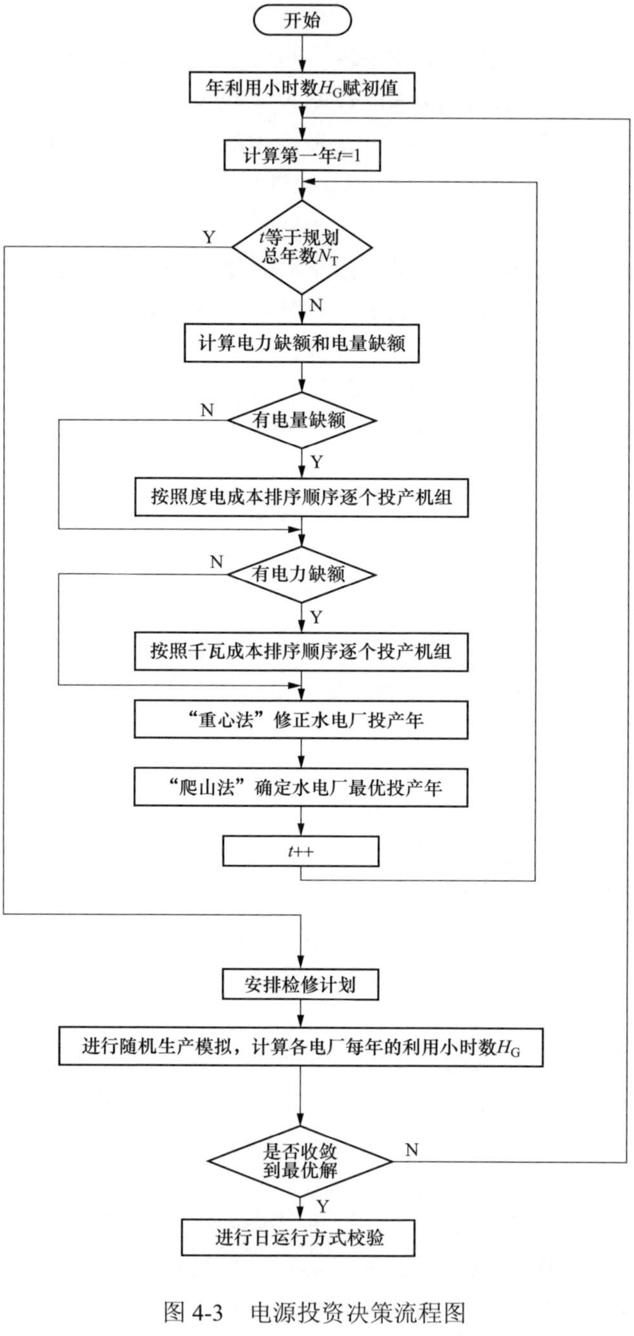

图 4-3　电源投资决策流程图

（2）新投电厂提供电力电量的能力。正常运行时，新投火电厂能提供的电力就是其装机容量，水电厂是其预想出力，新能源电厂是其置信容量。而电厂能够提供的电量取决于年利用小时数，在决策之前，年利用小时数是未知的。因此程序采用分解协调迭代方法，年利用小时数继承上一次迭代的结果，电厂提供电量的能力也随之确定。

（3）待选电厂的投产顺序。当系统缺电时，应该优先投产发电成本最低的机组。发电成本的计算及排序方法将在下一节详细讲述。

1. 排序算法

排序过程的目的是确定机组的投产顺序。很容易想到，当系统出现电量缺额时，应该让发电成本低的机组优先投产。

对目标函数式（4-5）求导，可得

$$\phi_{ti}=\frac{\partial B}{\partial(X_{ti},W_i,H_i^{(t)})}=\frac{a_{ti}+CRFc_{ti}}{W_iH_i^{(t)}} \tag{4-20}$$

$$\psi_{ti}=\frac{\partial B}{\partial(X_{ti},W_i)}=\frac{a_{ti}+CRFc_{ti}}{W_i} \tag{4-21}$$

式中：X_{ti}为电厂i在第t年决定是否投产的投资决策变量；W_i为电厂i每台机组的容量；$H_i^{(t)}$为电厂i在第t年的年利用小时数。

为此，定义单位电量费用微增率（每多发一度电，目标函数的增量）

$$\phi_{ti}=\frac{\partial B}{\partial(X_{ti},W_i,H_i^{(t)})} \tag{4-22}$$

和单位电力费用微增率（每多发一千瓦电，目标函数的增量）

$$\psi_{ti}=\frac{\partial B}{\partial(X_{ti},W_i)} \tag{4-23}$$

显然，按照电力电量平衡条件，优先让ϕ_{ti}和ψ_{ti}小的机组投产对系统最经济。因此，每年对所有符合投产要求的待选电厂的ϕ_{ti}和ψ_{ti}指标做排序，排在前面的电厂优先投产。当出现电量缺额时，按照单位电量费用微增率ϕ_{ti}排序选机组；当出现电力缺额时，按照单位电力费用微增率ψ_{ti}排序选机组。

2. 爬山过程

由于大型水电厂的投产进度受施工情况制约，其投资决策变量并不是相互独立的。事实上，当大型水电厂首批机组的投产年确定以后，其后续机组投产进度也就确定了，换句话说，水电厂的投资决策变量是由可行性报告和施工进度决定的一列数，只需确定这列数的第一个元素所在位置（即第一批机组的投产年），就确定了整个水电厂的投产计划。

初始值的选择对爬山过程非常重要。为了使爬山过程有一个较好的初值，我们首先将水电厂的全部费用平摊到每个机组，并对水电厂也求出类似火电厂的排序指标，按该指标得出一个投资决策初始解，相当于对所有水电厂的投建计划进行了一次初步优化。

在排序算法中所有发电机组的投建进度都是按独立决策变量处理的，这样的投建进度不一定符合该水电厂可行性报告的要求。所以必须对这些机组的投产年限加以修正。修正方法如下：

按上述排序算法得到待选水电厂 j 的投产进度为 X_{jt}，t=1～N_T，则由下式可以求出类似“重心”的投产中心年

$$t_{ej}=\left\langle\frac{\sum_{t=1}^{N_T}X_{jt}\cdot t}{\sum_{t=1}^{N_T}X_{jt}}\right\rangle \tag{4-24}$$

式中 t_{ej} 为投产中心年，“< >”表示取整。

我们可以认为在 t_{ej} 年度以前投产一半的机组，即 $\left\langle\sum_{t=1}^{N_T}X_{jt}/2\right\rangle$ 台机组是一个合理的近似假定。这样，根据水电厂 j 给定的装机投产进度序列 m_{1j}，m_{2j}，$m_{3j}\cdots$，就可以按下式求出首批机组应提前于中心年 t_{ej} 的年数 t_s

$$\left\langle\sum_{t=1}^{N_T}X_{jt}/2\right\rangle=\sum_{\tau=1}^{t_s}m_{\tau j} \tag{4-25}$$

因此，水电厂 j 首批机组投产的年度 $\Gamma_j=t_{ej}-t_s+1$。

在已知水电厂的决策变量的初始值之后，就可以对火电厂重新优化排序，得到新的投产决策和目标函数值 B。用这种方法可对水电厂投产进度进行迭代，迭代过程中，在假设其他水电厂投产进度固定的前提下，对一个水电厂的投产年向前、向后探测，直到找到使目标函数最小的解，接下来对下一个水电厂做同等处理；所有水电厂循环一遍之后，再重新从第一个水电厂开始循环，直到目标函数的值不再变化，这时水电厂的投产进度就是使目标函数最小的解。

四、可再生能源电厂模型

由于可再生能源的特殊性，这里叙述其决策方法和建模方法，同时对其在程序中的相应处理做出说明。

1. 可再生能源电厂决策模式

电厂的投产决策是排序指标下择优选取的结果。考虑到可再生能源电厂本身一次性投资较高，但国家往往有优惠政策的现状，对可再生能源电厂采用两种模式进行投产决策，用户可以自主选择。

（1）优先投产模式（政策干预）。在这种模式下，用户可以规定可再生能源电厂在系统总规模中的占比，按照综合费用从低到高的顺序依次投产可再生能源电厂，直到满足占比要求；也可以不提供可再生能源占比，而是指定所有或某些可再生能源电厂一达到投产条件就全部投产。这种模式能够处理柔性、硬性的政策约束。

（2）自由竞争模式（经济手段）。在这种模式下，可再生能源电厂没有优先投产权，而是与所有其他类型的电厂一样，参与排序，由排序指标确定其是否投产。但是，排序指标的计算可以计及对可再生能源电厂施加的各种经济手段，从而影响其投产情况。这种模式能够对与经济指标相关的措施进行建模。

优先投产模式的处理过程相对简单，其本质在于强制可再生能源电厂的优先投产权。自由竞争模式则需要对可再生能源电厂的经济指标计算进行建模。

2. 可再生能源电厂奖惩指标计算

世界各地对可再生能源的激励措施主要有：投资补贴、优惠融资、减免税收、运行补贴、保护电价、强制购电、碳排放权交易、绿色证书交易等。这些激励措施可以归纳为两种：减小投资、减小运行费用。其中，运行费用又可以分为与电厂容量相关的固定运行费，和与发电量相关的可变运行费。结合式（4-6）和式（4-10），可以将同类因素打包处理，反映在可再生能源费用计算的模型：投资流 π_{ti}、固定运行费 FO_i、可变运行费 VO_i 中。其中，投资流 π_{ti}（元/kW）反映电厂单位千瓦投资的变动；固定运行费 FO_i（元/kW）与电厂容量相乘，反映与电厂规模直接相关的运行费用；可变运行费 VO_i（元/kWh）与电厂发电量相乘，反映与发电量直接相关的运行费用。这种同类因素打包处理的机制，能够清晰地表明各种激励措施对总费用的影响，便于数值分析和比较；同时将电厂规模与激励强度分离，具有明确的物理意义。

3. 可再生能源电厂供电能力

电源投资决策的目的是确定各电厂在每年的投产计划，其受可再生能源的随机性、波动性、不可控性等特征的影响较小，更关心可再生能源提供电力、电量的能力。考虑到决策的时间单位是年，且预测的负荷、水文情况、风况、经济政策等存在大量不确定因素，我们用置信容量来表征可再生能源提供电力的能力，用迭代的年发电量表征其提供电量的能力。这种处理既反映了可再生能源的出力特性，又保证了精度要求。

五、应用举例

下面以一个简单算例为例，介绍该程序的应用。

1. 算例介绍

算例系统有发电厂共 12 个。其中 1 号～6 号为火电厂，总容量为 280 万 kW；7 号～10 号为水电厂，总容量为 120 万 kW；11 号为抽水蓄能电厂，额定功率 10 万 kW；12 号为风电厂，装机容量 6 万 kW。

各电厂主要参数见表 4-1～表 4-6。该表中退役台数一栏表示在规划期内各发电厂退役的台数。当表中给出负数时，表示相应发电厂计划扩建的台数。表中 5 号和 6 号发电厂的退役台数分别为–1 和–2，说明这两个电厂将分别在规划期内安排扩建 1 台和 2 台机组，至于何时投产，另有机组退役信息数组专门给出。

表 4-1　　已有火电厂主要参数

已有火电厂编号	单机容量（万 kW）	机组台数	利用小时数（万小时）	强迫停运率	最小技术出力	退役台数
1	20	5	0.5	0.05	0.35	0
2	10	2	0.5	0.05	0.35	0
3	30	2	0.5	0.05	0.35	0
4	10	2	0.5	0.05	0.35	0
5	30	1	0.5	0.05	0.35	–1
6	20	0	0.5	0.05	0.35	–2

表 4-2　　已有火电厂主要参数（续上表）

已有火电厂编号	基荷煤耗（g/kWh）	峰荷煤耗（g/kWh）	煤价（元/t）	固定运行费（元/kW）	可变运行费（元/万 kWh）	检修天数（天/年）
1	330	360	860	50	0	30
2	411	411	860	50	0	30
3	308	310	860	50	0	30
4	411	411	900	50	0	30
5	308	310	860	50	0	30
6	330	360	860	50	0	30

表 4-3　　已有水电厂主要参数

已有水电厂编号	单机容量（万 kW）	机组台数	利用小时数（万小时）	强迫停运率	最小技术出力	退役台数
7	5	2	0.36	0.03	0.2	0
8	15	2	0.36	0.03	0.2	0

续表

已有水电厂编号	单机容量（万 kW）	机组台数	利用小时数（万小时）	强迫停运率	最小技术出力	退役台数
9	10	4	0.443	0.03	0.2	0
10	20	2	0.34	0.03	0.2	0

表 4-4　　已有水电厂主要参数（续上表）

已有水电厂编号	固定运行费（元/kW）	可变运行费（元/万 kWh）	检修天数（天/年）			
7	20	0	30			
8	20	0	30			
9	20	0	30			
10	20	0	30			

表 4-5　　已有抽水蓄能电厂主要参数

已有抽蓄电厂编号	抽水功率（万 kW）	发电功率（万 kW）	机组台数	电量（亿 kWh/月）	检修天数（天/年）	最小技术出力	退役台数
11	5	7	1	0.36	30	0.2	0

表 4-6　　已有风电厂主要参数

已有风电厂编号	装机容量（万 kW）	机组台数	年利用小时数	退役台数	固定运行费（元/kW）	可变运行费（元/万 kWh）
12	6	1	0.12	0	200	0

算例系统待选发电厂共 10 个，各电厂主要参数见表 4-7～表 4-10。

表 4-7　　待选火电厂主要参数

待选火电厂编号	单机容量（万 kW）	机组台数	利用小时数（万小时）	强迫停运率	最小技术出力	每年最多投产的台数	最早投建年
1	20	4	0.5	0.05	0.45	1	2
2	30	4	0.5	0.05	0.4	1	2
3	30	4	0.5	0.05	0.35	1	2
4	20	4	0.5	0.05	0.3	1	2
5	60	2	0.5	0.05	0.33	2	2
6	60	4	0.5	0.05	0.305	4	2

表 4-8　　待选火电厂主要参数（续上表）

待选火电厂编号	基荷煤耗（g/kWh）	峰荷煤耗（g/kWh）	煤价（元/t）	固定运行费（元/kW）	可变运行费（元/万 kWh）	单位造价（元/kW）	寿命（年）
1	330	360	860	59.5	0	4000	25
2	308	330	860	64.75	0	4400	25
3	308	330	860	64.75	0	4400	25
4	330	360	860	59.5	0	4000	25
5	283	298	860	84	0	4700	25
6	283	298	980	84	0	4700	25

表 4-9　　待选水电厂主要参数

待选水电厂编号	单机容量（万 kW）	机组台数	利用小时数（万小时）	强迫停运率	最小技术出力	最早投建年
7	10	2	0.3443	0.03	0	4
8	10	4	0.3885	0.03	0	5
9	5	2	0.36	0.03	0	4
10	10	3	0.32	0.03	0	4

表 4-10　　待选水电厂主要参数（续上表）

待选水电厂编号	固定运行费（元/kW）	可变运行费（元/万 kWh）	单位造价（元/kW）	寿命（年）	检修天数（天/年）
7	150	27.54	6000	30	30
8	150	30.8	6000	30	30
9	150	46	6000	30	30
10	150	36.72	6000	30	30

系统在规划期内负荷增长情况见表 4-11。算例系统不考虑区域间的电力交易。

表 4-11　　算例系统预测最大负荷和预测电量的逐年增长情况

年　度	2011	2012	2013	2014	2015	2016	2017	2018	2019	2020
最大负荷（万 kW）	268.25	308.78	351.31	397.80	455.25	498.68	550.96	610.18	674.35	730.68
电量（亿 kWh）	174.00	204.00	224.00	258.00	292.00	321.97	359.04	362.63	399.45	409.16

除以上数据外，还要输入火电厂污染物排放量指标、各区域的排污处罚程度

或排污约束、待选电厂的投资流、待选水电（特别是大型水电）的装机进度，水电厂的水文信息（如枯水年和平水年的预想出力、平均出力、径流情况），光伏电厂的月均晴朗指数，风电厂切入、切出风速等，此处不再一一列举。

2. 求解过程

求解过程是从给定运行决策变量的初值开始的。运行决策变量包括各发电厂每年的年利用小时数和备用系数。本算例暂取备用率初值为 0.2，火电厂年利用小时数初值为 5000h，水电厂年利用小时数初值为 3300h 上下。规划结果见表 4-12。

表 4-12　　算例系统电源规划结果汇总表

规划期内扩建总容量	470 万 kW
其中火电	370 万 kW
水电	100 万 kW
规划期总投资	218.2 亿元
总投资现值	123.9 亿元
规划期总煤耗	5234 万吨
总燃料费	450.7 亿元
最大 LOLP	0.0001182
电量不足期望	1303MWh

表 4-13 给出了待选发电厂的优化结果，表中列出了各待选发电厂的投产年度、总装机台数及装机容量。由表中可以看出 6 号发电厂在规划期未被列入建设规划。

表 4-13　　算例系统待选发电厂的优化结果

发电厂序号	投产年度	总装机台数	装机容量（万 kW）
1	2014	4	80
2	2018	3	90
3	2018	2	60
4	2014	4	80
5	2019	1	60
6	—	0	0
7	2014	2	20
8	2016	4	40
9	2014	2	10
10	2014	3	30
总计		25	470

第三节 随机生产模拟

一、概述

电力系统生产模拟是电力系统规划和运行的基本分析工具。它的主要功能是模拟电力系统生产调度，预测各发电机组的发电量、燃料耗量以及排污量，计算机组利用时间和运行成本，为制定合理的电源规划方案或电力系统生产计划提供依据。

电力系统生产模拟可以分为确定性生产模拟和随机生产模拟[107-109]。确定性生产模拟，不考虑电力系统生产中的随机因素，侧重分析电力系统短期运行、制定运行计划，如日运行计划、检修计划。随机生产模拟则考虑有关随机因素，如负荷波动、发电机组随机停运，侧重于系统长期的生产成本和发电系统可靠性评估。风电、光伏等间歇式电源大规模并网后，电力系统生产随机性增强，开展随机生产模拟分析尤为重要。

在多种电源优化规划中，研究周期长、随机性特征显著，宜采用随机生产模拟方法计算更为精确可靠、更能反映机组长期运行特征的系统运行成本和机组年利用小时数，对发电机组（电厂）特别是可再生能源机组（电厂）的容量、电量贡献与生产运行的经济性进行评估[110-114]。针对多种电源的不同特点，电源规划中的随机生产模拟程序，具备以下功能：

（1）提供各发电厂在研究周期内的发电量、运行成本和年利用小时数。

（2）进行电力系统电能成本分析，分析不同电源构成对电能生产成本、对上网电价的影响。

（3）计算发电系统的可靠性指标。

（4）计算火电厂、核电厂的燃料消耗、燃料费用与排污费用。

（5）寻找有调节性能水电厂、抽水蓄能电厂在负荷曲线上的最佳工作位置，分析水电厂（含径流式水电厂）的水能使用情况。

（6）评估风电、光伏等新能源电厂投运投产后的减排效益。

（7）随机生产模拟既可用于电力系统电源规划，也可以粗略地制定现有电力系统年度或月度等较长时间尺度下的电力电量平衡计划。

电源规划程序通常主要由两部分构成，即电源投资决策和随机生产模拟。电源投资决策用于确定电力系统电源投产的进度，随机生产模拟则用来分析特定电源扩建方案下系统运行经济技术指标，对扩建方案进行评估，为最终决策提供依据。由于一次能源成本等运行费用在电力系统总费用中占据相当的比例，因而随机生产模拟的结果对电源扩建方案的选择有较大影响。

在现有系统的电力电量平衡分析方面，和确定性的电力电量平衡工具相比，随机生产模拟计及发电机组随机停运、负荷随机波动等随机性因素，更能反映实际系统运行中不确定因素和风险性特征，能够在确定各机组带负荷顺序、带负荷位置的同时，给出各个机组承担的电量期望值和发电系统电量不足的期望值。随着风电、光伏等间歇性可再生能源电力的快速发展，考虑随机特征的电力电量平衡分析、计算更加必要。无疑，含多电源随机生产模拟将为此提供有力工具。

在制定现有电力系统中长期运行计划和电力电量平衡计算方面，随机生产模拟除了能够从优化运行的观点上确定各发电机组发电量、对运行成本进行分析外，还可以为诸多相关问题的处理提供数据，例如：

（1）根据火电厂的燃料消耗量制定最佳燃料采购、运输和贮存计划。

（2）根据各时期运行的经济指标和可靠性指标，可以进一步优化、调整发电机组的检修计划，调整系统运行中的备用率。

（3）针对水电厂不同的水文情况，分别制定系统的调度对策。

（4）分析风电、光伏等间歇式电源电量效益和容量置信度，为系统短期、实时运行提供依据。

（5）研究系统扩建发电机组的必要性与合理性。

（6）根据各时段电力系统运行的经济技术指标，优化其与其他电力系统电力、电量交换计划。

在电力系统电源规划模型中，随机生产模拟主要用于机组运行成本和系统可靠性指标的计算，是构成分解协调迭代的核心计算模块。当电源投产进度表确定后，随机生产模拟模块将结合可再生能源出力信息、机组检修计划，进行模拟计算，得出各个机组的年利用小时数，返回给电源投资决策模块，重新确定电源投产进度，迭代直至方案收敛。

二、基本概念

随机生产模拟算法可以根据计算所采用负荷曲线形式的不同，划分为基于持续负荷曲线的生产模拟和基于时序负荷曲线的随机生产模拟。基于时序负荷曲线的随机生产模拟，能够考虑电力系统生产的时序特征，适合于处理出力波动、不可控的机组，如风电、光伏等，但计算效率低，且难以处理水电、抽水蓄能等具有跨时段运行特点的机组。

基于持续负荷曲线的随机生产模拟适合处理出力可调、可控的机组，尤其适合处理跨时段运行、需在多个时段进行生产优化的机组，如火电、核电、有调节性能的水电站和抽水蓄能电站等。常见的基于持续负荷曲线的方法有分段卷积法、傅里叶级数法、半不变量法和等效电量函数法。其中，等效电量函数法以其高效性、精确性以及数值稳定性获得了研究人员的广泛认可。同时，该方法在多个水电、抽水蓄能机组方面极具优势，避免了其他算法繁琐的卷积和反卷积计算过程。

常规火（核）电、水电机组是电力系统电源的主体。基于持续负荷曲线的计算仍将是随机生产模拟计算的主体部分。这反映了系统电源构成特征，也保证了计算效率。随机生产模拟是分解协调迭代的主体模块，将在电源规划程序中多次调用。作为主要耗时模块，随机生产模拟的效率对电源规划效率有着决定性的影响。

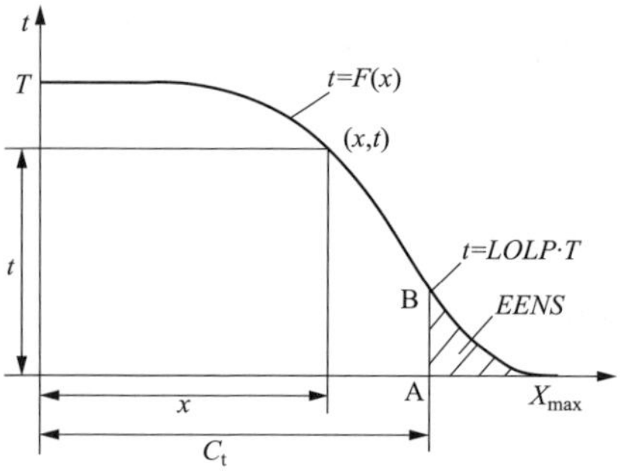

图 4-4　持续负荷曲线

下面对持续负荷曲线和等效电量函数法的基本概念做简单介绍。

（一）等效持续负荷曲线

等效持续负荷曲线（Equivalent Load Duration Curve，ELDC）是电力系统随机生产模拟中的重要概念。

图 4-4 表示一条持续负荷曲线，其横坐标表示系统的负荷，纵坐标表示持续时间，T 为研究周期。系统最大负荷为 X_{max}，总装机容量为 C_t。曲线上任何一点 (x,t) 表示系统负荷大于或等于 x 的持续时间为 t，即

$$t = F(x) \tag{4-26}$$

用周期 T 除上式两端，可得

$$P = f(x) = F(x)/T \tag{4-27}$$

式中 P 是系统负荷大于等于 x 的概率。如果各机组的故障率为 0，即机组完全可靠，但 $C_t < X_{max}$，则图中阴影部分面积即为系统失负荷电量 $EENS$，其左边线的高度为失负荷时间期望 $LOLH$，有

$$LOLH = LOLP \cdot T \tag{4-28}$$

式中，$LOLP$ 为系统的失负荷概率。虽然一般电力系统中设有一定的备用容量（即 $C_t > X_{max}$），但由于发电机组具有的一定停运概率，系统还是存在失负荷的可能。

等效持续负荷曲线是把发电机的随机停运视为等效负荷对原始持续负荷曲线进行不断修正的结果。当发电机组故障时，系统等效负荷就要增大，相当于持续负荷曲线的右移故障发电机组装机容量的过程。我们可以用下面的卷积公式表达

等效持续负荷曲线的修正过程

$$f^{(i)}(x)=p_i f^{(i-1)}(x)+q_i f^{(i-1)}(x-C_i) \tag{4-29}$$

式中：C_i、q_i 分别表示发电机组 i 的容量和强迫停运率；$f^{i}(x)$、$f^{(i-1)}(x)$ 分别表示发电机组 i 投运后、投运前的等效持续负荷曲线。在形成等效持续负荷曲线的过程中，我们可以在各台机组的带负荷区间计算各机组的发电量

$$E_{gi}=Tp_i\int_{x_{i-1}}^{x_i} f^{(i-1)}(x)\mathrm{d}x \tag{4-30}$$

式中：$x_i=\sum_{j=1}^{i}C_j$；T 为研究的周期；p_i 为发电机组 i 的可用率；C_j 为发电机组 j 的容量。

可以从理论上证明，尽管机组停运造成了系统等效负荷的增加，但系统总的发电量仍有系统负荷电量一致，因为在计算发电机组发电量时已经计及了机组强迫停运的因素。

可以从完成卷积计算的等效持续负荷上读出系统的可靠性指标

$$LOLP=f^{(n)}(x_n) \tag{4-31}$$

$$EENS=T\int_{x_n}^{x_n+x_{\max}} f^{(n)}(x)\mathrm{d}x \tag{4-32}$$

式中：n 表示发电机组台数。

（二）等效电量函数法

上节给出了等效持续负荷曲线的卷积算法和电厂发电量计算公式，介绍了随机生产模拟的基本概念和一般算法。从概念和算法上可以看出，电量、各个机组的发电量是随机生产模拟中的核心问题；同时，考虑到实际计算中的速度、精度要求，我们采用等效电量函数法（Equivalent Energy Function，EEF）通过电量函数卷积完成随机生产模拟的相关计算。

已知研究周期 T 内系统持续负荷曲线 $t=F(x)$，如图 4-4 所示。把轴 x 按 Δx 步长分段，于是可以定义一个离散电量函数，如下式所示

$$\begin{cases} E(J)=\int_{x}^{x+\Delta x}F(x)\mathrm{d}x=T\int_{x}^{x+\Delta x}f(x)\mathrm{d}x \\ J=<x/\Delta x>+1 \end{cases} \tag{4-33}$$

式中 $<x/\Delta x>$ 表示取不大于 $x/\Delta x$ 的整数。$E(J)$ 相应于从 x 到 $x+\Delta x$ 这一段负荷曲线下的面积，即该段负荷对应的电量或电量的期望值。若系统最大负荷为 $x_{\max}$，则对应的离散变量值为：$N_{\mathrm{E}}=<x_{\max}/\Delta x>+1$。系统负荷总电量的离散形式如下式所示

$$E_{\mathrm{D}}=\int_{0}^{x_{\max}}F(x)\mathrm{d}x=\sum_{j=1}^{N_{\mathrm{E}}}E(J) \tag{4-34}$$

与基于等效持续负荷曲线的方法类似，等效电量函数也通过卷积方法安排机组投运并考虑机组的随机停运。设原始负荷持续曲线对应的电量函数为$E^{(0)}(J)$。在安排完第$i-1$台发电机组运行以后的等效电量函数为$E^{(i-1)}(J)$。在随机生产模拟过程中，$E^{(0)}(J)$将依次演变为$E^{(1)}(J)$、$E^{(2)}(J)\cdots E^{(n)}(J)$，这里$n$为系统机组的总台数。

现在分析第 i 台机组的安排过程。设系统已经安排了第$i-1$台机组运行，并得到等效电量函数$E^{(i-1)}(J)$，C_i为机组i的额定容量，q_i为机组i的强迫停运率（FOR），按照等效持续负荷曲线的卷积方法可得

$$f^{(i)}(x)=p_i f^{(i-1)}(x)+q_i f^{(i-1)}(x-C_i) \tag{4-35}$$

式中：p_i为机组i的可用率，$p_i=1-q_i$。

结合电量函数的定义、化简计算，可得

$$E^{(i)}(J)=p_i E^{(i-1)}(J)-q_i E^{(i-1)}(J-K_i) \tag{4-36}$$

式中：$K_i=C_i/\Delta x$，将Δx取为所有机组容量的最大公因子以保证K_i为整数。

将电量函数的计算公式代入发电机电量计算公式，可以得到机组i的发电量E_i，如下所示

$$\begin{cases}E_i=p_i\sum\limits_{J=J_{i-1}+1}^{J_i}E^{(i-1)}(J)\\ J_{i-1}=(\sum\limits_{m=1}^{i-1}C_m)/\Delta x\text{，}\ J_i=J_{i-1}+K_i\end{cases} \tag{4-37}$$

以上方法安排的机组i的带负荷区间为$[J_{i-1}+1,J_i]$。

在安排了第i台发电机组后，前i台发电机带负荷区间为$[1,J_i]$，故系统尚未满足的负荷电量可以表示为

$$E_{\mathrm{D}i}=\sum_{J>J_i}E^{(i-1)}(J) \tag{4-38}$$

设电力系统中共有n台发电机组，系统的电量不足期望可以表示为如下形式

$$EENS=E_{\mathrm{D}n}=\sum_{J>J_n}E^{(n)}(J) \tag{4-39}$$

在$LOLP$的计算方面，等效电量函数虽然不能直接给出结果，但能可以给出其取值范围

$$\frac{E^{(n)}(J_n+1)}{T\cdot\Delta x}<LOLP<\frac{E^{(n)}(J_n)}{T\cdot\Delta x} \tag{4-40}$$

据此，我们可以给出 $LOLP$ 的估计值

$$LOLP\approx\frac{E^{(n)}(J_n)+E^{(n)}(J_n+1)}{2T\cdot\Delta x} \tag{4-41}$$

在实际计算中，我们可以通过减小步长 Δx，提高 $LOLP$ 的计算精度。

三、常规电源的模拟方法

一般来说，按照发电功率、发电量的受限情况，系统中发电机组可以分为三类：①机组的发电功率、发电量只受机组容量约束，而不受一次能源约束（假定燃料供应充足），如火电机组、核电机组；②机组的发电功率不受一次能源约束，而发电量受一次能源约束，如有调节性能水电机组；③机组的发电功率和发电量都受到一次能源的限制，如风电机组、光伏电站以及径流式水电机组。为方便叙述，在本小节中，若不加指出，水电机组指有调节性能的水电机组，不包括无调节性能的径流式水电。

1. 火电机组、核电机组随机生产模拟

一般来说，火电机组、核电机组的模拟计算较为简单，仅关心系统的可靠性指标时，仅需考虑机组强迫停运率，直接进行卷积计算即可。但在生产模拟计算中，由于需要评估系统的生产运行成本，因而在卷积计算过程中需要考虑机组运行约束和生产运行成本问题。火电机组燃料成本分段线性化示意图如图 4-5 所示。

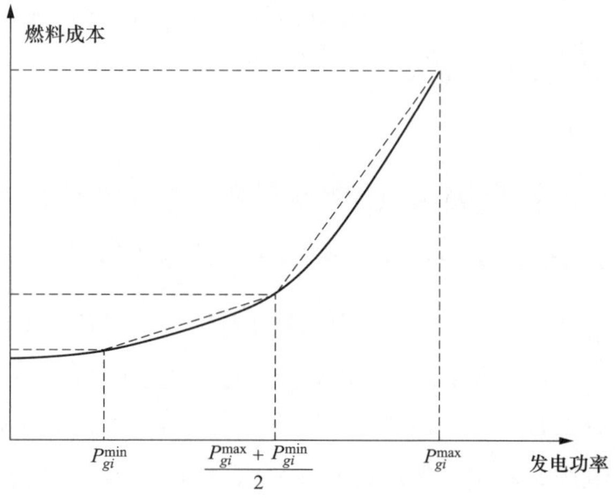

图 4-5　火电机组燃料成本分段线性化示意图

火电机组、核电机组都有最小技术出力的限制，为了保证机组的稳定运行，不允许机组出力小于最小技术出力。同时，机组在不同功率水平下，燃料特性具有一定差异，通常以燃料特性曲线描述。为实现数值计算，通常需要对机组及其燃料特性曲线进行分段处理，通过机组在不同分段的不同平均燃

料消耗率描述机组燃料耗性随负荷率变化而变化的特征。

因而，需要在生产模拟中对火电、核电机组采用分段处理。首先，将各火电、核电机组的最小技术出力部分安排在负荷曲线的基荷部分；在待所有基荷段（启停调峰机组除外）安排完毕后，再依次安排机组的峰荷段运行。

分段机组带负荷时，同一发电机组的基荷分段和峰荷分段不一定排在相邻的位置上，因而在计算峰荷部分发电量时，必须在等效持续负荷曲线或电量函数中消除基荷部分卷积运算的影响，这需要通过反卷积计算实现。下面以等效电量函数法说明反卷积运算的计算方法。

设第 $i+1$ 台发电机组与前面已安排运行的发电机组为同一发电机组的不同分段，在安排第 $i+1$ 台发电机组时，应已形成了 $E^{(i)}(J)$

$$E^{(i)}(J)=E^{(0)}(J)\otimes G_1\otimes G_2\otimes G_3\otimes\cdots\otimes G_b\otimes\cdots\otimes G_i \tag{4-42}$$

式中 $\otimes$ 表示卷积运算，G_i 表示参与卷积运算的机组或机组分段，式（4-42）可以写成递推形式

$$E^{(i)}(J)=E^{(i-1)}(J)\otimes G_i \tag{4-43}$$

式中：

$$E^{(i-1)}(J)=E^{(0)}(J)\otimes G_1\otimes G_2\otimes G_3\otimes\cdots\otimes G_b\otimes\cdots\otimes G_{i-1} \tag{4-44}$$

考虑到卷积运算服从交换律，式（4-44）可以改写成

$$E^{(i)}(J)=E^{(0)}(J)\otimes G_1\otimes G_2\otimes G_3\otimes\cdots\otimes G_i\otimes G_b \tag{4-45}$$

或写成递归形式

$$E^{(i)}(J)=\overline{E}^{(i-1)}(J)\otimes G_b \tag{4-46}$$

式中 $\overline{E}^{(i-1)}(J)$ 为原始等效电量函数与除发电机组 b 以外前 i 台机组卷积 $E^{(i)}(J)=p_{i+1}\overline{E}^{(i-1)}(J)+q_{i+1}\overline{E}^{(i-1)}(J-K_b)$ 计算的结果，即

$$\overline{E}^{(i-1)}(J)=E^{(0)}(J)\otimes G_1\otimes G_2\otimes G_3\otimes\cdots\otimes G_i \tag{4-47}$$

由于第 $i+1$ 台机组与机组 G_b 是同一电机的不同分段，因而在安排第 $i+1$ 台机组运行时，不应考虑 G_b 对等效电量函数的影响。换言之，第 $i+1$ 台机组的卷积计算应基于 $\overline{E}^{(i-1)}(J)$ 进行，而不是基于 $E^{(i)}(J)$ 进行；我们需要利用式（4-46）计算 $\overline{E}^{(i-1)}(J)$。

设机组 b 的容量为 C_{b}，强迫停运率与第 $i+1$ 机组相同，为 q_{i+1}，将式（4-46）展开可得：

$$E^{(i)}(J) = p_{i+1}\overline{E}^{(i-1)}(J) + q_{i+1}\overline{E}^{(i-1)}(J-K_b) \tag{4-48}$$

式中 $p_{i+1} = 1 - q_{i+1}$， $K_b = C_b / \Delta x$ 。由此可以导出两个反卷积公式

$$\overline{E}^{(i-1)}(J) = [E^{(i)}(J) - \overline{E}^{(i-1)}(J-K_b)q_{i+1}] / p_{i+1} \tag{4-49}$$

$$\overline{E}^{(i-1)}(J-K_b) = [E^{(i)}(J) - \overline{E}^{(i-1)}(J-K_b)p_{i+1}] / q_{i+1} \tag{4-50}$$

当利用公式求 $\overline{E}^{(i-1)}(J)$ 时，需要已知 $E^{(i)}(J)$ 及 $\overline{E}^{(i-1)}(J-K_b)$ 。设系统最小负荷为 P_{min} ，相应的离散值为

$$N_F = < P_{min} / \Delta x > \tag{4-51}$$

显然，当 $J - K_b \leqslant K_F$ 时有

$$\overline{E}^{(i-1)}(J-K_b) = T\Delta x \tag{4-52}$$

因此，采用公式（4-49）进行反卷积时应该从区间 $[N_F, N_F + K_b]$ 内开始，递推地向 J 的方向进行。当利用式（4-50）计算 $\overline{E}^{(i-1)}(J-K_b)$ 时，需要已知 $E^{(i)}(J)$、$\overline{E}^{(i-1)}(J)$ 。显然在 $J \geqslant J_{max} - K_b$ 时，有 $\overline{E}^{(i-1)}(J) = 0$ 。因而在此种计算方法下，应该从区间 $[J_{max} - K_b, J_{max}]$ 内开始，按照 J 减小的方向递归地进行。

从随机生产模拟的观点来讲，式（4-50）在计算上较为灵活，但这种计算方法的数值稳定性较差，在递归计算中舍入误差会以 p_{i+1} / q_{i+1} 的倍数向前传递。当计算次数较多时误差的增长会很快超出允许范围。与此相反，式（4-49）数值稳定性较好，舍入误差在计算中可以得到有效控制。在计算中，我们采取式（4-49）中方法进行计算。

从以上分析过程可以看出，每增加一个机组分段，需要增加一次反卷积和卷积计算。结合规划精度要求和计算效率，在随机生产模拟中，我们通常采用两分段模型，即机组的最小技术出力段和峰荷段，对机组运行约束和燃料消耗特性进行描述。

2. 有调节性能水电和抽水蓄能电站模拟方法

水电机组作为电量给定机组，它们的发电量由水文情况和水库调度决定。因此难以预先确定水电机组的带负荷位置。为了充分发挥水电效益，在安排水电机组运行时应遵循以下原则：

（1）充分利用水能发电量，尽量避免弃水。

（2）尽量利用水电带尖峰部分负荷，取代不经济的火电机组，节约更多燃料，发挥其调峰调频作用。

在随机生产模拟的过程中，等效持续负荷曲线在不断变化，各负荷段所需电量也随之不断变化。因此，为了给水电机组寻找一个适当的带负荷位置需要进行不断的试探，并反复进行卷积、反卷积运算。当系统中包含两个及两个以上水电机组时，可能出现多个水电厂带负荷位置重叠的现象。在这种情况下，整个随机生产模拟过程变得异常复杂，计算量急剧上升。而等效电量函数法抓住了电量这一随机生产模拟框架下的核心变量，给出了一种精确、高效的水电机组模拟方法。

当电力系统有多水电机组时应尽可能用水电机组代替担任峰荷的火电机组，由于这些火电机组的煤耗最大，因此可以得到最大的燃料节约。水电机组担任峰荷的情况如图 4-6 所示。图中阴影部分为水电机组担任的负荷，曲线 cg 是由原等效持续负荷曲线向左平移相当于水电机组容量 C_H 得来的。阴影部分 $gcdf$ 的面积应等于水电机组的给定电量 E_{HA}。这样就能保证水电机组不过载的情况下最经济、最充分地利用水电量 E_{HA}。这时，其余火电自己机组应承担的负荷为 $oacgfh$ 所围成的部分。

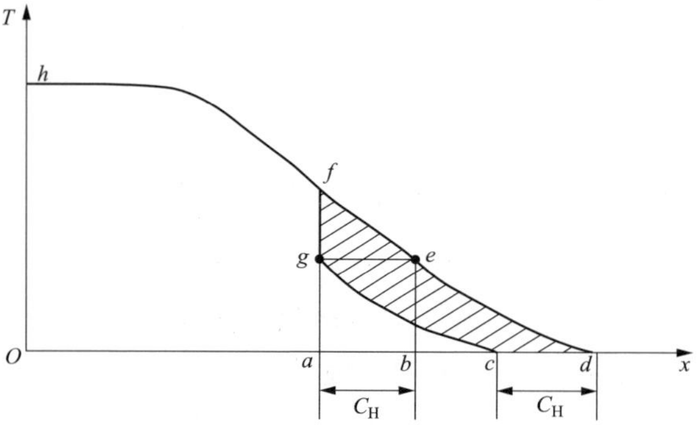

图 4-6 单个水电机组的随机生产模拟

现在在距 a 点为 C_H 的右侧作一垂线 be，不难证明图形 acg 与 bde 全同。因此，火电机组所担任的负荷可以看成由 $oafh$ 和 bde 两部分组成，这相当于水电机组承担了图中 $abef$ 部分的负荷。显然这部分面积应等于水电机组的给定电量 E_{HA}。换言之，水电机组带 $abef$ 负荷和带阴影部分 $gcdf$ 负荷具有相同的效果。由以上讨论可以把单个水电机组在随机生产模拟中带负荷的原则归结为：在等效持续负荷曲线下寻找相当于水电机组容量 C_H 的一段，使其面积恰好等于水电机组的给定电量 E_{HA}。

用公式可以把水电机组带负荷的条件表示为

$$E_{HL} = E_{HA} \tag{4-53}$$

$$P_{HL} = C_H \tag{4-54}$$

式（4-53）水电机组承担的负荷电量 E_{HL} 等于给定电量 E_{HA}，这个条件保证了水能电量的充分利用。式（4-54）表示水电机组所承担的最大负荷 P_{HL} 应等于其运行容量 C_H，这个条件保证获得最大的燃料节约。

下面，我们用图 4-7 说明在随机生产模拟中确定水电机组最优运行位置的具体过程。

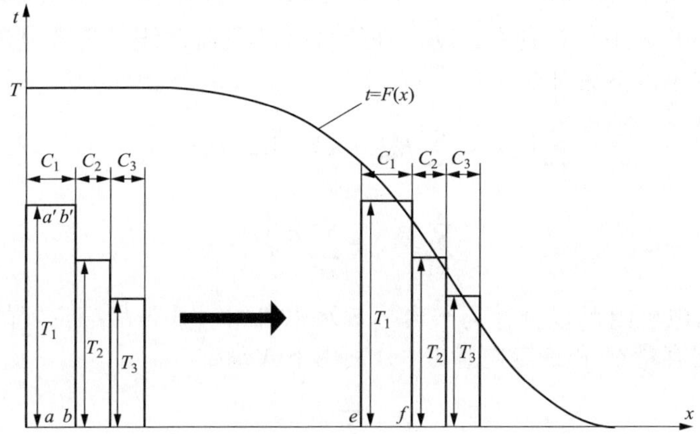

图 4-7　水电机组最优带负荷位置的确定

首先在等效持续负荷曲线下作一矩形 $abb'a'$，其底等于水电机组的运行容量 C_H，其高为水电机组在模拟周期内的利用小时数 T_H

$$T_H = E_A / C_H \tag{4-55}$$

我们称这个矩形为水电机组在随机生产模拟中的特征矩形。当把这个矩形向右移动，使等效持续负荷曲线在相应的区间内的面积等于该矩形面积时，就找到了水电机组的最佳运行位置。在这种情况下式（4-53）、式（4-54）都能够得到满足。

上述水电机组特征矩形向右移动过程实质是顺次安排火电机组运行的过程。每安排一台火电机组运行，特征矩形向右移动一段与该火电机组运行容量相等的距离。由于这种移动距离不是连续的，很难保证式（4-53）恰好成立。因此在计算中，我们采用下式进行代替

$$E_{HL} \leqslant E_{HA} \tag{4-56}$$

按这种方法确定运行位置会使水电机组出现剩余电量

$$\Delta E = E_{HA} - E_{HL} \tag{4-57}$$

为了充分利用水电电量，应将水电机组运行位置向左调整，这就意味着该水电机组左邻火电机组应减少 ΔE 的发电量。我们称这个过程为调整电量过程。

当电力系统中含有两台或多台水电机组时，牵涉水电机组的协调联合问题，

随机生产模拟过程要比上述过程复杂。下面简单叙述计算过程，而不做详细分析、证明。

设电力系统中有 N_H 台水电机组。将它们的特征矩形按照其高度（水电机组的利用小时数）大小从左到右移动，在等效持续负荷曲线（等效电量函数序列）的某一区间满足以下条件时

$$\sum_{j=1}^{k} E_{HAj} \leqslant \sum_{j=1}^{k} E_{HLj} \quad (k=1,2,\cdots,n-1) \tag{4-58}$$

$$\sum_{j=1}^{n} E_{HAj} = \sum_{j=1}^{n} E_{HLj} \tag{4-59}$$

前 n 台水电机组可以合并为一台等效水电机组，并带相应位置的负荷。该等效水电机组的容量 C_e 和给定电量 E_{Ae} 分别由下式确定

$$C_e=\sum_{j=1}^{n} C_j \tag{4-60}$$

$$E_{Ae}=\sum_{j=1}^{n} E_{HAj} \tag{4-61}$$

其余 $N_H - n$ 台水电机组的特征矩形应继续向右移动，并按照上述公式合并、等效，在适当的位置承担负荷。

与单台机组类似，式（4-59）在实际计算中需要修正为

$$\sum_{j=1}^{n} E_{HAj} \geqslant \sum_{j=1}^{n} E_{HLj} \tag{4-62}$$

可能出现水电电量不能用尽的情况。为不致造成弃水浪费，应该这群水电机组带负荷位置向左移动，并和左邻的火电进行电量调整。

水电机组的运行位置一旦确定之后，其电量就能确定。考虑其故障率对等效持续负荷曲线、等效电量函数的修正过程与火电机组一致，参照相关卷积公式进行即可。

抽水蓄能机组可视为一类特殊的水电机组，它的模拟可以分为抽水模拟和发电模拟两部分进行。抽水蓄能完成抽水后，即可作为一般水电机组处理，参与等效机组形成、带负荷位置寻优等过程。本部分重点介绍抽水部分的模拟。

抽水部分的作用在于维持电力系统在低谷时段火电机组稳定高效运行，将多余的发电量用来从下水库抽水到上水库，使电能转换为水的势能，用于高峰时段的发电。在时序负荷曲线上，抽水模拟即为填平负荷低谷时段；在等效持续负荷或电量函数上，这种“填谷”策略表现为尽量使曲线起点尽量

向右平移。

如图 4-8 所示，设抽水容量为 C_P，所需抽水能量为 E_p（可根据库容和抽水效率折算），则抽水蓄能机组应在低谷负荷（即最小负荷）时使系统负荷增加 C_p，即将此部分负荷曲线向右平移 C_P 距离，并使曲多边形 *abcfe* 面积等于 E_p。我们应把图中右上部分 *abcdga* 看成等效持续负荷曲线。根据式(4-53)和(4-54)，寻找一段 $hi = C_p$，使相应曲多边形的面积 $hbci = E_p$，就可以确定 *b*、*c* 两点的位置 X_b 和 X_c。知道 *b*、*c* 两点位置后，即可修改等效持续负荷曲线（电量函数）的形状。

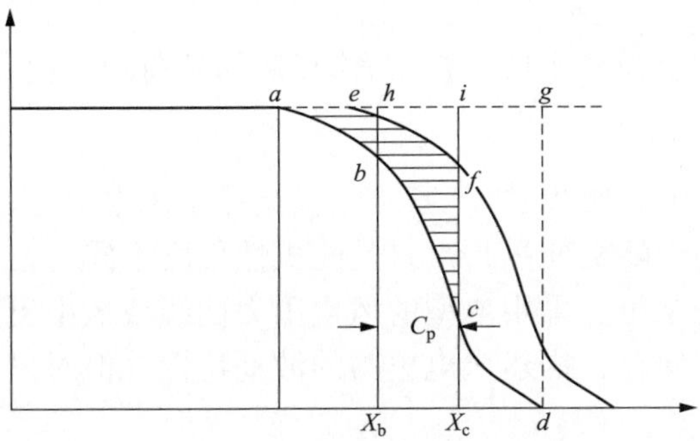

图 4-8　抽水蓄能机组抽水部分的模拟

四、新能源和特殊机组模拟方法

前面介绍了两类常规电厂的生产模拟方法，本节中将重点讨论第三类即容量、电量均不可控发电机组（厂、站）的建模方法，主要包括风电场、光伏电站和径流式水电站，同时本节还将对热电联产这一特殊机组的生产模拟进行介绍。

与上节中基于持续负荷曲线、等效电量函数的建模与模拟方法不同，本部分处理的机组在出力特征上都有鲜明的时序波动特性，因而本节中介绍、分析以时序负荷曲线的修正技术为主。

1. *风电场模拟方法*

风电场的发电容量和发电量对风能情况有很强的依赖性。不同于燃料、水库存水，风能无法大规模存储，风能特性很大程度上决定了风电出力特性：风能的随机、波动特征使得风电场出力和发电量都具有较强的随机性和间歇性。风电出力随机性和间歇性体现在各个方面，如日风电出力的波动、月平均电量变化和不同季节出力特征的不同。

如何描述风电出力特征对风电场建模是进行风电场生产模拟的基本问题。本节将对常见风电场建模方法（负荷修正法、多状态机组法）进行说明、分析，并介绍一种较为新颖的建模方法。

（1）常见建模方法。目前，负荷修正和多状态机组建模是两类较为常见的风电建模方法。

所谓负荷修正法是指将风电出力视为负的负荷，在负荷曲线上直接将风电出力扣除、对负荷曲线进行修正的方法，即

$$P'_{L,t} = P_{L,t} - W_{wi,t} \tag{4-63}$$

式中：$P_{L,t}$ 为原始负荷曲线中，t 时刻的负荷功率值；$P'_{L,t}$ 为修正后的负荷功率值；$W_{wi,t}$ 为风电场 wi 在 t 时刻的发电功率。

这种处理基于时序负荷曲线和风电出力曲线进行，其基本依据在于风电出力、负荷本质上都属于随机过程（注意区别于随机变量！），只是随机性程度不同。在分析计算典型负荷曲线的同时，我们完全可以采用典型的风电出力曲线或风电出力的期望值。负荷修正模型能够较好的保存、描述风电出力的波动特性，但对风电出力的随机性考虑不足。

多状态机组法则是将某一时间段内的风电机组出力按从小到大排序，按出力水平高低将风电出力划分为N_s个状态，统计得到各个状态出力及相应的出现概率 p_s，这些状态满足

$$C_s + \overline{C_s} = C_{N_s} \tag{4-64}$$

$$\sum_{s=1}^{N_s} p_s = 1 \tag{4-65}$$

式中：$\overline{C_s}$ 为第 s 状态等效机组的停运容量；C_{N_s} 为等效机组的装机容量或能达到的最大功率。

这种建模方法基于持续风电的出力曲线，它能够充分描述风电出力的随机性，可以反映较长时间尺度下风电替代常规机组发电的特性，方便与基于等效持续负荷曲线和电量函数的随机生产模拟计算方法相结合。

第二节中介绍的两状态机组卷积公式可以方便地推广至多状态机组。设前 $i-1$ 台发电机在随机生产模拟中已安排运行，并经卷积计算形成了等效电量函数 $E^{(i-1)}(J)$。对发电机组 i 的状态 s 来说，其停运容量为 $\overline{C_s}$，概率为 p_s。在这个状态下，发电机组 i 和其他尚未带负荷的机组应以 p_s 的概率承担等效负荷 $x+\overline{C_s}$，相当于将等效持续负荷曲线向右移动了 $\overline{C_s}$。也就是说，由于机组 i 的运行，系统等效电量函数将以 p_s 的概率变为 $E^{(i-1)}(J-\overline{K_s})$，因此，最终的等效电量函数应为各状态的加权均值

$$E^{(i)}(J) = \sum_{s=1}^{N_s} [E^{(i-1)}(J-\overline{K_s})p_s] \tag{4-66}$$

式中：$\overline{K_s} = K_{N_s} - K_s$ 为第 s 状态停运容量对应的离散变量；$K_{N_s} = C_{N_s} / \Delta x$ 为等效

机组额定出力或最大出力对应的离散变量；$K_s = C_s / \Delta x$ 为第 s 状态运行容量对应的变量。

根据加权公式，可以求得多状态机组 i 的发电量公式

$$E_{gi} = \sum_{s=1}^{N_s} [p_s \sum_{J=J_{i-1}+1}^{J_{i-1}+K_s} E^{(i-1)}(J)] \tag{4-67}$$

多状态机组模型可以充分描述风电的随机性，对等效电量函数的卷积计算具有较好的适应性，但它忽略了风电的时序波动特征。也正是这种忽略使得多状态机组模型对建模原始数据要求不高。当仅具备风电场风速分布特性（即相关概率分布的参数，如 Weibull 分布的形状参数和尺度参数）和风机风速功率特性曲线时，也可以完成风机的多状态建模，此处不再赘述。

（2）时序分段模型。有研究人员结合负荷修正模型和多状态机组模型提出了时序多状态模型，以兼顾风电出力的随机性与波动性。该方法在模型形成上已相对完善，但在模型处理和模型使用上仍有不足。因为负荷修正模型和多状态机组模型的不足之处不仅仅在于它们仅能片面描述风电的波动性或随机性，而且还在于它们不同出现概率的不同出力水平等质化，而忽略不同概率水平风电出力在系统运行中的不同贡献。

为此，将介绍一种时序分段风电出力模型。与第三节中火电机组、核电机组按照运行状态和出力水平划分机组分段不同，此处按照风电出力的出现概率水平对机组出力进行分段。

设原始数据为一个 T 天的风电出力统计数据：$\{W_{wi,d,t} \mid d=1,2,\cdots,T; t=1,2,\cdots,24\}$。我们将不同天、同一时刻的风电出力 $\{W_{wi,d,t} \mid d=1,2,\cdots,T; t=t_0\}$ 取出，分析其概率分布特性，进而根据其置信水平的不同对风电出力分段。如指定 95%、50%、5%等置信水平时，实质上求取该分布的 95%、50%和 5%的分位数对应的概率作为风电出力分段的边界。每个风电场的出力模型可用表 4-14 描述。表中第一个元素的含义为在该风电场在 0:00～1:00 间的 p_1 保证出力为 $wp_{wi,1,1}$。

表 4-14　　　　风电场 *wi* 日时序分段模型示例

分段编号	概率（置信水平）	功率分段			
		0:00～1:00	1:00～2:00	……	23:00～24:00
1	p_1	$wp_{wi,1,1}$	$wp_{wi,2,1}$	……	$wp_{wi,24,1}$
2	P_2	$wp_{wi,1,2}$	$wp_{wi,2,2}$	……	$wp_{wi,24,2}$
……	……	……	……	……	……
n	P_n	$wp_{wi,1,n}$	$wp_{wi,2,n}$	……	$wp_{wi,24,n}$

形成上述分段模型后，进行含风电场的生产模拟计算；需要取出不同时刻的负荷水平分别计算。下面以 $t=1$ 时刻为例进行介绍。取出负荷 $P_{L,1}$ 后，首先投运风电场出力的第一段

$$P_{L,1}^{1,1}(J)=P_{L,1}(J)(1-p_1)+P_{L,1}(J+J_{wi,1,1})p_1 \tag{4-68}$$

式中：$P_{L,1}^{j,k}$ 为 j 表示已完成的卷积次数，k 表示投运的段编号；$J_{wi,1,1}$ 为 $wp_{wi,1,1}$ 对应的步长。

安排为所有风电场出力第一段后，安排第一个风电场出力的第二段；首先需要进行反卷积运算以消除第一个风电场第一段的影响

$$\overline{P_{L,1}^{N,1}}(J)=[P_{L,1}^{N,1}(J-J_{wi,1,1})-\overline{P_{L,1}^{N,1}}(J-J_{wi,1,1})(1-p_1)]/p_1 \tag{4-69}$$

然后进行卷积计算，投运第一个风电场出力的第二段

$$P_{L,1}^{1,1}(J)=\overline{P_{L,1}^{N,1}}(J)(1-p_2)+\overline{P_{L,1}^{N,1}}(J)(J+J_{wi,1,2})p_2 \tag{4-70}$$

重复上述过程，直至所有风电场投运完毕为止。t 时刻，风电场 wi 第 k 个功率段的发电量可以表示为

$$E_{wi,t,k}=p_k c_k\sum_{m\geqslant c_k}P_{L,t}^{kN-N+wi-1,k}(m) \tag{4-71}$$

式中：c_k 为该段的功率增量，即 $c_k=E_{wi,t,k}-E_{wi,t,k-1}$

在上述模型中，我们通过概率分段描述风电出力的随机性，通过不同时刻不同分段模型表现风电出力时序特征。在原始数据集合选取时，我们如采用同一季节的数据形成该季节风电日、周出力模型时，那么模型还能够在一定程度上反映风电出力的季节特征。

当系统中风电规模较大、风电场数量过多时，如何安排风电场带负荷顺序是生产模拟中关键内容。从电力系统运行的实际出发，系统总会优先调度置信度高、保证率高的发电资源。因而本文采用按置信水平安排风电场带载、消纳风电的原则。结合本文提出的风电场分段模型，按照置信水平排序对所有风电场的各分段进行排序，优先消纳置信水平高的风电出力段。考虑到程序的规格化处理，在形成风电场分段模型时，可以指定所有风电场采用一组相同的置信度水平序列，不同风电场的差异体现在相同置信水平下对应的发电容量不同。规格化处理后，即可按照本部分提出的生产模拟方法进行模拟计算。

2. 光伏电站的生产模拟

光伏电站出力与风电出力类似，也具有一定的随机性和波动性，但二者仍存在一定的区别。首先，光伏电站的间歇性与时序波动性更加显著，整个夜晚光伏

出力为零而白天正午到午后一段时间光伏较大；其次，与风电的强随机性不同，光伏电站的出力虽然受到天气、温度因素的影响，但整体随机性程度较弱，出力规律和出力特征更加显著。

综上所述，可以采用类似风电场建模的方法对光伏电站进行精确的建模和模拟，也可以采用各季节典型的光伏电站日、周出力曲线描述光伏电站出力的特征，特别是时序的波动性与间歇性特征，对光伏电站建模，采用负荷修正法将其纳入到随机生产模拟的计算体系，即

$$P'_{L,t} = P_{L,t} - PV_{pvi,t} \tag{4-72}$$

式中：$PV_{pvi,t}$ 为第 pvi 个光伏电站在 t 时刻的发电功率。

3. 径流式水电站模拟

区别于有水库、有调节性能的水电站，径流式水电站的发电功率和发电量主要取决于即时的来水情况，可控性、可调节性差，在性质上更接近风电场和光伏电站。结合生产和研究实际，在径流式水电站建模模拟方面，主要采用负荷修正技术。当系统不含风电场或不进行时序负荷曲线卷积时，则通过简单的线性折算考虑水电机组的强迫停运率，即

$$P'_{L,t} = P_{L,t} - SF_{si,t}(1 - FOR_{si}) \tag{4-73}$$

式中：$SF_{si,t}$ 为第 si 个径流式电站在 t 时刻的发电功率；FOR_{si} 为第 si 个径流式电站的强迫停运率。

当系统中含有风电场或需对时序负荷卷积计算时，采用时序负荷曲线卷积计算的方式安排径流式电站承担负荷，即

$$P^{k}_{L,t}(J) = P^{k-1}_{L,t}(J)FOR_{si} + P^{k-1}_{L,t}(J + J_{si,t})(1 - FOR_{si}) \tag{4-74}$$

式中：$J_{si,t}$ 为 $SF_{si,t}$ 对应的步长。

在以上两种处理方式下，不考虑径流式电站弃水时，径流式电站的发电量总可以表示为

$$E_{si} = (1 - FOR_{si})\sum_{t\in T} SF_{si,t} \tag{4-75}$$

式中：E_{si} 为表示第 si 个径流式电站的发电量；$t \in T$ 为表示研究的时段。

4. 热电联产机组模拟

从某种角度上讲，热电联产机组是电力系统运行特性最为复杂的机组，具有以电定热、以热定电等多种运行方式。同时，它的运行不仅与电负荷的满足有关，而且与热负荷的满足相关；进行含热电联产机组的电力系统优化运行时，不仅需要考虑电、热负荷的满足，而且需要综合考虑热电联产机组的供电、供热成本。

相应地，热电联产机组的模拟也是随机生产模拟中的难点问题。从其供热特性上看，热负荷曲线具有一定的时序波动性，热电联产机组的发电（基荷）曲线是时序波动的，适合在时序生产模拟框架下计算；而从其供电特性上分析，其供电容量和电量都是可控，与常规火电机组无异，适合在持续负荷曲线下计算。我们提出如下假设对热电联产机组的生产模拟问题加以界定：

（1）电力系统生产模拟中不考虑系统热负荷的满足、供热不足的风险及供热不足量。

（2）电力系统生产模拟中不考虑优化供热问题。

（3）热电联产机组在不同季节的典型供热曲线作为原始数据给出。

基于以上假设，我们提出如下的热电联产机组模拟方法：

首先，根据提供的热电联产机组典型供热曲线，结合机组的热电比，采用以热定电方式，确定机组基荷供电曲线 $\{CHP_{ci,t}^{b}\}$。采用时序负荷曲线卷积技术或简化的负荷修正技术对热电联产机组的基荷部分进行生产模拟，如下面两组公式所示。

$$P_{L,t}^{k}(J)=P_{L,t}^{k-1}(J)FOR_{ci}+P_{L,t}^{k-1}(J+J_{ci,t})(1-FOR_{ci}) \tag{4-76}$$

$$P_{L,t}^{'}=P_{L,t}-CHP_{ci,t}^{b}(1-FOR_{ci}) \tag{4-77}$$

式中：$J_{ci,t}$ 为 $CHP_{ci,t}^{b}$ 对应的步长；FOR_{ci} 为热电联产机组 ci 的强迫停运率；$CHP_{ci,t}^{b}$ 为热电联产机组 ci 在 t 时刻的基荷发电量。

然后进行剩余容量的生产模拟。剩余容量在性质上接近于常规的火电厂，因而采用类似火电厂的建模和模拟方法，我们可以根据式（4-78）计算热电联产机组等效的最小技术出力，然后参照火电机组模拟方法在等效持续负荷曲线或电量函数上对剩余容量进行模拟。

$$C_{b,ci}=\frac{1}{T}\sum_{t\in T}CHP_{ci,t}^{b} \tag{4-78}$$

五、算法设计

前文中，我们对随机生产模拟计算的基本方法和各类型电源建模与模拟方法进行了详细介绍。本节对以上内容进行总结，给出含多电源系统的电力生产模拟计算的整体框架与整体流程，并对生产模拟计算中的特殊问题进行分析、处理。

1. 算法框架

（1）概述。本节提出一种时序持续混合模拟的方法，其整体框架如图 4-9 所示。其核心观点：①通过时序负荷修正或时序负荷卷积对风电、光伏、径流式水电以及热电联产机组等时序特征显著的机组类型进行生产模拟；②采用等效电量函数法计算分析占系统主导地位的火电、核电与水电机组。

（2）时序处理部分。在时序处理部分，我们需要对风电场、光伏电站、径流式水电以及热电联产基荷等出力具有鲜明时序波动性的进行特殊处理；但考虑到机组的带负荷顺序，还应处理非启停调峰常规机组的基荷段。

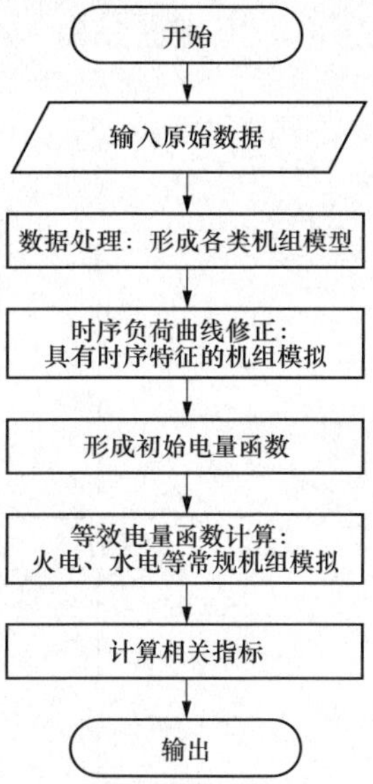

图 4-9　时序持续混合模拟法框架

当大型火电、核电机组带负荷时，因保证其最小出力部分承担基荷，避免它们的启停，故而安排它们的最小技术出力段承担负荷。考虑到排洪、灌溉的需要，有调节性能的水电站会有强迫出力要求，在带负荷安排中，水电站的强迫出力段也是需要优先考虑的。然后安排出力具有时序波动特性的机组。首先按照热电联产的典型热负荷曲线，确定其发电基荷曲线，尽可能地保证热负荷供应。

剩余机组中，我们优先安排出力随机性程度相对较低的光伏电站和径流式水电站，然后按照前文中提出的方法安排风电场的出力。

图 4-10 给出了时序处理部分的一般流程；其中加*标注的模块将在报告后文“特殊问题处理”中介绍。

（3）等效电量函数部分。时序处理部分完成后，系统中未投运的机组、机组分段包括：①非启停调峰火电、核电机组的峰荷段；②热电联产机组峰荷段；③参与启停调峰的火电机组，如燃气轮机；④有调节性能的水电站峰荷段；⑤抽水蓄能电站。对热电联产机组的基荷段进行等效处理后，系统中待投运的机组都属于第三节中所介绍的常规电源，可以直接采用常规电源的建模与模拟方法进行生产模拟。

此时，系统层面随机生产模拟需要解决的主要问题是系统生产的优化，即：①如何安排火电机组的运行；②如何充分利用水能，安排水电机组的运行。关于前者，我们可以按照机组燃料消耗特性（考虑燃料价格，如有要求还可以考虑排放费用）对火电机组或机组分段进行排序，按照燃料成本由低到高的顺序依次投运火电机组。后者则需要按照前文中给出的方法，按照利用小时数从大到小顺序对水电机组排序，寻找等效水电机组及其带负荷位置。

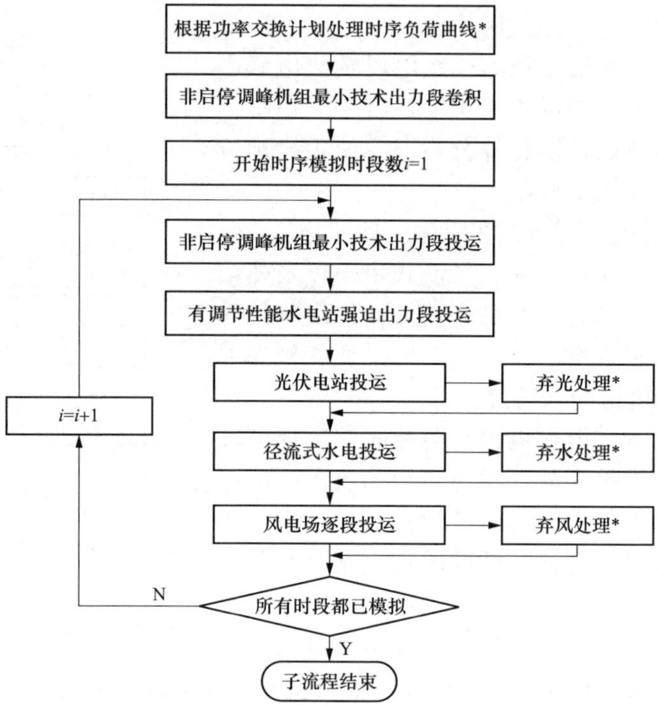

图 4-10　时序负荷曲线处理部分流程图

2. 特殊问题处理

（1）功率交换。在实际的电力系统运行中，当区域电力系统内部负荷较大时，区域系统可能从外部购入电能；当内部电源相对富余时，区域系统会向区外外送功率。在随机生产模拟计算中有必要考虑区域电力系统与外部的功率交换问题。

在电力市场环境下，功率交换的规模和价格均以区域电力系统间的购售电合同的形式确定。因而在本章中，生产模拟计算仅处理确定的功率交换合同，而不对跨区的电力交易进行合同。

一般而言，功率交换合同应至少包括两部分内容，功率交换曲线和相应地交换价格。不考虑联络线、输电断面和区外故障时，交换功率是确定的；因而在生产模拟框架下可以采用负荷修正计及功率交换计划的影响，如（4-79）所示。

$$P'_{L,t} = P_{L,t} + TC_{i,t} \tag{4-79}$$

式中：$TC_{i,t}$ 为 t 时刻第 i 个功率交换合同规定的交换功率；大于 0 表示功率外送。

区域系统完成合同 $TC_{i,t}$ 时，购电成本为

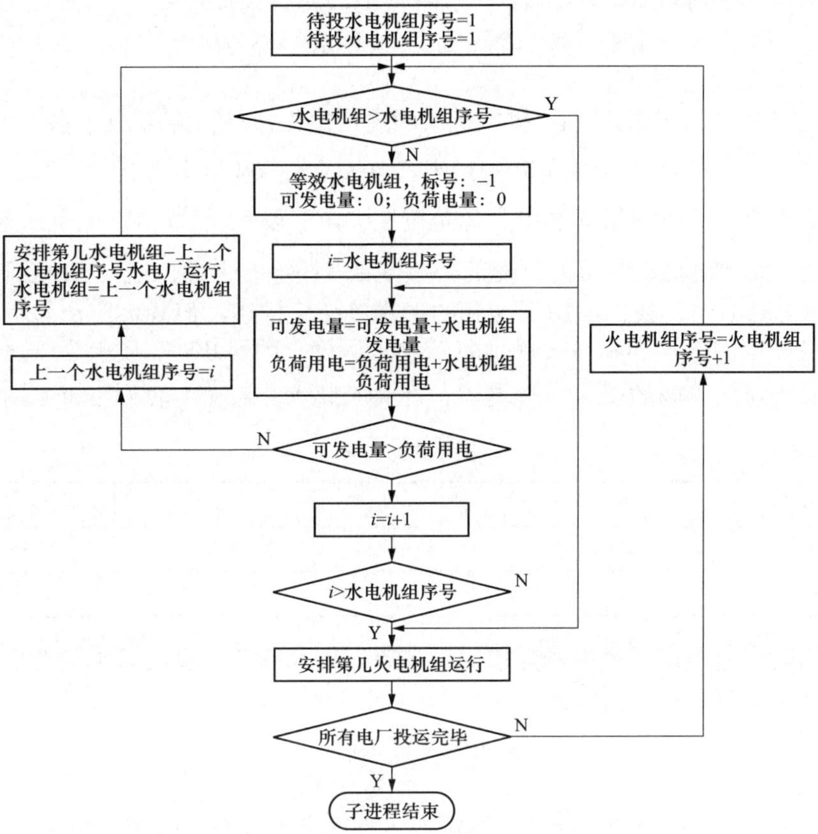

图 4-11　等效电量函数部分流程图

$$Cost_i = -\sum_{t \in T} TC_{i,t} price_{i,t} \tag{4-80}$$

式中：$price_{i,t}$ 为 t 时刻第 i 个功率交换合同中规定的交换功率电价。

（2）弃风弃水问题。由于风电出力一般呈现反调峰特性，随着系统风电装机规模的扩大，系统净峰谷差逐渐增大，在某些负荷低谷、风电高峰时段会出现系统发电功率过剩；但受常规机组最小限制，无法进一步下压常规机组出力，只能够选择弃除部分风电功率以维持系统功率的平衡。光伏电站弃光、水电机组弃水的原理与此类似。从计算分析角度说，风电场弃风、光伏电站弃光以及径流式电站弃水问题都在时序负荷曲线处理部分进行，而有调节水电站弃水问题在等效电量函数计算部分处理。

首先，我们以风电场弃风为例，阐述时序负荷曲线上的弃风、弃水分析。计及系统交换功率因素后，t 时刻系统可以吸纳的风电功率为

$$WS_t = P_{L,t} - \sum_{ci} CHC_{ci,t}^b - \sum_{fi} F_{fi}^b - \sum_{hi} H_{hi,t}^b \tag{4-81}$$

式中：F_{fi}^b 为第 fi 个火电机组、核电机组的基荷出力；$H_{hi,t}^b$ 为第 hi 个水电机组 t 时刻的强迫出力；$CHC_{ci,t}^b$ 为热电联产机组 ci 在 t 时刻的基荷出力。

由于火电、核电机组的发电容量是可控的，所以 F_{fi}^b 的取值不同于水电机组，是固定的，而水电机组是可能时变的。参与启停调峰的火电机组，该值应取为零。尽管式（4-81）中，我们采用了加和的形式以简化描述，但我们应清楚考虑到机组的随机停运因素，加和号实质上表示卷积运算，因而 WS_t 实质上为一序列，不同功率取值对应不同的概率，见表 4-15。关于此点，后文中我们不再专门指出。

表 4-15　　序列 WS_t 示例

序列项	1	……	n	……
WS_t	$WS_{t,1}$	……	$WS_{t,n}$	……
概率	p_1	……	P_n	……

采用时序分段法对风电场建模时，按照置信概率依次投运风电场的出力段。所有风电场的第 1 段出力和为

$$SoW_{t,1} = \sum_{wi} wp_{wi,t,1} \tag{4-82}$$

式中：$SoW_{t,j}$——所有风电场第 j 段出力（置信水平相同）的卷积和。

$SoW_{t,1}$ 也为一序列，见表 4-16。

表 4-16　　序列 $SoW_{t,j}$ 示例

序列项	1	……	m	……
$SoW_{t,j}$	$SoW_{t,j,1}$	……	$SoW_{t,j,m}$	……
概率	p_1	……	P_m	……

当序列 $SoW_{t,1}$ 中任一元素取值超出 WS_t 中元素值时，如式（4-83）所示，就会出现弃风。弃风量可由超出值的加权和算出，见式（4-84）

$$Wspillage_{t,i,m,n} = SoW_{t,i,m} - WS_{t,n}, \quad SoW_{t,i,m} > WS_{t,n} \tag{4-83}$$

$$EWspillage_{t,i} = \sum_m \sum_n Wspillage_{t,i,m,n} p_m p_n \tag{4-84}$$

式中：$Wspillage_{t,i,m,n}$ 为情形（m，n）下 t 时刻第 i 段风电出力的弃风功率；$EWspillage_{t,i}$ 为 t 时刻第 i 段风电出力的弃风期望。

根据上述过程中，逐段安排风电场各分段带负荷直至风电场所有分段投运。由于同一分段上，不同风电场出力的置信水平相同；因而，需要采取相对公平的弃风策略，各风电场的弃风量应与其发电量成比例。

按照式（4-81）通过卷积计算可吸纳的风电功率，计算过程相对繁琐；可以考虑各机组的强迫停运率进行简单的线性折算

$$WS_t = P_{L,t} - \sum_{ci} FORT_{ci} CHP_{ci,t}^b - \sum_{fi} FOR_{fi} F_{fi}^b - \sum_{hi} FOR_{hi} H_{hi,t}^b \tag{4-85}$$

上式中求和号即为求和运算，相应地在特定时刻 t 下，WS_t 唯一取值。

光伏弃光、径流式水电弃水问题的处理与此类似；径流式水电由于不考虑出力的随机性，处理会有所简化。当出现弃光、径流式电站弃水和弃风问题时，如果系统中有抽水蓄能电站，可根据总弃电量和抽水蓄能电站最大抽水电量，安排抽水蓄能电站抽水，减少系统的弃电量。

与风电场弃风问题不同，有调节性能水电厂的弃水问题将在等效电量函数计算中处理。按照式（4-62）寻找水电机组最优带负荷位置时，水电机组发电量会超出负荷电量，此时，需要与排在它前面的火电机组进行水火电量交换，压低火电出力为水电留出充足的发电空间。但在等效电量函数卷积部分，无火电机组排在该水电机组之前时或排序靠前的火电机组发电量较少时，水火电量交换将无法完成，出现弃水；弃水量即为无法交换的水火电量。

（3）新能源电厂的出力相关性问题。随着新能源电力装机规模增大、新能源电厂数目增多，多个新能源电厂间出力的相关性和集群效应受到研究人员和运行人员的广泛关注。从一般思路上讲，当需要考虑多个新能源电厂的相关性时，必然需要对多个新能源电厂进行同时建模。本书所采用的建模方法以针对单个新能源电厂的建模为主，因而它对多个相关新能源电厂的兼容水平还有待提高。但可以通过简单的数据处理，采用本书所提出的算法进行一些粗略的相关性电厂模拟和集群效应影响分析。直接将多个出力具有相关性的电厂等效为一个电厂，以等效电厂的出力统计数据为基础采用本文方法建模进行生产模拟计算即可。

小　结

本章重点叙述新能源电源与其他常规电源的合理配置相关问题，即统筹考虑

新能源的电源规划问题。新能源与常规能源的不同主要体现在其出力的波动性、不确定性，及可能具有的反调峰特性。新能源发电并网有可能导致等效负荷峰谷差增大，给电网调频、调峰带来不利影响。新能源机组的可控性不足，不能像常规机组一样灵活地控制输出功率。随着新能源发电技术的不断进步，单个新能源电厂规模和风电基地规模越来越大，电力系统中新能源发电所占比例日趋增长，新能源发电对电力系统的影响日益突出，给传统的电源规划提出了新的要求。因此，在电源规划中需要充分考虑新能源发电的影响，合理规划电源结构，研究含有新能源发电的电源规划的理论和方法。

第五章

大规模新能源电源与电网的协调规划

第一节　间歇式电源资源综合评估

一、考虑环境因素、碳排放、产业发展等多种因素的间歇式电源资源综合评估指标及模型

资源一词的定义为一国或一定地区内拥有的物力、财力、人力等各种物质要素的总称，分为自然资源和社会资源两大类。前者如阳光、空气、水、土地、森林、草原、动物、矿藏等；后者包括人力资源、信息资源以及经过劳动创造的各种物质财富。为了获取资源，必须利用相应的手段对资源进行开发。间歇式电源的开发，尤其是风能资源的开发，受到一次能源的影响较大，在对间歇式能源电源的规划时，必须先对间歇式电源资源进行评估。

综合分析评价间歇式电源资源，不但要考虑间歇式电源资源的主要属性，如风速、风向等，也要考虑对于风资源开发的难度及开发时产生的影响等因素[115-117]。间歇式电源资源综合评估指标及模型，主要考虑间歇式电源资源在环境因素、碳排放、产业发展等因素的影响。

为了评估间歇式电源资源，提出间歇式电源资源的综合评估模型，利用间歇式电源资源的成本及效益对间歇式电源资源进行评价，其评价指标为经济指标，包括：①间歇式电源资源开发成本指数；②间歇式电源资源电站运行收益指数。

其中，间歇式电源资源的开发成本需要考虑环境及产业发展的影响。间歇式电源电站的运行收益，不但要考虑发电本身的收益情况，还要考虑碳排放等方面的收益。

下面对于每类指标进行分别建模及计算。

（一）环境因素

环境因素主要考察的是开发时对于环境的影响，以开发时对环境的损害修复成本作为其指标。

风电场对于环境影响的主要因素如图 5-1 所示。

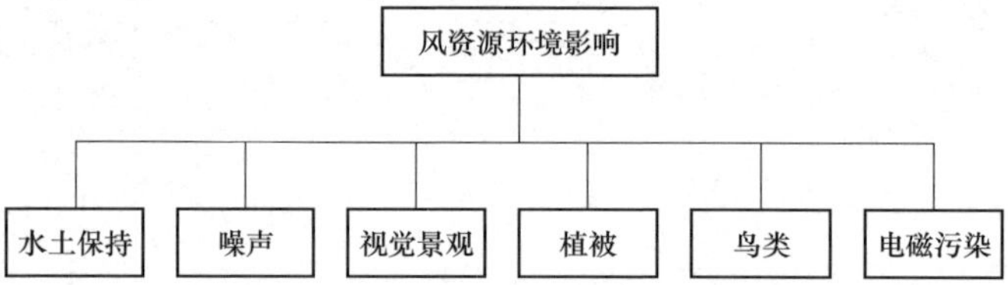

图 5-1 风资源环境指标图

对于各类影响进行进一步分析：

风电场较少使用水，相对于常规火力发电，节约了大量水资源。2010 年，全国火电厂单位发电量耗水量 2.45kg，一个千万千瓦风电基地以年可利用小时数 2000h 计即可节约用水达 4.9×10^{7}t。在我国风力资源较为丰富的地区，也是我国沙尘暴的高频区，风电产业作为一种清洁能源，不仅不会给环境造成压力，而且通过密度较大的风力发电装置作功后可使风速减缓，减轻风沙危害，特别是沙尘暴的危害。

风电场的噪声主要为风噪和风机运转的噪声，随着技术的改进，风力机的噪声水平已经有很大改善，低于日常活动噪声水平，周围居民基本不受影响。风力发电场因考虑风能资源，大多数风电场选在沿海、山口、海岛、海堤及沙漠等地。本地噪声较大，距离居民区较远，使风电场的噪声并不明显。

有研究显示，风力机桨叶转动时所产生的阴影晃动是一种视觉污染，光影可使人产生心烦、眩晕的症状，使正常生活受到影响。但最近有些研究表明，在荒漠戈壁点缀上外观美丽的风力机，还可以通过统一设计和排放来增加视觉美感，使戈壁显得更生动。

工程建设所导致的地表覆盖情形发生变化，影响到原有植被的生长和存活，是风电开发规划中最为显著的生态负效应：作业期间，各种施工活动如土石方工程、道路平整、施工机械活动、材料堆放、临时营地都会影响到地表植被状况。戈壁荒漠地带，植被稀疏，土壤肥力不足，生物生产力很低，植被一旦破坏其自然恢复比较困难。

选择风力发电场址时，还是要尽量回避鸟类的迁徙路线及鸟类栖居、停留地，使风电场的建设对鸟类生活不产生影响。当风力机安装在鸟类飞行通道上，风机的运转会对鸟类造成伤害，特别是对夜间迁徙的候鸟，并且风机的运转也妨碍附近鸟类的繁殖和栖居。在撞击影响方面，候鸟迁徙飞行的高度一般在 200m 以上，因此，对迁徙飞行中的鸟类不会造成太大影响，对于觅食的鸟类，当间距达到 300m

以上时，一般认为足够让鸟类穿越，不会干扰到鸟类的飞行。噪声影响主要影响的是风电场附近栖息的鸟类，留鸟适应环境的能力较强，当生存环境发生改变时，它们会很快适应并熟悉环境。

风电场的辐射源有发电机、变电站、输电线路等三部分。风力发电机在设计时考虑了防磁、防辐射等要求，在选材时已将辐射降至最小。而变电站及输电线路方面，一般风电场输电线路为 66kV，尚未达到国家规定的 100kV，故不属于电磁污染项目。

根据上述分析，考虑到水土保持及植被破坏的共性，得到风资源环境指标如图 5-2 所示。

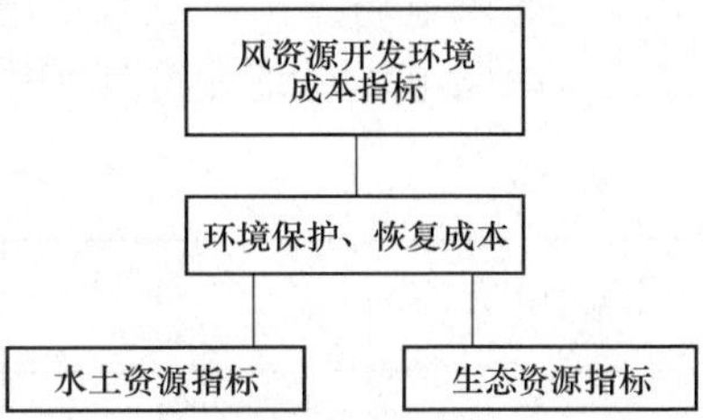

图 5-2 风资源环境指标图

具体计算指标分析及方法如下。

1. 水土资源指标

风电场建设期包括施工准备期和施工期，施工准备期由于施工及设备存放场区需要进行场地平整，扰动地表，降低了原地貌的土壤抗蚀能力，引发水土流失。风机及箱式变压器基础的开挖与回填、架空电缆塔杆基础和地埋电缆沟的开挖与回填、升压站建设、吊装场地平整等破坏植被，严重破坏土壤结构，造成水土流失；场区内检修道路及改扩建施工道路扰动面积大土方量大，大面积的原地表土壤结构被破坏，导致水土流失大大加剧，是产生土壤侵蚀的重点部位；临时设施的建设会破坏地表引起新的水土流失，如临建宿舍及办公室、砂石料堆放场、材料设备仓库、生产生活用品仓库和机械停放材料、钢筋加工厂内设置机械修配厂及综合加工系统等。此外，施工材料和临时堆土的保护不到位，生产生活垃圾和污水的倾倒排放不到位，也会产生水土流失；工程施工过程中会较大面积地扰动原地貌，损毁地表植被，产生水土流失，在春秋季，工程建设形成大面积裸露面，运输车辆道路扬尘、施工作业扬尘等在频繁而强劲的大风作用下将造成风力侵蚀，在雨季，工程建设改变地表形态和径流汇集方向，降水形成地表径流，冲刷裸露地面造成水力侵蚀。

自然恢复期各建设类工程已全部完工，扰动区域被建筑物覆盖或被硬化、绿化等措施所保护，水土流失量逐渐减少。但在自然恢复期内植物措施充分发挥作用仍需一段时间，水土流失还会有一定时间的延续。

按照风电场的分布区域，可将风电场划分为内陆风电场、海岸风电场和近海风电场三类，其侵蚀机理各不相同，内陆风电场以风力侵蚀为主，海岸风电场以风力与水力混合侵蚀为主，近海风电场以潮汐侵蚀为主。其中，内陆风电场又可以分为山地型风电场及平原型风电场。

根据水土流失补偿费征收标准，确定土地资源指标为：

（1）破坏地表地貌，按每平方米 0.4～0.7 元的标准征收。

（2）排放废弃固体物的，按每立方米 5～10 元的标准征收。

统计典型风电场（49.5MW）的土地资源开发成本，地表破坏以 0.5 元/m^2 计算，固体物以 7 元/m^3 计算。

近海风电场：由于近海风电场不占用土地，土地资源开发成本设置为 0。

海岸风电场：统计得到海岸风电场的土地资源成本见表 5-1。

表 5-1　　海岸风电场水土资源影响

项目编号	土石方挖填（万 m^3）	弃渣（万 m^3）	建设区面积（万 m^2）	影响区面积（万 m^2）
1	9.01	0	18.72	8.42
2	29	2	18.86	8.53
3	26.75	0.55	17.51	8.23
4	28.4	0	23.36	11.9
5	25.6	0	20.69	10.23
6	23.08	0	18.95	7.29
7	51.33	1.67	26.09	21.13
平均	27.60	0.60	20.60	10.82

山地风电场：统计得到山地风电场的土地资源成本见表 5-2。

表 5-2　　山地风电场水土资源影响

项目编号	土石方挖填（万 m^3）	弃渣（万 m^3）	建设区面积（万 m^2）	影响区面积（万 m^2）
1	53.22	1.5	26.77	14.68
2	229.08	3.28	33.31	20.17
平均	141.15	2.39	30.04	17.43

平原风电场：统计得到平原风电场的土地资源成本见表 5-3。

表 5-3　　平原风电场水土资源影响

项目编号	土石方挖填（万 m^3）	弃渣（万 m^3）	建设区面积（万 m^2）	影响区面积（万 m^2）
1	4.40	0	6.48	15.74

最终可以得到各类型风电场的土地资源指标，并进一步归算到平均每千瓦装机的损失值，得到风电场水土资源影响指标，见表 5-4。

表 5-4 风电场水土资源指标

类 型	水土流失损失（万元）	水土流失平均损失（元/kW）
近海风电	0	0
海岸风电	213.11	43.05253
山地风电	1028.515	207.7808
平原风电	41.91	8.466667

由结果可以看出，由于集电线路较长、山地建设土石方挖填较多等因素，山地风电对于水土流失的环境影响较大。

2. 生态资源指标

考虑到近海、海岸等地点的生态环境受风电开发影响较小，对于生态影响主要是对平原风电中处于草原、戈壁等较为脆弱生态环境的风电场，以及山地风电场进行评价。

风电场的建设不可避免地对陆表植被产生一定程度的破坏，导致生物量损减。对于戈壁荒漠等地形地貌，生物量损减是建设项目引起该区陆表生态系统生产力变化的主要方面，主要表现为对植被的永久或临时伤损。

根据生态服务价值分析表，可以得到单位生态破坏损失量为 0.4 万元/t。

对于山地风电场，针对东北地区一个 198MW 的风电场进行统计，对于平原风电场，则以甘肃省风电基地作为统计目标，得到生态环境影响的数据，见表 5-5。

表 5-5 风电场生态资源指标

类 型	生态破坏量（t）	生态资源损失（万元）	生态资源平均损失（元/kW）
山地风电	32.48	13.00	0.7
平原风电	3228.24	1291.30	1.3

由于山地风电占地形式是以点式占地这种风电工程特有的占地形式，并不会阻断区域生态系统内各要素之间的相互作用关系，损耗掉的植被生物量很少，对该区域生态系统生产力的影响很小。而平原风电处于戈壁荒漠地貌，原有生态系统各种植被分布较为稀疏，但开发风电场对其影响较大，其生态损失较山地风电更高。

（二）碳排放因素

在 20 世纪时，全球平均接近地面的大气层温度上升了 0.74℃。普遍来说，科学界发现过去 50 年可观察的气候改变的速度是过去 100 年的双倍，因此推论该时期的气候改变是由人类活动所推动的。

二氧化碳和其他温室气体的含量不断增加，正是全球变暖的人为因素中的主要部分。据资料显示，大气中二氧化碳的含量比 18 世纪中叶工业革命开始从 280ppmv 增加到 360ppmv，增长趋势主要缘于人类的活动。燃烧化石燃料、清理林木和耕作等都增强了温室效应。自从 1950 年，太阳辐射的变化与火山活动所产生的变暖效果比人类所排放的温室气体的还要低。

风电作为一种可再生能源，发电不产生二氧化碳等温室气体，节能与减排的社会贡献是风电发展的重要动力之一。

火力发电排放的污染物主要有烟尘、二氧化碳、二氧化硫、废水、灰渣和其他温室气体等，与其他污染物不同，排放出来的二氧化碳通常不能利用清洁设备来消除。对二氧化碳减排成本的技术研究表明：若通过植物吸收二氧化碳，每减排 1t 碳的实际成本约为 5 美元；若通过常规的能源技术方式，每减排 1t 碳的成本约为 10 美元。

根据 1997 年制定，2005 年生效的《联合国气候变化框架公约的京都议定书》（简称《京都议定书》）的规定，为了将大气中的温室气体含量稳定在一个适当的水平，进而防止剧烈的气候改变对人类造成伤害，各国都采取了一定的措施来减少温室气体的排放，尤其是欧盟及美国的部分州已经开始征收碳排放税。在《京都议定书》中，我国并无减排义务，现阶段我国对二氧化碳等温室气体的排放也尚未控制，但随着我国经济的发展与进步，我国在不久的将来也可能会对碳排放进行征税。

现阶段我国减排收益的主要获取方式为清洁发展机制（Clean Developing Mechanism，CDM）项目，CDM 机制允许工业化国家的投资者在发展中国家实施有利于发展中国家可持续发展的减排项目，从而减少温室气体排放量，以履行发达国家在《京都议定书》中所承诺的限排或减排义务。我国减排的碳排放每吨二氧化碳收益曾达到 12 欧元以上，但 2012 年底，《京都议定书》第一期过期，由于工业化国家第二期的减排承诺较低，减排收益已下降至 4 欧元每吨。现阶段，根据北京环境交易所交易数据，碳减排价格约为 50～55 元/t。

尽管风电属于可再生清洁能源，本身并不排放污染物和温室气体，但风电设备从原材料开采到设备的报废处理整个过程中，需要消耗一定的能量，在评价其对环境的影响时，还必须考虑偿这部分能量所产生的大气污染物的排放，因此在分析与评价风电的环境效益时，需要从风电全生命周期的视角，综合考虑各个环节的能量消耗和气体排放。生命周期评价是定量评价产品或生产过程在整个生命周期内对环境所产生影响的一种工具，生命周期评价通过对能量和物质的利用以及由此造成的废物排放进行辨识和量化，评估能量和物质利用以及废物排放对环境的影响，寻求改善环境影响的机会。为测算风电场的整体环境效益，根据“从摇篮到坟墓”的全生命周期评价的理论框架，建立风电机组全生命周期评价模型如图 5-3 所示。

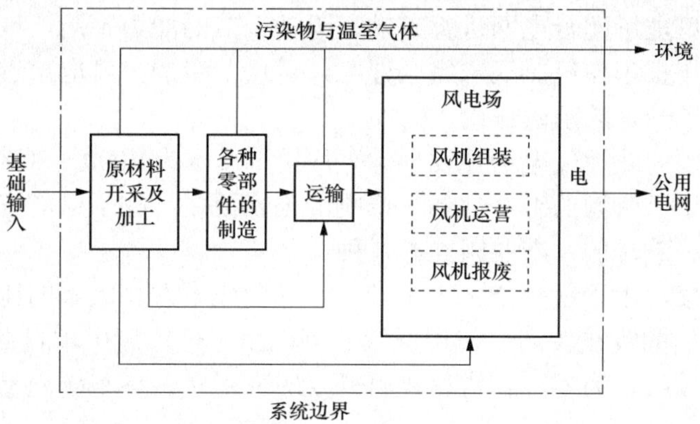

图 5-3　风电机组全生命周期评价模型

分析表明，49.5MW 风电场在全生命周期内，能耗为 30577.4 吨标准煤，能耗为同等火电厂的 3.5%，在进行风能资源评估计算时，在与火电厂的对比中可以考虑忽略风电场的生产能耗，从而简化计算。

综上所述，考虑风电接入的碳排放效益，其收益在每千瓦时 1 美分即约 0.06 元人民币左右。

（三）产业发展因素

在 2002 年之前，由于我国风电开发水平较低，大型并网风电设备生产技术也较落后，外国风电厂商在我国风电设备市场上占据着绝对垄断的地位，市场份额几乎占到 90%。从 2003 年开始，国家发改委实行每年一期的风电特许权项目招标制度，国家承担风电开发的前期工作并建立风电上网保证制度，从而极大地提高了风电投资的热情，再加上《可再生能源法》的正式实施，以及一系列的激励法律、政策和措施的陆续推行，其中包括要求电网企业全额收购可再生能源电力、发电上网电价优惠、费用分摊措施，以及各地政府积极支持风电设备生产企业的发展等，从而大大促进了可再生能源产业的发展，我国风电产业的发展进入到规模化及国产化阶段，截至 2011 年，中国累计风电装机中市场排名前五的企业分别为华锐风电 12977MW（20.8%）、金风科技 12678.9MW（20.3%）、东汽 6898MW（11.1%）、联合动力 5282MW（8.5%）和维斯塔斯 3565.5MW（5.7%）。由于竞争激烈，每千瓦风电机组售价已由 7000 余元下降至 3000 多元。

对于产业发展变化，主要是考虑风资源开发可行性指标及风资源开发成本指标：

对于陆地风电场，我国已经基本掌握了有关开发生产的技术，对于海上风电场则还处于研究探索阶段。但是由于缺少核心技术，对于风电机组控制系统的国产化率不高，风电场配合电网进行有功、无功调节的能力不足，风电预测预报体系和发电计划申报工作机制还未完全建立，对进一步加大风电穿透功率，减少风电场限电起到了一定的阻碍作用。

现阶段我国的陆地风电场开发静态平均投资成本为7000～8000元/kW。

综上，对于风资源的综合评估，影响的因素很多，除了风能资源本身外，主要有环境因素、碳排放、产业因素等几种。

在建设阶段，由于现有施工水平较高，环境成本占总成本的比例很低。在运行阶段，碳排放的收益较高，但也应该看到，由于一些风电项目并未参与CDM等碳交易，其碳收益为零，在进行项目开发时应对是否参与碳交易作为重要因素进行考虑。

二、一次能源资源对自然条件变化的敏感性分析技术

由于风力发电资源为自然资源，其出力受到风能资源的限制，而风能资源对于自然条件变化的分析对于长期的风电及电网规划有着重要的指导意义。自然条件指一个地域经历上千万年的天然非人为因素改造成形的基本情况，包括：地形条件、气候条件、土壤条件、动植物资源、矿产资源、水利资源及土特产品等。间歇式电源一次能源主要受地形及气候两类条件的影响。

（一）气候变化对风力发电的影响

对于气象历史数据的分析表明，风能资源在时间上不但具有年度周期变化特性，不同年之间风能资源数据也会出现较为缓慢的变化。气候是地球上某一地区多年时段大气的一般状态，是该时段各种天气过程的综合表现。气象要素包括气温、气压、风以及降水等方面，气象要素的各种统计量是表述气候的基本依据。

风力发电出力主要受以下几个气象要素变化的影响：风速、风向、气温、气压等。

其中风向受地形、地表环境及天气条件的影响较大，其总体分布逐年变化不大，典型年的数据即可表征。

风力发电机的风能捕获模型为

$$P=\frac{1}{2}C_{\mathrm{p}}\rho Av^3 \tag{5-1}$$

其中，风能捕获系数C_{p}、扫风面积A受风电机组影响，而空气密度ρ及风速v则受自然条件的限制。

空气密度主要受气压及温度的影响，其关系为

$$\rho=\rho_0\frac{P_{\mathrm{a}}}{P_{\mathrm{a0}}}\frac{T_0}{T} \tag{5-2}$$

其中，P_{a0}、T_0、ρ_0 分别代表标准大气压、0 摄氏度及在这个条件下的空气密度。

（二）地形变化对风力发电的影响

地形对风力发电的影响主要体现在不同地形对于风速的影响上。有三种地形因素影响风速及风资源状况：粗糙度、起伏情况、遮蔽效应。考虑到地形起伏的变化极少在短时间内发生，而遮蔽效应的发生也主要体现在风电场内部及风电场集群之间[118-123]。所以本节主要考虑地表粗糙度变化对风力发电的影响。

特定区域的粗糙度由该区域粗糙度组成元素的面积及分布决定，对土地而言，组成元素包括典型植被、建筑等。根据粗糙度特征元素不同，不同区域大致可分为四类。每种区域类型用粗糙度等级划分：

（1）0 级粗糙度区域为水面，包括海面、湖面等，粗糙度长度 z_0=0.0002m。

（2）1 级粗糙度区域为含少数障碍物的开阔地，地形平坦或有极缓的起伏，粗糙度长度 z_0=0.03m。

（3）2 级粗糙度区域为含障碍物的农田，但障碍物平均间隔超过 1000m。区域的典型特征是被树木或建筑等许多障碍物分割的平坦或平缓起伏的开阔地。粗糙度长度 z_0=0.10m。

（4）3 级粗糙度区域为城区，森林以及含许多障碍物的农田。农田被许多规律障碍物间隔，平均间隔为几百米。粗糙度长度 z_0=0.40m。

根据粗糙度长度，利用风速和高度的关系有

$$U_z = \frac{u_*}{\kappa}\ln\left(\frac{z}{z_0}\right) \tag{5-3}$$

式中：U_z 为高度 z 上的平均风速（m/s）；κ 为卡曼常数（一般取 0.4）；u_*是摩擦速度（m/s）；z_0 是粗糙度长度（m）；从而得到各个高度的风速

$$U_{new} = U_{ref}\frac{\ln(z_{new}/z_0)}{\ln(z_{ref}/z_0)} \tag{5-4}$$

式中：U_{new}、U_{ref} 分别为目标高度 z_{new} 和参考高度 z_{ref} 的平均风速。

对于各种粗糙长度的地形，计算得到其风能资源的能源指数见表 5-6。

表 5-6　地面粗糙度长度风能资源表

粗糙度等级	粗糙度长度 Z_0（m）	能源指数（百分比）
0	0.0002	100
0.5	0.0024	73
1	0.03	52
1.5	0.055	45

续表

粗糙度等级	粗糙度长度 Z_0（m）	能源指数（百分比）
2	0.1	39
2.5	0.2	31
3	0.4	24
3.5	0.6	18
4	1.6	13

（三）自然条件变化分析

地面风速观测资料是利用代表性较好、分布均匀的中国大陆 604 个地面气象站的 1960～1999 年共 40 年的逐日测风记录，资料源自国家气象信息中心气象资料室的整编资料库。通过对地面风速观测资料的回归分析及数值模式模拟，可以对我国的长期气象条件进行模拟及预测

对于地面风速的观察值，具有如下规律：

中国逐年平均风速季节变化十分显著，呈现“冬春大、夏秋小”型；各季和全年的逐年时间演变均在 1970～1972 年附近风速达到最大，之后持续减弱，并于 20 世纪 90 年代开始持续减弱趋于平缓。

大部分（88%）的地面站的逐年平均风能密度变化速率为负值，即有 88%的地面站的年风能资源的气候变化是减弱的。

中国逐年的年平均以及季节平均的 10m 高度的平均风能密度的时间演变趋势都是下降的，春季的下降趋势最显著，其次是冬季，最弱的是夏季，春季的总平均风能密度最大，夏季最小。

为了进一步分析中国未来风功率的变化，国家气候中心通过气象数值模式进行模拟及预测，得出结论如下：

（1）区域气候模式 CMM5 预估 21 世纪初期中国夏季平均风功率密度比 20 世纪小。

（2）全球气候模式预估 21 世纪中期中国年和冬半年平均风功率密度略小于 20 世纪；夏半年风功率密度变化趋势难以分辨。

（3）区域气候模式（RegCM3 和 PRECIS）和全球气候模式一致预估 21 世纪后期中国年和冬半年平均风功率密度比 20 世纪小，且可信度较大；对于夏半年，全球气候模式预估结论与区域气候模式预估结论不一致，不确定性较大。

（4）冬季风速和风能的变化与冬季季风强弱有密切联系。有研究指出，由于人类二氧化碳排放增加，造成全球变暖，相应冬季大陆明显变暖，且比海洋增暖要更明显，从而海陆温差对比明显减小，因而冬季风减弱。21 世纪随着全球和亚

洲温度的持续增暖，亚洲冬季风可能持续减弱，中国冬季的风功率密度有可能减小。

夏季风速和风能的变化与夏季季风有一定联系。根据已有研究分析，考虑全球变暖，夏季陆地比海洋增暖更迅速，因此大陆尺度的海陆热力学对比在夏季变得更大，同时考虑人类二氧化碳排放增加，夏季风变化趋势较难确定。

第二节　送受端电网间歇式电源发电协同消纳分析技术

风电的接入，不但需要电网新建线路即风电接入系统的配合，由于其波动性及不可控制性，还需要建设配套的常规电源，以使电源总体能够满足跟踪负荷的要求。但由于我国风能资源丰富的“三北”地区，经济发展水平较低，本地负荷较小，并无空间消纳大量的风电及其配套的常规电源。所以，在风电场、风电基地建设中，必须考虑远距离输送，利用省级电网及大区电网输电线路将风能送到具有大量负荷的受端电网，从而完成风电的消纳。

影响风电消纳的主要因素有：电力系统规模、常规机组类型、电网传输能力、负荷特性以及风电场出力特性等。现有风电消纳主要有就地消纳、风火打捆交流外送消纳以及直流外送消纳等方式，其中由于我国三北地区本地负荷不足，风火打捆外送，尤其是利用交流电网进行外送是现有风电消纳的主要途径。

本节从大规模风电外送的特点即具有明显的送端电网和受端电网出发，同时考虑到：

（1）电力系统规模。对于确定的送端电网和受端电网，其电力系统规模即负荷容量等参数变化不大。在分析时，可以认为电力系统规模确定并作为分析的边界条件，不作为风电消纳的影响因素。

（2）常规机组类型。对于确定的电网，常规电源的类型变化范围较小，这是由于常规机组主要有水电、燃煤、燃气火电机组等。资源的限制使水电等电源的装机、分布难以变化，燃气机组很少投建。而考虑到机组运行的经济性，燃煤电源的机组装机容量及相应的调节能力也较难改变。由于“三北”地区水电装机容量较小，较难新建新的机组，所以在分析时主要以风火打捆外送的送端电网为分析对象。

（3）电网传输能力。电网传输能力由送端电网的传输能力、受端电网的传输能力及联络线路共同决定。本书假设送端及受端电网本身传输能力具有足够的充裕性，可以满足较高容量的风电消纳，则主要研究对象为联络线的传输能力。

（4）负荷特性。负荷的容量及典型曲线由送、受电网确定，忽略需求侧响应等控制手段，则负荷特性也可以确定。

（5）风电出力特性。当风电开发规模及地点确定后，相应风电出力特性也可以确定。当研究范围内各风资源丰富地区都已有较多风电场开发，新建风电场的分布也将与原有风电场类似，在研究中可以认为地区风电场长期出力特性与开发规模无关。由于风电场参与有功调节控制需要进行一定的弃风，而现阶段的间歇式电源政策法规中优先全额收购风电，风电场使用有功控制的动力不足，现阶段能够参与调度有功平衡控制的风电场极少，本书研究不考虑风电场有功控制。

（6）系统无功电压水平。考虑到通过各种控制手段，已经可以对风电场输出的电压、无功水平进行有效地调节，并且风电场相关线路也可以通过安装无功补偿装置进行无功电压的调节，所以本书暂不考虑由于无功电压控制导致的风电消纳空间不足。

所以本书侧重通过风电外送进行大规模风电的消纳，其研究问题为考虑联络线传输能力的约束，通过送端及受端电网的有功平衡分析，综合优化电网消纳空间，从而确定风电外送消纳的能力。

一、大规模风电外送消纳模型

1. 电网外送风电消纳模型

建立系统消纳模型，即送端电网、受端电网通过一定容量的联络线联系，忽略送、受端电网内部的网络约束及无功平衡约束，则有

$$\begin{cases} P_{\mathrm{w}}^{s} + P_{\mathrm{G}}^{s} - P_{\mathrm{c}} = P_{\mathrm{l}}^{s} \\ P_{\mathrm{w}}^{l} + P_{\mathrm{G}}^{l} + P_{\mathrm{c}} = P_{\mathrm{l}}^{l} \end{cases} \tag{5-5}$$

式中：P_{c} 为联络线上的有功功率；P_{w}^{s}、P_{G}^{s} 分别为送端系统风电、常规电源的出力；P_{w}^{l}、P_{G}^{l} 为受端系统风电、常规电源的出力；P_{l}^{s}、P_{l}^{l} 分别为送、受端的负荷。考虑到受端系统风电装机通常较小，忽略受端系统的风电，则 $P_{\mathrm{w}}^{l}=0$。

电网外送消纳空间的优化问题中，优化变量为联络线有功功率，优化结果可以为消纳空间最大或碳排放最低的最优消纳空间。电网消纳空间的主要限制条件为如式（5-5）所示的有功平衡方程。同时考虑到风电的波动性及可控制差，引入电力系统灵活性的限制，即为电力系统在各个时间尺度下，都应能够平衡及调节电力系统中负荷和风电带来的有功功率波动。即为

$$P_{\mathrm{flex}+,-}^{T} \geqslant P_{\mathrm{NLR}+,-}^{T} \tag{5-6}$$

式中：T 代表研究的波动周期；$P_{\mathrm{flex}+,-}$ 代表系统能够提供的最大上调及下调有功出力的能力；$P_{\mathrm{NLR}+,-}$ 代表负荷及风电的向上波动量及向下波动量，负荷的波动为负荷的预测误差，风电的波动根据不同运行模式，可以取风电的预测误差或风电的全部容量。

对于含风电的系统，其灵活性水平的需求，主要体现在以下三个方面。

（1）调频需求：对应的波动周期 T 为 1s～1min。风电在短时间尺度内具有互补性的特点，当开发规模扩大，由风电机组汇集为风电场、风电场群时，由于空间滤波效应，短时间风电的相对波动功率呈下降趋势，单位容量对于系统的调频需求降低。但在风电开发规模达到一定程度时，系统调频需求相对确定。调频容量在送端电源组成相对确定的情况下，无法有效通过外送增加，所以风电外送对于由于调频限制的消纳空间提升效果较小。

（2）备用需求：对应的波动周期 T 为 10min～6h。在风电装机容量增加时，备用容量必须相应增加。在风电装机较小时，传统经验要求备用覆盖风电全部功率，以便覆盖风电各种出力的可能，但当风电装机增加后，此种运行方式不但不够经济，甚至不再可行。考虑到现阶段风电功率预测的准确性逐步提升，已经具有一定的实用性，备用留取可仅考虑风电、负荷预测的误差及常规电源的故障，而无需覆盖风电场全部功率。当风电功率预测的误差为 10%时，与全额保留风电备用模式相比，备用已经可以较原有要求大大减小。在风电消纳分析中，当备用需求不足时，可以将备用需求适当增大，以满足风电的波动性造成的电网灵活性不足，可以不将备用作为消纳空间的约束。

（3）调峰需求：对应的波动周期 T 为 24h。长时间尺度上，现有风电弃风、无法消纳的一个主要问题为系统调峰容量不足。风电的波动性及可控制性差，使得风电场集群出力在某些时段、季节呈现反调峰特性。对于风电容量较高、水电等调峰能力强的电源容量较低的地区，火电无法满足风电的调峰灵活性需求，从而限制了风电消纳。通过风电外送，可以有效地提高系统的消纳空间，从而帮助送端电网进行风电消纳。

2. 风电最大消纳空间模型

对于送端电网风电消纳最大空间，考虑到调频、备用等波动都可以利用送端电网内部的灵活性电源进行平衡，其优化问题为送端送出风电功率最大。

优化目标

$$\max P_{\mathrm{w}}^{s} \tag{5-7}$$

约束条件

$$P_{\mathrm{G},t}^{s} = P_{\mathrm{l},t}^{s} - P_{\mathrm{w},t}^{s} + P_{\mathrm{c},t} = P_{nl,t}^{s} \tag{5-8}$$

$$P_{\mathrm{flex+}}^{1d} \geqslant P_{\mathrm{NLR+}}^{1d} \tag{5-9}$$

$$P_{\mathrm{flex-}}^{1d} \geqslant P_{\mathrm{NLR-}}^{1d} \tag{5-10}$$

其中，式（5-8）～式（5-10）由式（5-5）及式（5-6）改写得到，为有功平衡及

调峰约束，$P^s_{nl,t}$ 为送端净负荷。式（5-9）、式（5-10）表示的调峰约束又可以表示为

$$\sum_{i\in\Lambda_{\text{on}}} P^s_{\text{G}i,\text{up}} + \sum_{i\in\Lambda_{\text{start}}} P^s_{\text{G}i} \geqslant \max\{P^s_{nl,t_1} - P^s_{nl,t_2}\}, 0 \leqslant t_2 - t_1 \leqslant 24 \tag{5-11}$$

$$\sum_{i\in\Lambda_{\text{on}}} P^s_{\text{G}i,\text{down}} + \sum_{i\in\Lambda_{\text{shut}}} P^s_{\text{G}i} \geqslant \max\{P^s_{nl,t_2} - P^s_{nl,t_1}\}, 0 \leqslant t_2 - t_1 \leqslant 24 \tag{5-12}$$

式中：$P^s_{\text{G}i,\text{up}}$、$P^s_{\text{G}i,\text{down}}$ 分别为送端电网参与上调峰及下调峰机组的上调峰、下调峰能力；Λ_{on}、Λ_{start}、Λ_{shut} 分别为 t_1 至 t_2 时段内运行、启动及关闭的机组集合；$P^s_{\text{G}i}$ 为送端启、停机组的有功功率。

类似可以得到受端电网最大接纳风电的容量 P_{c}。

优化目标

$$\max P_{\text{c}} \tag{5-13}$$

约束条件

$$P^l_{\text{G},t} = P^l_{l,t} - P_{\text{c},t} = P^l_{nl,t} \tag{5-14}$$

$$\sum_{i\in\Lambda_{\text{on}}} P^l_{\text{G}i,\text{up}} + \sum_{i\in\Lambda_{\text{start}}} P^l_{\text{G}i} \geqslant \max\{P^l_{nl,t_1} - P^l_{nl,t_2}\}, 0h \leqslant t_2 - t_1 \leqslant 24h \tag{5-15}$$

$$\sum_{i\in\Lambda_{\text{on}}} P^l_{\text{G}i,\text{down}} + \sum_{i\in\Lambda_{\text{shut}}} P^l_{\text{G}i} \geqslant \max\{P^l_{nl,t_1} - P^l_{nl,t_2}\}, 0h \leqslant t_1 - t_2 \leqslant 24h \tag{5-16}$$

式中：$P^l_{nl,t}$ 为受端电网净负荷；$P^l_{\text{G}i,\text{up}}$、$P^l_{\text{G}i,\text{down}}$ 分别为受端电网参与上调峰及下调峰机组的上调峰、下调峰能力；$P^l_{\text{G}i}$ 为受端启、停机组的有功功率。

考虑到风电在运行时，需要火电电源运行平均出力变低，开机关机更加频繁，对于风电的消纳，以系统总碳排放最低，可以得到系统最优的风电消纳空间。则约束条件与最大消纳空间分析相同，以联络线有功功率为优化变量，送端电网的最优消纳空间优化问题为：

送端电网最优消纳空间问题的优化目标为

$$\min E^s_{\text{CO}_2} \tag{5-17}$$

式中：$E^s_{\text{CO}_2}$ 为送端电网的总碳排放。

约束条件如式（5-8）、式（5-11）及式（5-12）所示。

3. 电网消纳空间运行模拟模型

由于调峰容量取决于机组的最小运行出力以及机组的开、停机。为了分析火电机组的开停机、运行状态，根据风电场出力、联络线功率及负荷出力确定由火电电源平衡的净负荷容量，建立机组组合模型确定机组的开停机计划。

目标函数为

$$\min\sum_{t=1}^{T}\sum_{i=1}^{N}(y_{it}S_{ui}+z_{it}S_{di})+\sum_{t=1}^{T}\sum_{i=1}^{N}u_{it}(a_i+b_iP_{\mathrm{G}i,t}+c_iP_{\mathrm{G}i,t}{}^2) \tag{5-18}$$

约束条件为

$$\sum_{i=1}^{N}P_{\mathrm{G}i,t}=P_{l,t}-P_{w,t}+c_dP_{c,t}=P_{nl,t} \tag{5-19}$$

$$\begin{cases}\sum_{i=1}^{N}u_{it}\min\{P_{\mathrm{G}i,\max},P_{\mathrm{G}i,t}+r_{ui}\Delta T\}\geqslant(P_{nl,t}+P_{r,t})\\ \sum_{i=1}^{N}u_{it}\max\{P_{\mathrm{G}i,\min},P_{\mathrm{G}i,t}-r_{di}\Delta T\}\leqslant(P_{nl,t}-P_{nr,t})\end{cases} \tag{5-20}$$

$$\begin{cases}P_{\mathrm{G}i,t}-P_{\mathrm{G}i,t+1}\leqslant r_{di}\Delta T,P_{\mathrm{G}i,t}\geqslant P_{\mathrm{G}i,t+1}\\ P_{\mathrm{G}i,t+1}-P_{\mathrm{G}i,t}\leqslant r_{ui}\Delta T,P_{\mathrm{G}i,t}\leqslant P_{\mathrm{G}i,t+1}\end{cases} \tag{5-21}$$

$$u_{it}P_{\mathrm{G}i,\min}\leqslant P_{\mathrm{G}it}\leqslant u_{it}P_{\mathrm{G}i,\max} \tag{5-22}$$

$$\begin{cases}-u_{i(t-1)}+u_{it}-u_{ik}\leqslant 0, & \forall k:1\leqslant k-(t-1)\leqslant T_{ui}\\ u_{i(t-1)}-u_{it}+u_{ik}\leqslant 1, & \forall k:1\leqslant k-(t-1)\leqslant T_{di}\end{cases} \tag{5-23}$$

$$u_{i,t}=u_{i,t-1}+y_{i,t}-z_{i,t} \tag{5-24}$$

目标函数中：N 为发电机数；T 为时段数；$y_{i,t}$ 和 $x_{i,t}$ 为表示发电机启停的 0～1 整数变量，$y_{i,t}=1$ 表示发电机 i 在时刻 t 开启，$x_{i,t}=1$ 表示发电机 i 在时刻 t 关停；$u_{i,t}$ 表示发电机 i 的开停机状态的 0～1 整数变量，$u_{i,t}=1$ 表示发电机处于开机状态，$u_{i,t}=0$ 表示发电机处于停机状态；S_{ui}、S_{di} 分别表示发电机的启动成本和关停成本；a_i、b_i、c_i 为二次函数表示的发电机运行成本参数；$P_{\mathrm{G}i,t}$ 为发电机 i 在 t 时刻的出力。

约束条件中：式（5-19）为有功平衡约束，其中 c_d 为联络线潮流方向函数，送端电网取值为 1，受端电网取值为−1；式（5-20）为备用约束，其中 ΔT 为时段长度，r_{ui} 为机组的上爬坡能力，r_{di} 为机组的下爬坡能力，$P_{r,t}$ 为正备用需求，$P_{nr,t}$ 为负备用需求，$P_{\mathrm{G}i,\max}$ 为机组最大出力，$P_{\mathrm{G}i,\min}$ 为机组最小出力；式（5-21）为机组爬坡速率限制；式（5-22）为机组出力限制；式（5-23）为机组最小开停机持续时间限制，T_{ui}、T_{di} 分别为机组最小开机及停机持续时间；式（5-24）为开停机状态变量与启停变量之间的关系。

二、大规模风电外送消纳模式分析

在风电外送的过程中，不同的线路容量与控制线路的方法对于风电消纳空间优化效果不同，下面根据不同的联络线传输功率时序曲线，对大规模风电外送对于风电消纳空间的影响进行分析。

1. 恒功率外送

联络线以一定功率，通常为最大功率进行恒功率外送，是现有较多联络线的输送方式，在恒功率方式外送时，送端系统在运行时的净负荷增加，负荷波动大小不变。对于送端系统消纳更多风电有一定的促进作用；受端系统净负荷减少，减少了电源开机，对受端系统灵活性具有一定的不利影响，但此种运行方式与现有联络线运行方式相似，通常不会对受端系统调峰造成影响。此种运行方式为

$$P_{\mathrm{c}}^{\mathrm{const}}(t)=P_{\mathrm{c}}^{\max} \tag{5-25}$$

式中：$P_{\mathrm{c}}^{\max}$ 为外送最大容量。

2. 跟踪风电功率外送

当联络线不承担调峰任务时，风电对于调峰灵活性的需求都由送端系统进行负担，从而导致需要较多的常规电源对风电进行配合。考虑到增加风电消纳的需求，将外送线路的输送功率限制变为配合风电预测出力，从而由受端电网帮助送端电网进行调峰，在联络线上反向提供部分灵活性供给，提高总体风电消纳能力。考虑到联络线运行控制的要求，确定此种运行方式为

$$P_{\mathrm{c}}^{\mathrm{wind}}(t)=\frac{P_l^s(t)-P_{\mathrm{w}}^{\mathrm{forcast}}(t)-\min(P_l^s-P_{\mathrm{w}}^{\mathrm{forcast}})}{\max(P_l^s-P_{\mathrm{w}}^{\mathrm{forcast}})-\min(P_l^s-P_{\mathrm{w}}^{\mathrm{forcast}})}P_{\mathrm{c}}^{\max},t=1,2,...,24\mathrm{h} \tag{5-26}$$

式中：$P_{\mathrm{w}}^{\mathrm{forcast}}$ 为每小时的平均预测风功率，在运行中，根据预测风功率确定一日24h每小时的联络线输送功率。

3. 综合外送方式

当联络线容量较大时，全额按照跟踪风电功率进行外送，一方面对受端系统的运行产生较大的影响，甚至会导致受端系统的调峰灵活性不足，另一方面也使联络线利用率较低，浪费了电网投资。在这种情况下，为了确保受端系统的灵活运行以及联络线的高效利用，需要调整联络线输送功率的确定方式。通过将恒功率外送与跟踪风电功率外送两种方式结合，可以得到综合外送方式

$$P_{\mathrm{c}}^{\mathrm{comp}}(t)=(1-k_{\mathrm{wind}})P_{\mathrm{c}}^{\mathrm{const}}(t)+k_{\mathrm{wind}}P_{\mathrm{c}}^{\mathrm{wind}}(t) \tag{5-27}$$

式中：k_{wind} 为综合外送比例系数，取值范围为［0，1］，当 k_{wind} 为0时，即为恒功率外送；k_{wind} 为1时，即为跟踪风电功率外送。

根据不同的外送方式，绘制联络线功率的时序曲线示意图如图5-4所示。

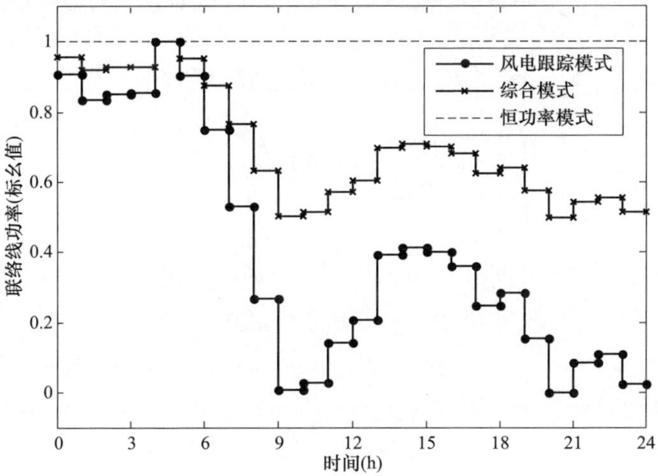

图 5-4　联络线功率时序曲线图

三、大规模风电外送消纳优化规划模型的求解

1. 基于机组聚类的机组组合模型

机组组合问题是一个规模庞大的非线性整数规划问题，求解较为困难，在规划阶段的模拟运行中，为了考虑不同的风电出力等特性、不同的运行状态，机组组合优化问题的计算量增大将难以承受。为了简化机组组合从而快速获得较为粗略的机组组合的解，建立基于机组聚类的机组组合模型，可以对长时间尺度、多运行状态的机组组合进行快速求解。

计算中，利用机组的碳排放特性代替机组的成本。由于容量相同或相似的机组，具有类似的最小出力水平、爬坡能力、碳排放特性及开停机额外碳排放特性。利用聚类分析，将特性相同及相似的机组归为一类，并利用单一参数的机组对其进行表示。线性化表示机组的碳排放特性，该机组开停机时间约束为单位时间段内开停机数量约束，则机组组合优化问题可简化如下：

目标函数为

$$\min\sum_{t=1}^{T}\sum_{i=1}^{M}(y'_{i,t}S'_{ui}+x'_{i,t}S'_{di})+\sum_{t=1}^{T}\sum_{i=1}^{M}(a'_i u'_{i,t}+b'_i P_{Gi,t})+\sum_{t=1}^{T}C_{\text{cutload}}P_{cl,t} \tag{5-28}$$

约束条件为

$$\sum_{i=1}^{M}P_{Gi,t}+P_{w,t}-c_d P_{c,t}+P_{cl,t}=P_{nl,t} \tag{5-29}$$

$$\begin{cases}\sum_{i=1}^{M}\min\{u'_{i,t}P_{\mathrm{G}i,\max},P_{\mathrm{G}i,t}+u'_{i,t}r_{ui}\Delta T\}\geqslant(P_{nl,t}+P_{r,t})\\ \sum_{i=1}^{M}\max\{u'_{i,t}P_{\mathrm{G}i,\min},P_{\mathrm{G}i,t}-u'_{i,t}r_{di}\Delta T\}\leqslant(P_{nl,t}-P_{nr,t})\end{cases}\tag{5-30}$$

$$\begin{cases}\dfrac{P_{\mathrm{G}i,t}}{u'_{i,t}}-\dfrac{P_{\mathrm{G}i,t+1}}{u'_{i,t+1}}\leqslant r_{di}\Delta T,\dfrac{P_{\mathrm{G}i,t}}{u'_{i,t}}\geqslant\dfrac{P_{\mathrm{G}i,t+1}}{u'_{i,t+1}}\\ \dfrac{P_{\mathrm{G}i,t+1}}{u'_{i,t+1}}-\dfrac{P_{\mathrm{G}i,t}}{u'_{i,t}}\leqslant r_{ui}\Delta T,\dfrac{P_{\mathrm{G}i,t}}{u'_{i,t}}\leqslant\dfrac{P_{\mathrm{G}i,t+1}}{u'_{i,t+1}}\end{cases}\tag{5-31}$$

$$u'_{it}P_{\mathrm{G}i,\min}\leqslant P_{\mathrm{G}i,t}\leqslant u'_{it}P_{\mathrm{G}i,\max}\tag{5-32}$$

$$u'_{i,t}=u'_{i,t-1}+y'_{i,t}-z'_{i,t}\tag{5-33}$$

$$\begin{cases}\sum_{t=1}^{T}y'_{i,t}\leqslant N_{udi,T}\\ \sum_{t=1}^{T}z'_{i,t}\leqslant N_{udi,T}\end{cases}\tag{5-34}$$

$$\begin{cases}u'_{i,t}\leqslant N_i\\ y'_{i,t}\leqslant N_i\\ z'_{i,t}\leqslant N_i\end{cases}\tag{5-35}$$

式中：M 为机组类型个数；$u'_{i,t}$、$y'_{i,t}$、$z'_{i,t}$ 为整数变量，分别代表 i 类型机组在时刻 t 的运行机组数、启动机组数及关停机组数；$P_{Gi,t}$ 为第 i 类机组在时刻 t 的有功出力总和；S'_{ui}、S'_{di}、a'_i、b'_i 分别为启停、运行碳排放系数以及线性化后的机组运行碳排放一次系数、常数；C_{cutload} 及 $P_{cl,t}$ 分别为切负荷成本及切负荷量，其作用为保证机组组合有解，在优化结果中，应无相应切负荷量，其成本应取为系统运行总成本；系统开停机最小持续时间约束由式（5-34）的单位时间内开停机次数约束代替，$N_{udi,T}$ 为 T 个时段内的总开机、停机数限制；式（5-35）为 i 类机组的数量限制。

将传统的机组组合问题即大规模非线性整数规划问题变为一个规模较小的线性整数规划问题，优化问题求解速度可以得到较大的提升，并得到一个近似优化的解。

2. 基于调峰容量的送端消纳空间模型求解

在得到机组组合的解之后，即可求解送端风电消纳空间模型。求解步骤如下：

（1）选定外送方案及外送联络线最大容量。

（2）分析送端电网风电特性，根据历史数据变换或仿真数据确定送端电网风电年出力曲线。

（3）确定年外送功率时序曲线。

（4）根据送端电网受端电网负荷特性及负荷容量，确定年负荷曲线。

（5）计算获得净负荷曲线。

（6）利用基于机组聚类的机组组合优化问题，求解机组组合结果。

（7）对于机组组合结果进行检查，统计出由于调峰容量不足切负荷的次数。

（8）计算调峰不足概率（Insufficient Peak Regulation Probability，IPRP）

$$R_{\text{IPRP}} = \Pr(P_{cl,t} > 0) \tag{5-36}$$

并按照步骤（2）～（7）重复计算，直到调峰不足概率收敛。

（9）根据设定的调峰不足阈值，确定外送方案的合理性。

3. 基于调峰容量比的受端消纳空间模型及求解

对于受端电网基于联络线送出功率的消纳空间，考虑到受端电网不含风电，其运行方式具有明显的典型日特性，可利用调峰容量比对受端电网的最大风电消纳能力进行分析。定义调峰容量比为机组能够在一天内出力的最小值与最大值之比。

$$R_{\text{pr}} = \frac{P_{\min}}{P_{\max}} \tag{5-37}$$

则机组的调峰容量比为最低出力与额定容量之比，将机组聚合并考虑机组日启停次数，可以得到系统的调峰容量比计算模型

$$R_{\text{pr}}^{\text{system}} = \frac{\sum\limits_{i\in\Lambda_{\text{pr,on}}} R_{\text{pr},i}P_{\text{N,i}} + \sum\limits_{i\in\Lambda_{\text{force,on}}} P_{\text{N,i}}}{\sum\limits_{i\in\Lambda_{\text{pr,on}}} P_{N,i} + \sum\limits_{i\in\Lambda_{\text{pr,change}}} N_{\text{shut}}P_{\text{N,i}} + \sum\limits_{i\in\Lambda_{\text{force,on}}} P_{\text{N,i}}} \tag{5-38}$$

式中：$P_{N,i}$ 为各机组的额定容量；$\Lambda_{\text{pr,on}}$、$\Lambda_{\text{pr,change}}$、$\Lambda_{\text{force,on}}$ 分别为开机可调峰机组、当日开停机调峰机组以及强迫出力机组集合；N_{shut} 为调峰机组启停次数限制。

得到系统调峰容量比后，可进一步对净负荷进行分析，从而判定能否有效调峰，以及调峰不足概率等指标值。

四、算例及仿真

本节利用西北某省的实际装机数据进行仿真。

碳排放相关参数为：煤价为687元/吨标准煤；燃料费用比例为80%；根据火电机组燃煤化学反应确定二氧化碳排放系数为2.87（每吨标准煤排放2.87吨二氧化碳）。

对常规机组进行聚类分析得到送端电网常规电源装机的机组数据，送端电网共有 115 台火电机组，装机容量为 50000MW，聚类分析后得到四类火电机组，具体机组数据见表 5-7。送端系统的机组设为每 2 天可以开停机一次，最大负荷为 45000MW。对送端进行消纳分析。

表 5-7　　常规电源机组数据

机组类型	1	2	3	4
容量（MW）	100	300	600	1000
台数	29	47	15	24
最低出力（MW）	40	150	360	600
爬坡率（MW/h）	50	100	200	300
运行可变费用（元/MW•h）	200	175	165	155
运行固定费用（元/h）	1000	3250	5000	8000
开机费用（元）	5000	30000	60000	100000
停机费用	2000	5000	5000	5000

分析受端系统消纳空间时，设定受端系统的最大负荷为 30000MW；装机容量为 36000MW，其中强迫出力机组为 10 台 600MW 机组，可调峰机组为 50 台 600MW 机组，调峰机组开停机限制台数为 15 台，调峰机组的调峰容量比为 0.6。

1. 无风电外送条件下的送端电网风电消纳

当不进行风电外送时，对送端系统进行模拟计算，当调峰不足时，对碳排放进行惩罚，从而得到不同风电装机容量下，系统的总调峰不足概率及碳排放水平。

从表 5-8 所示的无风电外送系统运行模拟结果可以看出，当风电接入容量增高至火电装机的 50%以上时，系统调峰不足概率开始增加，并且由于频繁调峰及开停机，火电机组运行水平较低，系统碳排放总体水平在风电增加的情况下仍有一定提高。

表 5-8　　无风电外送系统模拟运行结果

风电装机容量（MW）	0	25000	30000	35000	40000
调峰不足概率	0%	0.55%	5.21%	18.36%	33.42%
碳排放（万吨 CO_2/年）	13598.99	12135.42	13845.37	18965.10	24463.29

2. 恒功率风电外送条件下的送端电网风电消纳

当风电恒功率外送时，对送端系统进行模拟计算，可以得到不同风电装机容量下，系统的总调峰不足概率及碳排放水平，结果见表 5-9～表 5-11。

表 5-9　　风电恒功率外送送端系统调峰不足概率

风电装机容量（MW）	25000	30000	35000	40000
$P_{c,\max}$=200MW	0.27%	4.11%	17.26%	32.05%
$P_{c,\max}$=500MW	0%	2.47%	14.52%	29.32%
$P_{c,\max}$=1000MW	0%	1.92%	12.33%	27.67%
$P_{c,\max}$=2000MW	0%	0.27%	8.49%	23.84%

表 5-10　　风电恒功率外送送端系统碳排放（万吨/年）

风电装机容量（MW）	25000	30000	35000	40000
$P_{c,\max}$=200MW	12111.72	13608.33	18604.92	24002.17
$P_{c,\max}$=500MW	12136.43	13608.33	17528.74	23095.19
$P_{c,\max}$=1000MW	12391.32	12916.95	16962.89	22603.50
$P_{c,\max}$=2000MW	12888.62	13166.90	15748.59	21398.65

表 5-11　　风电恒功率外送送端系统单位碳排放（g/kWh）

风电装机容量（MW）	25000	30000	35000	40000
$P_{c,\max}$=0MW	500.73	561.13	766.98	982.17
$P_{c,\max}$=200MW	496.17	551.61	752.67	964.15
$P_{c,\max}$=500MW	491.88	551.70	709.13	929.14
$P_{c,\max}$=1000MW	493.45	523.64	686.92	910.07
$P_{c,\max}$=2000MW	495.96	533.72	637.52	863.06

由结果分析可知，当外送联络线功率增加时，系统的调峰能力得到增强，调峰不足概率大大降低，有利于系统消纳更多风电。当风电装机较小时，增加外送联络线功率，将导致系统碳排放增加，这主要是由于系统等效负荷增多时火电机组发电量增加多发的电量导致碳排放增加；当风电装机较高时，则外送的联络线功率增加可以有效地降低系统调峰成本，提高系统运行效率。

进一步计算负荷用电的单位电量碳排放水平，可以看出：当风电接入为25000MW时，平均碳排放在外送联络线功率为500MW时最低，此时系统可以较好地满足外送联络线功率与负荷组成的综合负荷的调峰需求，火电开停机及低出力运行较少，并且风电出力比例达到较高的比例；当外送联络线功率进一步增加时，火电负担了更多的负荷，使总体平均碳排放有所增加。当风电接入水平提高至 40000MW 时，系统的排放已超过火电平均排放，风电的接入使系统的碳排放增加。当风电接入水平更高时，外送可以有效降低系统调峰不足的概率，改善系统运行水平从而降低平均碳排放。

设定调峰不足概率阈值为 1%，计算得到不同外送功率下，最大风电消纳空间，风电恒功率外送消纳空间计算结果见表 5-12，恒功率外送最大消纳空间曲线图如图 5-5 所示。

表 5-12 风电恒功率外送消纳空间计算结果

联络线最大功率（MW）	0	200	500	1000	1500	2000	2500	5000
最大接入风电容量（MW）	27500	27600	27700	28300	28600	30000	31500	33500
总碳排放（万吨/年）	12271	12392	12636	12759	13008	13198	13580	14505
单位碳排放（g/kWh）	506.33	507.65	512.14	508.09	509.13	507.87	513.92	506.89

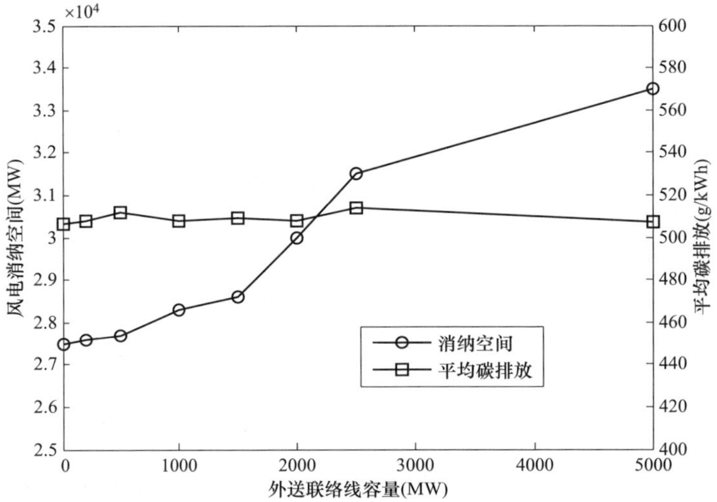

图 5-5 恒功率外送最大消纳空间曲线图

由结果可以看到，当外送联络线功率不断增加时，最大风电接入容量也得到了相应的提升，提升曲线近似为一条直线，单位碳排放则变化不大。

3. 综合外送条件下的送端电网风电消纳

选定联络线最大功率为 1000MW，根据不同综合外送比例系数，得到风电综合外送过后的系统计算结果。见表 5-13～表 5-15。

表 5-13 风电综合外送送端系统调峰不足概率

风电装机容量（MW）	25000	30000	35000	40000
k_{wind}=0	0%	1.92%	12.33%	27.67%
k_{wind}=0.25	0%	1.37%	10.27%	26.44%

续表

风电装机容量（MW）	25000	30000	35000	40000
k_{wind}=0.5	0%	1.23%	10.41%	25.62%
k_{wind}=0.75	0%	0.41%	6.85%	22.33%
k_{wind}=1	0%	0.27%	6.16%	20.82%

表 5-14　　风电综合外送送端系统碳排放（万吨/年）

风电装机容量（MW）	25000	30000	35000	40000
k_{wind}=0	12391.32	12916.95	16962.89	22603.50
k_{wind}=0.25	12366.36	12662.91	16150.47	22104.68
k_{wind}=0.5	12295.04	12540.54	16127.53	21821.40
k_{wind}=0.75	12217.02	12106.57	14578.09	20546.63
k_{wind}=1	12143.23	11962.63	14239.64	19859.33

表 5-15　　风电综合外送送端系统单位碳排放（g/kWh）

风电装机容量（MW）	25000	30000	35000	40000
k_{wind}=0	493.45	523.64	686.92	910.07
k_{wind}=0.25	492.89	504.71	643.71	881.03
k_{wind}=0.5	490.47	500.27	643.36	870.50
k_{wind}=0.75	487.79	483.38	582.06	820.37
k_{wind}=1	485.27	478.05	569.04	793.62

由结果分析可知，利用综合外送的方式，可以减轻系统的调峰压力，对系统消纳风电具有一定的促进作用。当风电装机容量较高时，综合外送对系统调峰不足改善效果较好。但由于利用综合外送减少了系统等效负荷，在风电装机容量较低时，综合外送对系统改善较小。从碳减排的角度，当风电装机较小为25000MW时，由于系统并未受到调峰不足等的影响，利用综合外送方式减少了外送功率使系统平均碳排放有所增加，当风电装机较大时，利用综合外送方式则可以有效降低碳排放。在外送联络线容量为1000MW的情况下，对于不同综合外送比例系数，求最大风电接入及碳排放指标。风电综合外送消纳空间见表5-16。

表 5-16　　风电综合外送消纳空间

综合外送比例系数	0	0.25	0.5	0.75	1
最大接入风电容量（MW）	28300	29200	29400	30400	31200
总碳排放（万吨/年）	12758.75	12714.64	12519.13	12376.09	12256.79
单位碳排放（g/kWh）	508.09	506.77	499.41	494.14	489.80

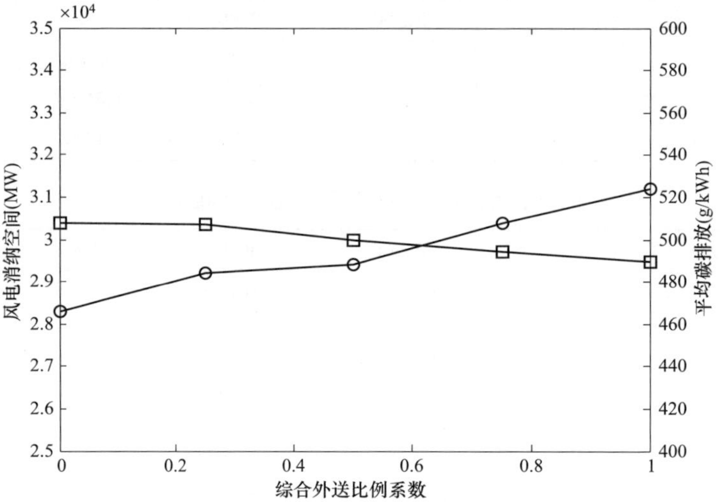

图 5-6　综合外送最大消纳空间

由结果可以看到，与提升外送容量相比，改变外送方式提升的最大消纳空间较小，但可以较为有效地降低系统的碳排放指标。通过不同运行方式提升外送容量，可以有效地减少外送线路的投资，在外送线路建设受限、送端系统调峰不足的情况下，可以有效地优化系统的运行状态，提高风电消纳能力。

同时，对比各种外送方式下最大消纳空间及平均碳排放，可以得出，当风电按照最大消纳空间接入时，具有接入风电越多，平均碳排放越低的特性。这是由于，当传统机组运行限制满足调峰需求的情况下，接入更多的风电，虽然会使传统机组运行在低出力状态及增加机组启停，但由于风电的运行不产生碳排放，系统常规电源总发电量降低，系统平均碳排放仍会下降。

4. 受端消纳能力

为了分析较小的受端系统对于风电外送的消纳能力，在典型日计算得到系统的总调峰容量比为

$$R_{\mathrm{pr}}^{\mathrm{system}} = 0.5 \tag{5-39}$$

系统的调峰容量比受到总负荷影响，会产生一定变化，为了分析方便，认为系统调峰容量比不变，得到不同外送功率、不同综合外送方式下的系统调峰不足概率如图 5-7 所示。

由结果分析可知，受端系统消纳联络线外送的风电能力较高，最大消纳能力达到负荷的 10%以上。当受端系统调峰能力不足、外送比例较高时，受端系统也

可能出现调峰不足导致的无法消纳问题。根据不同的综合外送方式，当恒功率外送时，系统消纳能力较强，而当采用跟踪风电外送方式时，系统消纳能力相对较弱。同样以 1%作为调峰不足阈值，则可以得到综合外送比例系数最大值与外送联络线最大容量的关系，如图 5-8 所示，曲线左下方的区域为系统调峰充足的运行状态。不同的外送模式下，最大消纳线路容量由4270MW减少到2550MW，差距在 60%以上。

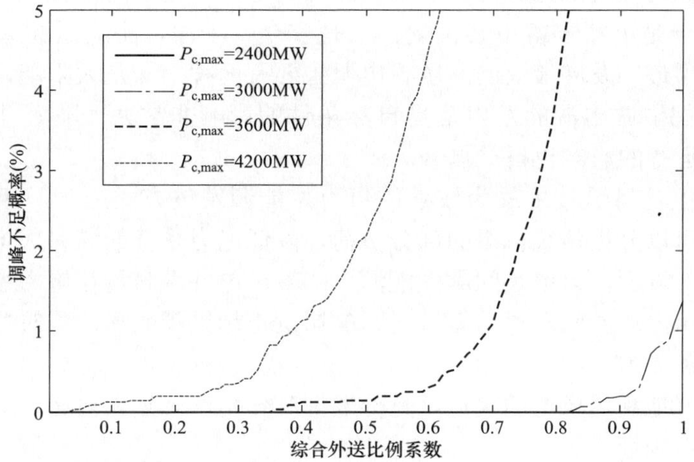

图 5-7 受端系统调峰不足概率

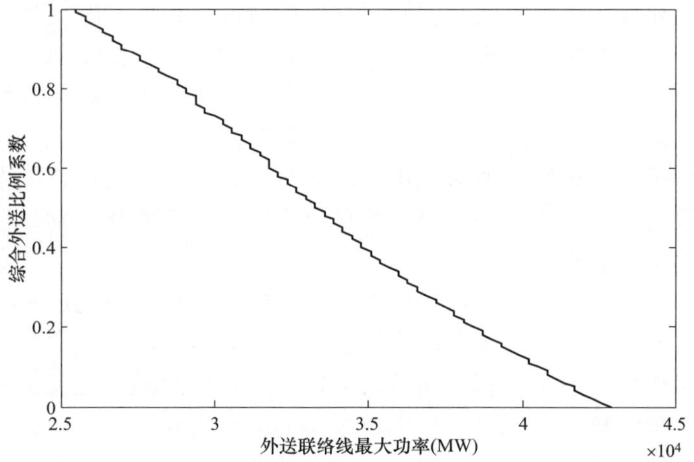

图 5-8 最大综合外送比例系数曲线

第三节　适应间歇式电源接入的网源协调规划技术

一、电力系统的柔性分析

随着经济的发展、社会的进步、环境保护的要求，人们对能源提出越来越高的要求，寻找间歇式电源成为当前人类面临的迫切课题。间歇式电源要同时符合两个条件：一是蕴藏丰富不会枯竭；二是安全、干净，不会威胁人类和破坏环境。目前应用最广发展最快的间歇式电源主要有两种，一是太阳能，二是风能。这两种清洁间歇式电源的发电都受自然条件的影响非常大，随着并网容量的增大，对系统运行的影响也日益显著。

风力发电是目前技术最为成熟的可再生能源发电方式之一。风电场并网运行，一方面可以分担传统机组的部分负荷，降低电力系统的燃料成本以及减轻环境污染；另一方面，风电是间歇性能源，随着风电并网容量在电力系统中比例的增大，大型风电场并网对电力系统运行的影响也越来越明显，同时增加了电力系统的辅助服务成本。

为了更好地利用风电的优点，充分发挥其作用，规划人员必须对风电场并网容量进行合理规划。

目前，有关风电并网容量的研究工作已经取得了较大的进展和成果，但也存在着一些问题，主要表现为以下几点：

（1）未能充分考虑到风电出力随机性强的特点。虽然以随机规划理论为基础的随机规划方法（如机会约束规划、相关机会规划等）可以近似模拟风电出力随机性强的特点，但对风电输出功率分布规律存在人为主观的近似假设，或允许安全约束条件受到某种程度的破坏，造成系统存在越限危险。

（2）未考虑风电运行价值对风电并网容量的影响。正确反映风电运行价值与风电并网容量之间的确定关系，可以使优化方案的综合效益达到最佳，适应了电网规划部门的实际需求。

针对目前风电场并网容量优化研究中存在的问题，本书通过引入柔性参数，将风电功率柔性化表示，并考虑风电运行价值对风电并网容量的影响，建立了风电并网容量优化柔性数学模型。研究表明，风电功率的柔性化表示充分反映了风电出力随机性强的特点，同时优化柔性模型的应用实现了风电运行价值和风电并网容量折中决策，适应了电网规划部门的实际需求。

1. 柔性概念

广义的柔性（Flexibility），是指系统对不确定信息的响应能力。最初的柔性分析，是针对过程系统的实用性、可操作性而展开的研究工作。所谓过程系统中的柔性，Grossmann 和 Morari 定义为："系统在从一种操作状态过渡到另一种操作状态的情况下，能够调节到满足工艺要求的能力"。电力系统的柔性与过程系统中的柔性概念有相同之处，是指系统在结构确定的情况下针对参数变化时的适应能力和可控性。

在电力系统中，不确定参数 y 的变化范围（即柔性）可以描述为

$$\boldsymbol{T}(\delta)=\{\delta \mid \boldsymbol{\varepsilon}^{-}(\delta)\leqslant \boldsymbol{y}\leqslant \boldsymbol{\varepsilon}^{+}(\delta)\} \tag{5-40}$$

式中：δ 为柔性参数，决定了参数变化的范围和柔性的大小；$\boldsymbol{\varepsilon}^{-},\boldsymbol{\varepsilon}^{+}$ 分别表示参数变化范围的下界和上界，是 δ 的函数。当 $\boldsymbol{\varepsilon}^{-},\boldsymbol{\varepsilon}^{+}$ 是 δ 的线性函数时，电力系统的柔性被称为"线性柔性"；当 $\boldsymbol{\varepsilon}^{-},\boldsymbol{\varepsilon}^{+}$ 为 δ 的非线性函数时，则电力系统的柔性被称为"非线性柔性"。对于电力系统中的"线性柔性"，参数 y 的柔性还可以描述成一个以固定值 y_0 为中心，正负偏差大小分别为 Δy^{+} 和 Δy （事先人为给定或按 y 的概率分布给定）的超矩形

$$T(\delta)=\{\delta \mid y_0-\delta\Delta y^{-}\leqslant y\leqslant y_0+\delta\Delta y^{+}\} \tag{5-41}$$

2. 柔性评价分析

一般电力系统的规模较大、覆盖面较广，电力系统中参数的变化和不确定性是多种多样的。在含不确定参数的条件下，电力系统优化问题的约束条件可以由下式表示

$$\begin{cases} g_j(x,u,y)=0, & j\in J \\ h_i(x,u,y)\leqslant 0, & i\in I \end{cases} \tag{5-42}$$

式中：$\boldsymbol{x}$ 是状态变量；$\boldsymbol{u}$ 是控制变量；$\boldsymbol{y}$ 是不确定参数，其柔性可以由式（5-40）表示；$\boldsymbol{I}$ 表示不等式约束集、包括节点电压约束、线路潮流约束以及发电机出力约束等；$\boldsymbol{J}$ 表示等式约束集，主要为功率平衡方程。

对式（5-42）作如下简化

$$\begin{cases} g_j(x,u,y)=0 \Rightarrow x=x(u,y) \\ h_i(x(u,y),u,y)=f_i(u,y)\leqslant 0 \end{cases} \tag{5-43}$$

由式（5-40）可知，柔性参数 δ 的大小确定了不确定参数 $\boldsymbol{y}$ 的变化范围。控制变量 $\boldsymbol{u}$ 的作用就是在确保不确定参数 $\boldsymbol{y}$ 在超矩形内任意变化时，能够通过 $\boldsymbol{u}$ 的适当调节，也即存在确定的 $\boldsymbol{u}$，使得满足约束式（5-42）。因此，对尽可能大的 $\boldsymbol{T}(\delta)$ 空间，柔性约束条件可表示为

$$\max_{y\in T(\delta)}\ \min_{u}\ \max_{i\in I}\ f_i(u,y)\leqslant 0 \tag{5-44}$$

式中：$\max\limits_{i \in I}$ 表示选取不等式约束中最大的一个；$\min\limits_{u}$ 是通过调整控制变量 $\boldsymbol{u}$ 来尽可能地改善电力系统的安全性和可靠性；$\max\limits_{y \in T(\delta)}$ 表示通过调整参数来描述最恶劣情况下电力系统的安全性和可靠性。

对于确定的柔性参数 δ，不确定参数 y 的变化范围是确定的，因此电力系统柔性评价问题可以描述为

$$\chi(\delta) = \max_{y \in T(\delta)} \min_{u} \max_{i \in I} f_i(u, y) \tag{5-45}$$

也可描述为

$$\begin{aligned} &\chi(\delta) = \max_{y \in T(\delta)} \min_{u} \max_{i \in I} h_i(x, u, y) \\ &s.t. \quad g(x, u, y) = 0 \end{aligned} \tag{5-46}$$

式中：$\chi(\delta)$ 表示电力系统的安全性和可靠性，是柔性参数 δ 的函数，只有 $\chi(\delta) \leqslant 0$ 时才说明电力系统的安全性和可靠性满足要求。

上述模型的物理意义是，对于确定的 δ 和给定范围内任意的 y，是否存在可调的 $\boldsymbol{u}$，满足电网安全、可靠运行的要求。

电力系统柔性评价表明了参数在给定范围内变化时系统的适应能力和可控性。当柔性参数 δ 不确定时，可以定义如下的可变柔性指数

$$\begin{aligned} &F(\delta^*) = \max \delta \\ &s.t. \begin{cases} \max\limits_{y} \min\limits_{x,u} \max\limits_{i \in I} h_i(x, u, y) \leqslant 0 \\ g(x, u, y) = \mathbf{0} \\ y \in T(\delta) \end{cases} \end{aligned} \tag{5-47}$$

上述模型的最优解 $F(\delta^*)$ 代表了电网的柔性评价指标，即柔性指数，柔性指数的大小反应了电力系统安全、可靠运行的裕度。柔性指数越大，电力系统对不确定参数变化的适应性越强。

3．柔性优化问题

通常电力系统经济性是安全性和可靠性对立的一面。当考虑不确定参数变化对系统经济性的影响时，引入系统经济性目标函数 $f(x,u,y)$，则电力系统的柔性优化问题可以描述为

$$\begin{aligned} &\max \ f(x, u, y) \\ &s.t. \begin{cases} \max\limits_{y} \min\limits_{x,u} \max\limits_{i \in I} h_i(x, u, y) \leqslant 0 \\ g(x, u, y) = 0 \\ y \in T(\delta) \end{cases} \end{aligned} \tag{5-48}$$

可见，柔性优化问题是在固定柔性评价的基础上进行的，即在经济性优化过程中考虑了系统应对参数变化的响应能力。由于参数变化对系统的经济性产生的影响被量化为“惩罚成本”的形式计入目标函数 $f(x,u,y)$ 中，因此，柔性优化中的可控性是同时针对经济性、安全性和可靠性的。

4. 优化柔性问题

式（5-48）所示的柔性指数的大小反映了电力系统安全、可靠运行的程度。随着柔性区域的扩大，电力系统运行的经济效益势必受到影响。当考虑电力系统运行的经济性后，优化柔性问题可以描述为

$$\begin{aligned}&\max\ f(x,u,y)\\&\max\ \delta\\&s.t.\begin{cases}\max\limits_{y}\min\limits_{x,u}\max\limits_{i\in I} h_i(x,u,y)\leqslant 0\\g(x,u,y)=0\\y\in T(\delta)\end{cases}\end{aligned} \tag{5-49}$$

由式（5-49）可知，优化柔性问题是一个双目标的优化问题，约束条件是相同的，其中一个目标针对经济性，以状态、控制变量和柔性参数为优化变量；而另一个以安全性为目标，以状态、控制变量为优化变量。上式同时对电力系统的经济性、安全性进行优化，实现了电力系统的综合优化。

值得说明的是，柔性分析方法是传统确定性分析方法向不确定领域的延伸，其实质是一种面向不确定性信息的确定性分析方法。与传统确定性分析法相比，该方法可以有效地处理规划过程中的不确定信息，使得规划方案灵活性更强、适应性更好。与不确定性分析法相比，该方法可以消除不确定分析法对不确定信息的分布类型存在人为近似假设的缺陷，因为其对不确定信息进行建模时，并不需要事先预知不确定信息的分布类型。

二、受端电网接纳间歇式电源能力分析

目前系统应用最广、发展最迅速的可再生间歇式电源主要是风力发电及光伏发电。这两种可再生间歇式电源出力均受自然资源影响，具有典型的间歇性、波动性、可控性差等特点。随着并网容量的增大，其间歇性、波动性对系统的影响日益严重。为了系统的安全可靠运行，有必要对间歇电源的并网最大容量进行分析。

（一）计及间歇式电源运行价值的并网容量优化柔性建模

目前系统中接入的风电容量较光伏容量要大很多，现以风电为例研究间歇式电源的并网最大容量。

1. 风电功率的柔性化表示

风电机组是不可控机组，其输出功率特性可由式（5-50）所示的分段函数近似表示

$$P=\begin{cases}0 & v\leqslant v_{ci}\text{或}v\geqslant v_{co}\\ \dfrac{P_R}{v_R^3-v_{ci}^3}v-\dfrac{v_{ci}^3}{v_R^3-v_{ci}^3}P_R & v_{ci}\leqslant v\leqslant v_R\\ P_R & v\geqslant v_R\end{cases} \tag{5-50}$$

式中：P_R 为风机额定输出功率；v 为风机轮毂高度处的风速；v_{ci} 为切入风速，当风速高于此设定值时，自动装置动作把风机并入电网；v_{co} 为切出风速，当风速高于此值时，风机停止发电从电力系统中解列出来；v_R 为额定风速，当风速大于或等于此值而小于切出风速时，风机出力为额定值。

由式（5-50）可知，风电输出功率并不是一个确定的量，而在一个范围内波动，其功率水平值很大程度上取决于当时的风速条件。虽然基于风速预测可对风电输出功率特性进行模拟研究，但是风电功率预测误差往往大于风速预测误差，这主要是由于风速与风力发电功率的对应关系所致。在经过功率特性曲线转换后，不是很强的风速规律性被进一步破坏，得到的风力发电功率规律性更加微弱，表现出非常强的随机性。因此，不确定分析方法（需预知不确定信息的分布规律）很难有效处理风电功率不确定性的问题，更不可把风电功率作为确定性变量参与决策优化。由电力系统柔性概念可知，柔性参数 δ 的定义为解决这类问题提供了可能，因为其对风电输出功率的不确定性进行建模时，并不需要事先预知其分布类型。风电功率柔性属于“线性柔性”范畴，其参数的变化范围可描述如下

$$T(\delta)=\{\delta|P_w^N-\delta\Delta P_w^-\leqslant P_w\leqslant P_w^N+\delta\Delta P_w^+\} \tag{5-51}$$

式中：P_w^N 为风电功率波动中心；ΔP_w^- 和 ΔP_w^+ 分别为风电功率负向和正向波动偏差。

风电功率的随机性主要表现为风电功率在一个范围内波动。因此，只要根据实际情况，确定合适的波动中心 P_w^N 以及互相匹配的正负向波动偏差 ΔP_w^+ 和 ΔP_w^-，式（5-51）就可以准确地模拟风电功率的随机波动，实现对风电功率的随机性建模。

研究表明，风电输出功率一般在 0 至额定输出功率 P_R 之间随机波动，因此风电功率随机波动的上下限是确定的。由电力系统柔性约束条件 $\chi(\delta)$ 的物理意义可知，只要在给定的 δ 值下，风电输出功率最大值 P_R 满足电力系统安全性和可靠性约束，那么在相同的 δ 值下，其他的风电输出功率 P_w 也肯定满足安全性和可靠性约束，所以式（5-51）可简写为

$$T(\delta)=\{\delta|P_w\leqslant P_w^N+\delta\Delta P_w^+\} \tag{5-52}$$

简化后，式（5-52）消除了负向波动偏差的影响，使得柔性指数模型（式 5-47）被简化为关于柔性参数 δ 的一维求极大值的优化问题，而波动中心 P_{w}^{N} 和正向偏差 $\Delta P_{\mathrm{w}}^{+}$ 仅作为 δ 的常系数参与优化，对计算结果无影响，所以可以任意选取（$\Delta P_{\mathrm{w}}^{+} \neq 0$）。

2. 风力发电运行价值

风电作为一种可再生资源，其价值主要体现在减少不可再生资源的消耗量。风力发电收益是指电网由于接纳风电场输出功率所节约的煤耗量的期望值。

而一定时间 t 内风力发电收益 C_{GS} 可以根据下式确定

$$\begin{cases} C_{\mathrm{GS}} = t\sum_{i=1}^{N}\left[f_i(P_{\mathrm{G0}i}) - f_i\left(P_{\mathrm{G0}i} - \sum_{j\in\Phi}\lambda_{ij} r_j P_{\mathrm{R},j} \right)\right] \\ f_i(P_{\mathrm{G0}i}) = a_i P_{\mathrm{G0}i}^2 + b_i P_{\mathrm{G0}i} + c_i \end{cases} \tag{5-53}$$

式中：$P_{\mathrm{G0}i}$ 为常规机组的初始调度方案；Φ 为风电场并网节点集；r_j 为风电场 j 的风电容量系数（又称风能利用系数），主要由风电场地理位置和当地气候决定；$P_{\mathrm{R},j}$ 为风电场 j 的额定输出功率。a_i、b_i 和 c_i 为节点 i 处常规能源机组的煤耗特性系数；λ_{ij} 为参与调节机组的参与因子，表示由风电场 j 并网引起参与调节机组 i 输出功率的变化量。需要说明的是，针对电网运行状态和调度方案的不同，参与因子也不同，可以根据电网针对意外波动情况的调节策略预先求出。

另外，风电是一种间歇性能源。与传统发电方式相比，风力发电具有无煤耗和无污染的优势，但风速的间歇性和随机性使得大容量风电并网对电力系统的安全性和稳定性造成了影响。为了保证风电并网以后系统运行的可靠性，因此需要在原来运行方式的基础上，额外安排一定容量的旋转备用以响应风电场发电功率的随机波动，维持电力系统的功率平衡与稳定。这部分额外备用容量是由风电功率的不确定性造成的，因此被称为风力发电的惩罚成本。

采用可靠性评估的方式，把风电视为一种负负荷，给出了风电功率惩罚成本的详细表达式

$$C_{\mathrm{WO}} = (P_2 - P_1)P_{\mathrm{c}}T \tag{5-54}$$

式中：P_1 和 P_2 分别为风电并网前和并网后的系统旋转备用容量；P_{c} 为系统备用容量的容量电价；T 为研究时间周期。

综上所述，风电是一种特殊的电力，其运行价值应综合考虑发电收益和风电功率惩罚成本，因此风电运行价值可以描述如下

$$f_{\mathrm{value}} = C_{\mathrm{GS}} - C_{\mathrm{WO}} \tag{5-55}$$

式中：C_{GS} 为风力发电收益；C_{WO} 为风电功率惩罚成本。

3. 电网消纳风电容量优化柔性模型

基于风电功率的柔性化表示，当把风电功率定义为参数变量 y 时，式（5-49）中的柔性指数的最优值 $F(\delta^*)$ 即代表风电最大并网容量，引入风电运行价值目标函数 f_{value}，则计及风电运行价值的风电并网容量优化柔性数学模型可描述如下

$$
\begin{aligned}
&\max f_{\text{value}}\\
&\max\ \delta\\
&s.t.\begin{cases}
\max\limits_{P_{wi}}\ \min\limits_{P_{Gi},Q_{Gi}}\ \max\begin{cases}
\boldsymbol{P}_l-\boldsymbol{P}_l^{\max}\leqslant \boldsymbol{0}\\
\boldsymbol{U}^{\min}-\boldsymbol{U}\leqslant \boldsymbol{0}\\
\boldsymbol{U}-\boldsymbol{U}^{\max}\leqslant \boldsymbol{0}\\
\boldsymbol{P}_{\text{G}}-\boldsymbol{P}_{\text{G}}^{\max}\leqslant \boldsymbol{0}\\
\boldsymbol{P}_{\text{G}}^{\min}-\boldsymbol{P}_{\text{G}}\leqslant \boldsymbol{0}\\
\boldsymbol{Q}_{\text{G}}-\boldsymbol{Q}_{\text{G}}^{\max}\leqslant \boldsymbol{0}\\
\boldsymbol{Q}_{\text{G}}^{\min}-\boldsymbol{Q}_{\text{G}}\leqslant \boldsymbol{0}
\end{cases}\\
\begin{cases}
P_{wi}+P_{Gi}-P_{Li}-V_i\sum\limits_{j\in i}V_j(G_{ij}\cos\theta_{ij}+B_{ij}\sin\theta_{ij})=0\\
Q_{wi}+Q_{Gi}-Q_{Li}-V_i\sum\limits_{j\in i}V_j(G_{ij}\sin\theta_{ij}-B_{ij}\cos\theta_{ij})=0\\
P_{wi}\leqslant P_{wi}^N+\delta\Delta P_{wi}^+
\end{cases}
\end{cases}
\end{aligned}
\tag{5-56}
$$

式中：f_{value} 为风电运行价值目标函数；$P_l^{\max}$ 为线路潮流限值组成的矢量；$\boldsymbol{U}^{\max}$ 和 $\boldsymbol{U}^{\min}$ 为节点电压上下限组成的矢量；$\boldsymbol{P}_{\text{G}}^{\max}$ 和 $\boldsymbol{Q}_{\text{G}}^{\max}$ 为常规能源发电的有功和无功功率上限组成的矢量，$\boldsymbol{P}_{\text{G}}^{\min}$ 和 $\boldsymbol{Q}_{\text{G}}^{\min}$ 为两者下限组成的矢量；P_{wi}、P_{Gi}、Q_{wi}、Q_{Gi} 分别为风力发电和常规能源发电的有功和无功功率；P_{Li}、Q_{Li} 为系统节点有功和无功负荷；P_{wi}^N 为风电场有功功率波动中心，ΔP_{wi}^+ 为风电场有功功率正向波动偏差；$i=1,2,\cdots,N$。

（二）模型求解与分析

1. 模型分析

为了对比分析风电出力的随机性和风电运行价值对风电并网容量的影响，对本书所构建的优化柔性模型（以下简称本书模型）进一步分析，可将该模型简化为如下两个模型。

（1）模型 1：只考虑风电出力随机性对风电并网容量的影响，则式（5-56）所示的多目标函数将简化为对柔性参数 δ 求极大值的单一目标函数，即在柔性约束条件下，风电并网容量最大化，其数学模型可由式（5-47）描述。

（2）模型 2：只考虑风电运行价值对风电并网容量的影响，则式（5-56）所示的多目标函数将简化为对风电运行价值f_{value}求极大值的单一目标函数，即在柔性约束条件下，风电运行价值最大化，其数学模型可由式（5-48）描述。

2. 模型求解

由于本书模型、模型 1 以及模型 2 中均存在柔性约束条件式（5-46），而柔性约束条件又是一个最大—最小—最大化问题，因此上述模型直接求解非常困难。为了分析和求解方便，可根据柔性约束的物理意义以及紧约束分解思想，把式（5-44）分解为式（5-57）和式（5-58）

$$\begin{aligned}&\chi(\delta)=\max_{y\in T(\delta)}\varphi(\delta)\\&s.t.\ \ \chi(\delta)\leqslant 0\end{aligned}\tag{5-57}$$

$$\begin{aligned}&\varphi(\delta)=\min_{\boldsymbol{x},\boldsymbol{u}} v\\&s.t.\ f_i(\boldsymbol{x},\boldsymbol{u},\boldsymbol{y})\leqslant v\quad i\in I\end{aligned}\tag{5-58}$$

求解式（5-58）把其解再回代到式（5-57），便可得到式（5-44）的完整解。

根据上述柔性约束条件分解思想和各模型特点，本书分别给出了上述三个模型的求解方法。

如式（5-49）所示的优化柔性模型是一个多目标优化问题，其目标函数往往是相互冲突的，因此，必须在两个目标函数之间进行折中决策。首先，根据上述柔性约束条件分解思想可将优化柔性问题分解成两个子问题。

子问题 1

$$\begin{aligned}&\max\ f(\boldsymbol{x},\boldsymbol{u},\boldsymbol{y})\\&\max\ \delta\\&\varphi(\delta)=\min_{x,u} v\\&s.t.\begin{cases}h_i(\boldsymbol{x},\boldsymbol{u},\boldsymbol{y})\leqslant v\ \ i\in I\\g(\boldsymbol{x},\boldsymbol{u},\boldsymbol{y})=0\end{cases}\end{aligned}\tag{5-59}$$

子问题 2

$$\begin{aligned}&\max\ f(\boldsymbol{x},\boldsymbol{u},\boldsymbol{y})\\&\max\ \ \delta\\&\max_{\boldsymbol{x},\boldsymbol{y}} v\\&s.t.\begin{cases}h_i(\boldsymbol{x},\boldsymbol{u},\boldsymbol{y})\leqslant v\ \ i\in \boldsymbol{I}\\v\leqslant 0\\g(\boldsymbol{x},\boldsymbol{u},\boldsymbol{y})=0\\y\in T(\delta)\end{cases}\end{aligned}\tag{5-60}$$

对于子问题 1，柔性参数 δ 是常数，同时令 ν 取最大临界值 0 时，简化为

$$\max f(\boldsymbol{x},\boldsymbol{u},\boldsymbol{y})$$
$$s.t.\begin{cases} h_i(\boldsymbol{x},\boldsymbol{u},\boldsymbol{y}) \leqslant 0 \quad i \in \boldsymbol{I} \\ g(\boldsymbol{x},\boldsymbol{u},\boldsymbol{y}) = \boldsymbol{0} \end{cases} \tag{5-61}$$

对于子问题 2，当 ν 的最大值为临界值 0 时，简化为

$$\begin{gathered} \max f(\boldsymbol{x},\boldsymbol{u},\boldsymbol{y}) \\ \max_{x,y} \ \delta \end{gathered} \tag{5-62}$$
$$s.t.\begin{cases} h_i(\boldsymbol{x},\boldsymbol{u},\boldsymbol{y}) \leqslant 0 \quad i \in \boldsymbol{I} \\ g(\boldsymbol{x},\boldsymbol{u},\boldsymbol{y}) = \boldsymbol{0} \end{cases}$$

对于子问题 2，可以构造原问题的拉格朗日函数

$$L_0(\boldsymbol{x},\boldsymbol{u},\boldsymbol{y}) = \max_{\boldsymbol{x},\boldsymbol{u}} f(\boldsymbol{x},\boldsymbol{u},\boldsymbol{y}) + \alpha^T g(\boldsymbol{x},\boldsymbol{u},\boldsymbol{y}) + \beta^T h(\boldsymbol{x},\boldsymbol{u},\boldsymbol{y}) \tag{5-63}$$

以及对偶问题

$$L_d(\boldsymbol{\alpha},\boldsymbol{\beta}) = \min_{\boldsymbol{\alpha},\boldsymbol{\beta}} \max_{\boldsymbol{x},\boldsymbol{u}} f(\boldsymbol{x},\boldsymbol{u},\boldsymbol{y}) + \boldsymbol{\alpha}^T g(\boldsymbol{x},\boldsymbol{u},\boldsymbol{y}) + \boldsymbol{\beta}^T h(\boldsymbol{x},\boldsymbol{u},\boldsymbol{y}) \tag{5-64}$$

原问题提供了优化问题最优值的上界，而对偶问题则体现了 K-T 条件中的互补松弛约束，提供了优化问题最优值的下界。因此有如下的关系式成立

$$L_d(x_0,u_0,y_0,\boldsymbol{\alpha},\boldsymbol{\beta}) \leqslant L(x,u,y,\boldsymbol{\alpha},\boldsymbol{\beta}) \leqslant L_0(\boldsymbol{x},\boldsymbol{u},\boldsymbol{y},\boldsymbol{\alpha}_0,\boldsymbol{\beta}_0) \tag{5-65}$$

式中：x_0、u_0、$\boldsymbol{\alpha}_0$、$\boldsymbol{\beta}_0$ 分别表示各个变量和参数的初始值；x、u、$\boldsymbol{\alpha}$、$\boldsymbol{\beta}$ 表示各个变量和参数的最优值。上式的等号只有当 f、h、g 为凸函数成立，在电力系统分析中，在一定范围内可以近似认为 f、h、g 为凸函数。所以

$$\begin{aligned} & f(\boldsymbol{x},\boldsymbol{u},\boldsymbol{y}) + \boldsymbol{\alpha}^T g(\boldsymbol{x},\boldsymbol{u},\boldsymbol{y}) + \boldsymbol{\beta}^T h(\boldsymbol{x},\boldsymbol{u},\boldsymbol{y}) \\ & \leqslant f(x_0,u_0,y_0) + \boldsymbol{\alpha}^T g(x_0,u_0,y_0) + \boldsymbol{\beta}^T h(\boldsymbol{x}_0,\boldsymbol{u}_0,\boldsymbol{y}_0) \end{aligned} \tag{5-66}$$

即

$$\begin{aligned} f(\boldsymbol{x},\boldsymbol{u},\boldsymbol{y}) \leqslant f(\boldsymbol{x}_0,\boldsymbol{u}_0,\boldsymbol{y}_0) + \boldsymbol{\alpha}^T\left[g(\boldsymbol{x}_0,\boldsymbol{u}_0,\boldsymbol{y}_0) - g(\boldsymbol{x},\boldsymbol{u},\boldsymbol{y})\right] \\ + \boldsymbol{\beta}^T\left[h(\boldsymbol{x}_0,\boldsymbol{u}_0,\boldsymbol{y}_0) - h(\boldsymbol{x},\boldsymbol{u},\boldsymbol{y})\right] \end{aligned} \tag{5-67}$$

上式可以写成如下的形式

$$f(\boldsymbol{x},\boldsymbol{u},\boldsymbol{y}) \leqslant f_0 + \Delta f \tag{5-68}$$

其中

$$\Delta f = \boldsymbol{\alpha}^T\left[g(x_0,u_0,y_0) - g(\boldsymbol{x},\boldsymbol{u},\boldsymbol{y})\right] + \boldsymbol{\beta}^T\left[h(x_0,u_0,y_0) - h(\boldsymbol{x},\boldsymbol{u},\boldsymbol{y})\right] \tag{5-69}$$

式（5-68）代表在确定的参数 δ 下优化子问题式（5-61）的最优性条件。将

式（5-68）代入式（5-62）中，则子问题 2 可以表示为

$$\max_{x,y} \delta$$
$$s.t.\begin{cases} f(\boldsymbol{x},\boldsymbol{u},\boldsymbol{y}) \leqslant f_0 + \Delta f \\ h_i(\boldsymbol{x},\boldsymbol{u},\boldsymbol{y}) \leqslant 0 \quad i \in \boldsymbol{I} \\ g(\boldsymbol{x},\boldsymbol{u},\boldsymbol{y}) = \boldsymbol{0} \\ y \in T(\delta) \end{cases} \tag{5-70}$$

由此可见，多目标的优化问题被转换成两个单一目标的优化子问题，一个是针对系统经济性的优化问题，而另一个则是针对安全性和可靠性的。应该说明的是，在求解综合优化问题之前需要首先求解子问题（5-61），以确定参数 f_0 和 Δf，然后才能对式（5-70）进行求解。

通过对上述两个子问题［式（5-61）和（5-70）］交叉迭代求解就可以得到原问题的解。本书采用序列线性化的方法计算求解，求解步骤如下：

（1）给定初始条件 x_0、u_0、y_0。

（2）对（5-61）线性化，由等式约束可得

$$\Delta\boldsymbol{x} = -\boldsymbol{g}_x^{-1}\left[\boldsymbol{g}_0 + \boldsymbol{g}_u \Delta\boldsymbol{u}\right] \tag{5-71}$$

代入到不等式约束中，形成线性规划问题并求解，可得参数 f_0、Δf 以及控制变量的修正量 Δu，令

$$\boldsymbol{u} = \boldsymbol{u}_0 + \Delta\boldsymbol{u} \tag{5-72}$$

（3）把 u 代入到式（5-70）中，并对其进行线性化，由等式约束得

$$\Delta\boldsymbol{x} = -\boldsymbol{g}_x^{-1}\left[g(\boldsymbol{x}_0,\boldsymbol{u},\boldsymbol{y}_0) + \boldsymbol{g}_y \Delta\boldsymbol{y}\right] \tag{5-73}$$

代入到不等式约束中，形成线性规划问题并求解，得到 Δy，并按下式进行修正

$$\boldsymbol{y} = \boldsymbol{y}_0 + \Delta y \tag{5-74}$$

（4）把 y 代入到式（5-61）中，替换 y_0，并进行潮流计算，更新状态变量 x。上述两个子问题的交替求解，当 $\Delta y \approx \boldsymbol{0}$、$\Delta u \approx \boldsymbol{0}$ 时迭代结束。最终的柔性参数 δ 最优值等于式（5-70）确定的 δ^*，而风电运行价值最优值则由式（5-61）确定。

3. 算例分析

为了验证本书提出的计算模型的有效性并揭示风电出力的随机性和风电运行价值对风电并网容量的影响，本书采用 IEEE30 节点测试系统，系统机组参数见表 5-17（特性系数 c=0），分别选取 7、10、14、17、24 作为风电并网节点，并网节点风电容量系数均取 0.3。

表 5-17　　IEEE-30 系统机组参数

节　点	a （\$/MW²·h）	b （\$/MW·h）	P_G^{max} （标幺值）	P_G^{min} （标幺值）	P_{G0} （标幺值）
1	0.075	20.0	1.30	0.45	0.70
2	0.152	17.0	0.70	0.30	0.40
5	0.028	20.0	1.00	0.48	0.80
8	0.135	32.0	0.40	0.22	0.30
11	0.215	25.0	0.30	0.10	0.10
13	0.225	25.0	0.40	0.10	0.10

（1）风电出力随机性对风电并网容量的影响。为了揭示风电出力随机性对风电并网容量的影响，本书采用传统确定性分析方法以及模型 1 中的柔性评价分析方法，分别求解风电穿透功率极限，计算结果见表 5-18。

表 5-18　　确定性分析与柔性评价分析计算结果对比

并网点	风电最大并网容量（标幺值）	
	确定性分析方法	柔性评价分析方法
7	0.5120	0.4750
10	0.4500	0.4255
14	0.1984	0.1820
17	0.2600	0.2330
24	0.1290	0.1290

表 5-18 的计算结果表明，在负荷既定的情况下，随着对风电出力随机性考虑的全面性，对大部分节点而言，系统可接受的风电穿透功率水平有显著的降低，原因在于，在一定的系统机组出力调节裕度下，若直接把传统确定性分析方法的最优解作为风电场最大装机容量并考虑风电出力的随机性，那么在该功率水平下，就有可能存在某个或多个风电功率值在同一机组出力调节裕度下，不满足系统安全、可靠运行的要求，造成系统存在越限危险。而柔性评价方法通过降低风电场最大装机容量，剔除造成系统越限的病态功率水平值，使得其最优解以及该功率水平下的风电功率值在同一机组出力调节裕度下，都能满足系统安全、可靠性运行的要求。特别地，当系统机组出力调节裕度可以有效抑制风电出力随机性对风电穿透功率极限计算的影响时，两者所得最优解将相等，如节点 24。

（2）风电运行价值对风电并网容量的影响。风电作为一种可再生资源，具有无煤耗、无污染的特点，在负荷既定的情况下，其并网容量越大，风力发电收益越大。但风电又是一种间歇性能源，并网容量越大，就意味着其柔性成本越大。

图 5-9 显示了在系统负荷一定的情况下，系统备用电价 P_c 分别为 15 美元/MW 和 20 美元/MW 时，风电场经 7 号节点并网后，风电并网容量与风电年运行价值之间的关系。从中可以看出，风电场装机容量较小时，风电年运行价值与并网容

量成正比，但是当系统内风电装机容量达到一定数量后，风电的边际运行价值将降为零甚至负值，风电的装机容量从经济角度来说已经达到饱和，但并不一定等于风电最大并网容量。另外，从备用容量电价变化可以看出，若政府部门能在风电并网柔性成本费用方面给予一定的优惠，将极大地促进风力发电的推广。

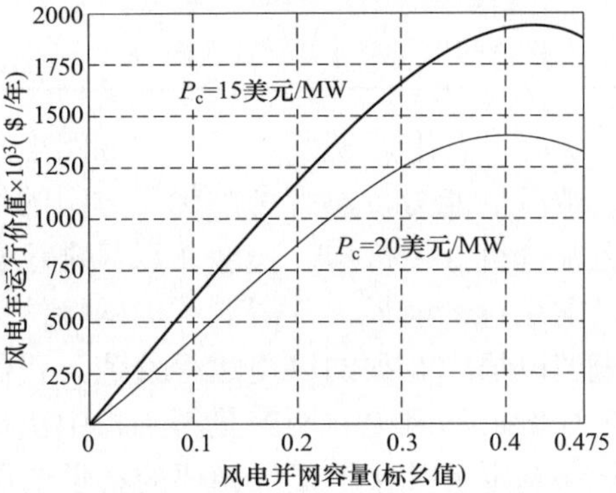

图 5-9　风电并网容量与风电年运行价值的关系

为了进一步阐述本书所提出的模型在风电运行价值和风电并网容量之间的协调机理，在系统负荷既定，P_c为 15 美元/MW 的情况下，结合本书模型以及模型 1、模型 2 进行了对比分析。表 5-19 给出了三种模型下风电最大并网容量，表 5-20 给出了三种模型下的风电年运行价值。

表 5-19　　　　模型、模型 1、模型 2 的风电并网容量对比

并网点	风电最大并网容量（标幺值）		
	模型 1	模型 2	本书模型
7	0.4750	0.4520	0.4677
10	0.4255	0.4053	0.4123
14	0.1820	0.1820	0.1820
17	0.2330	0.2012	0.2232
24	0.1290	0.1286	0.1288

表 5-20　　　　本书模型、模型 1、模型 2 的风电年运行价值对比

并网点	风电运行价值×10^3（$/年）		
	模型 1	模型 2	本书模型
7	1829.27	1922.07	1892.53
10	1640.03	1721.77	1668.76

续表

并网点	风电运行价值×10^3（$/年）		
	模型 1	模型 2	本书模型
14	736.46	736.46	736.45
17	814.15	942.83	903.32
24	520.37	521.99	521.65

由表 5-19 和表 5-20 可以看出，模型 1 以风电并网容量最大化为优化目标，决策过程仅注重电网接纳风能能力，没有考虑优化方案的经济性，造成风力发电柔性成本过高，风电运行价值打了折扣；模型 2 以风电运行价值最大化为优化目标，决策过程仅注重风电运行价值最大，限制了电网接纳风电的能力，风电没有得到充分利用；本书模型以损失有限的风电运行价值为代价，提高了电网接纳风电的能力，使得风电运行价值和风电并网容量得到折中决策，该结果可以为电力规划部门以及风电投资商制定有关决策提供必要的科学依据。

本书在电力系统柔性分析的研究基础上，把电力系统柔性概念引入到风电最大并网容量的研究中，并考虑风电运行价值对风电并网容量的影响，建立了风电并网容量优化柔性多目标数学模型。通过采用 IEEE—30 节点系统算例对比分析，可得到以下结论：

1）风电功率的柔性化表示充分反映了风电出力随机性强的特点，柔性分析方法实现了传统确定性分析方法向不确定领域的延伸，是一种面向不确定信息的确定性分析方法。

2）采用优化柔性模型，能够在充分考虑风电出力随机性的基础上，确定合理的风电并网容量，同时使得风电运行价值得到有效发挥，两者得到有机协调。

3）算例分析结果表明了本书所提出模型的有效性，其结果可以为电力规划部门以及风电投资商制定有关决策提供必要的科学依据。

三、考虑间歇式电源接入的可替代容量分析

1. 间歇式电源输出功率的柔性建模

由于间歇式电源的特点，不能简单地把间歇式电源作为负负荷来处理，也不能直接采用常规电源的规划模型，而需要采取适应间歇式电源特点的电源规划模型和算法。以风力发电为例，由于风速的不断变化，引起风电场的输出功率总是在零到额定值之间波动。假定风电场的风速特性服从 Weibull 分布，并认为风电场的输出功率主要取决于风速。图 5-10 是风电机组输出功率与风速的关系曲线，其中，v_{in}、v_r、v_{out}、P_r 为风电机组切入风速、额定风速、切出风速以及机组额定功率。

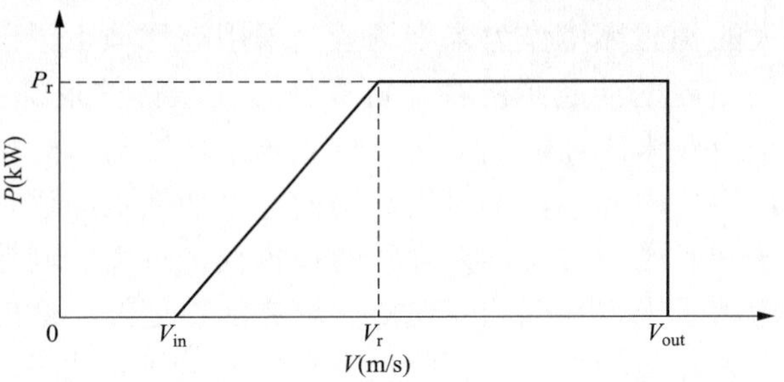

图 5-10　风电机组功率特性曲线

从图 5-10 可知，风电机组有 3 种运行工况，即额定运行、停机、欠额定运行。其中，额定运行状态对应的输出功率为风电机组额定有功功率，停机状态输出为零，欠额定运行状态对应的有功输出介于零和额定值之间，与风速的具体大小有关系。

根据图 5-10，若忽略发电机和传动机部分的特性以及风力机之间的相互联系，风电机组输出功率与风速的关系为

$$P=\begin{cases}0 & v<v_{\text{in}},v>v_{\text{out}}\\ \dfrac{v^3-v_{\text{in}}^3}{v^3-v_{\text{in}}^3}P_{\text{r}} & v_{\text{in}}\leqslant v<v_{\text{r}}\\ P_{\text{s}} & v_{\text{in}}\leqslant v<v_{\text{r}}\end{cases}\tag{5-75}$$

式中：v、P 分为风力机轮毂处的风速、风电机组输出有功功率。

由式（5-75）可知，风电输出功率很大程度上取决于当时的风速条件。虽然基于风速预测可对风电输出功率特性进行模拟研究，但是风电功率预测误差往往大于风速预测误差。在经过功率特性曲线转换后，不是很强的风速规律性被进一步破坏，得到的风力发电功率规律性更加微弱，表现出非常强的随机性。因此，引入柔性参数 δ 来对风电输出功率进行建模，可描述如下

$$T(\delta)=\{\delta\,|\,P_{\text{W}}^{N}-\delta\Delta P_{\text{W}}^{-}\leqslant P_{\text{W}}\leqslant P_{\text{W}}^{N}+\delta\Delta P_{\text{W}}^{+}\}\tag{5-76}$$

式中：P_{W}^{N} 为风电功率波动中心；ΔP_{W}^{-} 和 ΔP_{W}^{+} 分别为风电功率负向和正向波动偏差。根据历史量测资料，确定合适的波动中心 P_{W}^{N} 以及互相匹配的正负向波动偏差 ΔP_{W}^{+} 和 ΔP_{W}^{-}，式（5-76）就可以准确地模拟风电功率的随机波动，实现对风电功率随机性的柔性建模。

2. 间歇式电源的可替代容量建模

针对火电等传统电源的确定性规划方法未考虑规划后的环境变化，通常选择

一种实现概率最大的预想环境作为未来场景，采用该环境下已确定的规划参数，求得满足该环境约束时的涉及经济性、可靠性、安全性的最优规划方案[143-145]。因此，该方法无法应对未来环境的变化。一旦未来环境与预想情况不符，其规划方案将偏离实际目标，由此不得不付出高昂的方案切换费用进行修正，风险性很大。这种方法无法回避由于方案切换导致的投资代价过大的问题。而协调规划的思想是在规划前考虑了未来环境的变化，寻求灵活性更好、适应性更强的规划方案，以积极应对未来环境的变化，因此当未来环境出现波动时，以极小的补偿投资对规划方案进行修正[145-147]。

电力系统柔性的大小与投资和运行成本是密切相关的，柔性越大，所带来的投资和运行成本越高。在规划阶段，电力系统柔性分析的目标不仅是参数（技术参数、负荷参数等）的选择，还包括电力网架的柔性处理。电力网架的柔性处理与投资和运行成本是密切相关的，而参数的选择也同样与投资和运行成本密切相关。

计及柔性参数 δ 优化的电源规划问题是综合资源规划问题，综合考虑了总体的投资和运行成本，电源的环境影响及系统的运行可靠性。电力系统的柔性规划问题可以表示为

$$\max f(x,u,\delta)$$
$$s.t.\begin{cases} h(x,u,\delta) \leqslant 0 \\ g(x,u,\delta) = 0 \\ \delta_{\min} \leqslant \delta \leqslant \delta_{\max} \end{cases} \tag{5-77}$$

式中：目标函数 $f(x,u,\delta)$ 综合了电力系统的投资和运行成本、环境影响因子及运行可靠性，$h(x,u,\delta)$ 及 $g(x,u,\delta)$ 分别表示规划模型的等式、不等式约束条件集合。$f(x,u,\delta)$ 、$h(x,u,\delta)$ 及 $g(x,u,\delta)$ 均是柔性参数 δ 的函数。

经济性是电源规划中最为重要的因素。考虑经济性因素并对其进行建模，其实就是建立系统的成本价函数。这里的成本价是指整个发电系统在给定时间内每个机组的购置价格、运行维修费用等总的花费。建造及运行维护成本越低，规划方案的经济性就越好。如果已知供电系统的单位电价为 c_{p} 元/kWh，做归一化处理，就可以得出有关经济性的隶属度函数，其数学表达式为

$$u_1 = 1 - \frac{\cos t}{c_{\mathrm{p}}} = 1 - \frac{1}{c_{\mathrm{p}}}\sum_{i}^{N} c_i \cdot P_i \tag{5-78}$$

式中：cos$t$ 表示是整个系统的总成本电价（元/kW）；c_{i}、P_{i} 分别表示不同类电源的制造及运行维护成本（元/kW）及安装容量（kW）。式中 c_{p} 由于不同供电系统所对应的单位电价各有不同，其取值随实际情况的改变而改变。值得注意的是，

式中的单位电量成本是根据现值计算的，也就是说机组的成本价和维修费用等都需要利用等年值法进行换算。

供电系统的搭建往往会产生外部效应，如环境污染和生态破坏。这种效应又以“污染经济损失”的形式转嫁给社会。如果系统减少了污染物的排放量，减少了“污染经济损失”，也就形成了环境代价的节约，这就是所谓的环境效益。为了便于衡量这种效益，可以对这种环境价值货币化。对于由各种间歇式电源组成的供电系统的环境效益问题，一般通过计算间歇式电源发电系统代替火力发电所能减少的排污量来解决。可先算出目前电力行业的污染物环境价值标准，然后根据污染物的减排量就可以计算出供电系统的环境价值如式（5-79）所示

$$\cos te = \sum_{i}^{N} M_i \cdot q_i \cdot E_i \tag{5-79}$$

式中：M_i 为第 i 项污染物的环境价值；q_i 为第 i 种电源单位发电量的污染物减排量；E_i 为第 i 种电源的发电量。

规划方案的环境价值越大，则该方案越好。与经济成本价函数类似，做归一化处理，可以得到有关环境效益的隶属度子函数为

$$u_2 = \frac{\cos te}{c_{\mathrm{p}} \cdot E} = \frac{1}{c_{\mathrm{p}} \cdot E}\sum_{i}^{N} M_i \cdot q_i \cdot E_i \tag{5-80}$$

式中：E 指负荷需求总电量。

供电系统的供电可靠性反映的是系统的供电量满足用户所需要的用电量的程度。因此，为了保证系统供电的最大稳定性和可靠性，将一年中供电能力最弱的月供电量除以一年中用电量需求最高极限的月用电负荷（即考虑供电系统运作时可能遇到的最恶劣情况），把这个比值作为系统供电可靠性的标准。这个比值越大，系统的规划方案就越优。有关供电可靠性的隶属度子函数为

$$u_3 = \frac{E_{\mathrm{glow}}}{E_{x\max}} \tag{5-81}$$

式中：E_{glow} 和 E_{xmax} 分别指供电能力最弱的月供电量及电量需求最高极限的月用电负荷。

经济性、环境效益和供电可靠性这三者构成了一个集合，即

$$F = \{经济性，环境效益,供电可靠性\} = \{u_1, u_2, u_3\} \tag{5-82}$$

不同的电源规划方案对上述三个因素都有不同的权数集 r_1、r_2、r_3。前面已经建立了经济性、环境效益和供电可靠性三种因素所对应的子函数，因此目标函数

的建立只需要通过对不同子函数乘以不同加权系数，再将子函数线性加权归一化即可。因为构成目标函数的三个子函数都是根据用户的满意度建立的，因此目标函数的类型为效益函数类型，即最优化问题要求的就是求得目标函数的极大值。所以目标函数的表达式如下

$$\max f = r_1 \cdot u_1 + r_2 \cdot u_2 + r_3 \cdot u_3 \tag{5-83}$$

不等式约束条件有

$$\max_{\delta} \min_{x,u} \max \begin{cases} P_l \leqslant \delta_l P_{l,\max} \\ U_{\min} - \delta_u \Delta U^- \leqslant U \leqslant U_{\max} + \delta_u \Delta U^+ \\ P_{\mathrm{G}\min} - \delta_{P_{\mathrm{G}}} \Delta P_{\mathrm{G}}^- \leqslant P_{\mathrm{G}} \leqslant P_{\mathrm{G}\max} + \delta_{P_{\mathrm{G}}} \Delta P_{\mathrm{G}}^+ \\ Q_{\mathrm{G}\min} - \delta_{Q_{\mathrm{G}}} \Delta Q_{\mathrm{G}}^- \leqslant Q_{\mathrm{G}} \leqslant Q_{\mathrm{G}\max} + \delta_{Q_{\mathrm{G}}} \Delta Q_{\mathrm{G}}^+ \\ P_{\mathrm{W}}^N - \delta_{P_{\mathrm{W}}} \Delta P_{\mathrm{W}}^- \leqslant P_{\mathrm{W}} \leqslant P_{\mathrm{W}}^N + \delta_{P_{\mathrm{W}}} \Delta P_{\mathrm{W}}^+ \end{cases} \tag{5-84}$$

式中：$P_{l,\max}$ 为线路潮流限值组成的矢量；$U_{\max}$ 和 $U_{\min}$ 为节点电压上下限组成的矢量；$P_{\mathrm{G}\max}$ 和 $Q_{\mathrm{G}\max}$ 为常规能源发电的有功和无功功率上限组成的矢量，$P_{\mathrm{G}\min}$ 和 $Q_{\mathrm{G}\min}$ 为两者下限组成的矢量。

等式约束条件有

$$\begin{cases} P_{\mathrm{W}i} + P_{\mathrm{G}i} - P_{Li} - V_i \sum_{j \in i} V_j (G_{ij} \cos\theta_{ij} + B_{ij} \sin\theta_{ij}) = \delta_{P\Sigma} \\ Q_{\mathrm{W}i} + Q_{\mathrm{G}i} - Q_{Li} - V_i \sum_{j \in i} V_j (G_{ij} \sin\theta_{ij} - B_{ij} \cos\theta_{ij}) = \delta_{Q\Sigma} \end{cases} \tag{5-85}$$

式中：$P_{\mathrm{W}i}$、$P_{\mathrm{G}i}$、$Q_{\mathrm{W}i}$、$Q_{\mathrm{G}i}$ 分别为风力发电和常规能源发电的有功和无功功率；P_{Li}、Q_{Li} 为系统节点有功和无功负荷。

由此可见，规划模型中时所考虑的各项因数均与柔性参数关系密切。

3. 算例及结果分析

应用本书所研究的规划模型对我国某地区 2015～2025 年电源进行规划计算。该地区面积为 4.22km^2，平均风速为 7.2m/s。通过查询该地的实际气象数据，获得了该地年平均有效风时为 7105h。不过这里的年平均有效风时数并不等于所需的年风力等效小时，只是单纯的给出一年内有风的小时数，所需要将其转换为与年平均风速相对应的年风力等效小时数。通常，可以通过 Weibull 风速频率分布的拟合计算得到不同风速的频率分布情况。

规划期间考虑的不确定性因素包括风电机组出力及负荷预测值的模糊性、电气设备及电网故障的随机性、电气设备单价、故障率、修复率、电价、贴现率和

用户单位缺电成本的模糊性等。因篇幅有限，原始数据未一一列出。规划结果见表 5-21。

表 5-21　　不同权重下的规划方案比较

序号	经济性权重	环境效益权重	可靠性权重	水电容量（kW）	风电容量（kW）	火电容量（kW）	总装机容量（kW）	优化系数
1	1	0	0	14280	7270	6050	27600	0.82
2	0	1	0	11596	19704	14700	46000	0.66
3	0	0	1	14280	10346	14700	39326	1
4	0.8	0.1	0.1	11734	8017	10012	29763	0.55
5	0.2	0.4	0.4	10497	9037	12700	32234	0.59
6	0	0.5	0.5	4280	13046	15794	33120	0.79

表 5-21 中的前三种情况分别为仅考虑单个因素的最优配置方案。通过最后优化系数的比较可以看出：系统的可靠性最容易实现，其次是经济性，最后是系统的环境效益。从这个结果可以看出，对于系统的环保性的措施尚还处在发展阶段。后三种情况则是在考虑了综合因素作用下的最优配置方案，其区别在于所偏重因素的不同。整体看来在三种能源发电系统中，从环保效益方面考虑，风力发电最值得被利用；从经济性方面考虑，则应多利用水电；而火电机组在可靠性方面优于风电和水电。最后，通过 4、5、6 种组合，还可以发现当经济性因素所占的比重越来越小时，总装机容量越来越大，而优化系数也越高。换句话说，也就是越不考虑经济性时，最后对于供电电源规划的满意度也就越大；当规划不考虑资金成本的问题时，电源规划也就最容易得到优化。这点完全符合实际情况。

为了揭示各不确定性影响因素对规划结果的影响，采用柔性规划方法和传统确定性方法分别进行规划，结果见表 5-22。因篇幅有限，表 5-22 中仅列出表 5-21 中第 5 种权重组合下（经济性、环境效益、可靠性权重比为 0.2:0.4:0.4）两种方法的规划结果。

表 5-22　　柔性规划方法与传统确定性规划方法结果比较

规划方法	水电容量（kW）	风电容量（kW）	火电容量（kW）	总装机容量（kW）
柔性规划方法	10497	9037	12700	32234
确定性规划方法	9365	11937	9515	30817

表 5-22 的计算结果表明，随着对包含风电的规划方案中不确定影响因素考虑的全面性，规划方案中风电容量将有所降低。原因在于，若直接把传统确定性规划方法的最优解作为风电场最大装机容量，则并未考虑风电出力的随机性，那么就有可能存在某个或多个风机出力波动，造成系统存在出力不足的危险。而柔性规划方法通过降低风电场最大装机容量，降低造成系统供电不足的概率，使得其最优解更能满足考虑风电出力波动的系统规划要求。

不确定性是电力规划中应予以考虑的一个重要问题，也是制约间歇式电源并网发电的一个重要因素。为使电力系统能更好地适应未来的实际情况、间歇式电源能得到更加充分的利用，规划时就应计及不确定性因素的影响。本书提出的考虑不确定性的柔性规划方法，能较好地处理并网间歇式电源及电力规划中的不确定因素，实现间歇式电源与传统电源的协调规划。实际算例表明，本书研究的方法对计及间歇式电源不确定性的多种电源协调规划是可行的、有效的，也为间歇式电源的充分利用提供依据。

四、多电源互补的间歇式电源规划

本项目中在规划时考虑环境效益，在电力电量平衡的基础上，提出了考虑碳减排效益的可再生能源的多目标规划模型。

（一）各类电源的环境效益分析

由于经济社会的快速发展，能源需求量不断扩大。但全球化石燃料的大量燃烧带来了日益严重的环境污染和能源短缺。面对严酷的现实，一方面是在节能增效的基础上要利用现代科技等手段实现对常规化石能源的碳排放治理；另一方面是要开发低碳排放的可再生间歇式电源。最终目的是实现经济社会发展的低能耗、高能效、少污染和能源供给多元化的可持续发展。

以最常见的煤电为例，按照国家发改委推荐数据，1kg 标准煤完全燃烧产生的二氧化碳排放为 2.46kg，而发电 1kWh 要消耗约 0.36kg 标准煤，则通过煤燃烧得到的 1kWh 电力所产生的二氧化碳排放约为 0.89kg。

目前应用最多的间歇式电源是风力发电和太阳能光伏发电。其最显著的特点是在实际利用过程中与燃烧化石燃料相比，排放的二氧化碳及相关的污染物非常之少。如一次性投资建成后，就可以依靠自然力运转若干年，基本不排放二氧化碳，维护成本也不是太高。即使是生物质能，如技术比较成熟的玉米乙醇，其燃烧产物也相对比较清洁。更为关键的是，间歇式电源是可再生、可持续的能源。因此，太阳能光伏发电和风力发电的利用过程无疑是低碳的，但其开发及设备制造过程却要消耗大量的资源，需要大量化石燃料作支撑。应该说从间歇式电源电站全生命周期的角度来看光伏发电及风力发电也是有碳排放的。

由此，本书在考虑间歇式电源并网规划时，将各种电源的碳排放处理成本也作为目标函数之一考虑进去。

（二）考虑环境效益的多目标优化模型及求解

1. 目标函数

（1）目标 1：系统年发电运行成本最低。系统中的电源包括：风力发电、光伏发电、水力发电及火电。全电网中的储能环节起能量储存作用，可忽略其电量成本，因此发电量成本只包括间歇式电源的发电成本和常规电源的发电成本。各种电源发电成本主要由燃料成本、折旧成本和运行管理成本三部分组成，其大小受一次能源价格、折旧率、年利率等相关因素影响。本书采用成本电价近似代替发电成本。

$$f_1 = \min \ F = \sum_{i=1}^{N_{\mathrm{RE}}} W_{\mathrm{RE}i} M_{\mathrm{RE}i} + \sum_{i=1}^{N_{\mathrm{HT}}} W_{\mathrm{HT}i} M_{\mathrm{HT}i} + \Delta P \times \tau \times M \tag{5-86}$$

式中：F 为系统的年发电运行成本；N_{RE}、N_{HT} 分别系统中间歇式电源及常规电源的个数；$W_{\mathrm{RE}i}$、$W_{\mathrm{HT}i}$ 分别为第 i 个间歇式电源、常规电源的年发电量；$M_{\mathrm{RE}i}$、$M_{\mathrm{HT}i}$ 分别为第 i 个间歇式电源、常规电源的发电成本；ΔP 为此电网潮流计算后的网损，τ 为此电网的最大负荷损耗小时数，M 为电网的平均电价。

（2）目标 2：系统全年的 CO_2 处理成本。水电厂发电时不产生温室气体，因此认为系统的碳排放量主要由间歇式电源和火电厂产生。

$$f_2 = \min E_m = \sum_{i=1}^{N_{\mathrm{RE}}} k_{\mathrm{RE}i} \alpha W_{\mathrm{RE}i} + \sum_{i=1}^{N_{\mathrm{T}}} k_{\mathrm{T}i} \alpha W_{\mathrm{T}i} \tag{5-87}$$

式中：E_m 为系统的全年 CO_2 处理成本；k_{REi}、$k_{\mathrm{T}i}$ 分别为第 i 个间歇式电源的 CO_2 排放强度；$k_{\mathrm{T}i}$ 为火电厂的 CO_2 排放强度；α 为 CO_2 环境损害综合化系数，即单位重量的 CO_2 环境处理成本。

2. 约束条件

（1）等式约束

$$\begin{cases} P_{i\mathrm{G}} - P_{iL} = U_i \sum\limits_{j \in i} U_j (G_{ij} \cos\theta_{ij} + B_{ij} \sin\theta_{ij}) \\ Q_{i\mathrm{G}} - Q_{iL} = U_i \sum\limits_{j \in i} U_j (G_{ij} \sin\theta_{ij} - B_{ij} \cos\theta_{ij}) \end{cases} \tag{5-88}$$

式中：$P_{i\mathrm{G}}$ 和 $Q_{i\mathrm{G}}$ 分别为节点 i 处的电源（常规电源或间歇式电源）的注入有功功率和注入无功功率；P_{iL} 和 Q_{iL} 分别为节点 i 处的负荷消耗的有功功率和无功功率。$j \in i$ 表示所有与节点 i 直接相连的节点，包括 $j = i$ 。G_{ij}、B_{ij} 分别为节点导纳矩阵中相应元素的实部和虚部。θ_{ij} 为节点 i 和节点 j 的电压相角差。

（2）不等式约束

$$
\begin{cases}
P_{l\min} \leqslant P_l \leqslant P_{l\max} \\
U_{i\min} \leqslant U_i \leqslant U_{i\max} \\
P_{\mathrm{HT}i\min} \leqslant P_{\mathrm{HT}i} \leqslant P_{\mathrm{HT}i\max} \\
Q_{\mathrm{HT}i\min} \leqslant Q_{\mathrm{HT}i} \leqslant Q_{\mathrm{HT}i\max} \\
P_{\mathrm{RE}i} \leqslant P_{\mathrm{RE}i\max} \\
W_{\mathrm{L}} + W_{\mathrm{loss}} \leqslant W_{\mathrm{RE}} + W_{\mathrm{HT}}
\end{cases}
\tag{5-89}
$$

式中：P_l 为支路 l 传输的有功功率；$P_{l\min}$ 和 $P_{l\max}$ 分别为支路 l 有功传输功率的上限和下限；$U_{i\max}$ 和 $U_{i\min}$ 为节点 i 电压上下限；$P_{\mathrm{HT}i\max}$ 和 $Q_{\mathrm{HT}i\max}$ 为第 i 个常规能源发电的有功功率和无功功率上限；$P_{\mathrm{HT}i\min}$ 和 $Q_{\mathrm{HT}i\min}$ 为第 i 个常规能源发电的有功功率和无功功率下限；$P_{\mathrm{RE}i}$ 为第 i 个间歇式电源，$P_{\mathrm{RE}i\max}$ 为第 i 个间歇式电源的有功功率上限；W_{L}、W_{loss}、W_{RE}、W_{HT} 分别为全年负荷电量、网损电量、间歇式电源年发电量及常规电源的年发电量。

以上建立的电网规划模型是一个复杂的多维非线性混合整数规划模型。与传统的数学优化算法相比，现代启发式算法具有较明显的优势，尤其是蚁群算法无需初始可行解，更适用于此类模型的求解，故本书采用蚁群算法求解以上模型。

3. 算例及结果分析

本书采用 IEEE30 节点测试系统结合我国某地实际风、光出力曲线及负荷实际数据构造规划计算用算例。

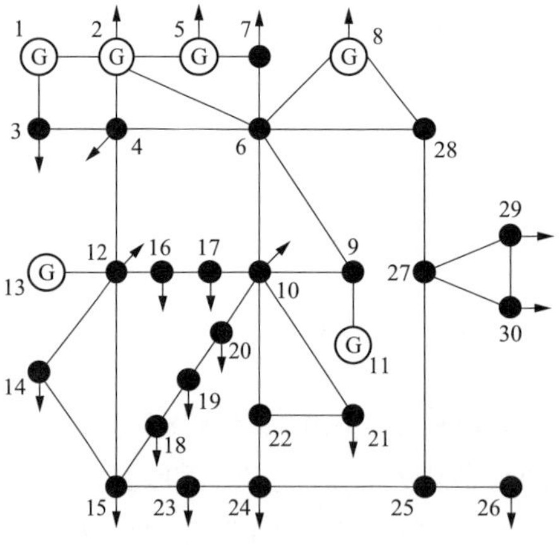

图 5-11　IEEE30 节点系统接线图

IEEE30 节点系统如图 5-11 所示。

图 5-11 中显示均为常规电源，假设接入 1、5、11 号母线的为火电厂，接入 1 号母线的电厂为用作系统平衡的电厂；接入 2、8、13 母线的为水电厂。

考虑到风电场及光伏电站受自然资源的限制，在本书中，假设图 5-11 中右半边的地区（6，7，9，10，21，22，24，25，26，27，28，29，30 节点）可建光伏电站，而左半边的地区（14，15，16，17，18，19，20，23 节点）有足够的风资源可建风电场。

根据相关文献，风、光、水、火这四类电源的发电成本、碳排放强度、碳处理成本见表 5-23。

年发电小时数采用的是我国某区域电网的实际数据。

表 5-23 电 源 参 数

电源类型	发电成本（元/kWh）	碳排放强度（kg/kWh）	碳处理成本（元/kg）	年发电小时数（h）
光伏	0.95	0.2868	0.1445	1480
风电	0.461	0.29	0.1445	1853
火电	0.2144	0.89	0.1445	5328
水电	0.1277	0	0.1445	3546

取我国某地区冬、夏两个典型日负荷曲线作为该地区规划水平年的典型日负荷曲线，如图 5-12 所示（负荷按标幺值给出）。取 IEEE30 节点系统负荷数据作为夏季典型日负荷曲线的最大负荷。考虑该区域的平均负荷增长率为 7%，作未来 5 年的电源规划。

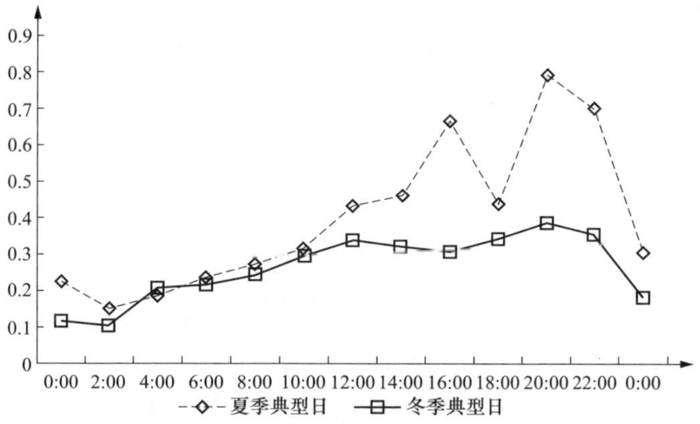

图 5-12 典型日负荷曲线图

取该地区电网内风电场、光伏电站冬、夏两个典型日的出力量测数据作为该地区风电场、光伏电站的典型出力曲线，分别如图 5-13 和 5-14 所示。图中纵坐标是以装机容量为基准值的出力标幺值。

（1）可再生能源接入地点的选择。以 30MW 风电场接入电网为例。表 5-24 给出了风电场接入不同节点的计算结果。

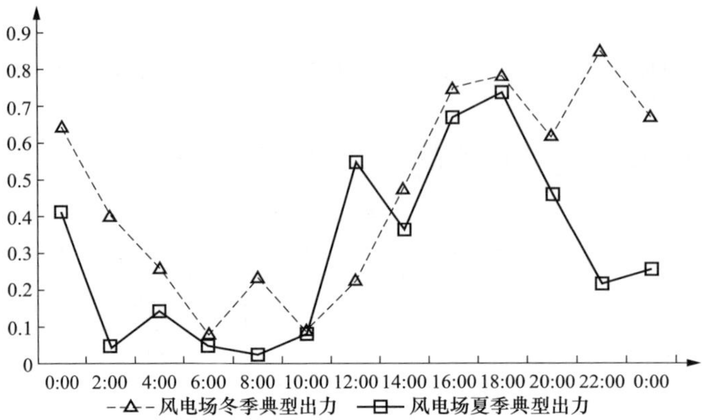

图 5-13 风电场典型出力曲线

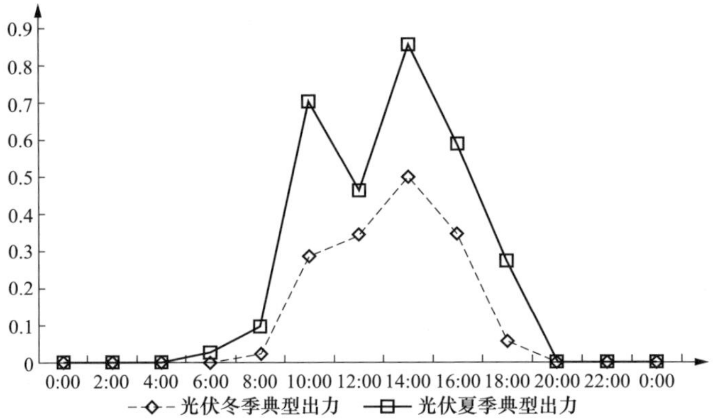

图 5-14 光伏电站典型出力曲线

表 5-24　　不同接入点的计算结果

安装位置	发电成本（亿元）	网损成本（亿元）	碳处理成本（亿元）	总成本（亿元）
14	3.045712	0.48017	1.587857	5.113738
16	3.041599	0.468588	1.58539	5.095577
23	3.039132	0.461656	1.58391	5.084698
17	3.038527	0.459952	1.583547	5.082025
18	3.038184	0.458997	1.583341	5.080522
15	3.037887	0.458145	1.583163	5.079195
20	3.037521	0.457132	1.582944	5.077597
19	3.036836	0.455193	1.582532	5.074562

由表 5-24 结果可以看出，相同的风电场容量，接入不同节点的总成本不同，其中接入 14 节点的总成本最高，而接入 19 节点的总成本最小。随着可再生能源接入地点的优化，可以使系统的发电成本、网损成本及碳处理成本均得到一定程度的降低。

（2）可再生能源接入容量的确定。以光伏电站接入 26 号节点为例。表 5-25 给出了不同光伏电站接入容量的计算结果。

表 5-25　　　　不同并网容量的计算结果

安装容量 MW	发电成本（亿元）	网损成本（亿元）	碳处理成本（亿元）	总成本（亿元）
12	3.186251	0.522663	1.717768	5.420233
14	3.190268	0.519104	1.704311	5.405844
16	3.194616	0.516519	1.69108	5.39307
18	3.199307	0.514885	1.678047	5.381801
20	3.204330	0.514175	1.66522	5.372032
22	3.209660	0.514364	1.652592	5.363715
24	3.215311	0.515435	1.640149	5.356792
26	3.221270	0.517374	1.627897	5.351262
28	3.227526	0.520158	1.615831	5.347094
30	3.234124	0.523801	1.603943	5.344246
40	3.271287	0.554176	1.59226	5.342805
50	3.315566	0.604605	1.536348	5.354430
60	3.367111	0.675464	1.484705	5.397495

由表 5-25 结果可以看出，不同的光伏电站并网容量，接入 26 号节点的总成本不同，其中接入容量为 40MW 时的总成本最低。此外，计算发现，如光伏成本电价降低至 0.9 元/kWh，则接入 26 号节点的光伏容量可达 48MW。

（3）多工况规划结果对比。为了更好地验证可再生能源在环境保护方面的作用，本书针对以下 4 种情况分别进行了规划计算，结果见表 5-26。其中，工况 1 是系统不考虑可再生能源接入；工况 2 是系统中仅接入光伏电站；工况 3 是系统仅接入风电场；工况 4 是同时接入光伏电站和风电场。

表 5-26　　　　不同工况的输出结果

工况	安装位置	安装容量（MW）	发电成本（亿元）	网损成本（亿元）	碳处理成本（亿元）	总成本（亿元）
1	—	0	3.154360	0.531213	1.783458	5.469025
2	26	40	3.271287	0.554176	1.592260	5.342805

续表

工况	安装位置	安装容量（MW）	发电成本（亿元）	网损成本（亿元）	碳处理成本（亿元）	总成本（亿元）
3	17	50	3.246353	0.409787	1.443188	5.099328
4	26/17*	30/45*	3.251321	0.384728	1.456487	5.092536

* 光伏/风电。

从表 5-26 可以看出，在不考虑可再生能源接入时（工况 1），系统的发电成本最低，但网损成本和碳处理成本均较大。在系统接入光伏电站、风电场后（工况 2、3），系统的碳处理成本及全网线损成本得到改善。但由于目前光伏电站、风电场的发电成本较常规电源高，所以接入光伏电站或风电场的系统发电成本较未接入可再生能源电站有所上升，但总成本仍较未接入可再生能源电站时降低；工况 4 中同时考虑光伏及风电两种可再生能源接入，通过对容量及接入位置的优化，规划目标进一步得到改善，表明合理的接入风电场、光伏电站等可再生能源能够实现系统经济和环境效益的最大化。

本书针对系统中常见的风、光、水、火这四种最常见的电源，建立考虑碳减排效益的电源规划模型，结合我国某地实际数据对 IEEE30 节点系统计算，结果表明：

（1）针对电力需求的增长，在当前的各能源成本电价下，碳处理成本低的风力发电、光伏发电应优先发展。

（2）相对于仅考虑经济性的传统电源规划模型，在当前碳排放强度下，本书所提出的考虑碳处理效益的电源规划模型，可以同时降低系统的运行成本和碳排放量。

（3）本书所建模型，为火电厂进行低碳技术改造实现碳减排目标，平衡经济性与低碳减排目标的关系提供了经济效益上的参考。

此外，随着储能等技术的发展，风力发电、光伏发电的间歇性、波动性将会逐步得到抑制，本书所提规划模型将为低碳排放的风电、光伏等可再生能源的进一步发展应用提供依据。

五、储能技术在间歇式电源并网规划中的应用

随着社会经济的发展、能源日益的紧张，间歇式电源开发成为未来能源战略的重要方向，但可再生能源的波动性、间歇性等特点，使其并网对系统运行、电能质量、调峰等方面均有影响。同时电网负荷峰谷差日益增大，严重影响了电力系统的经济性。为了提高可再生能源的并网接入容量，平抑间歇式电源的间歇性，可考虑储能技术的应用。

1. 常见的储能形式

电能储存的形式可分为 4 类：机械储能（如抽水蓄能、压缩空气储能、飞轮储能等）、化学储能（如钠硫电池、液流电池、铅酸电池、镍镉电池、超级电容器等）、电磁储能（如超导电磁储能等）和相变储能（如冰蓄冷等）。抽水蓄能、压缩空气储能和电池储能为目前技术成熟度比较高、应用较多的储能技术。在各种储能技术中，抽水蓄能和压缩空气储能比较适用于电网调峰；电池储能比较适用于中小规模储能和间歇式电源发电；超导电磁储能和飞轮储能比较适用于电网调频和电能质量保障；超级电容器储能比较适用于电动汽车储能和混合储能。

（1）抽水蓄能。抽水蓄能电站可以按照任意容量建造，储存能量的释放时间可以从几小时到几天，其效率在 70%～85%之间，其主要应用领域包括调峰填谷、调频、调相、紧急事故备用、黑启动和提供系统的备用容量，还可以提高系统中火电站和核电站的运行效率。

目前，全世界共有超过 90GW 的抽水蓄能机组投入运行，约占全球总装机容量的 3%。抽水蓄能的最大特点是储存能量非常大，因此，非常适合于电力系统调峰和用作备用电源的长时间场合。

（2）压缩空气储能。压缩空气储能电站（compressed air energy storage，CAES）是一种调峰用燃气轮机发电厂，主要利用电网负荷低谷时的剩余电力压缩空气，并将其储藏在典型压力 7.5MPa 的高压密封设施内，在用电高峰释放出来驱动燃气轮机发电。可以节省燃料、降低投资费用、减少排放。CAES 安全系数高，寿命长，可以冷启动、黑启动，响应速度快，主要用于峰谷电能回收调节、平衡负荷、频率调制、分布式储能和发电系统备用。但其能量密度低，并受岩层等地形条件的限制。

第 1 个投入商业运行的 CAES 是 1978 年建于德国 Hundorf 的一台 290MW 机组。

（3）电池储能。电池储能系统主要是利用电池正负极的氧化还原反应进行充/放电。主要的蓄电池有铅酸、镍镉、镍氢、锂离子、钠硫和液流电池，其中铅酸和镍镉因为污染的原因，逐渐被后面 4 种电池所取代。蓄电池储能具有快速响应的特点，所以能够对电网的许多故障进行快速的电压控制和潮流管理，可以大大减少电网故障的发生。锂离子电池比能量/比功率高、自放电小、环境友好，但大容量集成的技术难题尚有待验证。钠硫电池储能密度高、体积小，系统效率可达 80%，循环寿命长，很适用于城市变电站和特殊负荷。液流电池电化学极化小，能够 100%深度放电，额定功率和容量相互独立，循环寿命很长，调节速度快，但能量密度较低。很适用于间歇式电源发电。

（4）飞轮储能。飞轮储能系统在谷荷时，由工频电网提供电能，带动飞轮高速旋转，以动能的形式储存能量；而在峰荷时，高速旋转的飞轮作为原动机拖动发电机发电，完成机械能—电能转换的释放能量过程。飞轮储能功率密度和能量密度大，效率在90%以上，循环使用寿命长达20年，无噪声，无污染，维护简单，可连续工作，可以实现兆瓦级输出，持续时间为数分钟至数小时，主要用于不间断电源（uninterruptible power system，UPS）/应急电源（emergency power supply，EPS）、电网调峰和频率控制。

（5）超导磁储能。超导磁储能系统（super conducting magnetic energy storage，SMES）利用超导体制成的线圈储存磁场能量，功率输送时无需能源形式的转换，具有响应速度快、转换效率高、比容量/比功率大等优点。可以实现与电力系统的实时大容量能量交换和功率补偿。SMES 可以充分满足输配电网电压支撑、功率补偿、频率调节、提高系统稳定性和功率输送能力的要求。

（6）超级电容器储能。超级电容器可视为悬浮在电解质中的两个无反应活性的多孔电极板，充电时在极板上加电，正极板吸引电解质中的负离子，负极板吸引正离子，形成两个容性存储层，被分离开的正离子在负极板附近，负离子在正极板附近。它通过使电解液进行电化学极化实现储能，这个过程中不发生电化学反应，所以这个过程是可逆的。超级电容器储能具有功率密度高、使用寿命长等优点，在电力系统中多用于短时间、大功率的负载平滑和电能质量高峰值功率场合，如大功率直流电机的启动支撑、动态电压恢复器等。

2. 储能技术在间歇式电源并网中的作用

电网运行的特点之一就是发电、供电和用电瞬时同时完成，不能大规模、长时间存储。而用电负荷总是有高有低，不可能是均衡的。峰谷差大已成为电网运行中最突出的问题之一，蓄电池储能站调峰填谷，改善部分火电机组的运行条件，变压荷运行为稳定出力运行，可降低火电厂的运行费用和发电成本，减少运行事故。

我国电网中绝大部分的调峰只能依靠常规电厂来承担，其中绝大部分要由燃煤电厂负担，增加煤耗，给电网安全、稳定运行带来隐患，蓄电池储能站调峰填谷作用，可大大降低系统峰谷差，提高系统供电保证率，减小拉闸限电次数和时间，同时改善系统火电、核电机组的运行条件，使这些机组能基本上保持在高效率区稳定运行，在运行过程中不必频繁增减出力或开停机组，从而降低单位煤耗，节约燃料消耗，保证电网安全、稳定运行。

蓄电池储能站启停迅速，改变工况容易，且调节方便，其响应速度以秒为单位，而大型煤电机组从冷态到满载需要 5～8h，所以蓄电池储能站是很好的事故备用电源。将蓄电池储能站作为热备用容量，来应付不可预见的发电或负荷需要，可以节省火电备用机组启动费用，替代热能机组低出力时的运行费用。

随着现代电网技术的发展，储能技术逐渐被引入到电力系统中，储能可以有效地实现需求侧管理，消除昼夜间峰谷差，平滑负荷，提高电力设备利用率，降低供电成本，还可以促进可再生能源的利用。同时可作为提高系统运行稳定性、调整频率、补偿负荷波动的一种手段。储能技术成为智能电网发展中的重要一环。

储能系统应用于不同的场合，所起的主要作用和给不同的投资者所带来的价值方面也不同。储能系统应用于电网中，可以延缓电网升级、减少输电阻塞、提供辅助服务、提高供电可靠性，从而带来相应的收益。而储能系统在间歇式电源发电中的应用，则是为了优化整个系统的电源结构。

由于间歇式电源（如风能、太阳能等）存在随机性和波动性的特点，不利于大规模并网，配备储能设施可以平抑间歇式电源发电的波动，为系统提供更为稳定的电力，取得很好的效果。储能在间歇式电源中的应用，主要包括风电—储能、光伏—储能和带储能的独立供电系统（包括微网）等。储能容量的最佳容量与间歇式电源的发电曲线密切相关，所以大多数优化规划都是以间歇式电源发电预测曲线为基础，进行储能规模的优化规划，目标函数主要涉及收益和成本，且收益和成本是针对整个联合系统的，而非单独衡量储能系统的作用。

相对于光伏发电而言，风电场功率在分钟级的时限内波动幅度都会很大，如果建模时划分的时段过长，或者不考虑储能技术的种类，则会对储能系统吞吐功率的响应速度能力与风电场功率波动特性匹配方面的考虑存在欠缺。同时风电场的功率波动跟其所在地区的气候特点以及风电场的规模有很大关系，风电场越大，其出力波动也越平滑，所以在规划的时候需要注意根据风电场的规模和特点选择合适的储能技术。对于大型风电场，单一的储能技术可能难以同时满足容量和响应速度的要求，不同储能技术的组合尚未得到相应的研究。

对于一个大的供电系统或者微网，电源往往由多种机组构成（传统火电机组、风电、柴油机组、生物质发电、光伏等），此时加入储能系统，储能规划多以成本（总发电成本、单位发电成本、总运行成本）为目标函数，间歇式电源—储能系统的收益考虑来自峰谷上网电价下储能系统低储高发所获得的套利，这是属于风电商的主要利益。此外安装储能系统后，电网因为间歇式电源发电并网所需额外配备的备用容量会减少，由此会带来比较大的社会收益，这部分收益归属跟电力市场中的风电政策有关。综合考虑上述两方面的收益，可以作为提高间歇式电源接入能力所取得的收益。

电网负荷的峰谷差日益扩大，系统调峰压力很大。电池储能站直接接入配网，可在用电低谷时作为负荷存储电能量，在用电高峰时作为电源释放电能，在一定程度上减弱峰谷差，变相削减峰值负荷。随着电池储能设备造价逐步降低和能量密度进一步提高，电池储能站有望得到大规模推广。大量的电池储能站分布式的配置在配网侧，可以有效地减小负荷峰谷差，对电网而言相当于改善了负荷特性。

负荷特性的改善给电网带来的直接好处包括：减少系统备用容量的需求，减少系统中的调峰调频机组的需求；减轻高峰负荷时输电网的潮流，减少输电网的设备投资，提高输配电设备的利用率；减少火电机组参与调峰，提高发电效率。

（1）储能系统的经济模型。

1）钠硫电池储能系统（NaS）的设备固定成本。在电力系统中引进了能量存储系统和能量转换控制系统后，整个电力系统的资金费用就发生了变化。能量存储的资金费用 C_S 是两部分费用的汇总，一部分与存储的能量有关，另一部分与释放能量时的峰值有关，并受传输距离的控制。即资金费用由能量存储系统、电力传输系统以及能量转换控制系统的费用决定，特别与安装的电力能力和存储能力有关

$$C_S = C_{CS} + C_{PTS} + C_{CDCS} \tag{5-90}$$

用每单位存储能量的费用和安装的电力能力来表示比较方便

$$C_{CS} = C_E E_S \tag{5-91}$$

式中：C_S 为能量存储系统每单位存储能量的费用，元/kWh；E_S 为在能量存储系统中积累的能量，kWh。

$$C_{PTS} + C_{CDCS} = C_P P_S \tag{5-92}$$

式中：C_P 为电力传输系统以及能量转换控制系统合在一起的费用，元/kW；P_S 为设计的电力能力，kW。

这样，能量存储的费用是两个主要存储特性的函数

$$C_S = C_E E_S + C_P P_S \tag{5-93}$$

2）NaS 储能系统的运行维护成本。在电力系统中使用了储能设备后，每年都需要为其运行付出一定的经济代价，这其中包括设备的运行费用和维护费用，二者的大小取决于最初设计的电力能力即最大储能容量的大小

$$C_{YW} = C_y P_S + C_w P_S \tag{5-94}$$

式中：C_y 为能量存储系统每单位的运行费用，美元/kW 年；C_w 为能量存储系统每单位的维护费用，美元/kW 年。

（2）储能系统固定成本等年值计算。资本投入不同于劳动投入，一笔资金投入后可能很快取得回报，也可能若干年以后取得，因此在计算出设备的固定成本之后，必须将其换算为相应的等年值。

1）投资收益的贴现值。贴现值是将未来的一笔钱按某种利率折算成现在值。众所周知，复利计算就是第一年的利息与本金之和作为第二年的本金，然后反复计息，第 n 年末的本利和为

$$A = A_0(1+r)^n \tag{5-95}$$

式中：A_0 为本金；r 为年利率；n 为年数；A 为本利和，由式（5-95）得

$$A_0 = \frac{A}{(1+r)^n} \tag{5-96}$$

式（5-96）即为贴现值的计算公式。式中 A_0 为贴现值，A 为未来某年的一笔收益，n 为年数，r 为用于贴现的利率，$(1+r)^n$ 称为复贴现系数。利用式（5-96）可以计算投资者未来的投资收益的折现值。

2）投资收益的等年值。一般地投资者从事一笔投资后，并不是在某一年取得一次性收入，而是在以后的若干年，每年都获得一笔收益，这被称为支付流，而支付流现值的计算公式为

$$A_0 = \frac{A_1}{(1+r)} + \frac{A_2}{(1+r)^2} + \cdots + \frac{A_n}{(1+r)^n} \tag{5-97}$$

其中 $\frac{A_i}{(1+r)^i}$（i=1，2，…，n）是第 i 年的所获收益的折现值，A_0 表示支付流的现值。

若当 $A_1 = A_2 = \cdots = A_n = A$ 时，这时被称为等年值现值，其计算公式为

$$A_0 = \frac{A}{r}\left[1-\left(\frac{1}{1+r}\right)^n\right] = \frac{A}{r}[1-(1+r)^{-n}] \tag{5-98}$$

式中：A_0 为等年值现值；A 为每年的收益；r 为贴现的利率；n 为年数，$\frac{1}{r}[1-(1+r)^{-n}]$ 称为等年值现值系数，其数值与 A 相乘便得到等年值的现值。

（3）储能系统的移峰电量计算。考虑到电网在用电高峰时段发电量不足，且峰谷差日益增大，为此必须要使用某些方法削减高峰时段的发电量，增加低谷时段的发电量并储存用在高峰时段，其具体的方法如下所述。

移峰即将高峰时段的缺电容量移至低谷时段储存，如图 5-15 所示。

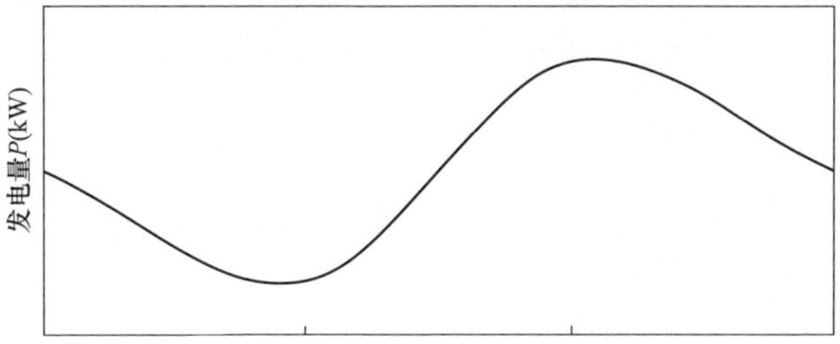

图 5-15　某一系统的日负荷曲线

图 5-15 为某一系统的日负荷曲线，从图中可以看出，该系统日负荷的峰谷差尤为显著，并可能导致该系统高峰时段发电量不足，因此选择储能设备对其进行移峰填谷，假设已知该电厂的最大发电量 P_0，则移峰容量如图 5-16 阴影部分所示。

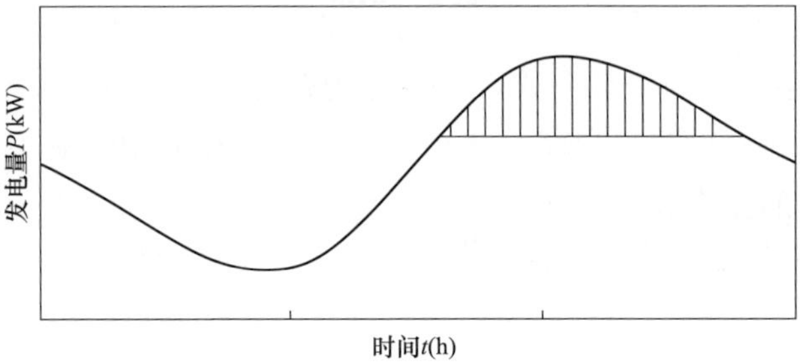

图 5-16 储能系统的移峰容量（一）

使用梯形等面积法计算该阴影部分面积即得移峰容量，如下公式

$$A_{LD}=\sum\frac{(P_{后}-P_0)+(P_{前}-P_0)}{2}\times\frac{5}{60} \tag{5-99}$$

式中：A_{LD} 为缺电容量，kWh；$P_{前}$ 为前一时刻发电量，kW；$P_{后}$ 为后一时刻发电量，kW。

由于电厂最大发电量的限制，在发电低谷时所能额外发出的电量不能超过其最大发电量即 P_0，则图 5-17 中阴影面积即为最大允许储能容量。

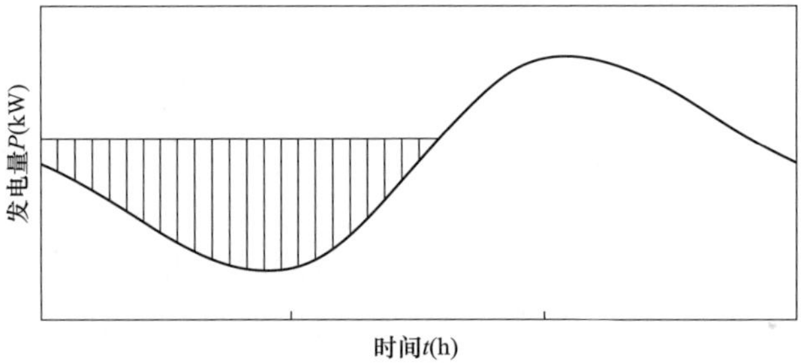

图 5-17 系统最大允许的储能容量（一）

使用梯形等面积法计算该阴影部分面积即得移峰容量，如下公式

$$A_{max}=\sum\frac{(P_{后}-P_0)+(P_{前}-P_0)}{2}\times\frac{5}{60} \tag{5-100}$$

式中：A_{max} 为最大允许储能容量。

经过上述计算，比较 A_{LD} 与 A_{max} 的大小。若满足 $A_{LD}<A_{max}$，则说明在发电低谷时段允许多发足够的电能，储存并用在高峰时段；反之，则说明该发电厂低谷

时段的储能容量不足。

（4）储能系统调峰的成本—效益分析。根据实测的系统负荷数据，在忽略电能传输损耗的前提下，可由此数据作出该系统的日发电量曲线如图 5-18 所示。

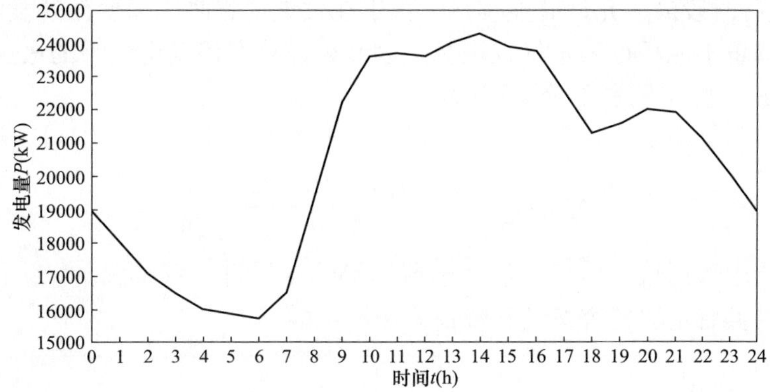

图 5-18 某系统日发电量曲线

如图 5-18 所示，该发电厂发电峰荷时间段为 9 点～17 点，谷荷时间段为 0 点～8 点，现使用储能设备进行调峰，试将高峰部分发电量转移至低谷时段，并对其经济性进行计算。

1）高峰时段缺电容量计算。由图 5-18 可见，该发电厂日发电的峰谷差尤为显著，可能由于其在高峰时段因发电量的不足，导致电网公司向外厂购电，从而抬高上网电价。因此，需要增加在发电低谷时段的发电量用以储存，并将其用于发电高峰时段，从而实现移峰填谷。

首先，由上述曲线拟定最大发电量为 P_0=22000kW，如图 5-19 所示。

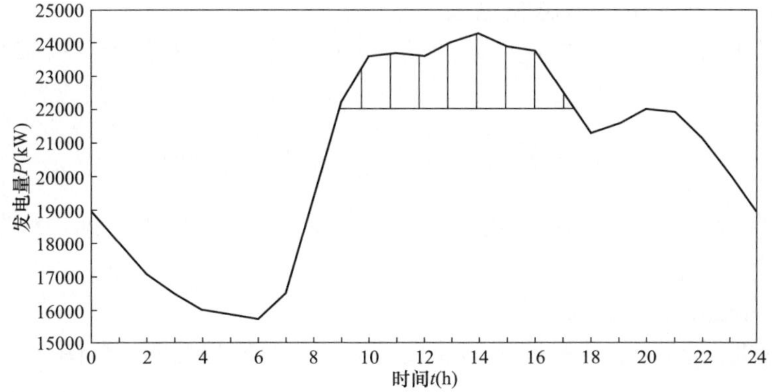

图 5-19 储能系统的移峰容量（二）

使用梯形等面积法计算发电高峰时的缺电容量，即图 5-19 中阴影部分面积。

$$A_{LD}=\sum\frac{(P_{后}-P_0)+(P_{前}-P_0)}{2}\times\frac{5}{60} \tag{5-101}$$

2）低谷时段最大允许储能容量。由于在发电低谷时段需要额外发电并储存，且此发电增量不能超过其平均发电量，因此须计算在该发电量下的最大允许储能容量，如图 5-20 中阴影部分面积所示。

使用梯形等面积法计算发电高峰时的缺电容量，即图 5-20 中阴影部分面积。

$$A_{max}=\sum\frac{(P_{后}-P_0)+(P_{前}-P_0)}{2}\times\frac{5}{60} \tag{5-102}$$

将曲线中数据代入后得：A_{max}=41622（kWh），经过比较发现，A_{max} 远大于 A_{LD}，因此谷荷时拥有足够的容量储蓄峰荷所需的电能。

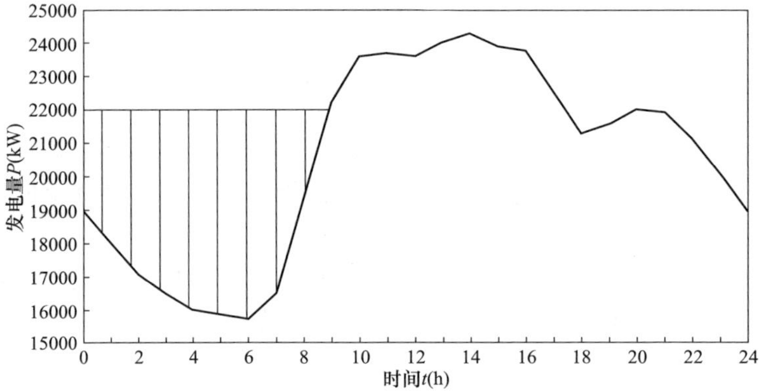

图 5-20　系统最大允许的储能容量（二）

3）储能设备使用前日总发电量。

使用梯形等面积法计算使用储能设备前的日总发电容量，即图 5-21 中阴影部分面积。

$$A_{前}=\sum\frac{P_{后}+P_{前}}{2}\times\frac{5}{60}=491441(kWh)$$

（注：此容量中包含部分缺电容量即储能容量，并无实际意义，只为方便以后的计算）

4）设备使用后日总发电量。

使用梯形等面积法计算使用储能设备前的日总发电容量，即图 5-22 中阴影部分面积。

$$A_{后}=A_{前}-A_{LD}=491441-15104=476337(kWh)$$

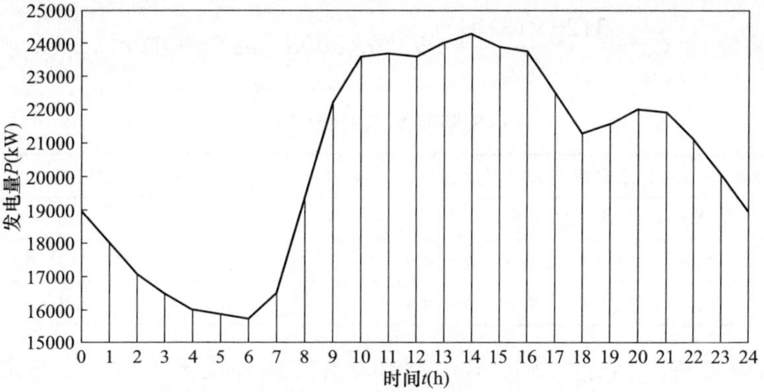

图 5-21 储能设备使用前日总发电量

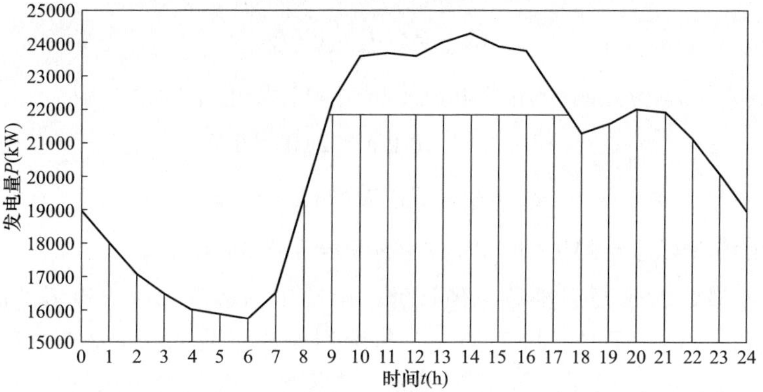

图 5-22 储能设备使用后日总发电量

5）储能设备的成本计算。

a）储能设备的固定成本。由于本次设计选用 NaS 电池作为储能设备，因此需要对其设备固定成本进行计算，运用公式（5-90）：

$$C_S = \frac{C_e E_S}{\eta} + C_P P_S$$

式中， $E_S = A_{LD} = 15104\text{kWh}$

$$P_S = P_0 = 22000\text{kW}$$

η 为充放电效率，η =86%

由表 5-27，单位功率建造费用及单位储能费用分别取中间值，即：

$$C_p = 1540 \text{ 美金/kW} \approx 9240 \text{ 元/kW}$$

$$C_A = 520 \text{ 美金/kWh} \approx 3120 \text{ 元/kWh}$$

（注：人民币对美元汇率取 1:6）

综上所述， $C_S = \dfrac{3120 \times 15104}{86\%} + 9240 \times 3000 = 82515907$元。

表 5-27　　NaS 储能系统的经济成本

单位功率建造费用 C_P（美元/kW）	810～2270
单位储能费用 C_A（美元/kWh）	230～810
单位运行费用 C_y（美元/kW・年）	19～50
单位维护费用 C_w（美元/kW・年）	3～9

b）储能设备的运行维护成本。由于设备的运行及维护会产生一定的年费用，这些年费用也需要计算在设备的总成本里，因此由式（5-94）计算 NaS 电池的运行维护费用

$$C_{YW} = C_y P_S + C_w P_S$$

由表 5-27，单位运行费用及单位维护费用分别取中间值，即：

$$C_y = 35 \text{ 美元/kW} \approx 210 \text{ 元/kW}$$

$$C_w = 6 \text{ 美元/kW} \approx 36 \text{ 元/kW}$$

综上所述， $C_{YW} = 210 \times 3000 + 36 \times 3000 = 738000$元。

c）储能设备成本及运维等年值计算。由等年值概念可知，设备的固定成本为一次性投资，而且并不是在此后的某一年取得一次性收入，而是在以后的若干年，假设每年获取的利润相同，每年都获得一笔收益，因此必须由公式（5-98）计算其等年值：

$$A_0 = \frac{A}{r}\left[1 - \left(\frac{1}{1+r}\right)^n\right] = \frac{A}{r}[1-(1+r)^{-n}]$$

式中，A_0 为等年值现值，即 $A_0 = C_S = 82515907$元；A 为等年值，单位为元；r 为贴现利率，此处取 5%（即略高于银行存储年利息）；n 为设备使用年限，这里取 n=10 年。

将上式整理并计算得

$$\begin{aligned} A &= A_0 \frac{i(1+i)^n}{(1+i)^n - 1} \\ &= 82515907 \times \frac{0.05(1+0.05)^{10}}{(1+0.05)^{10} - 1} \\ &= 10686187(\text{元}) \end{aligned}$$

6）投资储能前后经济比较。取发电企业标杆上网电价为 0.4418 元/kWh，因

此可以算出储能前及储能后的购电总价。

a）储能前日发电总费用。由于在用户用电高峰时段，发电厂发电容量不足引起缺电，导致电网公司必须向外厂以较高的协议电价购买所缺电量，因此得出以下公式

$$Q_{前} = A_{后}C_{上网} + A_{LD}C_{协议}$$

式中：$Q_{前}$ 为储能前的买电价格（元）；$C_{上网}$ 为标杆上网电价，即 $C_{上网}=0.4418$元/kWh；$C_{协议}$ 为向外厂购电的协议电价（元）。

将前述数据代入后得

$$Q_{前} = 209588+15104\times C_{协议} \tag{5-103}$$

b）储能后日发电总费用。在使用储能设备后，日发电总费用里应包括设备固定成本的等年值及设备的运行维护费用，其值需由年换算为日，如下式

$$Q_{后} = \left(A_{后} + \frac{A_{LD}}{\eta}\right)C_{上网} + \frac{A}{365} + \frac{C_{YW}}{365} \tag{5-104}$$

将前述数据代入后得：$Q_{后} = 248615$元

将式（5-103）及式（5-104）进行比较可以得出以下结论：

当 $Q_{前} < Q_{后}$ 时，$209588+15104C_{协议}<248615$，即 $C_{协议}<2.58$（元/kWh）时，储能前的日总发电费用小于使用储能设备后的日总发电费用，即安装储能设备后，电网公司的实际利益为亏损。

当 $Q_{前} > Q_{后}$ 时，$209588+15104C_{协议}>248615$，及 $C_{协议}>2.58$（元/kWh）时，储能前的日总发电费用大于使用储能设备后的日总发电费用，即安装储能设备后，电网公司从中获取收益。

结合以上结论并分析可知，当电网公司下辖电厂的发电容量不足时，电网公司必须向外厂以高价买电满足用户侧的电能需求，此较高的协议电价的存在势必使电网公司在经济上有所亏损，即发电越多亏损越多，这可能导致恶性循环如发电厂停用机组尽量少发电、减少煤原料的进口量以减少发电成本投资等。

在电网侧加装了储能设备后，由其带来的经济效益可以很好地改变电网缺电的现象。如上例计算可知，当协议电价超过 2.58（元/kWh）时，使用储能设备增加固定成本及运行维护等年值费用后的发电成本总和将小于电网公司向外厂购电的发电总成本，这便使电网公司从中节省了发电成本，获得了经济利益。

若协议电价不宜过高，则可选用不同的制造材料降低其每单位储能所需的费

用，或者可以选择合适的储能容量，从而降低其设备固定成本及其等年值，以适合不同地区、不同经济环境（包括上网电价、电度电价等）的需要，达到保证电网侧经济利益的目的。

储能设备的存在，有效得缓解了电网在用电高峰时段的压力，保证了供电可靠性及稳定性。不但如此，在遇到负荷突然变大或变小的情况下，储能设备也能很好地应对，从而减少了启停机组的次数，延长了设备的使用寿命。

第四节　间歇式电源与电网协调规划评价体系

一、风电场集群接入系统协调规划模型及求解

近年来高比例弃风、脱网事故频发，风电消纳成为突出问题。追根溯源，风电消纳难的最初矛盾是风电与其他电源以及与电网之间的规划衔接、建设布局和协调发展问题。一方面由于接入系统输电线路建设周期比风电场建设周期更长，经常出现风电场、风电场集群建成后却无法并网发电的情况；另一方面风力发电具有间歇性、波动性以及随机性的特点，风电可利用小时数较低，风电场或风电场集群的送出线路在地区风速较低时处于轻载状态，资产利用率低下。更加突出的问题是，单个风电场的接入系统各自依据其边界条件设计，简单叠加得到的风电场集群接入电网往往难以达到最优效果，甚至是不可行方案。因此，有必要研究从整个风电集群和区域接入电网层面的协调规划和优化，为风电运行阶段的风电消纳提供方向性的技术方案，是解决风电消纳问题的关键基础和前提[148-151]。本书提出了一种大规模风电场集群接入系统的协调规划方法。根据风电场集群出力特性建立接入系统协调规划模型，以经济性最优为目标，对风电场集群接入系统进行汇集站和集群中心站两级综合协调优化。依据未送出及送出风电电量的损失及效益、建设成本等因素进行优化分析，完成了风电场集群内部的风电场分组、线路容量、变电站选址等问题的分析和优化设计，从而得到整个风电场集群接入系统的优化规划方案。

（一）风电场集群接入系统协调规划模型及求解

1. 风电场集群接入系统协调规划模型及优化原理

为简化分析，暂不考虑多年滚动规划以及电源、电网规划的时序不匹配问题，以风电场集群接入系统整体规划建成的目标年作为规划场景开展研究。

在风电场通过集中接入、远距离输电的输电方式接入电网时，通常从风电场出口，利用数级变电站，接入超/特高压输电网络中，从而将风电电能送至负荷中心。接入系统通常具有以下两种形式：

（1）单个风电场直接接入地区内的中心（枢纽）变电站。

（2）数个风电场汇集至一个汇集变电站后接入到地区内的中心（枢纽）变电站。

将连接到同一个汇集变电站的所有风电场定义为一个风电场组，整个风电场集群划分成数个风电场组后，接入系统含有风电场—风电场组、风电场组—风电场集群两级结构，模型如图 5-23 所示。接入系统包括风电场与汇集变电站连接的线路，汇集变电站以及汇集变电站与中心变电站的连接线路。在假设风电场和集群中心变电站选址确定条件下，风电场分组接入哪一个汇集变电站（也包含直接接入中心变电站的情况）以及汇集变电站的选址就是有待协调的两个规划目标，而风电场到汇集站、汇集站到中心站的线路技术和经济参数是其中的重要影响因素。

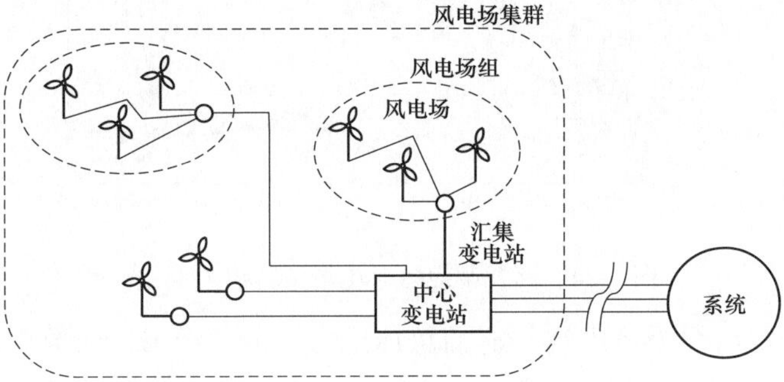

图 5-23 风电场集群接入系统示意图

综合考虑建设及运行的成本和收益，利用风电场及接入系统的整体经济性作为接入系统规划协调性指标，对风电场集群的接入系统进行优化，以解决接入系统的输电能力对电源的限制与输电线路空（轻）载浪费的矛盾。

在规划过程中，接入系统规划的优化目标为净收益最大，可以进行优化的变量分别为风电场分组线路选择集合、线路长度、容量以及变电站位置、容量[152-153]，其模型为

$$\max \quad f(\boldsymbol{S}(L), P_L^i, P_T^i, x_T^i, y_T^i), i = 1 \cdots n \tag{5-105}$$

式中：f 表示接入系统的总净收益；$\boldsymbol{S}(L)$ 为风电场分组后的线路选择集合；P_L^i 表示第 i 条线路的容量；P_T^i、x_T^i、y_T^i 分别为第 i 个变电站的容量及位置信息。

对于模型的求解，首先需要分析风电场及风电场组的出力特性，从而得到模型的初始条件。然后根据经济性指标分别对线路、变电站容量、变电站选址以及风电场分组线路选择进行优化，从而得到最优的接入系统协调规划方案。

2. 风电场集群特性分析

风电场集群的有功输出，在由风电机组向风电场、风电场集群的汇聚过程中，具有波动的平滑效应[124-132]。对西北某地区数个风电场组成的集群进行历史数据统计[133-134]，得到图 5-24 所示的风电场集群出力曲线。

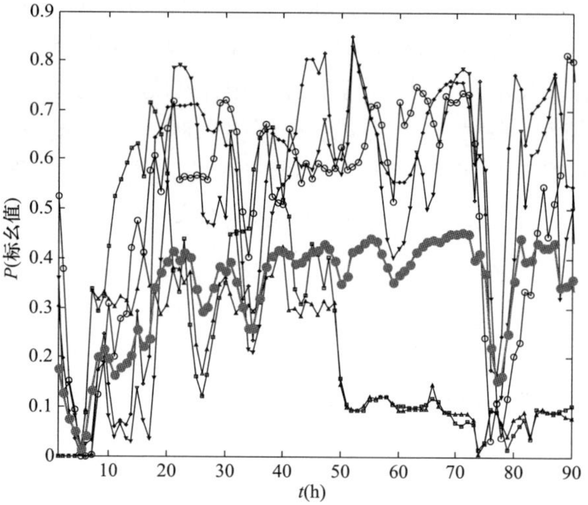

图 5-24 西北某地区风电场集群出力曲线

图 5-24 中，粗线为风电场集群的总体出力，可以看出，当数个风电场同时接入时，体现了一定的互补性，使风电场总体出力的最大标幺值减小。考虑到时序分析对风电场集群出力的趋势模拟较为困难，在规划阶段，为了掌握风电场集群整体的变化规律，需要对风电场集群的出力分布进行统计及仿真模拟，利用风电场集群的年持续出力曲线，对风电场集群出力的长期变化规律进行描述，从而分析风电场集群平滑效应对风电场长期出力波动的影响。

与负荷持续曲线类似，针对风电场的历史数据绘制如图 5-25 所示的持续出力曲线。持续出力曲线横坐标表示持续时间，纵坐标表示风电场集群出力。曲线上的点 (t,P) 表示风电场集群出力大于或等于 P 的持续时间为 t。粗线为风电场集群的总体出力，由曲线可以看出风电场平滑效应的结果，即为最大出力减小以及无出力的小时数减少。在进行风电场集群的接入系统规划时，需要考虑到风电场平滑效应的影响，当接入的风电场较多时，其总出力在持续出力曲线上的分布更加平均，最大标幺值减小。

3. 风电场送出线路传输容量规划

如图 5-25 所示，由于平滑效应，该风电场集群的最大出力仅为装机容量的 70%。对于风电场或风电场集群的送出线路，如按照风电装机容量进行配置，则会导致输电线路经常轻载，资产利用率低下；如果送出线路容量过低，又会造成大量弃风。建立经济性综合优化模型，协调输电线路的建设容量与弃风损失[135-138]。

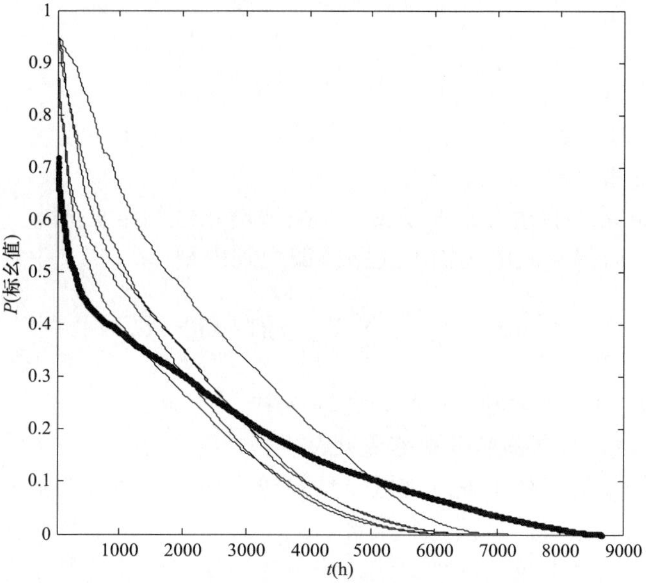

图 5-25 西北某地区风电场集群持续出力曲线

输电线路综合效益分为成本及收益两部分，由净现值给出

$$I_{\mathrm{NPV}}=\sum_{t=0}^{N}(B_{\mathrm{total}}-C_L)_t(1+r)^{-t} \tag{5-106}$$

式中：B_{total} 为年度收益；C_L 为年度成本；r 为利率；N 为运行年限。

成本分为建设成本与维护成本，为了计算方便，将变电站归入到高电压侧线路成本中，输电线路的建设成本模型是线路长度及传输容量的函数

$$C_L=C_T(P_{\mathrm{Line}})+C_l(P_{\mathrm{Line}},L) \tag{5-107}$$

式中：C_T 为变压器成本函数；C_l 为线路成本函数；P_{Line} 为线路容量；L 为线路长度。

考虑到线路条数只能为整数，并且其型号有限，对于一定电压等级、一定长度的线路，其成本与 P_{Line} 并不呈线性关系。

风电场送出的电能为线路的收益来源，而因为传输容量限制造成的弃风，即未送出电量，也应作为罚款计入线路的收益。忽略风电场送出电能不同时段的价格差异，建立风电场集群送出线路的收益模型

$$B_{\text{total}} = p_0 \int_t P_0(t)\mathrm{d}t - p_{\text{b}} \int_t P_{\text{b}}(t)\mathrm{d}t$$
$$P_0 = \begin{cases} P_{\text{Line}} & P_{\text{total}} > P_{\text{Line}} \\ P_{\text{total}} & P_{\text{total}} \leqslant P_{\text{Line}} \end{cases} \tag{5-108}$$
$$P_b = \begin{cases} P_{\text{total}} - P_{\text{Line}} & P_{\text{total}} > P_{\text{Line}} \\ 0 & P_{\text{total}} \leqslant P_{\text{Line}} \end{cases}$$

式中：p_0、p_{b} 为价格参数；P_0 为实际送出功率；P_{b} 为未送出功率；P_{total} 为风电场集群总最大发电功率。

考虑到输电系统的建设成本较高，忽略输电系统的维护成本，最大化系统的净现值 I_{NPV}，从而得到风电场输电线路协调规划模型

$$\max \quad I_{\text{NPV}} = \sum_{t=0}^{N} B_{\text{total}}(t)(1+r)^{-t} - C_{\text{L}} \tag{5-109}$$

式中：$C_{\text{L}}(t \geqslant 1) = 0$；$r$ 为利率；N 为运行年限。

4. 规划区域内负荷线路传输容量规划

由于风电场集群多处于偏远地区，环境较为恶劣，附近的负荷较小，将负荷汇集后的变电站看做负荷点接入到集群内的汇集站中，由于负荷在正常运行状态下不可切除，接入到汇集站的外送线路容量应与最大负荷容量相等或更高。为保证线路潮流计算一致性，定义负荷线路潮流方向为由负荷流向变电站，则其潮流及线路容量为负。

$$-P_{\text{Line}}^{\text{load}} \geqslant -P_{\text{load,max}} \tag{5-110}$$

式中：$-P_{\text{Line}}^{\text{load}}$ 及 $-P_{\text{load,max}}$ 分别为负荷相关线路的容量及最大负荷容量。

负荷总收益 $B_{\text{total}}^{\text{load}}$ 为

$$B_{\text{total}}^{\text{load}} = p_l \int_t P_l(t)\mathrm{d}t \tag{5-111}$$

式中，价格参数 p_l 应为负数以体现负荷潮流为负时的正收益。

5. 风电场集群内变电站选址规划

变电站选址问题，在配电网规划中，主要是为了满足负荷的需求，从而对变电站的位置及规模进行选定，合理的选择站址可以有效地提高配电网的运行效率及经济效益。在风电场集群内部，对集电升压变压站的选址同样重要。

对于确定的风电场或风电场组及其包含的负荷点，只考虑一座升压站，对成本及收益的净现值进行优化，汇集变电站选址的优化问题模型为：

优化问题

$$\min C = C_{hT} + C_{lT} + C_{\text{load},T} + C_g \tag{5-112}$$

约束条件

$$\begin{aligned}
C_{lT} &= \sum_{i\in\Lambda_j}[C_T(P_{li}) + C_l(P_{li}, d_{li})] \\
C_{hT} &= C_l(P_{hj}, d_{hj}) + C_T(P_{hj}) + C_{\text{NPV}}(u_T) \\
C_{\text{load}} &= \sum_{i\in\Lambda_{load,j}}[C_T(P_{li}^{\text{load}}) + C_l(P_{li}^{\text{load}}, d_{li}^{\text{load}})] \\
C_g &= \beta_l \sum_{i\in\Lambda_j} d_{li} + \beta_h d_{hj} + \beta_{\text{load}} \sum_{i\in\Lambda_{\text{load},j}} d_{li}^{\text{load}}
\end{aligned} \tag{5-113}$$

$$\begin{aligned}
P_{li} &= f(P_{wi}) \\
P_{hj} &= f\left(\sum_{i\in\Lambda_j} P_{li} + \sum_{i\in\Lambda_{\text{load},j}} P_{li}^{\text{load}}\right) \\
P_{li}^{\text{load}} &= P_{\text{load,max},i}
\end{aligned} \tag{5-114}$$

$$u(x_T, y_T) = 1 \tag{5-115}$$

式中：C_{hT} 为高压侧线路成本；C_{lT} 为低压侧线路成本；$C_{\text{load},T}$ 为负荷线路成本；C_g 为网损成本；式（5-113）为成本约束条件，其中 Λ_j 、$\Lambda_{\text{load},j}$ 分别为风电场组内接入的风电场、负荷的编号集合，P_{li}、P_{hj} 、P_{li}^{load} 分别为低压侧、高压侧、负荷连接线的线路容量，d_{li} 、d_{hj} 、d_{li}^{load} 分别为低压侧、高压侧、负荷连接线的线路长度，$C_{\text{NPV}}(u_T)$ 为汇集变电站运行成本的净现值，β_l 、β_h 、β_{load} 分别为低压侧、高压侧、负荷连接线的网损率；式（5-114）为线路容量约束，其中，P_{wi} 为风电场出力，$f()$ 为线路容量优化问题式（5-105）的解函数；式（5-115）为选址约束，其中 $u(x_T, y_T)$ 为汇集变电站地点可行区域。

忽略运行成本及网损，针对平原地区的大型风电场集群，内部汇集变电站排布限制较少，将负荷以负的风电场处理，则问题可以进一步简化为

$$\begin{aligned}
\min\quad & C = C_{hT} + C_{lT} \\
s.t.\quad & C_{lT} = \sum_{i\in\Lambda_j\cup\Lambda_{\text{load},j}}[C_T(P_{li}) + C_l(P_{li}, d_{li})] \\
& C_{hT} = C_T(P_{hj}) + C_l(P_{hj}, d_{hj}) \\
& P_{li} = \begin{cases} f(P_{wi}), i\in\Lambda_j \\ f(P_{\text{load},i}), i\in\Lambda_{\text{load},j} \end{cases} \\
& P_{hj} = f\left(\sum P_{li}\right)
\end{aligned} \tag{5-116}$$

由于线路成本不同，产生的优化结果不同，当各个风电场分别接入中心变电站比接入汇集变电站后集中接入更加优化时，优化问题的结果中汇集变电站地址与中心变电站的地址为同一地址，即采用单个风电场直接接入的方式构建接入系统。

6. 目标年风电场集群接入规划

得到了风电场集群的线路与汇集变电站容量、选址的优化模型后，以测风数据变换得到未建成风电场的出力数据，即可通过对线路选择进行优化，从而得到风电场集群接入系统的规划方案。以风电场集群整体收益最大作为目标，构建风电场集群协调接入优化问题目标函数

$$\max \sum_i B_{\text{total}}^i - \sum_i C_L(P_i, d_i) \tag{5-117}$$

式中：B_{total}^i、$C_L(P_i, d_i)$ 分别为各条线路的收益与成本。

风电场集群的两级聚合结构中，风电场以 110kV 作为输出电压等级，风电场组以 220kV/330kV 作为输出电压等级。整个风电场集群则接入到一个或几个 500kV/750kV 的变电站中。在规划接入系统时忽略汇集变电站带有的负荷。定义通过同一个汇集变电站接入系统的风电场组成一个风电场组

$$WF_i \in WG_j (i = 1 \cdots n, j = 1 \cdots m) \tag{5-118}$$

式中：WF_i 表示第 i 个风电场，WG_j 表示第 j 组风电场组集合。

则含有 n 个风电场的风电场集群可以划分为 m 个风电场组，风电场分组结果即确定了线路选择的结果，每个风电场组包含一个或多个风电场，共同使用一个汇集变电站。

风电场分组是协调风电场集群两级协调优化的关键，风电场分组确定后即可将协调接入优化问题分解为三个子问题。

（1）主干电网接入点选择。

（2）风电场送出线路传输容量优化。

（3）风电场组内部升压变电站选址优化。

由于主干电网的变电站通常距离较远，对于一个风电场组，只需对距离其最近或次近的接入点进行分别计算即可得到结果。而子问题（2）、（3）存在一定的耦合，主要是传输容量的成本曲线与传输距离有关，而变电站选址又与各线路的成本系数有关，将子问题（2）、（3）迭代求解，可以得到风电场组的传输容量及变电站位置优化结果。

定义风电场组从属函数，表示某个风电场 i 从属于该风电场组 j

$$g(i, j) = 1 (i = 1 \cdots n, j = 1 \cdots m) \tag{5-119}$$

对于式（5-105）描述的接入系统优化模型，构建双层规划模型进行求解。

上层问题求解风电场分组问题，优化目标函数为

$$\max \sum_i B_{\text{total}}^i - \sum_i C_L(P_i, d_i) \tag{5-120}$$

上层问题的约束条件

$$\begin{aligned} s.t.\quad & \sum_i g(i,j) = 1 \\ & g(i,j) = 0,1 \end{aligned} \tag{5-121}$$

下层问题求解分组内部线路选型及变电站选址，优化目标函数为

$$\max B(P_l) + B(P_l^T) - C(P_l^q, d_q) - C(P_l^T, d_T)\Big|_{g(i,j)=1} \tag{5-122}$$

下层问题的约束条件

$$\begin{aligned} s.t.\quad & B(P_l) = p_0^i \int_t P_0^i(t)\mathrm{d}t - p_b^i \int_t P_b^i(t)\mathrm{d}t \\ & P_w^i = P_0^i + P_b^i \\ & P_l \geqslant P_0^i \\ & P_b^i = 0\Big|_{i \in \Lambda_{\text{load}}} \\ & B(P_l^T) = p_0^j \int_t P_0^{T_j}(t)\mathrm{d}t - p_b^j \int_t P_b^{T_j}(t)\mathrm{d}t \\ & P_w^{T_j} = \sum_{g(i,j)=1} P_0^i = P_0^{T_j} + P_b^{T_j} \\ & P_l^T \geqslant \sum_{g(i)=j} P_0^i \end{aligned} \tag{5-123}$$

式中：$B(P_l)$为风电场至风电场组的输电线路的收益，$B(P_l^T)$为风电场组内的变电站至风电场集群变电站的输电线路收益。由于子问题中风速、风功率为随机变量，无解析表达式，直接求解的数学算法难以得到，可以利用遗传算法进行求解。

遗传算法中，利用风电场从属函数进行整数编码。随机生成数个分组方案，并加入各个风电场各为一组、全部风电场都为一组的两种极端情况作为算法的初始化。在确定式（5-122）的目标函数值时，利用式（5-109）及式（5-116）对问题进行迭代求解。经过变异、杂交操作，产生新的个体，对分组方案的适应性进行排序优选。上层规划模型将分组结果传递给下层，下层将分组方案的总收益反映到上层，对上层规划决策予以反馈，最后得到式（5-120）的解，即风电场集群接入系统的整体协调规划方案。

（二）算例分析

本书以西北某地区的风电场集群为例，首先对风电场送出线路传输容量进行优化选择，根据线路传输容量的优化结果，对风电场集群的接入系统进行优化规划。

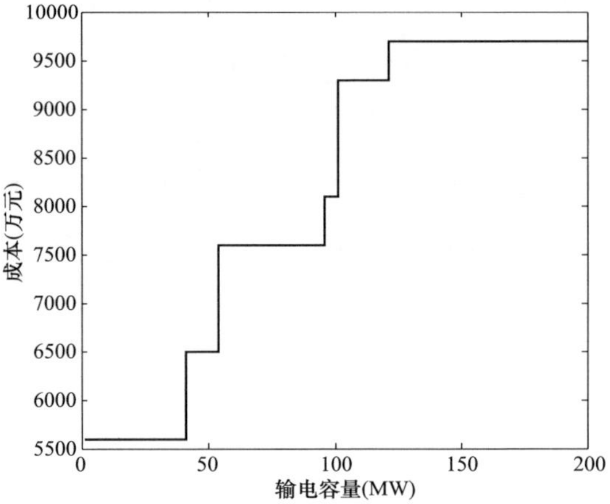

图 5-26　输电线路成本与输电容量的关系

1. 风电场送出线路传输容量规划

根据式（5-109）所示的风电场送出线路传输容量优化模型，分别对 110kV 及 220kV 线路的成本及效益进行分析。

对于 110kV 线路的成本，以 100km 长线路为例，根据表 5-28 所示的工程造价，绘制如图 5-26 所示的总成本曲线。

表 5-28　　典型工程造价表

电压等级（kV）	变电站		线路	
	容量（MVA）	价格（万元）	容量（MVA）	价格（万元/km）
110	40	1800	53	38
	100	2700	95	49
	120	3600	100	54
	150	4000	110	57
	200	4500	200	85
220	120	5000	230	65
	180	6000	330	75
	240	7000	460	105
	360	8500	660	125

续表

电压等级（kV）	变　电　站		线　　路	
	容量（MVA）	价格（万元）	容量（MVA）	价格（万元/km）
220	540	11000	—	—
	720	13500	—	—
500	1400	33000	1400	130

由图 5-26 曲线可以看出，某个输电容量对应的最优设计方案，其成本在一定区间内基本是一定的，当输电容量超过当前方案的额定容量时，需要利用改变变电站设计容量或是改变线路型号、线路回数等方法，提高其整体的输送能力；如果输电容量过低，也需要改变设计方案以提高经济性。

对于 1 号风电场，利用总持续出力曲线，根据式（5-108）进行积分计算，得到风电场送出 110kV 线路的收益，针对不同的输电容量绘制收益曲线，如图 5-27 所示。

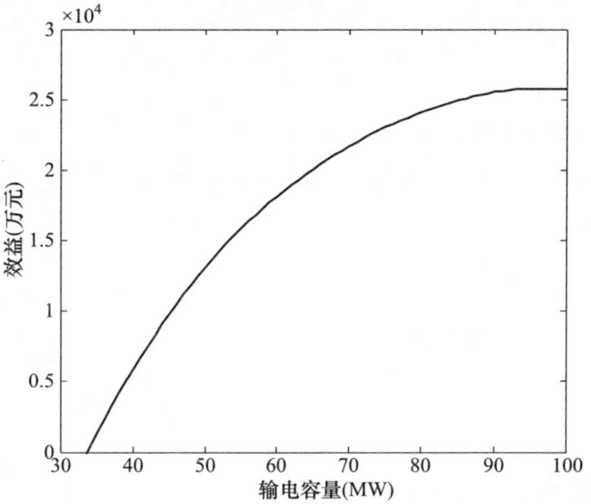

图 5-27　风电场输电线路收益曲线

图 5-27 中，当输电容量较小时，输电线路无法有效送出风电场全部电能，导致了大量弃风，使总体收益较低，输电容量为 35MW 以上时，输电收益才能够补偿未送出容量的罚款；而当输电容量较大时，系统收益的增长率变低，在输电容量大于 96MW 后，收益增长率为 0，这是由于此时输电线路已能够输送风电场全部电量。

最后将成本及效益相减得到风电场接入系统的净收益曲线，如图 5-28 所示。由式（5-109）所示的输电线路协调规划模型取得最优容量为 95MW。在曲线左侧，由于传输容量的扩大，减少了补偿罚款，总收益快速上升；在曲线右侧，由于总体建设成本的上升及收入增长较小，总收益变低。该风电场出力波动较大，总体出力最大值较高，导致最优容量接近其额定容量。

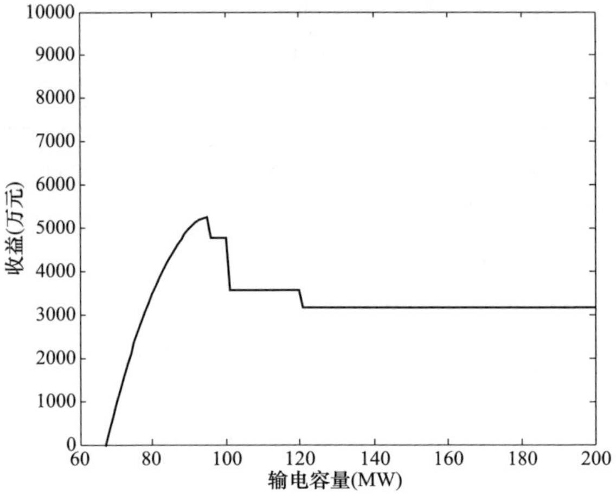

图 5-28 接入系统净收益曲线

同样对于 220kV 线路，当数个风电场组成的风电场组，通过汇集变电站变压至 220kV 输出时，以 200km 的线路为例，绘制成本及收益曲线，如图 5-29 所示。

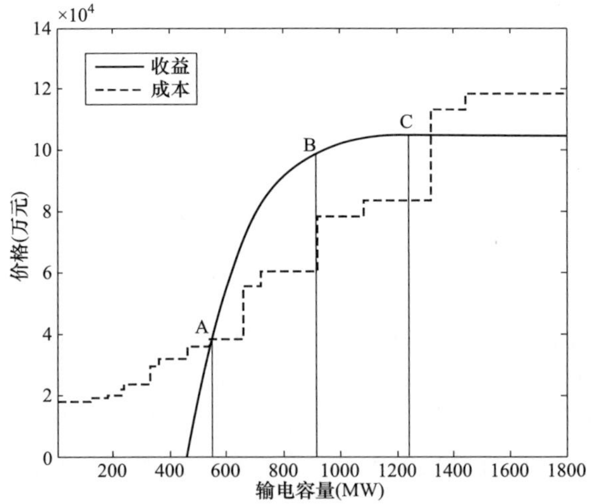

图 5-29 输电线路成本与收益曲线

图 5-29 中，实线的收益曲线与图 5-27 中 110kV 线路的收益曲线类似。在

图 5-29 中所示的 A 点至 C 点之间，输电效益大于输电成本，为输电线路的容量选择可行区间。当输电容量小于 A 时，由于弃风过多，导致系统效益过低，而当输电容量大于 C 时，由于输电线路已经可以输送全部电量，增加的输电设备投资成为了一种浪费，系统收益也很低，使输电方案经济上不可行。根据式（5-109）选取线路容量为 B 点所示的容量，即送出线路容量为 920MW，系统适当弃风，减少了大量成本，使总体效益最优。

由于数个风电场的汇聚作用，出力波动减小，达到的总体出力最大值较低，当风电场组总装机容量为 1800MW 时，最优送出线路容量为 920MW，占总装机容量的 51.1%，节约了线路的建设成本。当以装机容量确定送出线路容量，即线路容量为 1800MW 时，出现了成本大于收益的情况，线路长期低负载运行，设备的投资出现了大量浪费，应尽量避免。

2. 风电场集群接入系统规划

风电场集群规划中，以西北某地区 10 个风电场组成的风电场集群为例，进行计算及分析，将 10 个风电场的经纬度经过换算，得到风电场的地理位置信息，具体风电场信息见表 5-29。

表 5-29　　风电场位置信息

序号	东西（km）	南北（km）	装机容量（MW）
1	76.0324	95.3667	100
2	162.5696	52.3233	200
3	159.6444	62.0204	200
4	50.9014	103.7842	200
5	45.8326	108.5942	100
6	26.6469	109.2263	200
7	103.0938	108.7021	200
8	57.6165	112.3867	200
9	33.0421	109.0258	200
10	102.324	67.925	200

风电场的出力信息利用风电场历史出力数据进行截取，作为其场景年的出力数据，同时也反映了风电场集群内部的相关性信息。对于未建成投产的风电场，可以利用测风数据模拟得到场景年出力信息。同时给定输电价格及投资信息，对于各个风电场，价格费用参数相同：

（1）输电企业输送单位风电电量的收费为 0.08 元/kWh，考虑到规划模型中每单位电量收益需分摊到 110kV 及 220kV 线路上，取 p_0=0.04 元/kWh。

（2）电网输电阻塞造成风电弃风损失的补偿单价（按风电发电单价计算）为 0.32 元/kWh，p_b=0.16 元（kWh）。

（3）输电投资静态回收周期 N=20 年。

（4）线路及变电站成本见表 5-28。

3. 无负荷风电场集群接入系统规划

首先假设风电场集群内部无负荷接入，则规划问题只考虑风电场。系统变电站设在（100，90）处，根据式（5-120）～式（5-123）求解优化问题，仿真结果表明：10 个风电场分为两组进行接入，总体收益最大。风电场分组为：1、2、3、7、10 一组，4、5、6、8、9 一组。

风电场组内升压变电站位置分别为：（100，90）及（49.38，106.89）。线路容量配置优化结果见表 5-30，其中，汇集变电站的容量与汇集变电站连接中心变电站的线路容量相同。具体接线形式如图 5-30 所示，其中圆圈为风电场位置，较大的方块为系统中心变电站，较小的方块为汇集变电站。以目标年计算，总体收益为：12396 万元。

表 5-30　　线路容量配置优化结果（一）

线路起点	线路终点	线路/变电站容量（MW）	线路长度（km）
风电场 1	汇集变电站 1	95	24.56
风电场 2	汇集变电站 1	95	73.04
风电场 3	汇集变电站 1	95	65.88
风电场 4	汇集变电站 2	100	3.46
风电场 5	汇集变电站 2	94	3.94
风电场 6	汇集变电站 2	150	22.85
风电场 7	汇集变电站 1	195	18.96
风电场 8	汇集变电站 2	150	9.90
风电场 9	汇集变电站 2	195	16.48
风电场 10	汇集变电站 1	194	22.20
汇集变电站 1	中心变电站	540	0
汇集变电站 2	中心变电站	540	53.36

由于风电场集群内部的中心变电站距离部分风电场较近，分组 1 中的风电场无需先进行汇集，而可以直接接入中心变电站。对于输电距离较短、风电场出力较高的线路，如风电场 9 的送出线路，其输电线路容量与装机容量相差不多；而

对于输电距离较长、风电场出力较低的线路，如风电场 2、3 的送出线路，其输电线路容量则大大低于装机容量，以提高线路利用率。

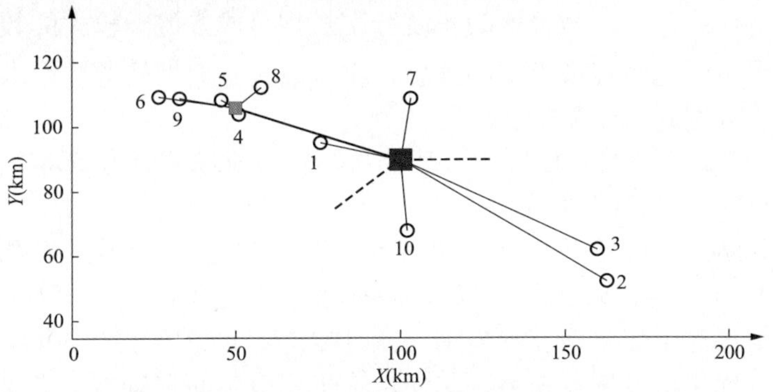

图 5-30 接入系统线路连接示意图（一）

利用实际风速数据进行运行模拟，当风电场出力较高时，将出现部分少量弃风情况，对接入系统模拟运行的结果如图 5-31 所示，虚线为理论最大风电发电量，实线为实际送出风电发电量。由于弃风量经过优化，弃风电量仅为总发电量的 1.1%，经济上的损失远低于线路成本节约量。在高风速时段对风电场输出功率进行主动限制，在一定程度上也减少了系统受到风电功率波动的影响；线路输电容量的减少，也可以有效地减少系统备用容量的需求。

若风电场分别进行规划，即线路容量按风电装机容量确定，各个风电场直接接入中心变电站的规划方法，风电场集群的总体收益仅为：8757.2 万元，经过优化后，总体收益提高了 40%。

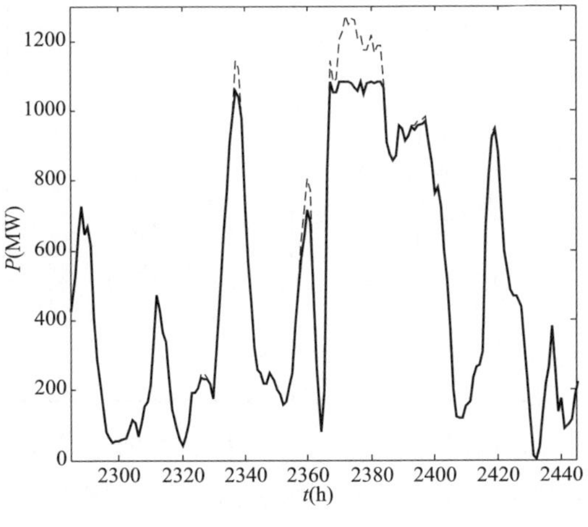

图 5-31 接入系统弃风示意图

4. 含负荷的风电场集群接入系统规划

当风电场集群内部存在负荷点，在计算模型时将切负荷约束利用价格指数进行修正，将 $P_b^i(i\in\Lambda_{\text{load}})$ 的数值取为系统分别规划总成本这一较大的数值，则可以保证负荷供电不受电网容量影响，按总体收益最大对规划问题进行求解，根据不同负荷位置，分别进行计算分析。

（1）算例 1。设负荷点位置为（50，100），负荷最大值为 50MW，年负荷曲线取自 IEEE-24 节点 RTS 系统。

仿真计算结果：10 个风电场及负荷点分为两组接入。风电场分组为：1、2、3、7、8、10 一组，4、5、6、9 一组，负荷接入第二组中。

风电场组内升压变电站位置分别为：（102.73，87.81）及（50.44，103.70）。线路容量配置优化结果见表 5-31，其中，汇集变电站的容量与汇集变电站连接中心变电站的线路容量相同。具体接线形式如图 5-32 所示，其中圆圈为风电场位置，三角为负荷位置，大方块为系统中心变电站，小方块为汇集变电站。以目标年计算，总体收益为：12880 万元。

表 5-31　　　　线路容量配置优化结果（二）

线路起点	线路终点	线路/变电站容量（MW）	线路长度（km）
风电场 1	汇集变电站 1	95	27.75
风电场 2	汇集变电站 1	95	69.57
风电场 3	汇集变电站 1	95	62.48
风电场 4	汇集变电站 2	100	0.47
风电场 5	汇集变电站 2	95	6.72
风电场 6	汇集变电站 2	150	24.42
风电场 7	汇集变电站 1	195	20.89
风电场 8	汇集变电站 1	150	51.37
风电场 9	汇集变电站 2	195	18.19
风电场 10	汇集变电站 1	195	19.89
负荷点	汇集变电站 2	50	3.72
汇集变电站 1	中心变电站	720	3.50
汇集变电站 2	中心变电站	330	51.42

得到的结果与上节的结果类似，汇集变电站 2 所连接的风电场组，由于负荷的接入，使得总体外送规模减小，风电场 8 改变了连接的变电站，接入了汇集变电站 1，使得汇集变电站 2 与中心变电站的接入线路容量需求大大降低，节省了

投资规模。

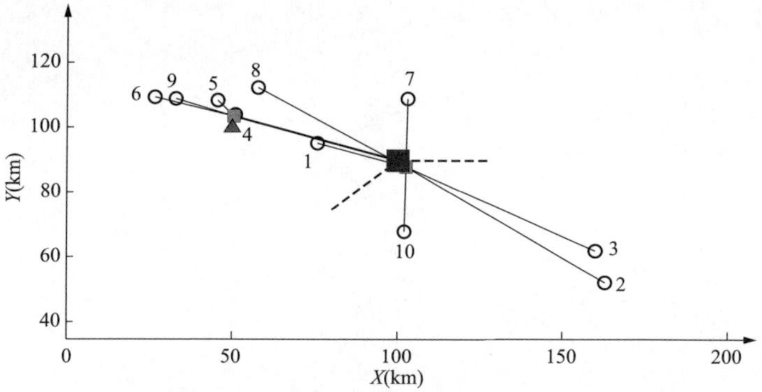

图 5-32　接入系统线路连接示意图（二）

（2）算例 2。设负荷点位置为（120，80），负荷最大值为 80MW，负荷曲线不变。

仿真结果：10 个风电场及负荷点分为两组进行接入，风电场分组为：1、2、3、7、10 一组，4、5、6、8、9 一组，负荷接入第一组中。

风电场组内升压变电站位置分别为：（115.22，82.10）及（56.86，104.10）。线路容量配置优化结果见表 5-32，具体接线形式如图 5-33 所示。以目标年计算，总体收益为：12852 万元。

表 5-32　　　　线路容量配置优化结果（三）

线路起点	线路终点	线路/变电站容量（MW）	线路长度（km）
风电场 1	汇集变电站 1	95	41.37
风电场 2	汇集变电站 1	95	55.94
风电场 3	汇集变电站 1	95	48.75
风电场 4	汇集变电站 2	100	5.97
风电场 5	汇集变电站 2	95	11.91
风电场 6	汇集变电站 2	150	30.65
风电场 7	汇集变电站 1	195	29.24
风电场 8	汇集变电站 2	150	8.32
风电场 9	汇集变电站 2	195	24.33
风电场 10	汇集变电站 1	195	19.16
负荷点	汇集变电站 1	80	5.22
汇集变电站 1	中心变电站	540	17.15
汇集变电站 2	中心变电站	540	45.38

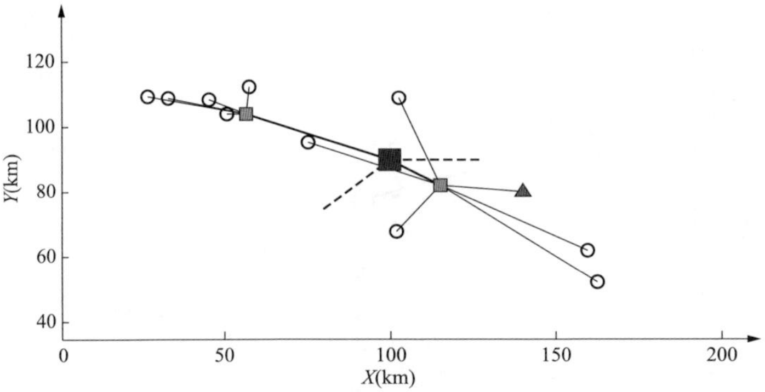

图 5-33　接入系统线路连接示意图（三）

不同的负荷点，使得规划方案中变电站分组、变电站位置发生了变化，由于负荷点与风电场相距较远，规划方案中虽然负荷有所增加，提高了售电的收益，但建设的线路长度大大增加，使总体收益有所降低。

本书考虑风电场集群接入系统的特点，提出了一种对风电场集群接入系统的协调规划方法，将接入系统按电压等级分为两级，通过优化风电场集群接入系统的输电线路容量、线路选择及汇集变电站位置等因素，使得风电场送出电量的收益与未送出电量、接入系统输电线路的成本综合最优，结论如下：

（1）多个风电场的平滑效应，使风电场集群的最大出力降低，持续出力曲线更加平缓。

（2）风电场或风电场集群的送出线路的优化容量通常低于其装机容量。

（3）当风电场集群包含的风电场较多时，简单叠加各个风电场的规划方案，配置送出线路可能使接入系统收益为负，经济上不可行。

（4）风电场集群内风电场分组汇集至汇集变电站后，再接入地区电网的高压变电站，协调优化后可以有效降低接入系统总体成本，提高资产利用率及总体收益。

（5）由于送出线路回数等因素，风电场连接至较远的汇集变电站可能使系统整体成本更低。

（6）算例分析验证了本书所提模型和方法的有效性。

利用本书提出的风电场集群接入系统的规划方法，统筹考虑地区内多个风电场的特性，可以有效地减少风电场集群接入系统的投资，提高电网的资产利用率，科学地指导电网与风电场协调发展，从一定程度上减少了运行中风电与电网遇到的不匹配的问题。

二、大规模风电接入的电网可靠性均衡优化规划

在得到风电场接入方案及外部联络线规划方案后，即可对地区电网进行扩展规划。在规划中，可将风电场集群按接入点集合成为等效风电场。

源于风资源的特性，风电场发电年利用小时数远低于常规电源，2013 年全国风电年发电量 134.9TWh，全国等效可利用小时数仅为 2080h，仅为常规火电的 4000～6000h 的 1/2 至 1/3。若仍然按照传统火电规划方式来考虑风电的接入系统规划，任何时间都保障风电全额送出，则得到的电网规划方案会极大冗余，设备利用率极低。

经典的电力系统规划，一般是由负荷及资源确定电源，由电源确定电网，串序进行电源规划和电网规划。多年的规划实践证明，在传统火电 4000～6000 的利用小时数条件下，电网规划略有冗余，但其利用小时数也可与电源规划方案大致匹配。由于电源、电网相对负荷具有一定的裕度，可靠性可以得到保障。

但在大量风电接入条件下，沿用这样的思路进行电力系统规划，会导致间歇式电源接入的矛盾积压到电网规划阶段，使得电网规划方案难以求解乃至得不到合理方案。因此，有必要研究新的规划方法，在充分考虑风电随机性、波动性特性基础上，实现电网与电源相互协调的一体化规划，既保障风电有效送出，又保障电网投资的合理性[154-155]，为我国进一步大规模开发风电实现电源清洁化的结构转型奠定基础。

本书从可靠性均衡的角度，对电力系统的电源、电网规划进行了分析，提出了一种利用虚拟机组模型对电网进行协调规划的规划方法。该方法在电网规划的同时对电源规划方案进行反馈及微调，以社会总经济投入最低为目标，以负荷可靠性阈值为约束条件，通过增加虚拟调节机组作为平衡量，强化调整电源规划达到确定合理的电源可靠性水平，允许适当弃风以减少电网规划过度冗余的线路，从而得到与风电、常规电源协调优化的电网规划方案。

（一）网源协调规划机理分析

风电具有能量密度低，稳定性、可控性差的特点，即风电场年平均出力仅为风电场装机容量的 1/4 甚至更低；风电场的出力具有可控制性差及波动性的特点，在运行中可替代理想电源的容量即可信容量则比平均出力容量更低。风电场装机容量远大于平均出力容量及可信容量。而常规电源由于出力可控，其装机容量、可信容量，平均出力容量相差不大。

传统的电力系统规划中，电源规划忽略网络约束，根据负荷需求及电源裕度要求确定电源装机，电网规划根据电源规划的结果，利用“N–1”校验等方法确

定的电网裕度得到规划方案。风电加入后，已有的规划方法则在传统电力系统串序开展的规划方法上进行分别修正，即将风电“折扣”等效后纳入电力电量平衡，考虑可靠性指标，可以使风电部分替代常规电源，利用可信容量分析，可以得到相应的电源规划结果；在电网规划中，在考虑“$N-1$”校验的裕度之外，考虑风电的出力波动性、不确定性，引入概率、风险的概念对电网规划进行修正及改进。

在不含风电的传统规划中，由于电源可控、可用率高，通过经验确定的电源、电网裕度大小相互匹配，独立求解得到的规划方案即为电力系统优化问题的次优甚至最优解。但风电加入后，由于电源可控性、年利用小时数的差异，以及风电通常处于远离负荷中心的地点，传统电源电网规划的匹配方式使电网规划方案冗余度高，虽然能够有效满足电源送出的需求，但出现了大量线路轻载、电网利用率低的问题，使投资未能有效利用。

改善这种传统经验确定网源裕度配合造成的电源、电网规划不协调，可以从电源、电网两方面进行。

（1）通过加入调节性电源，改善风电出力的低密度特性，使风电与调节性电源的联合运行特性更加贴近高密度特性的常规电源，提高电源可靠性。

（2）在电网端允许风电适当弃风，适当降低电网可靠性，从而减小风电场送出至负荷相关线路的冗余度，节省投资。

电力系统规划的最终目标是根据资源约束，在最经济的条件下满足系统负荷供电的要求，而可靠性指标是一个评价规划方案优劣的有效判据。无论是常规电源还是风电，其规划都可纳入可靠性和经济性平衡的优化问题，具体如式（5-124）～式（5-126）所示。

优化问题

$$\min C_{\text{generator}} + C_{\text{network}} \tag{5-124}$$

约束条件

$$R_{\text{load}} \leqslant R_{\text{load,max}} \tag{5-125}$$

$$R_{\text{load}} = R_{\text{generator}} \times R_{\text{network}} \tag{5-126}$$

式中：R_{load}、$R_{\text{generator}}$、R_{network} 分别为负荷、电源、电网的可靠性指标；$C_{\text{generator}}$、C_{network} 为电源、电网的总成本。

为了保证系统规划方案的合理性及优化改善措施的配合，在电力系统规划过程中，将可靠性作为源网协调规划的优化变量，均衡优化电源、电网的可靠性。在求解电网规划过程中，为了综合考虑电源规划的调整与协调改善，提出虚拟机组模型，作为电源可靠性基准模型纳入电网规划问题求解，并最终得到虚拟机组的可靠性优化值。然后反馈到电源规划方案中，通过虚拟机组与真实机组（考虑风电、火电等不同类型的不同机组特性）对比修正确定电源、电网规划方案的边界条件以及改善措施的施行水平。通过这样的一个虚拟机组模型，实现了电源、电网规划的可靠性平衡和经济性最优。

（二）可靠性匹配的电网协调规划

1. 传统电网规划问题模型

对于传统的确定性电网规划，根据直流潮流模型，优化问题可以写为：

目标函数

$$\min \sum_{(i,j)} c_{ij} n_{ij} \tag{5-127}$$

约束条件

$$S^T f + g = d \tag{5-128}$$

$$f_{ij} - \gamma_{ij}(n_{ij}^0 + n_{ij})(\theta_i - \theta_j) = 0 \tag{5-129}$$

$$\left|f_{ij}\right| \leqslant (n_{ij}^0 + n_{ij}) f_{ij,\max} \tag{5-130}$$

$$g_{i,\min} \leqslant g_i \leqslant g_{i,\max} \tag{5-131}$$

$$0 \leqslant n_{ij} \leqslant n_{ij,\max} \tag{5-132}$$

$$n_{ij}\text{为整数，}(i,j) \in \Omega \tag{5-133}$$

$$(S^{mn})^T f^{mn} + g^{mn} = d \tag{5-134}$$

$$f_{ij}^{mn} - \gamma_{ij}(n_{ij}^0 + n_{ij} - 1)(\theta_i^{mn} - \theta_j^{mn}) = 0, ij = mn \tag{5-135}$$

$$\left|f_{ij}^{mn}\right| \leqslant (n_{ij}^0 + n_{ij} - 1) f_{ij,\max}, ij = mn \tag{5-136}$$

$$f_{ij}^{mn} - \gamma_{ij}(n_{ij}^0 + n_{ij})(\theta_i^{mn} - \theta_j^{mn}) = 0, ij \neq mn \tag{5-137}$$

$$\left|f_{ij}^{mn}\right| \leqslant (n_{ij}^0 + n_{ij}) f_{ij,\max}, ij \neq mn \tag{5-138}$$

$$g_{i,\min} \leqslant g_i^{mn} \leqslant g_{i,\max} \tag{5-139}$$

$$(m,n) \in \Psi \tag{5-140}$$

式中：c_{ij} 为节点 i 与节点 j 之间线路的成本，n_{ij} 为节点 i 与节点 j 之间线路的条数，n_{ij}^0 为节点 i 与节点 j 之间已有线路的条数，S 为节点线路关联矩阵，f_{ij} 为节点 i 与节点 j 之间线路的潮流，$f_{ij,\max}$ 为节点 i 与节点 j 之间线路的容量限制，g_i、$g_{i,\max}$、

$g_{i,\min}$ 分别为发电机有功出力及最大、最小出力，d 为负荷，θ 为节点的电压相角。约束式（5-128）～式（5-133）为系统的潮流、功率平衡、运行限制及建设限制等约束。mn 代表节点 m 与节点 n 之间线路开断情况下的约束条件，约束式（5-134）～式（5-140）为系统“N-1”条件下的约束方程。

2. 不确定性电网规划模型

风电场的出力受到风能的影响，具有波动性及可控制性差的特点。系统元件的运行状态也具有不可预知性及不可控的特性。在电网规划中，具有各种无法确定描述的不可控变量，引入风电出力及可靠性指标作为系统规划的约束，则优化问题的约束条件增加为

$$R_{\text{lolp}} \leqslant R_{\text{lolp}}^{\max} \tag{5-141}$$

$$g_{wi} = f_w(\xi_i) \tag{5-142}$$

式中：R_{lolp} 为失负荷概率，g_{wi} 为风电场的出力曲线，ξ_i 为风电场的风速随机序列，f_w 为风电场出力函数，式（5-142）表示风电场的出力由风电场内风速的随机序列取值决定。

3. 可靠性均衡模型

为了研究电源、电网对可靠性的影响，将电力网络按接入点类型简化为三类端口：常规电源端口、风电场端口以及负荷端口，并将端口合并，则电力系统的规划方案可以化简为图 5-34 所示的示意图。

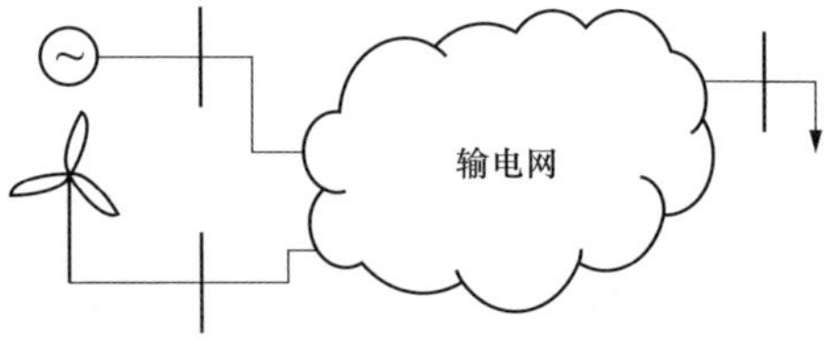

图 5-34　电力系统规划方案示意图

对于某个时刻负荷点的最大可用容量，可以用电源可用率、风电场可用率及输电网的等效可用率表示，从而确定负荷的需求能否得到满足（失负荷概率）。

$$R_{\text{load}}^{\text{lolp}} = \Pr\{L_{\max} < L\} \tag{5-143}$$

$$L_{\max} = P_{g0} R_g R_{ng} + P_{w0} R_w R_{nw} \tag{5-144}$$

式中：$L =(L_1,\ L_2,\cdots,\ L_n)$ 为各个节点负荷需求功率，$L_{\max}$ 为系统可以提供的最大负荷，P_{g0}、P_{w0} 分别为常规电源及风电场的装机容量，R_g、R_w 分别为常规电源

及风电场电源可用率的对角阵，R_{ng}、R_{nw}分别为输电网对于常规电源及风电的可用率，受电网规划的影响。在实际中，输电网对于常规电源的可用率与风电场的可用率具有一定的相关性，但不完全相同。

根据我国风电开发的特点，风电场通常远离负荷中心，风电场与其周边的常规电源和输电网共同构成送端系统进行外送，风电场接入线路及送端系统外送线路都距离较长，电网建设投资巨大，可靠性提升较为困难。

电力系统规划中可靠性匹配的内涵是通过调节电源可用率及电网对电源的可用率参数，在总可靠性不变乃至提升的情况下，减少系统整体的投资。

4. 基于虚拟机组的电网规划模型

对于电网规划，通过新建线路、变压器以及改动已有线路，对各个电源的等效可用率进行提升，最终可以满足负荷的供电需求，即式（5-143）所示的负荷可靠性需求。当采用前文所描述的电源、电网规划协调改善措施后，在电网规划中，为了求解可靠性均衡优化的规划方案，可以在电网中添加一台或多台虚拟发电机组，并允许适当弃风，对电网的规划方案进行优化，如图 5-35 所示。图 5-35 中虚线绘制的机组为虚拟机组，加入到具有大量风电的电网送端及含有大量负荷的电网受端。

虚拟机组即为一种调节性机组，与风电等电源共同为电网供电，改善风电出力的低密度特性，使虚拟机组与原机组的综合可靠性达到电源可靠性均衡的基准要求，综合特性更加接近高密度特性的常规电源。在得到虚拟机组的结果后，可以反馈到电源规划中确定系统电源是否满足当前电力系统规划可靠性均衡的要求，根据反馈值对电源规划进行修正。

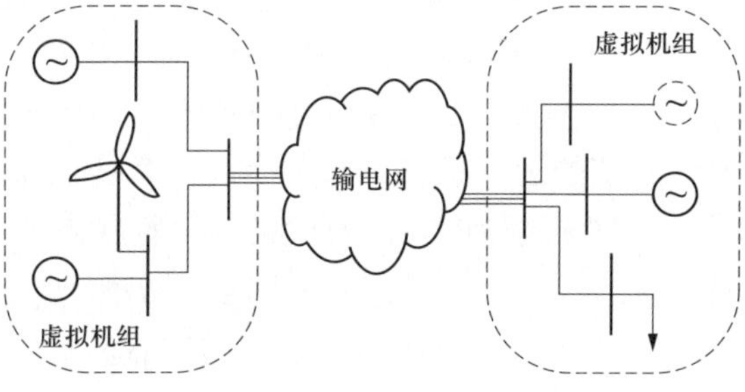

图 5-35 含虚拟机组的电网示意图

解得电源可靠性与电网可靠性之间的优化均衡关系后，再通过电源规划及电网规划独立的子问题，即为得到式（5-124）～式（5-126）所示优化问题的解。

在优化计算时，由于“N–1”条件下的计算已在可靠性计算中通过蒙特卡罗法完成，忽略“N–1”条件下的相关约束方程。并将可靠性约束条件转化为惩罚函数，加入到优化目标函数中，利用建设、运行成本最小为优化目标，得到最终的优化问题。

目标函数

$$\min\left(\sum_{(i,j)} c_{ij} n_{ij} + C_g P_g' + f_r(R_{\text{lolp}})\right) \tag{5-145}$$

约束条件

$$S(t)^T f(t) + g(t) + r(t) = d(t) \tag{5-146}$$

$$f_{ij}(t) - \gamma_{ij}[n_{ij}^0 + n_{ij} - n_{ij}^{\text{error}}(t)][\theta_i(t) - \theta_j(t)] = 0 \tag{5-147}$$

$$\left|f_{ij}(t)\right| \leqslant [n_{ij}^0 + n_{ij} - n_{ij}^{\text{error}}(t)] f_{ij,\max} \tag{5-148}$$

$$g_{i,\min} n_i^{\text{error}}(t) \leqslant g_i(t) \leqslant g_{i,\max} n_i^{\text{error}}(t) \tag{5-149}$$

$$0 \leqslant n_{ij} \leqslant n_{ij,\max} \tag{5-150}$$

$$0 \leqslant r(t) \leqslant d(t) \tag{5-151}$$

$$n_{ij}\text{为整数，}(i,j) \in \Omega \tag{5-152}$$

$$r(t) = 0\Big|_{\sum n^{\text{error}}=1} \tag{5-153}$$

$$R_{\text{lolp}} \leqslant R_{\text{lolp}}^{\max} \tag{5-154}$$

$$g_{wi,\max}(t) = f_w(\xi_i, t) \tag{5-155}$$

其中：约束式（5-146）～式（5-152）为系统的潮流、功率平衡、运行限制及建设限制等约束，考虑到系统的运行状态，在各个时段都应满足系统的潮流、功率平衡及运行限制，n_{ij}^{error}、n_i^{error} 分别为线路、发电机的运行状态变量。约束式（5-153）为在可靠性计算中的“N–1”约束。约束式（5-154）为系统的负荷可靠性约束。约束式（5-155）为风电场出力约束，当电网处于极端状态时，应允许风电场减出力运行。

对于目标函数中的成本项 C_g，考虑到系统负荷、风电出力期望变化不大的情况下，常规电源的总出力变化也不大，新建机组运行主要配合风电场运行，起到调节作用，则有

$$C_g = C_c^g \tag{5-156}$$

式中：C_c^g 为新的调节电源虚拟机组的建设成本。

对于目标函数中的惩罚项 $f_r(x)$，利用二次函数进行计算，令系统可靠性指标中可以接受的值及最大值分别为 x_0 及 x_{max}，则惩罚函数为

$$f_r(x)=\begin{cases}0 & x\leqslant x_0\\ \dfrac{(x-x_0)^2}{(x_{max}-x_0)^2}\sum\limits_{(i,j)}c_{ij}n_{ij}^{max} & x>x_0\end{cases} \tag{5-157}$$

在实际分析时，考虑到多个风电场出力的波动性、相关性较为复杂，对风电场群出力采用历史出力变换的方法得到：对风电场群各季节各日的出力曲线进行随机抽取，得到该季节所有时间的出力曲线。这样既保证了风电场群出力的季节特性，又保留了风电场群每日与负荷的相关性以及调峰特性。在得到风电场群的出力曲线后，即可利用元件故障率等参数，采用蒙特卡罗法对可靠性进行计算，并利用遗传算法对优化问题进行求解。

（三）算例及仿真

为了对基于可靠性匹配进行的含风电电力系统电网协调规划进行验证，利用三节点原型系统对利用虚拟机组进行可靠性均衡的电网规划进行分析及说明，并利用 IEEE-24 节点 RTS 系统对规划模型进行计算分析及验证。

1. 三节点原型系统

三节点原型系统网络拓扑如图 5-36 所示，具有一定送端、受端特性，节点 1 为送端节点，集合了较多的发电容量，节点 2 为受端节点，具有较少的发电容量，节点 3 为负荷节点，具有系统全部的负荷。

图 5-36 三节点原型系统网络拓扑图

设定系统参数如下：系统单台电源容量 100MW，强迫停运率 0.02；风电场群采用 5 个等容量不相关风电场集合而成，风速的威布尔分布参数为 $c=8$、$k=1.4$；系统线路容量 150MW，强迫停运率 0.005/百 km；节点 1、2 之间的距离为 100km，节点 2、3 之间的距离为 10km；负荷为 700MW。

根据系统 1 号节点接入风电情况不同，对系统的电源规划结果进行设定：当 1 号节点只接入常规电源时，8 台电源可以满足系统的电源可靠性要求。当 1 号节点接入大量风电场，并替代 4 台常规电源，则根据风电资源情况，确定风电场群的容量系数为 2.33%，接入相应容量的风电场群，系统的电源可靠性不变。

在电网规划进行前，将电源点布置到具体节点：在 2 号节点布置 2 台常规电

源，1 号节点布置 6 台常规电源或 2 台常规电源及风电。进行电网规划计算，则根据可靠性约束，规划结果见表 5-33。

表 5-33 电网规划结果

场景	无风电接入	含风电接入
节点 1、2 之间线路回数	4	5
节点 2、3 之间线路回数	6	6

考虑到 1、2 节点之间的线路长度较长，在实际建设中可能成本较高，尝试加入新的调节电源，以提高系统的可靠性及减少线路投资。则协调规划的结果见表 5-34。

表 5-34 电网协调规划结果

场景		无风电接入	含风电场群接入		
			不增加电源	1 号节点增加电源	2 号节点增加电源
线路回数	1-2	4	5	4	4
	2-3	6	6	6	6
调节电源容量	—	0	0	25MW	10MW
可靠性（年停电时间 h）	电源	4.7	4.7	4.1	4.6
	负荷	7	5	6.7	6.4

由结果可以看出，风电群接入后，只需在 1 号节点或 2 号节点加入一台较小的调节机组，不增加线路就可以使电源可靠性得到有效的提升，负荷可靠性也得到改善，从而有效降低了系统对于电网的可靠性需求，降低了电网的投资。

通过对电网、电源可靠性指标的均衡优化，利用虚拟机组，电网规划向电源规划进行了一定的反馈；电源规划方案微调后，电源可靠性得到了提升，电网规划中可以适当降低电网的冗余度，在保证负荷可靠性不变的情况下，得到了更加合理的电网协调规划方案。

2. IEEE-24 节点 RTS 系统

选取 IEEE-24 节点 RTS 系统进行分析，其接线图如图 5-37 所示。将其中的负荷增加为原系统的 3 倍，以模拟系统发展的状况。在原有线路上进行扩展，待选线路为所有现有连接的节点之间都可以增加最多 3 回线路，线路参数与原线路相同。

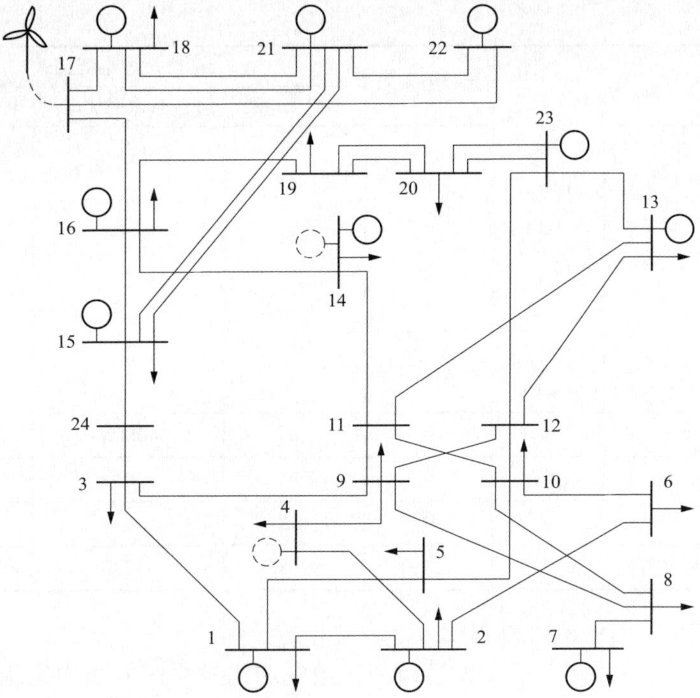

图 5-37　改造的 IEEE-24 节点 RTS 系统

在 17 号节点加入风电机组并替代部分常规电源。利用西北电网风电场群实测出力作为风电场群出力数据，变换后得到规划中的预期风电场群出力曲线。

根据电源可靠性不变的原则，将常规电源放大为原系统的 2.9 倍，得到风电场群的装机容量为 2516MW，容量系数约为 12%。同时，作为参考系统，在 17 节点安装一台等效常规发电机组，作为系统规划方案的对比。电网协调规划结果见表 5-35。

表 5-35　　　　　　　　　　电网协调规划结果

场　　景		无风电接入	含风电场群接入		
			不增加电源	14 号节点增加电源	4 号节点增加电源
新增线路（回数）	1-2	1	1		
	1-5		1		
	3-9				1
新增线路（回数）	3-24	1			
	6-10	1	2	2	2
	7-8	1	2	2	2

续表

场景		无风电接入	含风电场群接入		
			不增加电源	14号节点增加电源	4号节点增加电源
	8-9	1		1	
	10-11	1	1		
	11-13		1		
	14-16	1	1	1	1
	15-21	1			
	16-17		2	1	1
	16-19		1		
电源容量		0	0	40MW	40MW
可靠性（年停电时间h）	电源	9	9	8.4	8.4
	负荷	11	12	11	10
总费用（万元）		71560	99080	71240	67400

由表5-35结果分析可以得出：

（1）当风电场群接入后，为了保证风电的送出及系统的供电需求，17节点附近增加了大量线路，虽然保证了风电的全额送出，但也造成了线路利用率下降，输电网整体造价过高的问题。

（2）在电网规划中加入虚拟机组作为优化变量，提高含风电电源的可靠性，并允许部分弃风，则电网规划中，在保证负荷可靠性不变甚至提升的情况下，新建的线路总条数、总成本可以大大降低。对于电网、电源的规划，如果之前根据经验确定的含大规模风电接入的电源规划裕度不足，则可以利用电网规划的结果帮助确定电源规划的优化目标。

（3）加入虚拟机组，提高系统电源的容量密度，可以有效地降低系统对于电网可靠性的需求。实际中调节电源的选择多样，既可以为燃煤、燃气机组，也可以为储能元件。

（4）根据仿真结果，虚拟机组接入位置对于结果有一定的影响，但当负荷附近无法接入更多的调节机组的情况下，在远离负荷的送端电网接入调节机组同样可以有效降低系统的总体投资，优化电网电源规划的协调性。

（5）当优化结果为虚拟机组为0时，即调节电源、电网可靠性已无法减少系统总投资，则说明系统的电源、电网可靠性水平已经达均衡优化的状态。

本书考虑含大规模风电的电网规划的特点，提出了一种基于可靠性均衡优化的电网协调规划方法。通过加入虚拟机组对规划方案中的电源可靠性进行调节，允许适当弃风降低电网可靠性要求，改善了风电接入后电源、电网规划建设中分立串序规划导致的总投资过高的不协调问题，使规划方案中电源可靠性与电网可靠性更加均衡优化，从而得到电网与电源协调的电网规划方案。虚拟机组的位置选择对于规划结果的改善程度不同，但在远离负荷、风电电源富集的送端电网接入的虚拟机组也可以有效改善电源、电网规划的整体规划投资效果。

利用本书提出的规划方法，统筹考虑电源、电网的可靠性约束条件，可以有效地减少电网建设的投资及电力系统整体投资，并校验电源电网规划中可靠性均衡的协调性。本书的结果可以在大规模风电接入的电力系统规划中，提供电网规划方案及方案校核等方面的参考。

三、含风电电力系统规划协调性评估

规划方案评估与校验是电力系统规划的最终步骤，起到了对电力系统规划方案进行优选及调整的作用。大规模风电电源接入电网后，传统的电力系统规划的各个环节由于这种可控性差、低能量密度电源的接入产生了许多变化，在实际运行中，规划方案多注重于系统安全稳定运行，电网碳减排效益等指标，对于经济性的优化仅限于满足既有约束的情况下进行方案优选。

在风电电源加入后，系统整体运行成本、建设成本的变化为：

（1）集中建设的风电基地通常处于较为偏远的地区，与负荷中心距离远，使规划中风电基地的送出线路较常规电源更长。

（2）风电场集群占地面积广，单场容量低，需要更多的传输线路将各地的风电场汇集送出。

（3）风电场可控性差，无法提供电网的灵活性，需要常规电源帮助进行调峰、调频等调节。风电场出力的波动性难以预测，需要常规电源留取额外的备用，以平衡风电的波动。

（4）风电的低能量密度导致了系统供给同样负荷的条件下，风电需要的装机容量比常规电源装机容量更大。

（5）风电场单位容量建设成本较常规电源更高。

含风电的电力系统规划总体的成本较以往有了较大的提高，同时由于电力系统厂网分开等改革，电网公司、企业作为不同的利益主体，在规划运行中，存在着经济性分配的问题。将电源企业分为常规电源企业及风电等间歇式电源企业，则规划中具有三方面特性差距较大的主体：电网、常规电源及风电企业。这三者共同作用完成对负荷的供电。

现阶段由于技术水平、生产工艺等原因，风电的建设成本较高，即使忽略风电的运行成本，风电场的折旧等费用使得风电电价必须高于常规电源电价才能够

有效盈利。同时风电场的接入使得规划中另两方主体的成本也得到了提升，经济性变差。为了研究各个主体在规划投资中的成本提升及经济效益，本书从运行规划、建设扩展规划的角度，对电力系统网源协调规划的各主体经济协调性及补偿进行评估。

（一）源网协调规划后评估机理分析

电力系统规划中，一个方案的生成，需要根据自然资源、电力负荷分布、历史已有电源、网架进行优化。合格的规划方案应该满足以下几个方面的要求：

（1）满足电网中负荷的供电需求，在容量上提供一定的裕度以使负荷可靠性达到其需求的水平，在灵活性上能够跟踪负荷的波动及变化。

（2）满足电源的送出需求，能够对各个地点的电源都进行具有一定裕度的有效送出。

（3）在合理的范围内对于风电等电源进行送出，由于风电的可控制性差，可以适当弃风，以优化经济性指标。

（4）在环保、碳减排的需求下，更多地接入风电电源。

此时的规划方案虽然满足了负荷供电、碳减排的需求，实现了电网、电源规划的经济性优化，但方案仅从全电力系统的角度对规划方案进行了分析。当电网与电源都属于同一个企业时，此种规划方法可以得到有效的实行，但当“厂网分开”，尤其是大量风电企业加入到电力系统的运行中时，各个投资经营主体即源、网、风之间的建设规划、运行规划协调性，则需要在规划方案的基础上，进行经济补偿的后评估。

在运行中，由于电网的运行成本相对较低，所以主要对风电与常规电源的运行规划进行分析。风电由于其低碳排放的特性，获得了各国政府的支持，在电价中享有一定的补贴，获得了比常规电源更高的电价收益。而火电等常规电源，在运行中受到风电波动的影响，可利用小时数变低，开停机频繁，并且无法长时间运行在其优化的运行点上，导致整体利润变低。而现阶段对于常规电源的高备用、低出力等现象无具体的补偿措施，对于常规电源明显不利。

在建设过程中，由于风电的可控性差及低能量密度特性，电网企业的电网建设成本增加，使得很多线路长时间轻载、空载。由于风电场的地理位置，又使电网企业额外增加了输电网络线路的长度，同样使成本有较大的提升。现阶段，电网仅由于风电场的地理位置因素，获得一定的电网建设补偿费用。

为了求解更加合理的补偿方法，需要对各主体在运行建设规划中的相互影响进行量化，然后利用灵敏度分析的方法，对各主体在规划方案中的成本与效益进行分析。从而对规划中各个主体之间是否达到了协调均衡，规划方案整体是否满足了各个主体的协调要求给出结果。

（二）协调规划运行补偿分析

为了对风电的实际效益进行准确的评估，提出针对风电场的等效成本（Equivalent Cost Of Energy，ECOE），定义为风电场单位装机建设、运行中，全社会的总成本，则有

$$C_{\mathrm{ECOE}}=C_{\mathrm{construct}}+C_{\mathrm{maintenance}}+C_{\mathrm{operation}}+C_{\mathrm{effect}} \tag{5-158}$$

式中：$C_{\mathrm{construct}}$为建设成本；$C_{\mathrm{maintenance}}$为维护成本；$C_{\mathrm{operation}}$为运行成本；C_{effect}为风电运行的其他影响，以单位电量成本变化为单位，包括对于系统运行的不利影响以及环境效益等。

考虑到风电的运行成本较低，忽略公式中的运行成本，并将运行中的维护成本、其他影响用现值表示，得到风电场等效成本计算模型。

$$C_{\mathrm{ECOE}}=C_{\mathrm{construct}}+(C_{\mathrm{maintenance}}+C_{\mathrm{effect}})\sum_{i=0}^{N-1}\frac{1}{(1+t)^{i}} \tag{5-159}$$

式中：N为运行年限，通常取为 20 年；t为利息成本，取为 10%每年。C_{effect}为模型计算的难点，下面通过对风电—火电运行协调补偿评估、风电送出线路补偿评估对其进行计算及评估。

1. 风电—火电运行协调补偿评估

风电与火电，在协调运行的过程中，由于风电可控制性差，火电必须成为电网调峰、备用的调节机组。由此带来的更多的开停机、较低的平均出力使火电运行在更不利的运行状态，由此带来的火电成本提升现阶段无法通过价格等手段进行补偿。

大量风电场接入后，其运行将造成火电运行频繁开关机、长时间处于非最优运行点运行，并且由于风电预测准确率的问题，风电运行时，需要更多的备用容量来保证电网的有功平衡。

利用前文的基于机组聚类的机组组合模型确定火电机组的启停机计划后，对含风电的系统进行运行模拟。考虑到当有机组故障退出运行时，系统处于非正常运行状态，此时系统的首要任务是保证系统的安全运行并度过非正常运行状态，在此状态下的系统经济性已无法保证，所以在分析中，主要对系统正常运行进行模拟。

系统在运行中，为了保证系统的正常运行，定义调节性机组，使其可以快速启停保证系统的有功平衡，则在运行中有

$$\sum_{i=1}^{n}P_{\mathrm{G}i,t}+P_{r,t}+P_{\mathrm{w},t}=P_{l,t} \tag{5-160}$$

$$\begin{cases}\dfrac{P_{Gi,t}}{u'_{i,t}}-\dfrac{P_{Gi,t-1}}{u'_{i,t-1}}\leqslant r_{ui}\Delta T, \dfrac{P_{Gi,t}}{u'_{i,t}}\geqslant\dfrac{P_{Gi,t-1}}{u'_{i,t-1}}\\ \dfrac{P_{Gi,t-1}}{u'_{i,t-1}}-\dfrac{P_{Gi,t}}{u'_{i,t}}\leqslant r_{di}\Delta T, \dfrac{P_{Gi,t}}{u'_{i,t}}\leqslant\dfrac{P_{Gi,t-1}}{u'_{i,t-1}}\end{cases} \tag{5-161}$$

$$u'_{it}P_{Gi,\min}\leqslant P_{Gi,t}\leqslant u'_{it}P_{Gi,\max} \tag{5-162}$$

式中：$P_{r,t}$ 为调节性机组的出力。

将负荷预测曲线、风电预测曲线与预测误差叠加，得到实际运行模拟的负荷、风电运行曲线

$$\begin{cases}P_{w,t}=P_{w,t}^{\text{forcast}}+P_{w,t}^{\text{error}}\\ P_{l,t}=P_{l,t}^{\text{forcast}}+P_{l,t}^{\text{error}}\end{cases} \tag{5-163}$$

考虑到实际运行中，运行人员的信息只有 $(0,t]$ 时刻的信息，无法准确预知 $t+1$ 时刻的预测误差，为此采用贪心算法对实际模拟进行求解。

优化问题为

$$\min P_{r,t} \tag{5-164}$$

约束条件为式（5-160）～式（5-163）。

求解时，在 $t-1$ 时刻系统运行状态已知的情况下，根据求得的启停机计划及模拟负荷、风电运行曲线，确定 t 时刻的系统运行状态。当系统机组可以满足 t 时刻的负荷需求时，按照耗量对机组进行分配。

同时，当系统内无风电接入时，同样可以对系统进行运行的模拟。得到两次一年运行模拟的结果后，即可对风电运行的其他影响 C_{effect}^{1} 进行评估

$$C_{\text{effect}}^{1}=\left(\frac{C_{\text{wind}}^{\text{all}}}{E_{\text{wind}}^{\text{G}}}-\frac{C_{\text{nowind}}^{\text{all}}}{E_{\text{nowind}}^{\text{G}}}\right)\frac{E_{\text{wind}}^{\text{G}}}{E_{\text{wind}}^{\text{w}}}t_{\text{eq}} \tag{5-165}$$

式中：$C_{\text{wind}}^{\text{all}}$、$C_{\text{nowind}}^{\text{all}}$ 分别为系统有、无风电接入情况下的总运行成本；$E_{\text{wind}}^{\text{G}}$、$E_{\text{nowind}}^{\text{G}}$ 分别为系统有、无风电接入情况下常规电源的总发电量；$E_{\text{wind}}^{\text{w}}$ 为风电场的发电量；t_{eq} 为风电等效利用小时数。

2. 风电送出线路规划补偿评估

由于风电的能量密度低、地理分布偏远等特性，风电场的接入线路造价比常规电源接入系统高。为了对风电场集群接入线路造价造成的风电场等效成本进行准确的分析，将风电场集群接入与等效常规电源接入相比，对风电场集群接入线路额外的成本 $C_{\text{wind}}^{\text{line}}$ 进行分析可得

$$C_{\mathrm{wind}}^{\mathrm{line}} = C(d_{\mathrm{w},T}, d_{\mathrm{w,w}}, P_{\mathrm{wind}}) \tag{5-166}$$

式中：$d_{\mathrm{w},T}$ 为风电场集群与系统变电站的平均距离，表示风电场地理位置总体的偏远程度；$d_{\mathrm{w,w}}$ 为风电场集群内风电场之间的平均距离，表示风电场集群的地理分散程度；P_{wind} 为风电场集群出力，表示风电场整体风资源的状况。

分别以变电站附近接入的常规电源、远距离接入的常规电源、远距离分散接入的不同特性的常规电源作为对比系统，对接入系统进行规划后，得到不同影响因素对于风电场送出的线路额外成本 C_{effect}^{2} 的影响。

$$C_{\mathrm{effect}}^{2} = C_{\mathrm{wind}}^{\mathrm{line}} - C_{\mathrm{compare},i}^{\mathrm{line}} \tag{5-167}$$

式中：$C_{\mathrm{compare},i}^{\mathrm{line}}$ 为对比系统的成本。

在得到各影响因素对额外成本的影响后，考虑到各因素的层级影响关系，式（5-163）表示的送出线路额外成本模型可化为乘法形式

$$C_{\mathrm{wind}}^{\mathrm{line}} = \prod_{i}(1 + k_i x_i) C_n^{line}, x_i = d_{\mathrm{w},T}, d_{\mathrm{w,w}}, P_{\mathrm{wind}} \tag{5-168}$$

式中，k_i 为因素影响系数，x_i 为各因素实际取值，C_n^{line} 为常规电源接入线路成本。

（三）基于等效负荷成本的规划协调性评估模型

考虑到风电场出力的波动与可控制性差，风电场接入运行的过程中，无法与常规电源一样有效地跟踪负荷。在规划的过程中，风电场增长的容量与常规电源、电网的增加容量，对电力系统负荷供电能力的影响不同。为了准确定义各个主体对于负荷增长的贡献，以单位负荷增长所需的投资作为评价标准，提出在规划阶段的等效负荷成本（Equivalent Cost Of Load，ECOL）。

等效负荷成本为系统增加单位负荷所需的电网、电源成本，是在保证负荷供电效果不变的情况下，系统为负荷变动所增加的成本，即为规划方案成本对于负荷变动的灵敏度。

1. 等效负荷成本模型及评估方法

取可靠性指标作为负荷供电效果的评价指标，则在负荷增长后，有

$$f(P_{\mathrm{G}}, P_n, P_{\mathrm{w}}, L) = f(P_{\mathrm{G}} + \Delta P_{\mathrm{G}}, P_n + \Delta P_n, P_{\mathrm{w}} + \Delta P_{\mathrm{w}}, L + \Delta L) \tag{5-169}$$

式中：L 为负荷向量；P_n 为电网线路容量向量；f 为可靠性评价函数。

计算中考虑负荷点的情况即负荷的变动方式有两种

$$\Delta L_m = \gamma L_m, m = 1, 2, \cdots, n \tag{5-170}$$

$$\begin{cases} \Delta L_m = \gamma L_m, m = h \\ \Delta L_m = 0, m \neq h \end{cases} \tag{5-171}$$

根据考虑的负荷点不同，当负荷增长方式为全网共同增长，负荷变动方式如式（5-171）所示时，等效负荷成本为全网负荷等效负荷成本；当只有一个点的负荷进行增长，负荷变动方式如式（5-170）所示时，等效负荷成本为单点负荷的等效负荷成本。则各个电力系统部门的等效负荷成本为

$$C_{ECOL,i}=\frac{1}{\sum\Delta L}C(\min(\Delta P_i))\Big|_{\Delta P_j=0,\,j\neq i},i=G,n,w \tag{5-172}$$

考虑到电网规划的优化问题约束条件中，具有较多的整数约束，在求解式（5-172）时较为困难，可以将实际中的投资进行分解，定义插值成本函数为：

$$C'\left(\frac{\Delta P}{k}\right)=\frac{C(\Delta P)}{k} \tag{5-173}$$

则，由于规划中的线路条数、装机台数等整数约束可以利用插值成本函数变为非整数的约束，可以使等效负荷的求解更加方便。

传统可靠性计算的求解，由于可靠性函数是一个无显式数学表达式的函数，其求解通常利用牛顿拉夫逊法等方法，通过不断缩小取值范围的方法，得到可靠性指标变动的解。在含有风电电源的电网发输电可靠性计算中，为了考虑风电的出力随机性以及风电与负荷的关系，模拟法求解的计算时间过长。将式（5-173）代入求解（5-172），取负荷差值 ΔL 为一较小的值，系统分析点处于规划方案平衡点附近，可以利用近似线性化的方法，对式（5-173）进行求解，可得

$$C_{ECOL,i}=\frac{C'(\Delta P_i')}{\sum\Delta L}\left(\frac{f(P_G,P_n,P_w,L)-f(P_G,P_n,P_w,L+\Delta L)}{f(P_G+\Delta P_G',P_n+\Delta P_n',P_w+\Delta P_w',L+\Delta L)-f(P_G,P_n,P_w,L+\Delta L)}\right)\Bigg|_{\Delta P_j=0,\,j\neq i},i$$
$$=G,n,w \tag{5-174}$$

式中：$\Delta P_i'$ 为插值成本函数中，系统规划方案的变化量。

2. 规划协调性评估模型

电网规划协调性评估即为对等效负荷成本的计算及分析，等效负荷成本的大小对比可以反映电网规划是否均衡协调。首先根据风电场的等效成本，在规划中对电网、常规电源、风电场的成本进行修正，然后对等效负荷成本进行分析。

由等效负荷成本的定义可知，等效负荷成本具有边际效益递减的特性，即有

$$C_{ECOL,i}\Big|_{(P_G,P_n,P_w,L)}\geqslant C_{ECOL,i}\Big|_{(P_G+\Delta P_G,P_n+\Delta P_n,P_w+\Delta P_w,L+\Delta L),\Delta P_j=0,\,j\neq i},i=G,n,w \tag{5-175}$$

则对于系统规划的优化方案，应有

$$C_{ECOL,i}\Big|_{(P_G,P_n,P_w,L)}=c,i=G,w,n \tag{5-176}$$

但考虑到实际规划中，电力系统规划方案的边界条件较多，机组大小、线路回数限制、资源限制等各种原因，使得式（5-176）所表示的最佳状态无法达成，则系统经济协调性可以利用不同的等效负荷成本比例来表示

$$r_{\text{coordination}}=\frac{\min(C_{ECOL,i})}{\max(C_{ECOL,i})},i=G,w,n \tag{5-177}$$

等效负荷成本与当前规划方案、规划备选方案等都具有相关性，所以其计算结果只能在规划方案微调范围内有效。得到系统经济协调性的指标后，可以指出当前规划方案协调性不足及规划方案的薄弱环节。

（四）算例及仿真

1. 风电—常规电源运行协调补偿评估

对于风电、常规电源（火电）运行协调补偿的评估，利用与前文的系统进行仿真，并添加多台 100MW 快速调节机组。对风—火联合运行的运行成本进行评估。对风电的预测精度取最大误差为 20%。

利用基于机组聚类的机组组合模型，求解得到不同风电接入情况下，系统的运行费用状况，结果见表 5-36。

表 5-36　　风电场接入后运行补偿评估结果（不考虑弃风）

风电装机容量（MW）	总成本（亿元）	总负荷（亿 MWh）	风电发电量（亿 MWh）	平均成本（元/MWh）	补偿量（元/MWh）
0	361.864	2.1555	0	167.882	0
500	360.254	2.1453	0.0102	167.930	10.234
1000	358.638	2.1350	0.0204	167.978	10.007
1500	357.051	2.1248	0.0307	168.039	10.897
2000	355.460	2.1146	0.0409	168.099	11.237
3000	352.384	2.0941	0.0613	168.271	13.305
4000	349.517	2.0737	0.0818	168.546	16.851
5000	346.961	2.0533	0.1022	168.980	22.056
6000	344.868	2.0328	0.1226	169.650	29.306

由结果分析可知：

（1）当风电接入容量较低时，系统成本变化不大，但考虑到风电出力较少，对于单位风电电量的补偿量仍较高。

（2）不考虑风电运行成本的条件下，当风电接入增加时，系统总体运行成本

降低，但火电的平均运行成本有所提高。

（3）在风电装机容量较大的情况下，火电运行成本具有较大的增加。

进一步考虑弃风措施，当系统负备用需求不足时，按一定比例限额减少风电出力，对系统的运行费用进行分析，可以得到如表 5-37 所示的结果。

表 5-37　　风电场接入后运行补偿评估结果（考虑弃风）

（a）风电装机容量 2000MW

最大弃风比例		5%	25%	100%
总成本（亿元）	355.462	355.460	355.447	355.429
总负荷（万 MWh）	21145.9	21145.9	21146.0	21146.1
实际弃风量（MWh）	0	183.63	800.15	1669.06
风电发电量（万 MWh）	408.78	408.76	408.70	408.62
平均成本（元/MWh）	168.100	168.097	168.093	168.086
实际弃风比例	0%	0.0045%	0.0196%	0.0408%
补偿量（元/MWh）	11.244	11.140	10.901	10.532

（b）风电装机容量 4000MW

最大弃风比例		5%	25%	100%
总成本（亿元）	349.519	349.499	349.454	349.423
总负荷（万 MWh）	20737.3	20737.4	20737.6	20737.8
实际弃风量（MWh）	0	847.27	2989.84	4900.93
风电发电量（万 MWh）	817.37	817.29	817.07	816.88
平均成本（元/MWh）	168.546	168.538	168.519	168.505
实际弃风比例	0%	0.0104%	0.0366%	0.060%
补偿量（元/MWh）	16.844	16.647	16.157	15.811

（c）风电装机容量 6000MW

最大弃风比例		5%	25%	100%
总成本（亿元）	344.880	344.839	344.678	344.525
总负荷（万 MWh）	20328.3	20328.6	20329.4	20330.2
实际弃风量（MWh）	0.00	2922.62	11154.68	19221.35
风电发电量（万 MWh）	1226.4	1226.1	1225.3	1224.5

续表

最大弃风比例		5%	25%	100%
平均成本（元/MWh）	169.655	169.638	169.564	169.497
实际弃风比例	0%	0.0238%	0.0910%	0.1570%
补偿量（元/MWh）	29.390	29.103	27.906	26.800

由结果分析可知：

（1）允许风电场弃风后，在系统的备用不足时利用风电场进行调节，可以有效地减少系统的运行成本，降低风火联合运行中风电对火电的影响。

（2）系统在运行中，切除风电较少，最大切除比例仅为 0.16%，对于风电场整体效益影响较小。

（3）在风电接入较多的电网中，弃风的效益更高。

在实际运行中，风电预测的误差可能较 20%更大，此时评估的补偿量及弃风的效益都较为保守，实际运行中弃风对于系统运行的效益可能更大。

2. 风电送出线路规划补偿评估

利用图 5-23 所示的风电场集群进行分析，忽略集群附近的负荷，进行模拟计算，原系统的整体投资成本为：79743 万元。设计三个不同的对比系统对风电场送出的额外成本进行分析。

（1）分散常规电源与风电场集群的接入系统对比。将风电集群内的风电场利用常规电源进行替换。可以得到基于常规电源的对比系统规划方案，该方案的总体效益值为 15817 万元，总投资成本为 49238 万元。汇集变电站 1 与原方案位置相同，汇集变电站 2 与原方案相比有较小的移动，位置为（49.78，106.21）。具体接线形式如图 5-38 所示。

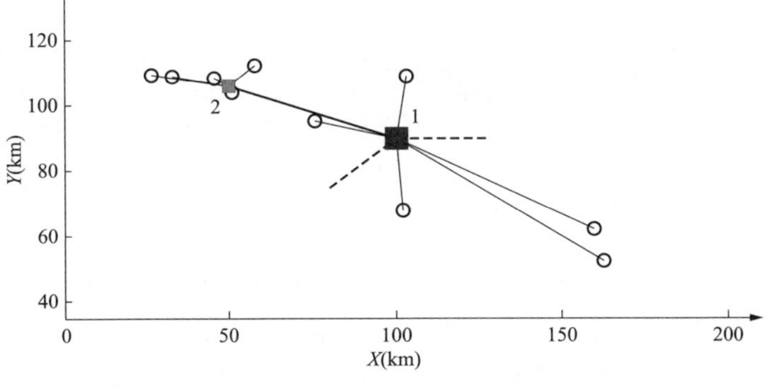

图 5-38　风电集群接入系统线路连接示意图

（2）远距离常规电源与风电场集群接入系统对比。将风电场集群等效为一台发电机组，根据平均距离，将其布置在（49.37，90）处，则系统的总体效益值为16544万元，投资成本为42182万元。其接线形式为发电机组出口处进行升压，直接接入中心变电站。

（3）近距离常规电源与风电场集群接入系统对比。进一步将等效机组布置在变电站附近（90，90）处，其电厂与变电站的距离由50.63km减少到10km，则系统的总体效益为17122万元，投资成本为36800万元。

（4）风电送出线路等效成本系数分析。现有的关于风电场送出线路的补助方案为50km以内每千瓦时1分钱，50～100km每千瓦时2分钱，100km及以上每千瓦时3分钱。则风电场集群的总体补助见表5-38。

表5-38　风电场接入线路现有补偿方案结果

序号	装机容量（MW）	距离km）	补助单价（元/kWh）	总补助额度（万元）
1	100	24.56	0.01	2144.43
2	200	73.04	0.02	5726.00
3	200	65.88	0.02	4875.34
4	200	51.00	0.02	4699.55
5	100	57.27	0.02	3647.71
6	200	75.83	0.02	4788.31
7	200	18.96	0.01	3088.46
8	200	47.93	0.01	2609.68
9	200	69.61	0.02	6085.59
10	200	22.20	0.01	3420.27
总计	1800			41085.3

通过与对比系统进行计算，得到的风电场接入线路额外成本见表5-39。

表5-39　风电场接入线路额外成本

系统名称	投资成本（万元）	平均距离（km）	总额外成本（万元）	相对投资成本
风电集群	79743	50.63	42943	1.000
对比系统1	49238	50.63	12438	0.617
对比系统2	42182	50.63	5382	0.529
对比系统3	36800	10	—	0.461

由结果可以看出，实际分析中的额外成本与现有补偿方案较为一致，可以通过附加电费的方法，对电网规划中由于风电产生的额外成本进行补偿，但数值偏小。并且，当不允许风电场弃风的情况下，为了确保风电全额送出，系统以风电

场装机确定送出线路的线路容量，接入系统造价将进一步提升，现有补偿方案将无法补偿电网投资的额外成本。

进一步对不同的风电场集群接入进行额外成本分析，将原系统的中心变电站位置更改为（150，90），进行计算，结果见表 5-40。风电接入系统与对比系统 1 的接线示意图如图 5-39 所示，其中图 5-39（a）为风电接入系统，图 5-39（b）为将风电电源替换为常规电源的接入系统。

表 5-40　风电场接入线路额外成本对比

系统名称	总收益（万元）	投资成本（万元）	平均距离（km）	总额外成本（万元）	相对投资成本
风电集群	114891	90534	79.08	53434	1.000
对比系统 1	154239	53686	79.08	16586	0.593
对比系统 2	161695	45880	79.08	8780	0.507
对比系统 3	170907	37100	10	—	0.410
现有补助	114891	90534	—	56658	—

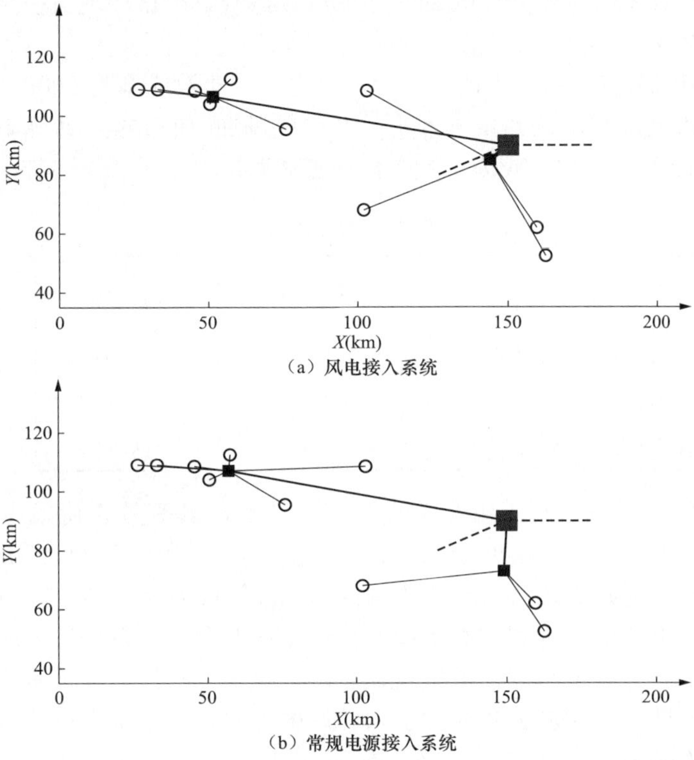

图 5-39　对比系统的接入系统线路连接示意图

由于平均距离的不同，现有补助方案的额外成本在第二个接入系统规划中偏大，在两个接入系统规划中出现了不同方向的偏差，这是由于现有补助方案只考虑了风电场的距离，对于风电场集群的出力特性等因素都无法描述。

进一步对比表 5-39 及表 5-40 中规划方案的相对投资成本，对比系统 1、2 的相对投资成本相似是由于两个方案的风电出力特性及风电场群分散度，而对比系统 3 的相对投资成本有较大差异是由于与中心变电站的不同的平均距离不同造成的。通过相对投资成本的分析，可以对式（5-168）的风电送出线路额外成本模型进行验证。

3. 等效负荷成本评估

在计算及评价电网规划协调性时，首先需要对风电的等效成本进行计算。

利用运行协调补偿及规划协调补偿模型，通过净现值计算，得到风电的运行协调补偿成本及规划协调补偿成本为 0.03 元/kWh。

对于风电场的环境成本，考虑利用现有标杆电价与普通电价的差值进行表示

$$C_{\text{effect}}^{3} = p_{\text{w}} - p_{\text{G}} \tag{5-178}$$

考虑到现有风电的单位装机成本为 4000 元/kW，根据净现值模型，计算得到等效成本为 2190 元/kW。

（1）IEEE-24 节点系统协调性评价。设电厂的建设成本为 5000 元/kW，运行成本为 0.2548 元/kWh。线路成本取上一节扩展规划中的数据，计算不同负荷增长方式下发电机组、电网的等效负荷成本，见表 5-41。

表 5-41　未扩建原系统的等效负荷成本

指　　标	全局负荷	单节点负荷（3 号节点）	单节点负荷（13 号节点）
发电等效负荷成本（万元/MW）	1556.43	2984.97	4112.37
电网等效负荷成本（万元/MW）	77.06	488.08	504.06
经济协调性指标	0.05	0.16	0.12

由结果分析可得，对于单个节点负荷的增长，其等效负荷成本较高。对于 IEEE-24 节点系统，由于电网规划具有一定的不足，所以等效负荷成本更低，在电网上投资具有更好的效益。经济协调性指标最低仅为为 0.05，协调性较差。

（2）含风电的电网规划方案协调性评价。根据含风电系统扩展规划结果，计算不同负荷增长方式下常规发电机组、风电机组及电网的等效负荷成本，对系统的协调性进行评价，对放大负荷并加入了风电电源后的系统进行等效负荷成本分析，结果见表 5-42。

表 5-42　　常规规划方法规划方案等效负荷成本

指　　标	全局负荷	单节点负荷（3 号节点）	单节点负荷（13 号节点）
发电等效负荷成本（万元/MW）	479.64	445.17	1161.38
风电等效负荷成本（万元/MW）	1174.51	1259.37	1516.80
无补贴风电等效负荷成本（万元/MW）	2145.23	2300.22	2770.41
电网等效负荷成本（万元/MW）	437.23	391.47	1045.55
经济协调性指标	0.204	0.170	0.377

由结果分析可得，系统在经过规划扩展后，电网及电源的协调性得到了较好的提高，但由于本算例中风电接入点较少，风电的容量系数较低，风电电源处于电网的边缘地带，导致风电的等效负荷成本较高，系统的协调性较差。但也应看到，计及风电的补贴后，风电的等效负荷成本有效降低，系统总体经济协调性已达到 0.3 以上，达到了较好相互协调的效果。

对加入了调节电源的规划方案，进行等效负荷成本分析，其结果见表 5-43。

表 5-43　　改进规划后的等效负荷成本

（a）在 14 号节点加入调节电源

指　　标	全局负荷	单节点负荷（3 号节点）	单节点负荷（13 号节点）
发电等效负荷成本（万元/MW）	863.07	444.16	415.48
风电等效负荷成本（万元/MW）	2151.73	2136.73	1850.74
无补贴风电等效负荷成本（万元/MW）	3930.10	3902.70	3380.35
电网等效负荷成本（万元/MW）	582.34	415.55	633.75
经济协调性指标	0.148	0.106	0.123

（b）在 4 号节点加入调节电源

指　　标	全局负荷	单节点负荷（3 号节点）	单节点负荷（13 号节点）
发电等效负荷成本（万元/MW）	969.97	495.38	793.13
风电等效负荷成本（万元/MW）	1498.34	1521.91	2077.83
无补贴风电等效负荷成本（万元/MW）	2736.69	2779.75	3795.12
电网等效负荷成本（万元/MW）	673.52	432.81	667.55
经济协调性指标	0.246	0.156	0.176

由结果分析可知：规划方案的负荷等效成本与表 5-42 所示的系统规划方案基本相似，具有发电、电网成本相对协调的特点，风电电源的等效负荷成本较高，这是由于电源的容量系数导致的。对于不同的规划方案，对于全局负荷的等效成本相似，而对于不同节点的等效负荷成本差距较大，在进行规划验证时，可以利用重点区域及重点负荷的等效成本对规划方案进行优选。

在风电接入后，电力系统由传统的源网相互协调变化为风电、常规电源、电网三类主体相互协调，对于规划方案的协调性后评估，本书建立了风电等效成本、等效负荷成本模型来刻画不同电力系统主体间的经济协调性，得到如下结论：

（1）风电的运行对火电经济运行具有一定的负面效果，需对火电厂进行经济补偿，将其计为风电的额外成本，则单位补偿量随着风电接入容量的增大，呈现先平稳波动，后迅速增大的特点。允许风电适当弃风，则可以减少系统的运行成本，降低风火联合运行中风电对火电的影响，在风电接入容量较高的系统，弃风的效益更高。

（2）由于风电的低能量密度特性，电网对于风电线路建设的成本较高，通过与常规电源对比系统的分析，得到了电网建设额外成本的结果。计算结果与现有线路补贴标准相似。

（3）等效负荷成本模型可以有效地对规划方案的风电、电源及电网三部分的成本与效益给出评价，指出电网的薄弱环节，以及投资优化方向。

本章提出的网源协调性后评估，通过计算得到的风电等效成本、等效负荷成本指标，可以有效地对现有电网运行补偿及规划电网协调性进行评价。对已有经济性补偿政策、未来的经济补偿方法以及电网规划投资决策都具有较好的参考意义。

小　结

本章通过对间歇式电源资源的综合评估，间歇式电源与传统电源、电网三者的源源、源网协调规划技术的研究，构建间歇式电源与电网协调规划评价体系，从协调规划的角度提出大规模间歇式电源并网问题的解决方案。

对资源进行分析时，紧紧围绕间歇式电源的地域特点，利用实际数据进行分析并验证提出的多种方法的适应性与有效性。在消纳能力分析中，模拟运行计算中统筹考虑间歇式电源消纳中的各个方面，如常规电源、外送线路、二氧化碳排放等，提出基于聚类分析的机组组合模型对消纳能力进行了分析。

在间歇式电源与电网的协调规划技术方面，先对间歇式电源发电的特点进行分析，在此基础上分析间歇式电源并网对系统的影响；针对间歇式电源出力具有波动性大、可控性差等特点，引入柔性参数对考虑间歇式电源接入后系统中的不确定性因素进行建模，分别采用最大流模型、柔性优化的方法研究受端电网接纳间歇式电源的能力及间歇式电源并网最大容量的研究。

此外，结合柔性参数建立综合考虑经济性、环境效益及可靠性的间歇式电源可替代容量的计算模型。并从全生命周期的角度建立考虑碳减排效益的多电源互补的间歇式电源规划模型。

源网协调从间歇式电源与电网的协调的集群协调规划到电源与电网的基于可靠性均衡的协调规划，都考虑间歇式电源的波动性、相关性及其对电网的影响。在此基础上，最后提出基于微分思想的灵敏度分析的间歇式电源协调规划方案后评价方法。

第六章

大规模间歇式电源并网可靠性评估

随着能源问题和环境问题的日益严峻，世界各国竞相大力发展可再生能源。风力发电和太阳能光伏发电凭借其绿色环保、资源丰富、容易开发、性价比逐步提高等优势得到了世界各国，尤其是发达国家的广泛重视。风能和太阳能作为典型的清洁可再生的绿色能源，具有无污染、可持续、间歇性等的特点。利用风力发电和太阳能光伏发电代替部分的常规能源发电参与电力系统的调度安排，可以大量地减少煤炭等化石能源的消耗，减少电力生产的成本，同时会大大降低电力行业对于自然环境的污染。

然而，由于风力资源的随机间歇性、电网结构、控制方式以及并网风力发电机在持续运行过程中受到地形地貌、塔影效应的影响，使得风电场的输出功率存在大量的波动。当风电场的容量较小时，其出力的波动特性对电力系统的正常运行不会产生大的影响，但随着风电场规模和容量的扩大，其出力的波动会给电力系统的运行产生一系列的影响，有时会严重威胁电网的安全运行。同样的情况，对于大型太阳能光伏电站，虽然以小时为单位统计的结果显示，光伏电站出力相对风电要平稳很多，但是由于受限于太阳能的辐射强度、温度状况以及高空中的云层移动和当地树林、建筑物阴影等自然条件，太阳能光伏发电输出功率一样具有间歇性、波动性、不易预测性的特点。另一方面光伏发电调峰能力极差，与风力发电相类似，当太阳能光伏发电在系统中承担的负荷的比例不断增大的时候，系统内的峰谷差将成倍增加，其对电网调频、调峰压力的影响将越加显著，严重影响电力系统的稳定运行。为了尽量地减弱风电和光伏发电给大电网带来的影响，这就需要系统中备有大量的旋转备用。

间歇式电源并网可靠性评估[157-158]，需要根据研究问题时间尺度的不同，为常规（长期）可靠性评估与运行（短期）可靠性评估两部分。常规可靠性评估，又称长期可靠性评估，一般从历史数据出发，分析系统在接入间歇式电源后，长期的可靠性水平，时间周期多在月或以上，多用于进行系统规划设计。短期运行可靠性评估，考虑到元件的健康状况、工作环境与工作条件，分析系统在短期内的可靠性水平，时间周期多在分钟或小时级，可用于指导系统的运行调度、安排检修等。

第一节 大规模间歇式电源并网可靠性模型

一、风力发电机风速相依停运概率模型

1. 风机历史数据处理

根据河北省某一风电场实测数据分析风机停运概率与风速大小的关系。该风电场包含 33 台风力发电机，每台发电机的额定功率为 1.5MW，其中 8 台风机的数据测量完整，用作本章的主要研究对象。该数据为实测 2009 年风机风速及出力信息，时间间隔为 1h。在风机上，分别于 10m、50m、60m 处各安装一个测速仪，在 70m 处安装两个测速仪。由于 70m 处测速仪接近风机叶片，更能反映风机的实际输入风速，故作为研究的风速数据。

外界很多因素和风速测量仪器本身存在的一些问题（如机械电子故障等），可能导致风速测量数据出现以下两种情况。

（1）数据缺失。以 70m 测风塔为例，测风塔一般会在 70m 高度处装有两个风速仪（因为现在风机的安装位置都比较高，所以 70m 高度的风速数据因为和安装高度接近而最有价值，为避免塔架对风速仪的影响故安装两台风速仪对测出的数据互相参照），在 60m、50m、10m 高度各装有一个风速仪，共计 5 个风速仪。数据检验时，若风速仪的风速某一时段同时为 0，而该时段的上下数据又比较大，则判定该时段测风塔缺测。若只有某几个高度的风速仪数据为 0 或很小且上下数据又比较大，则认为该高度风速仪缺测（有些为 0 的数据是因为当时风速的确很小而出现的，没有充足的理由对其加以修正，这可以从上下数据判断）。

（2）数据错误。风机运行参数中，各项数据都有相应的合理范围，对超出该合理范围的可认为测量数据错误。如风速测量数据不应该为负值，且最大值不应超过 40m/s，风机出力也不应该超出其最大出力可能值。各项数据的合理范围见表 6-1。

表 6-1 各项测量数据合理范围

主 要 参 数	合 理 范 围
平均风速	$0 \leqslant v \leqslant 40$m/s
风向	$0 \leqslant D \leqslant 360°$

续表

主 要 参 数	合 理 范 围
平均气压（海平面）	94kPa≤P≤106kPa
50m/30m 高度小时平均风速差值	<2.0m/s
50m/10m 高度小时平均风速差值	<4.0m/s
50m/30m 高度风向差值	<22.5°
1h 平均风速变化	<6m/s
1h 平均风向变化	<5°
3h 平均气压变化	<1kPa

对于实测数据中出现的数据缺失、错误现象，需要进行数据筛选，将超出合理范围的错误数据以及遗漏缺失的数据挑选出来，进行相应的处理后再加以统计研究。

2. 风机历史数据修正

（1）短时间内数据的修正。对于短时间内（时间尺度的确定目前需要根据经验以及所掌握的数据量来人为控制，长度一般不超过一天）全部风速仪数据缺测及错误数据，可以用已有上下时间段测量数据的均值来进行补充修正。

对于短时间内一部分风速仪数据缺测及错误数据，可以根据不同高度的风速之间的相关性，利用未缺失高度的风速仪的已有合理范围内的数据进行高度转化来进行修正，高度转换公式如式（6-1）所示。

$$V=\left(\frac{H}{H_{\mathrm{r}}}\right)^{\alpha}V_{\mathrm{r}}$$

$$\alpha=\alpha_0\left(1-\frac{\lg V_{\mathrm{r}}}{\lg V_0}\right) \tag{6-1}$$

（2）长时间内数据的修正。对于长时间风速仪的数据缺测，需要利用邻近且相关（地理位置较近且地形相似）的多个测风塔或者气象站同时段的测量数据进行相关性插补。理论上讲，在相同的天气条件下，邻近处的风速有一定的相关性，插补过程中可以将缺测部分及错误数据部分时间段的数据删除，利用邻近相关测风塔及气象站同时段的相应测量数据（得保证已有测量数据的合理性），根据此种风速相关性，推算出该时间段内的缺测遗漏及错误数据，以得到完整时间序列的数据。

虽然可以利用相应办法对缺测遗漏数据及错误数据加以修正补充，但运用各种数据修正方法也有一定的前提。实际测量的风机运行原始数据的有效数据完整率应达到一定的比例，有效数据完整率 P 的计算方法如式（6-2）所示，其中 N 为数据测量期间应测数据数目，n_{loss} 为数据测量期间确实遗漏的数据数目，n_{error} 为数据测量期间不合理的错误数据数目，根据经验完整率 P 应尽量超过 90%。

$$P=\frac{N-n_{\text{loss}}-n_{\text{error}}}{N} \tag{6-2}$$

以上所作的数据修正工作主要是针对于风速数据，由于需要考虑风机的停运以及风机输出功率的波动性，对于风机出力数据的修正则未提出明确的方法，只要输出功率在合理范围以内，均可认为其为有效数据。

3. 风机风速相关停运概率分析

根据实测数据，可以得到各风机停运概率与风速数据的关系图，如图 6-1～图 6-4 所示。

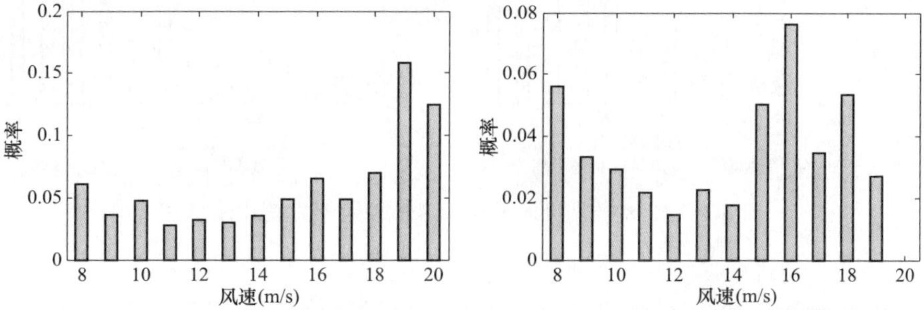

（a）1号风机各风速下风机停运概率　（b）2号风机各风速下风机停运概率

图 6-1　1、2 号风机风速相关风机停运概率变化示意图

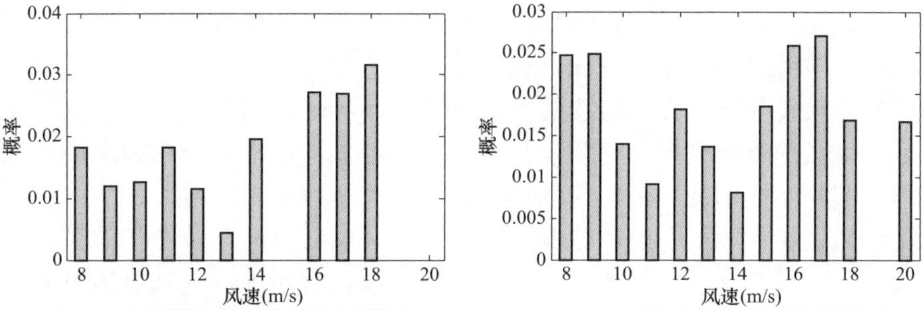

（a）3号风机各风速下风机停运概率　（b）4号风机各风速下风机停运概率

图 6-2　3、4 号风机风速相关风机停运概率变化示意图

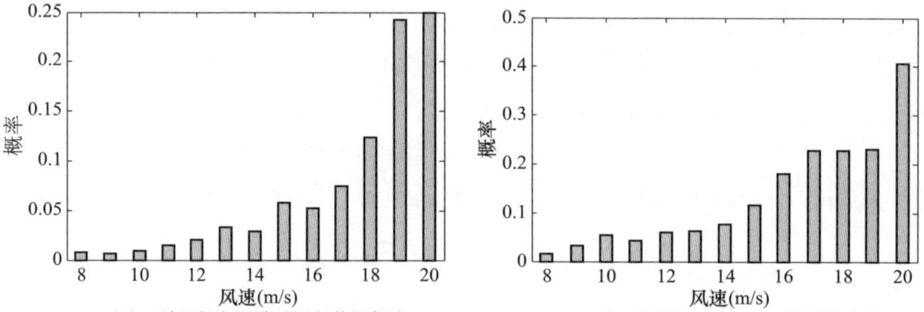

（a）5号风机各风速下风机停运概率　　（b）6号风机各风速下风机停运概率

图 6-3　5、6 号风机风速相关风机停运概率变化示意图

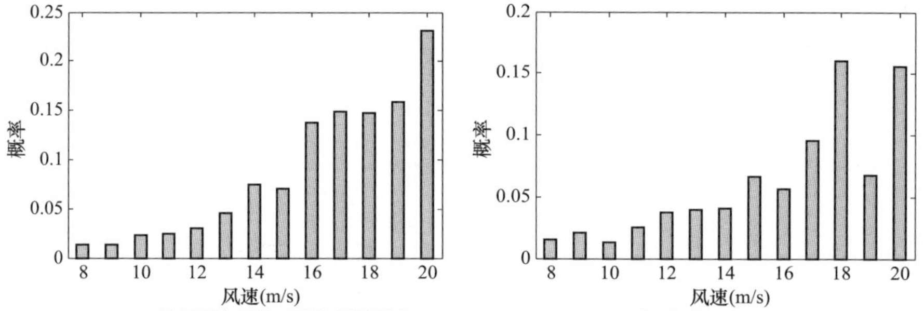

（a）7号风机各风速下风机停运概率　　（b）8号风机各风速下风机停运概率

图 6-4　7、8 号风机风速相关风机停运概率变化示意图

通过实测运行数据的统计结果可以看出，风机停运概率随风速的变化规律可以分为两种类型。

（1）均匀分布。从实测数据统计分析可以看出，2 号、3 号、4 号风机的停运概率随风速变化不大，且停运概率均较小，可近似认为此类风机在运行过程中其停运概率不随风速的变化而变化，保持某一恒定均值。

（2）多项式分布。从实测数据统计分析中可以看出，除了 2 号、3 号、4 号风机，其余风机的停运概率都有随着风速增大而增大的趋势，可认为此类风机在运行过程中其停运概率受实时风速的影响，随着风速的增大而增大。

由于风机在实际运行过程中其所受风载荷同实时风速有着密切的关系，当风速增大时，风机桨叶及杆塔所承受的风载荷也会相应增大，则其停运概率也会相应地增大。正是基于这样的假设，相关文献中提出了风机的时变可靠性模型，指出风机停运率随实时风速的变化而变化，并通过推导得出风机停运概率随风速增大而增大，该结论同类型（2）一致，但该模型没有考虑到类型（1）的情况，因此在应用过程中有其局限性。

对于实际风电场中的各台风机，很难去区分各个风机的停运概率随风速的变化规律归属于哪种类型，可将风场中各风机的停运概率随风速的变化规律理解为两种类型的叠加，则均匀分布同多项式分布的叠加仍为多项式分布。

综合1～8号风机的实测数据，则风电场1中风机停运概率随风速变化的统计数据见表6-2，可以得到风电场1中风机停运概率与风速的变化情况如图6-5所示。

为了更好地表示风机停运概率与风速的关系，分别采用二次函数及三次函数对已得到的统计结果进行拟合，拟合曲线如图6-6所示。

表6-2　　风机正常风速下停运概率统计

风速（m/s）	停运概率
8	0.012707
9	0.017897
10	0.025492
11	0.027043
12	0.0367
13	0.044444
14	0.053561
15	0.07719
16	0.104439
17	0.133333
18	0.163728
19	0.165436
20	0.240741

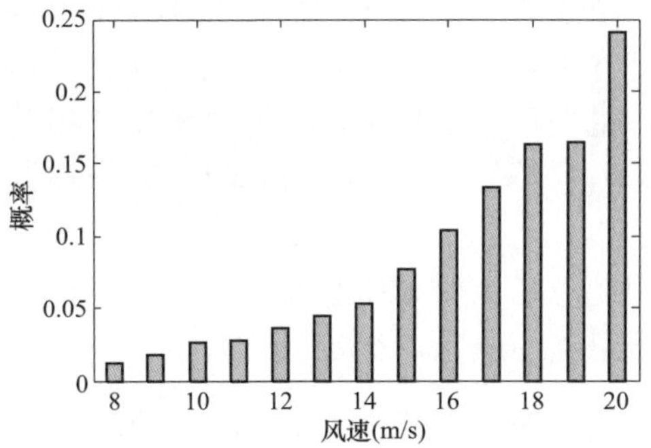

图6-5　风速相关风机停运概率变化示意图

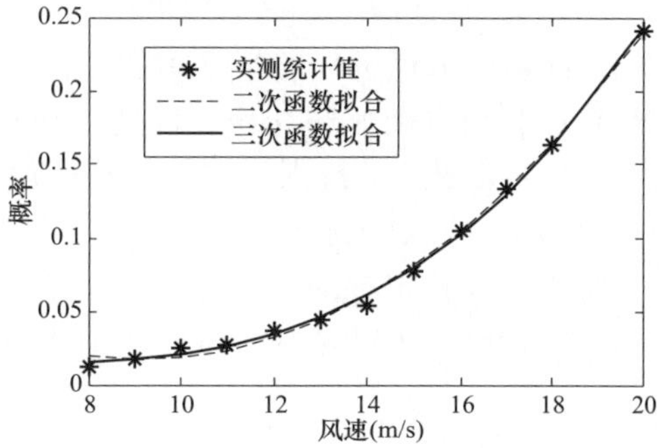

图6-6　风速相关风机停运概率拟合曲线

二次函数拟合结果如式（6-3）所示

$$P(v)=1.898v^2\times10^{-3}-3.493v\times10^{-2}+0.1779 \tag{6-3}$$

三次函数拟合结果如式（6-4）所示

$$P(v)=(6.512v^3-83.66v^2+172.7v+2197)\times10^{-5} \tag{6-4}$$

两种函数拟合的风速范围均为 8～20m/s，从拟合结果可以看出，三次函数的拟合效果较二次函数好，故将采用三次函数的拟合结果供下文使用。

三次函数拟合函数可写成如下格式

$$p(v_{\mathrm{w}})=av_{\mathrm{w}}^3+bv_{\mathrm{w}}^2+\mathrm{c}v_{\mathrm{w}}+d \tag{6-5}$$

二、考虑风机停运概率的风电场功率波动模型

1. 风电场功率波动特性频域建模的理论基础

大型风电场功率波动特性频域建模研究的理论基础是平稳随机过程的谱密度分析理论。在工程界，平稳随机过程已经得到了大规模的应用，其统计特性是当该过程随时间的变化而产生随机波动时，其前后状态是相互联系的，且这种联系可以近似为恒定的。在每一段特定的统计时间内，大型风电场风功率的随机波动特性显然满足以上特性。

传统的平稳随机过程的定义是基于时域的，如定义 1 所示。

定义 1：设 $\{X(t),t\in T\}$ 是随机过程，如果

（1）$\{X(t),t\in T\}$ 是二阶矩过程。

（2）对任意 $t\in T$，$E[X(t)]=C$，C 为常数。

（3）对任意 $s,t\in T$，$R_X(s,t)=E[X(s)X(t)]=R_X(s-t)=R_X(\tau)$，则称 $\{X(t),t\in T\}$ 为广义平稳过程，简称为平稳过程。

定义 1 中，$E[X(t)]$ 表示随机过程 $X(t)$ 的均值函数，$R_X(\tau)$ 表示随机过程 $X(t)$ 的相关函数。平稳过程的定义 1 的（3）指出了其特殊之处：在统计时间 T 内，随机过程任意两点间的统计相关性仅与这两点的时间差 τ 相关，同时这种统计相关性可以使用函数 $R_X(\tau)$ 表示。显然，相关函数 $R_X(\tau)$ 刻画了平稳随机过程的“惯性”，是平稳随机过程最重要的统计特征。

对于大多数工程应用，在频域中描述问题总是比时域中直观简洁，为了描述平稳过程在频域上的统计特征，需要引进谱密度的概念，如定义 2 所示。

定义 2：设 $\{X(t),-\infty<t<\infty\}$ 为均方连续随机过程，称 $s_X(f)=\lim\limits_{T\to\infty}\dfrac{1}{2T}\times E[|F(f,T)|^2]$ 为随机过程 $X(t)$的功率谱密度（Power Spectrum Density，PSD），即

随机过程所包含功率的频谱函数，简称谱密度。

平稳随机过程的 PSD 具有两点非常重要的性质，能够建立起平稳随机过程沟通时域和频域间的桥梁。

性质 1：对于平稳随机过程，若 $\int_{-\infty}^{\infty}|R_X(\tau)|\mathrm{d}\tau<\infty$，则 $s_X(f)$ 是 $R_X(\tau)$ 的傅里叶变换，即 $s_X(f)=\int_{-\infty}^{\infty}R_X(\tau)\mathrm{e}^{-\mathrm{j}2\pi f\tau}\mathrm{d}\tau$。

性质 2：对于具有频率响应 $H(f)$ 的线性系统，设其输入平稳过程 $X(t)$ 具有谱密度 $s_X(f)$，则其输出平稳过程 $Y(t)$ 的谱密度为 $s_Y(f)=|H(f)|^2 s_X(f)$。

由性质 1 可知，相关函数 $R_X(\tau)$ 和谱密度 $s_X(f)$ 对于平稳随机过程波动性的描述是等价的——使用谱密度函数即可在频域中准确表征一个随机系统的时域波动特性；由性质 2 可知，对于已知频率响应 $H(f)$ 的线性系统，可以很容易的通过性质 2 的公式计算线性系统（如风机）对平稳随机过程输入（如风速）的响应（如输出功率）。以上这两个性质将成为在频域中研究大型风电场功率波动特性的基础。

2. 大型风电场风速波动特性的频域建模

风速波动性的频域建模是研究风电场功率波动性的基础。第 1 节中介绍的平稳随机过程的理论证明了可以在频域中使用PSD等价地描述风速在时域中的波动性，并能在频域中基于线性系统理论计算风电场功率的波动性。本节将运用以上理论，建立完整的风速波动特性的频域模型。

（1）风机轮毂处风速波动性的频域建模。相关研究表明，风电场风机轮毂处风速波动的 PSD 可以分解为高频波动及低频波动两个部分，如式（6-6）所示

$$S_{\mathrm{u}}(f)=S_{\mathrm{IEC}}(f)+S_{\mathrm{LF}}(f) \tag{6-6}$$

高频波动的 PSD 模型由 Kaimal 等人于 1972 年左右提出，可描述 0.02～600s 周期内的风速波动，该波动模型也被国际标准 IEC 61400-1 采用以描述风电场的湍流，如式（6-7）所示

$$S_{\mathrm{IEC}}(f)=\sigma^2\frac{2\dfrac{L_1}{V_0}}{\left(1+6\dfrac{L_1}{V_0}f\right)^{5/3}} \tag{6-7}$$

式（6-7）中，$L_1=\begin{cases}5.67z,\ z\leqslant 60m\\340.2,\ z>60m\end{cases}$，$V_0$ 为平均风速，σ 为 10min 内风速的标准差，通常可以由测风系统获得，z 为风机轮毂离地高度。

周期在 600s 以上更低频的风速波动，无法使用 Kaimal 分布很好描述，根据

丹麦 Høvsøre 风电场的结果，低频的风速波动的 PSD 满足式（6-8）所示的模型

$$S_{\mathrm{LF}}(f)=(\alpha_{\mathrm{LF}}V_0+\beta_{\mathrm{LF}})^2\frac{\dfrac{z}{V_0}}{\left(\dfrac{zf}{V_0}\right)^{5/3}\left(1+100\dfrac{zf}{V_0}\right)} \tag{6-8}$$

式（6-8）中：α_{LF}、β_{LF} 为模型的结构和尺寸参数，需要通过现场实测的风场风速数据统计得到 PSD 之后，对式（6-8）进行最大似然估计获得。

（2）基于风机频域模型的等效风速计算方法。通过整个风机桨叶扫风平面的风速并不均等于轮毂处的风速，因此，一般要在时域中对叶片的每一处风速进行积分后取平均得到通过整个风机的等效风速。根据谱密度的性质 2，P. Sørensen 等人于 2002 年提出了一种利用风机的频域响应模型计算等效风速的方法，如式（6-9）所示

$$S_{\mathrm{ueq}}(f)=F_{\mathrm{WT}}(f)S_{\mathrm{u}}(f) \tag{6-9}$$

式（6-9）中：$S_{\mathrm{ueq}}(f)$ 为通过风机的等效风速 PSD，$F_{\mathrm{WT}}(f)$ 为风机的频域响应模型，具体如式（6-10）所示

$$F_{\mathrm{WT}}(f)=\frac{1}{\left[1+\left(\sqrt{f^2+f_1^2}/f_0\right)^{4/3}\right]^{3/2}} \tag{6-10}$$

式（6-10）中：$f_0=\dfrac{\sqrt{2}}{A}\dfrac{V_0}{R}$，$f_1=0.12\dfrac{V_0}{L_1}$，$R$ 为风机桨叶的半径，A 为相关衰减系数，根据 IEC 61400-21 的标准，大型风电场一般取 12 左右。

（3）风机间的等效风速相关矩阵。风电场内各个风机间的风速具有一定关联性，丹麦 Risø 实验室长期的观测结果发现，使用式（6-11）所示的相关矩阵，可以较为准确的描述风电场内各个风机间的等效风速相关性。

$$\gamma_{[r,c]}(f)=\exp\left(-\left(A_{[r,c]}\frac{d_{[r,c]}}{V_0}+\mathrm{j}2\pi\tau_{[r,c]}\right)f\right) \tag{6-11}$$

式（6-11）中：$\gamma_{[r,c]}(f)$ 为矩阵元素，表示 r 与 c 风机之间的等效风速相关性，$d_{[r,c]}$ 表示 r 与 c 风机间的直线距离，$\tau_{[r,c]}$ 表示风速波动从 r 风机传播至 c 风机的时间，与当前区域的平均风速及风向有关。

该相关矩阵的物理意义解释如下：等式右边第一项 $A_{[r,c]}\dfrac{d_{[r,c]}}{V_0}$ 表示等效风速的

幅度衰减，其中 $A_{[r,c]}$ 称为衰减因子，$A_{[r,c]}=\sqrt{(A_{\text{long}}\cos\alpha_{[r,c]})^2+(A_{\text{lat}}\sin\alpha_{[r,c]})^2}$，其中 $\alpha_{[r,c]}$ 为风速相对于 r 风机与 c 风机连线的入射角，A_{long} 及 A_{lat} 分别表示经度方向与纬度方向的衰减因子，一般可以使用 IEC 推荐的数据 $A_{\text{long}}=4$，$A_{\text{lat}}=\dfrac{V_0}{2\text{m/s}}$ 进行近似。等式右边第二项 $\text{j}2\pi\tau_{[r,c]}$ 表示波动性的相移，该相移与波动的传播时间相关，通过这一项，可以很好地解释风机位置对功率波动性影响的问题。

（4）等效风速联合 PSD 矩阵。对于一个由 N 台风机组成的风电场，可以使用一个 $N\times N$ 规模的联合 PSD 矩阵 $\boldsymbol{S}(f)$ 描述各个风机处的等效风速波动性及相关性，矩阵 $\boldsymbol{S}(f)$ 的各元素如式（6-12）所示

$$S_{[r,c]}(f)=\gamma_{[r,c]}(f)\sqrt{S_{\text{ueq}[r]}(f)S_{\text{ueq}[c]}(f)} \tag{6-12}$$

联合式（6-9）、式（6-11）及式（6-12）后所创建的联合 PSD 矩阵 $\boldsymbol{S}(f)$ 能够完整描述整个风场的风速波动性。

在使用该模型进行实际风电场功率波动仿真的过程中，所遇见的另一个较大的困难是当仿真的风机数量增多时，模型的仿真速度下降较快，有时可能导致仿真不可行。

当风机在一个区域内较为集中地接入时（例如以一个大型风电场的形式接入电网），此时风机的高度、桨叶长度以及功率特性曲线基本相同，因此可以使用一个集中的风速等效模型，计算区域内的风功率波动。

在时域内，一个区域内风机的集中等效风速 $U_{\text{ave}}(t)$ 可表示为如式（6-13）所示

$$U_{\text{ave}}(t)=\frac{1}{N}\sum_{i=1}^{N}u_{\text{eq}[i]}(t) \tag{6-13}$$

则在频域中，U_{ave} 的 PSD 可被表述为如式（6-14）所示，该式可以由平稳随机过程的谱分析相关定理推导出。

$$S_{U_{\text{ave}}}(f)=\frac{1}{N^2}\sum_{r=1}^{N}\sum_{c=1}^{N}S_{[r,c]}(f) \tag{6-14}$$

至此，通过时频变换，可以得到风电场功率在时域的波动情况。整体流程如图 6-7 所示。

3. *考虑风机停运概率的风电场功率波动模型*

图 6-7 所示风电场功率波动流程图中没有考虑风机的停运概率，并且主要是在频域角度考虑风电场的功率波动问题，缺乏时频分析的有效工具。基于蒙特卡洛模拟法，提出一种实用的模拟方法，用于分析考虑风机停运概率的风电场功率波动问题，如图 6-8 所示。

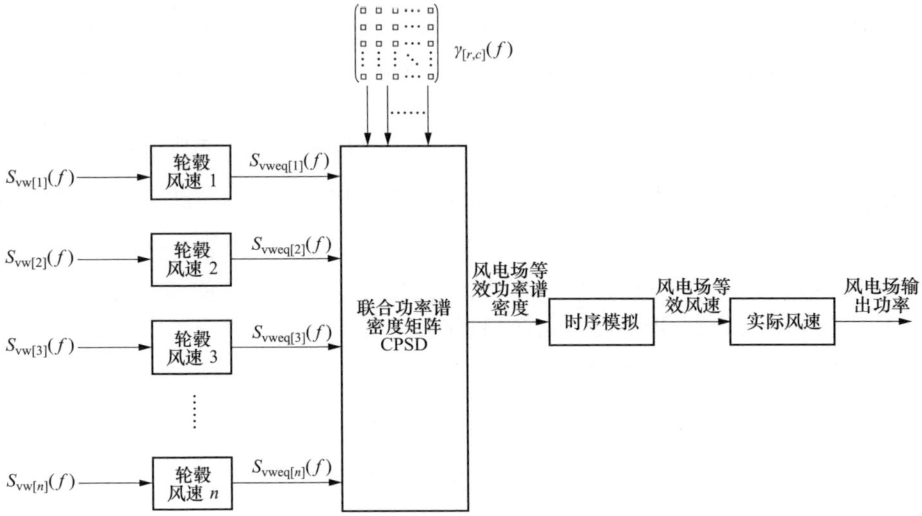

图 6-7 风电场功率波动流程图

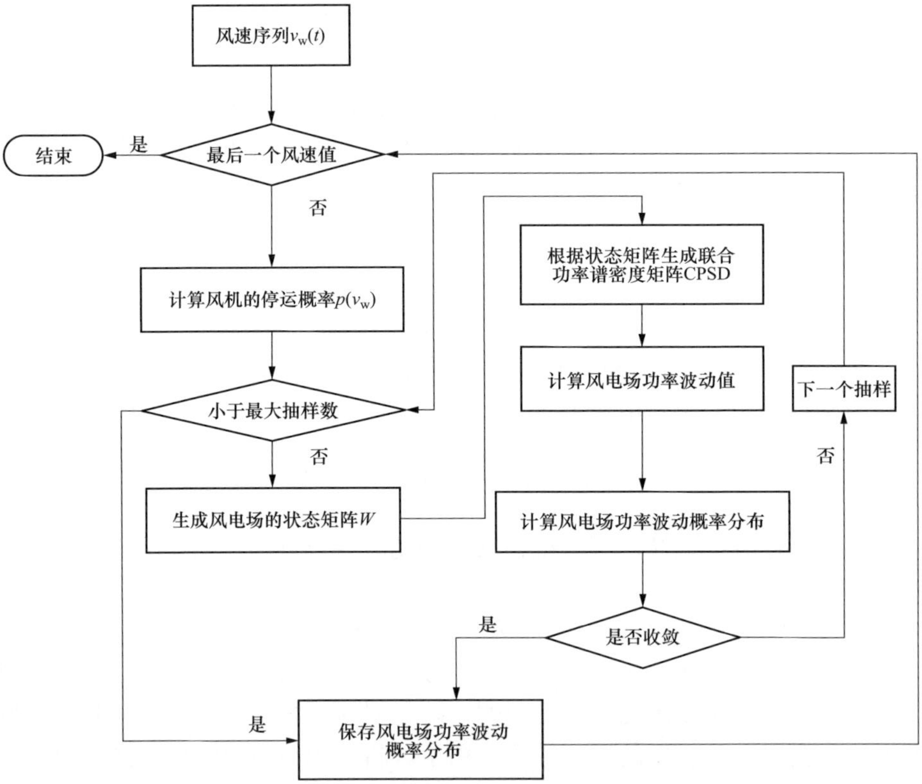

图 6-8 考虑风机停运概率的风电场功率波动流程图

（1）风速序列 $v_{\mathrm{w}}(t)$。相关文献已经证明，风电场的功率波动与风速的平均风速关系紧密。因此，在对风速数据进行处理时，提出按 0.5m/s 间隔对风速数据进行重新整理，也就是说，对于 5～5.5m/s 风速段的数据而言，可以由一个 $v_{\mathrm{w}}(t)$ 来代替，同样的，对于 5.6～6m/s 风速段数据，则由另一风速序列代替。

（2）计算风机停运概率 $p(v_{\mathrm{w}})$。根据每一风速，可由式（6-5）计算相应的停运概率。

（3）产生状态相量 $\boldsymbol{W}$。$\boldsymbol{W}$ 为 N 阶相量，根据风机的实时停运概率大小，描述了风机的投运/离线情况。为了获得状态相量 $\boldsymbol{W}$，首先需要生成 $N\times1$ 阶随机相量 $\boldsymbol{g}$。对于 $\boldsymbol{g}$ 中每一个元素，均服从[0，1]的正态分布。$\boldsymbol{N}$ 为研究风电场中的风机数量，本例中为 33。对于每个 $g(i)$，如果 $g(i)> p(v_{\mathrm{w}})$，那么第 i 台风机投入运行，$\boldsymbol{W(i)}$=1，相反的 $\boldsymbol{W(i)}$=0，表示风机离线。

（4）修正联合功率谱密度矩阵（Combined Power Spectral Density，CPSD）。根据状态相量 $\boldsymbol{W}$ 修正 $N\times N$ 阶联合功率谱密度矩阵 ***CPSD***，如式（6-12）所示。如果状态相量的第 i 个元素 $\boldsymbol{W}(i)$为 0，那么删除 ***CPSD*** 矩阵的第 i 行第 i 列，相反的，保留原矩阵的第 i 行第 i 列。因此，如果状态相量 $\boldsymbol{W}$ 中包含 m 个零元素，那么修正后的联合功率谱密度矩阵中包含 $N-m$ 行列。

（5）计算风电场功率波动。根据图 6-7 所示流程计算风电场功率波动。

（6）计算风电场的功率波动概率分布。对于不同的状态相量，通过图 6-7 可以计算出不同的风电场出力，由此可得到风电场的功率波动概率分布。

（7）收敛判据。对于任一风电场功率波动概率分布，计算均值 P_{wf0} 与标准差 $\sigma_{P_{\mathrm{wf}}}$。如果连续 5 个及以上的抽样中，均值与标准差的绝对误差，即 $|P_{\mathrm{wf0}}(sample)-P_{\mathrm{wf0}}(sample-1)|$ 与 $|\sigma_{P_{\mathrm{wf}}}(sample)-\sigma_{P_{\mathrm{wf}}}(sample-1)|$ 均小于 1e-3，则可判断为收敛。如果达到收敛标准或已达到最大抽样要求，则保存最终的风电场功率波动概率分布数据，否则返回步骤（3）重新生成状态相量。

（8）对于下一风速 $v_{\mathrm{w}}(t)$，返回步骤（2）计算风功率波动概率分布。计算完所有风速水平下的风功率波动概率分布后，可以得到风电场功率波动概率分布。

三、间歇式电源多状态可靠性模型

1. 常规机组多状态模型

在对常规机组模型研究分析中，可以看到许多发电机并不是工作在额定出力状态，或者停运状态，而是工作在一个或多个降额运行状态中。在这方面，Billinton 等人引入等效降额强迫停运率（Derating-Adjusted Forced Outage Rates，DAFOR）的概念来反映这种特点，并采用分摊算法（APPORTIONING method）得到发电机的降额状态及相关停运率，其模型分析如下：

对于一个额定容量为 400MW 的常规机组而言，其强迫停运率为 0.12，工作于额定出力状态的概率为 0.88，针对此发电机，可以给出三状态模型，其中额定出力状态的概率为 0.8263，处于停运状态的概率为 0.1066，处于降额运行状态的概率为 0.0671，相对应的系统降额（curtailment）为 80MW，如图 6-9 所示。

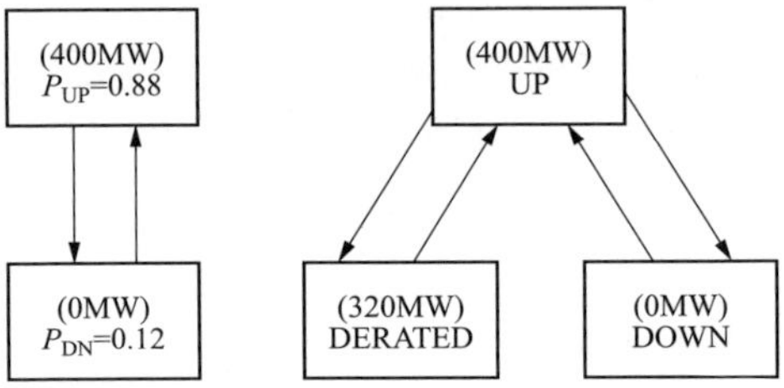

图 6-9　400MW 发电机两状态、三状态模型比较

引入的 *DAFOR* 可由下式计算获得

$$DAFOR = P_{DN} + \sum_{i=1}^{n} \frac{Cap\_Curi}{Cap} \times P_{Dei} \qquad (6\text{-}15)$$

式中：P_{DN} 为发电机停运概率；P_{Dei} 为降额运行状态的概率；Cap_Curi 为对应降额状态的缺少容量值，Cap 为发电机额定容量。

通过对发电机进行多状态评估分析，可以得到在多状态模型下系统的可靠性指标，与常规两状态模型计算结果相比，多状态模型可靠性指标更高，传统的两状态模型显得更加保守。

2. 风力发电机组多状态模型

在对风力发电机进行多状态模型建立的过程中，与常规发电机不同，风力发电机的出力与风速直接相关，且呈现很强的随机特性，风力发电机在不同风速下的多状态模型无法统一，且具有各自的概率分布特性。与此同时，考虑到风力发电机与风速大小的关系，需要对不同风速段的风力发电机分别进行多状态模型建立。在本章中，为简化处理过程，以 5m/s、10m/s 两个平均风速代替，对于实际风速小于 7.5m/s 的风速以 5m/s 处理，相反以 10m/s 处理。因此可得风力发电机在不同风速水平下的出力分布。

（1）平均风速为 10m/s。由图 6-10 可以看出，在 10m/s 平均风速水平下，考虑风力发电机停运概率的出力分布更符合实际情况。基于长期的历史统计数据，可以将此风力发电机在 10m/s 平均风速水平下的出力分解为以下五个状态，对应出力水平为 0.1、0.35、0.5、0.7、0.9，如图 6-11 所示。需要说明的是，与常规发电机不同，在对风力发电机的多状态模型等效时，考虑到风速的不确定性，以及风力发电机出力在不同风速水平下的波动特性，并未完全进行额定容量至停运状态的分解，而是选取概率较大的几点进行分解。这一点在对 5m/s 平均风速水平风力发电机五状态模型建立中更加明显。

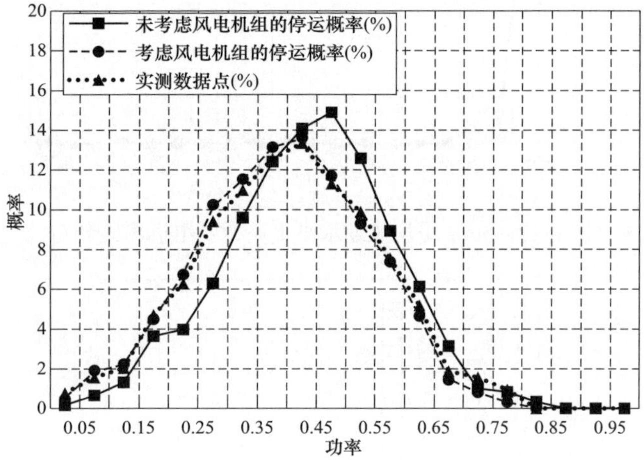

图 6-10　10m/s 平均风速下风力发电机出力分布曲线

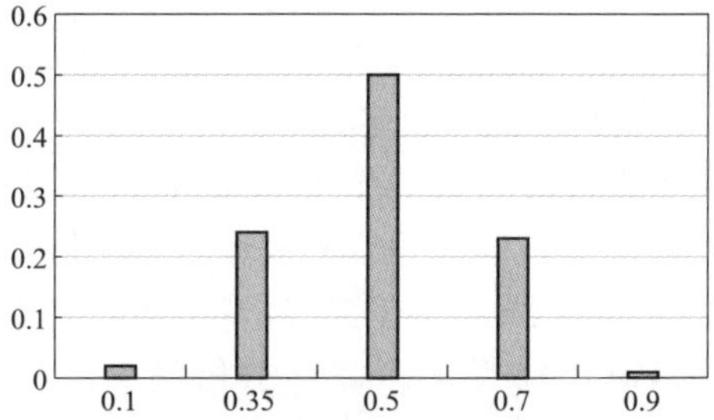

图 6-11　10m/s 平均风速水平下风力发电机五状态模型

（2）平均风速为 5m/s。与上文分析类似，由实测数据可以得到风力发电机在 5m/s 平均风速水平下的出力分布，如图 6-12 所示。由于该风速段处于风力发电机的切入风速段，风机的出力水平较低，为更合理地反映实际情况，在对 5m/s 风速水平下的风机出力进行五状态分解时，选取概率较大的五个状态代表，对应风机出力为 0.05、0.1、0.15、0.2 及 0.25，如图 6-13 所示。

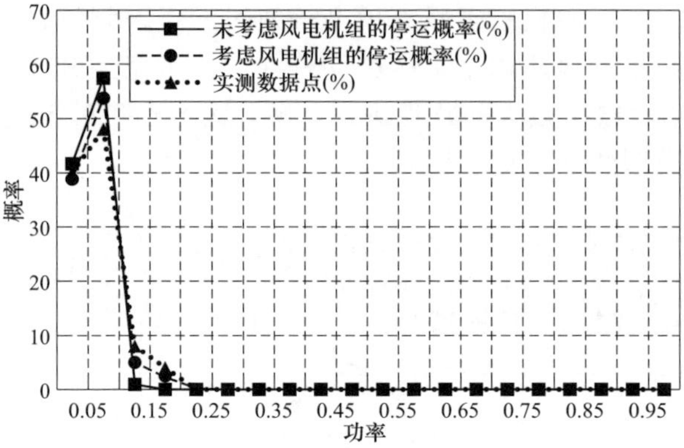

图 6-12　5m/s 平均风速水平下风力发电机出力分布

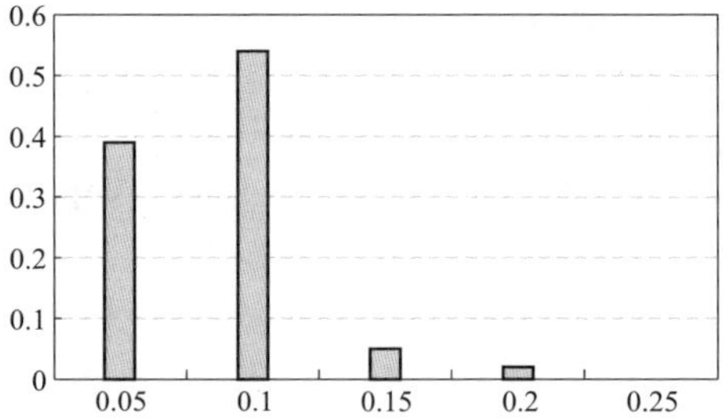

图 6-13　5m/s 平均风速水平下风力发电五状态模型

3. 多状态模型应用举例

（1）系统介绍。本章通过对改进的 IEEE RTS79 系统在不同案例下的可靠性进行计算比较，分析风力发电机运行可靠性评估的应用意义，以及多状态模型应用的结果。系统中包含 24 个母线，含有 33 台发电机，其中在 14 节点处，接入前文提到的风力发电机，如图 6-14 所示。具体分析如下：

1）情况 A：假设风电出力完全可靠（乐观情况）。

2）情况 B：假设风电出力完全不可靠（悲观情况）。

3）情况 C：假设风力发电机具有固定强迫停运率。

4）情况 D：风力发电机采用前文提到的风速相依停运率模型。

假设系统机组组合已知，负荷预测数据及风速预测数据可知，且在一定条件下，风力发电机的出力可知。由此可得 24h 系统的机组容量与负荷情况，如图 6-15 所示。

同时可以获得风力发电机 24h 的出力曲线，如图 6-16 所示。

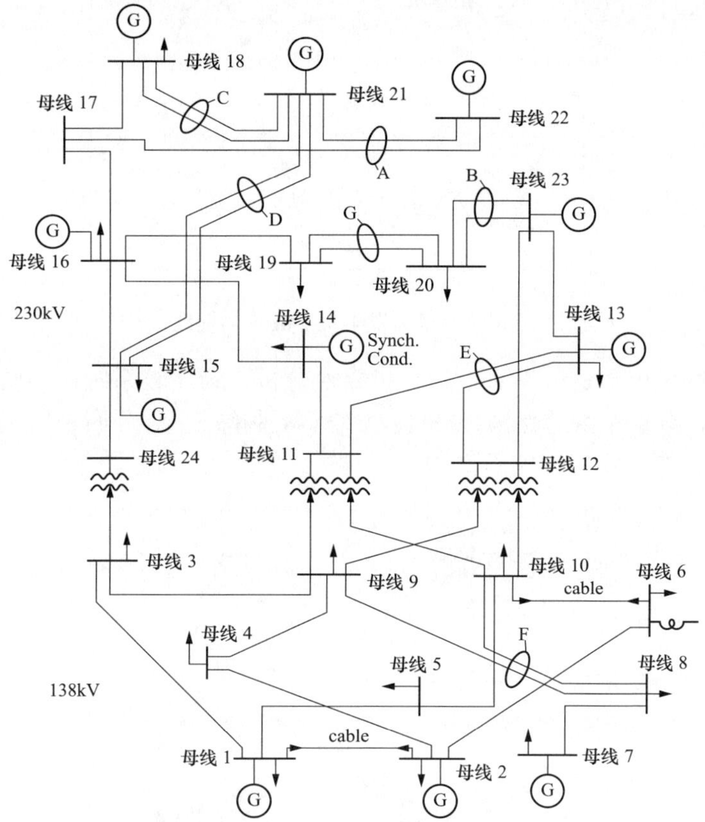

图 6-14　IEEE RTS79 系统示意图

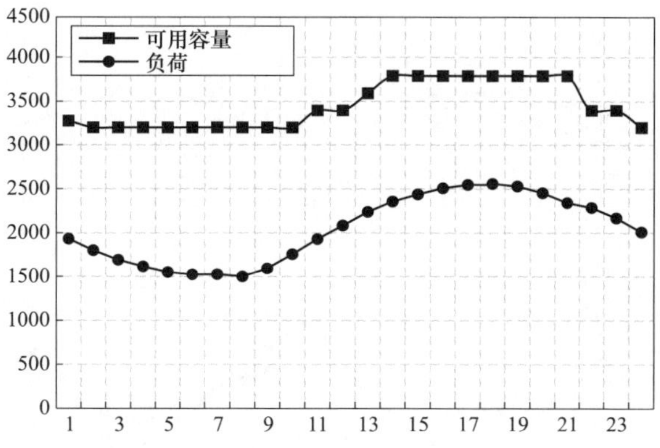

图 6-15　24h 机组组合与负荷曲线

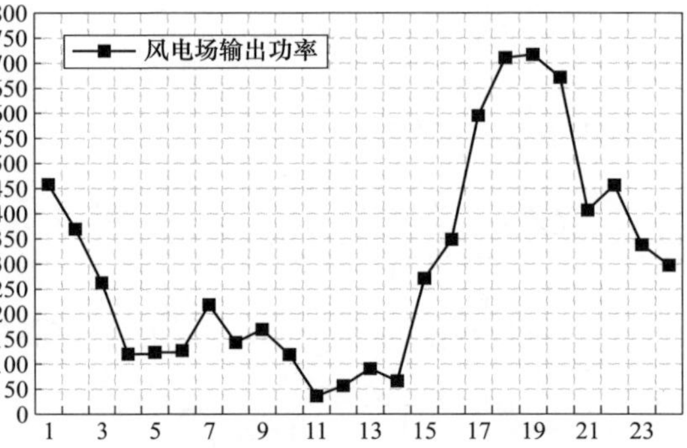

图 6-16　风力发电机 24h 出力曲线

（2）不同风电渗透率下系统运行可靠性分析。为比较系统在不同风电渗透率下的可靠性，分别在渗透率为 20.9%及 5.5%两种情况下，分四种情况计算系统的可靠性指标。如图 6-17～图 6-20 所示。

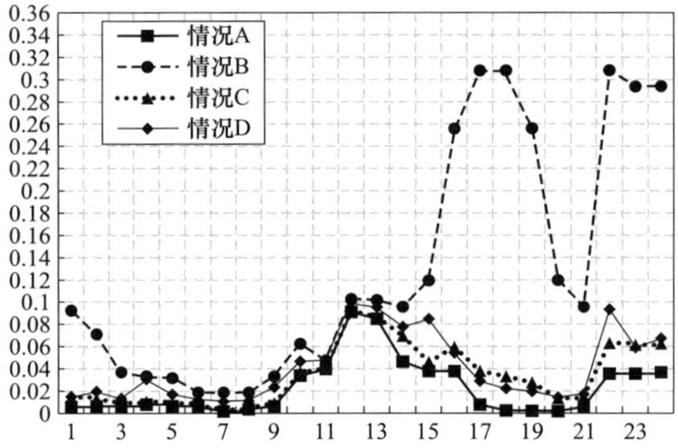

图 6-17　20.9%渗透率下系统 LOLP

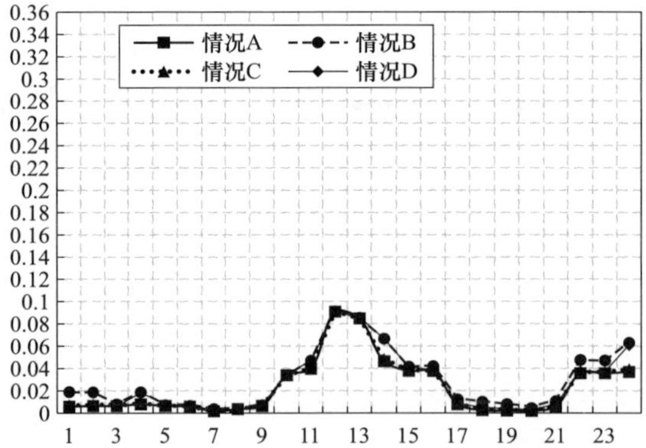

图 6-18　5.5%渗透率下系统 LOLP

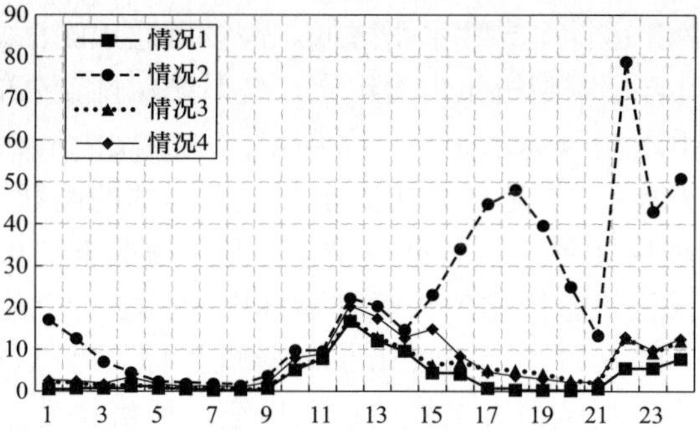

图 6-19 20.9%渗透率下系统 LOEE

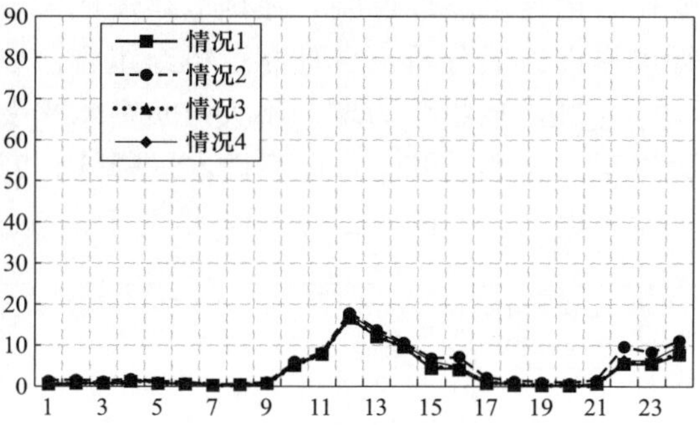

图 6-20 5.5%渗透率下系统 LOEE

通过对比分析可知，在风电渗透率较小时，风电的接入对系统的可靠性影响不大，系统的失负荷概率（Loss Of Load Probability，LOLP）、电力不足期望（Loss Of Energy Expectation，LOEE）保持在较高水平。伴随着风电渗透率的增强，风电接入对系统可靠性的影响越来越大，如图 6-17 所示，当风电渗透率达 20.9%时，若不考虑风电，系统的 LOLP 最高将达到 30.8%，与考虑固定强迫停运率的风力发电机接入系统的 2.891%及风速相依停运率的风力发电机接入系统的 2.890%相比，可靠性水平将降低 10 倍以上。与之类似，在图 6-19 中，不考虑风电接入与风速相依停运概率的风力发电机接入两种情况下系统 LOEE 指标下降达 6 倍。可见，伴随着风电接入系统渗透率的不断加大，风电将对系统的可靠性水平产生显著影响。

（3）风速大小变化及负荷变化对系统运行可靠性影响。假设风速预测已知，风力发电机出力已知，分析系统在一点的运行可靠性。如 18h，系统负荷水平有所增加，而系统常规机组出力不变。预测可知风力发电机在 18h 出力将有所增加，可以满足负荷的增加需求，使系统保持在较高的可靠性水平。因此，在这样的情况下，运行调度人员可以合理地安排常规机组进行检修，合理规划机组出力。而在 24h，风力发电机出力下降，同时系统负荷水平有所下降，但下降额度小于机组出力下降额度，导致系统在24h运行可靠性水平降低。假设风速预测已知，负荷水平已知，此时运行调度人员可合理制定机组出力组合，使系统保持较高的可靠性水平。

与此同时，分析不同风速水平下，采用不同风力发电机状态模型对系统可靠性的影响。如图6-17所示，情况C采用固定强迫停运率的两状态风力发电机模型，情况D采用风速相依停运率的五状态模型，对两种情况下的可靠性指标进行比较可知，采用风速相依五状态模型的可靠性指标更为保守，更能反映风机出力随风速的变化情况，对于图6-17中4h、15h的可靠性指标，可以得到很好的解释。在风速水平较低时，达不到风力发电机的切入风速，风机将处于停运状态，使系统的可靠性水平降低。

（4）机组组合变化对运行可靠性影响。在预测风速已知、负荷水平已知的情况下，可以通过运行可靠性评估分析，合理制定机组组合，以提高系统可靠性水平。如图6-17所示，在22h，风机出力增加不大，负荷水平变化不大，原定机组组合中，减小了投运机组，导致系统运行可靠性水平降低。若在22h增加机组出力，系统可靠性水平显著提高，如图6-21所示。这对于指导运行调度意义重大。

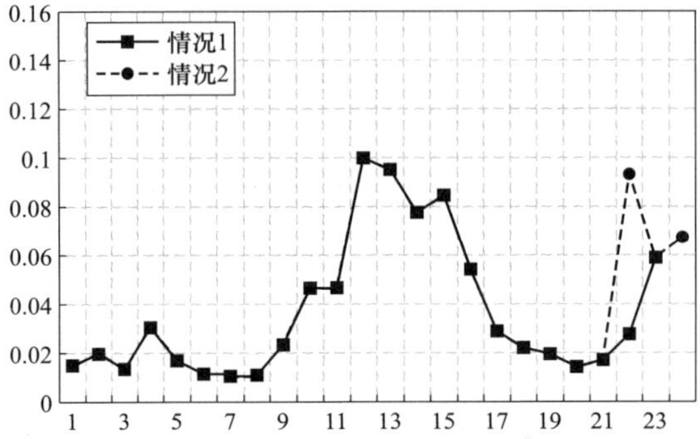

图6-21　机组出力安排对系统可靠性影响

第二节　大规模间歇式电源并网可靠性快速评估算法

一、基于环—辐网解耦的可靠性快速评估算法

1. 基于环—辐网解耦的可靠性快速评估算法流程

为提高电网可靠性评估算法速度，结合上述可靠性模型及算法，提出一种基于环—辐网解耦的可靠性快速评估算法。该算法首先基于电网拓扑结构，分析电网的主体结构，将现有电网拓扑中的小阻抗支路进行消除，简化网络；其次，针对不同电网结构可靠性评估算法的不同，将电网分解为环网和辐射网，随后在辐

射网上采用最小割集算法进行可靠性评估；针对环网，基于 $N-1$ 进行事故触发，生成 $N-1$ 事故集，此时，只有存在 $N-1-1$ 失负荷的状态被保留下来；针对 $N-1$ 及 $N-1-1$ 事故集，结合快速排序技术，进行状态枚举，直到达到截止条件；最后基于直流潮流进行可靠性评估，并采用交流潮流进行电压、频率校验。相应的流程图如图 6-22 所示。

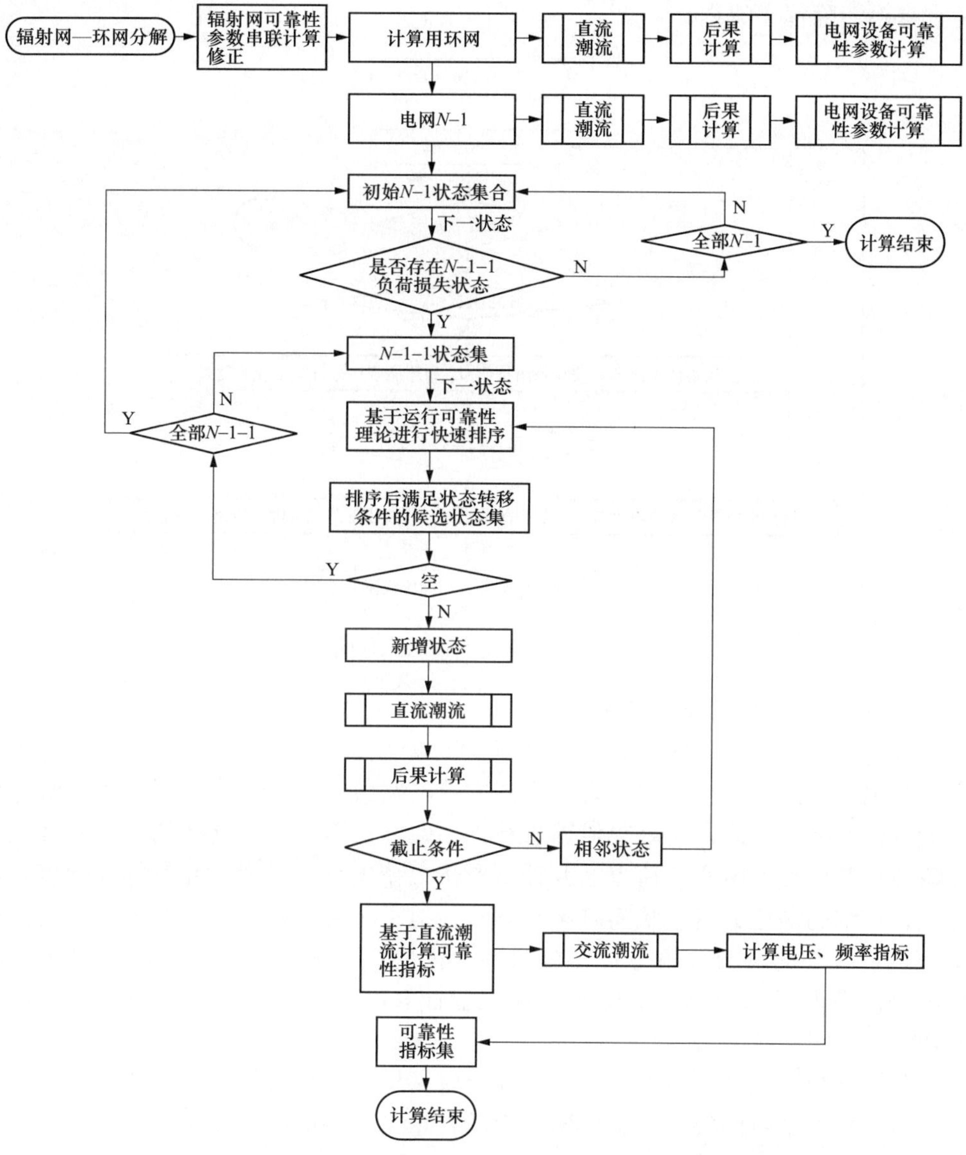

图 6-22　基于环—辐网解耦的可靠性快速评估算法流程

2. 小支路清除算法

小支路被定义为阻抗值$<Z_{IL}$（Zero Impedance Threshold）的线路。在实际电网中小支路大量存在，在网络潮流计算中占很大比例，严重影响了计算速度。但小支路上的潮流并不是我们在进行可靠性评估中所关心的，而且去除小支路后对可靠性评估并没有影响。所以，小支路的清除可以大幅度的提高计算速度。图 6-23 是小支路清除程序流程。

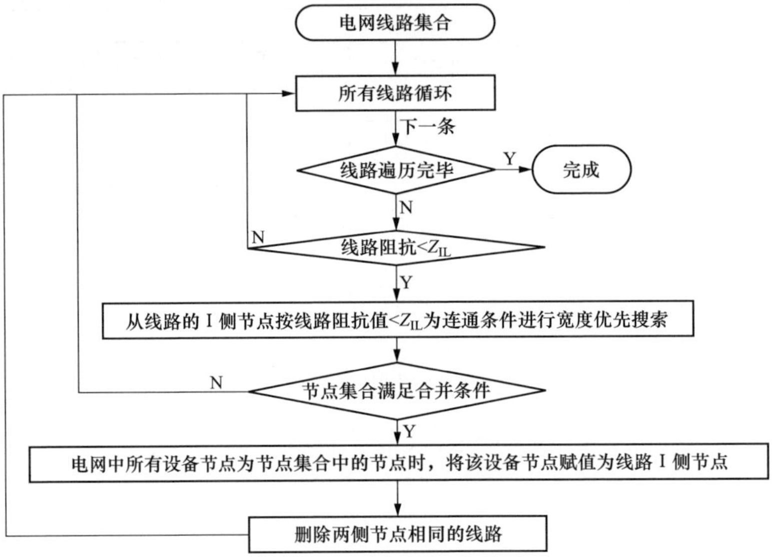

图 6-23　小支路消除流程图

3. 环网—辐射网分解算法

针对电网拓扑结构的不同，所采用的可靠性评估算法也不同。对于辐射网而言，从辐射网源点向负荷点搜索，当其中有线路故障时，该线路所连接的所有负荷均受到影响，因此，在对辐射网进行评估时，只需要找到这样的事故集合，从故障线路开始搜索所有负荷点，并计算所带负荷大小，而无需针对每一种事故状态进行详细的潮流分析，从而减小计算量；对于环网而言，则需要针对不同的状态，进行详细的潮流分析方可得到对应状态的失负荷情况。基于此，对环—辐网的分解及对子辐射网的清除可以在保证计算准确度的前提下有效的减少计算规模。

环辐网分解包含两个流程：①形成辐射网集合；②清除子辐射网。

（1）形成辐射网集合。辐射网集合的判据是该辐射网内无电源节点。辐射网搜索流程图如图 6-24 所示。

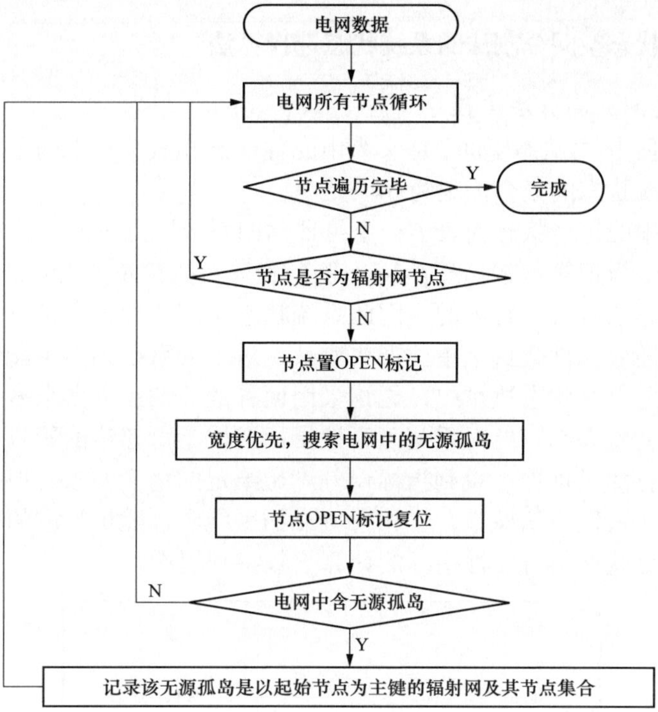

图 6-24　辐射网搜索流程图

（2）清除子辐射网。即当某辐射网为其他辐射网的子集时，该辐射网取消。消除子辐射网流程图如图 6-25 所示。

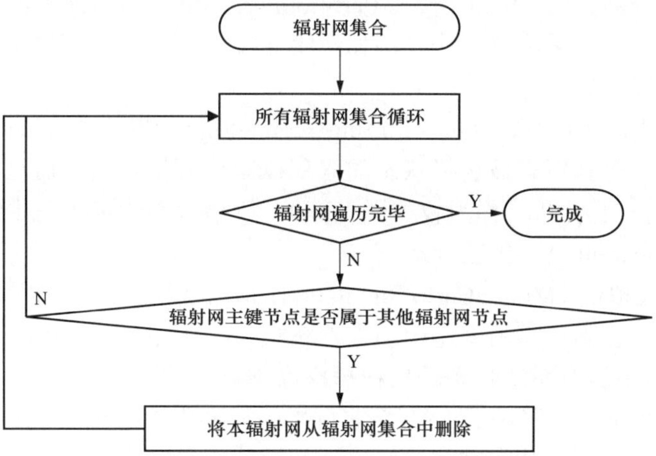

图 6-25　消除子辐射网流程图

二、基于状态空间分割法的系统状态选择算法

1．状态空间分割算法流程

可靠性评估中，“状态空间”定义为由元件状态和负荷水平的不同组合形成的所有可能的系统状态的集合，记为 S。

状态空间中的每个状态代表了一个待评估的系统运行工况。状态空间 S 中的系统状态可划分为正常状态（图 6-26 左侧）和失负荷状态（图 6-26 右侧）。因为元件和元件状态的数目是有限的，因此系统状态空间在理论上是有限的。但由于系统状态数目随着元件数目呈指数形式增长，对于大系统则不可能精确计算所有系统状态。因此，在状态枚举中，无论采用何种故障截止判据来截断状态空间，未评估的失负荷状态都可能对系统可靠性指标造成不可忽略的影响。模拟法对整个状态空间进行随机抽样，直到指标误差满足给定的精度要求。但由于被抽中的状态数目正比于其发生的概率，在相对可靠的系统中，随机抽取的样本点大部分是正常状态，这就使得可靠性指标的计算收敛特别缓慢。

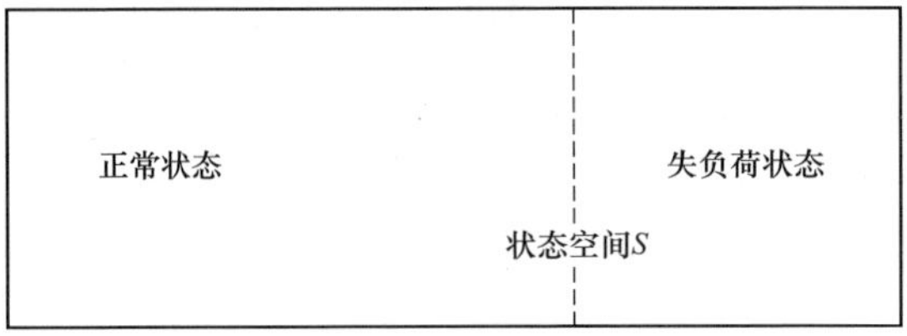

图 6-26　状态空间划分

状态空间分割算法（State Space Partitioning，SSP）将状态空间划分为两个区域，按如下步骤分别采用枚举法（例如：快速排序算法）和模拟法对两个子空间的系统状态进行选择。

（1）使用快速排序算法（Fast Sorting Technology，FST）按状态概率降序依次选择系统状态，直到所有被选择状态的累积概率达到指定值。通过枚举所选择的系统状态的集合记为 S_F（称为枚举子空间）；枚举状态的累积概率定义为上限概率（ceiling probability），并记为 α。

（2）使用模拟法（Monte Carlo Simulation，MCS）采样剩余的状态空间 S_M（称为抽样子空间）直到计算精度［例如方差系数（coefficient of variation）］达到指定值。集合 S_M 中所有系统状态的累积概率为 $1-\alpha$。

SSP 中的枚举算法采用了 FST 而非直接的故障重数截止法，其原因是 FST 能够严格保证大概率系统状态被依次筛选，而故障重数截止法可能会遗漏一些大概率的高重故障。对这些由 FST 法选出的状态仅需进行一次系统状态分析计算，避

免了 MCS 法重复的抽样和状态分析。

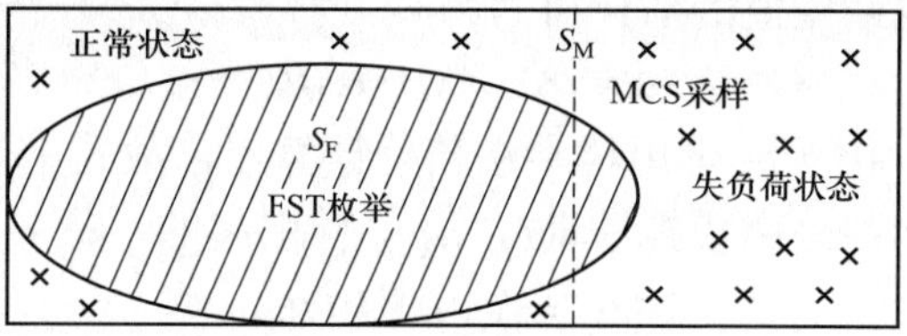

图 6-27 状态空间分割法原理

图 6-27 给出状态空间分割法原理示意图。全状态空间 S 被划分为枚举子空间 S_F 和抽样子空间 S_M。由 FST 枚举的大概率系统状态组成的子空间 S_F 中（图中阴影部分），通常绝大部分是正常状态。剩余的系统状态集合构成了子空间 S_M，其中的系统状态对应于小概率高重故障，且大部分为失负荷状态。这些状态采用 MCS 进行抽样，被抽样到的状态在图中表示为“×”。由于子空间 S_M 中失负荷状态的条件概率相对较高，因此 MCS 在 S_M 中抽到失负荷系统状态样本的可能性就远远高于在整个状态空间中的抽样。由于模拟法的收敛性与抽样空间的概率成反比，因此 SSP 中的 MCS 比在整个状态空间抽样的直接模拟法（Direct Monte Carlo Simulation，DMCS）收敛快得多。

2. 基于状态空间分割算法的系统状态选择

测试函数的期望值可用条件概率的形式表示如下

$$E(F)=\alpha E[F(\boldsymbol{x})\mid \boldsymbol{x}\in S_F]+(1-\alpha)E[F(\boldsymbol{x})\mid \boldsymbol{x}\in S_M] \tag{6-16}$$

式中，$E[F(\boldsymbol{x})|\boldsymbol{x}\in S_F]$和 $E[F(\boldsymbol{x})|\boldsymbol{x}\in S_M]$分别为基于子空间 S_F 和 S_M 的条件期望：

$$E[F(\boldsymbol{x})\mid \boldsymbol{x}\in S_F]=\sum_{\boldsymbol{x}\in S_F}F(\boldsymbol{x})\frac{P(\boldsymbol{x})}{\alpha} \tag{6-17}$$

$$E[F(\boldsymbol{x})\mid \boldsymbol{x}\in S_M]=\sum_{\boldsymbol{x}\in S_M}F(\boldsymbol{x})\frac{P(\boldsymbol{x})}{1-\alpha} \tag{6-18}$$

$$\alpha=\sum_{\boldsymbol{x}\in S_F}P(\boldsymbol{x}) \tag{6-19}$$

方程（6-17）可直接由 FST 法计算

$$\mu_F=\frac{1}{\alpha}\sum_{i=1}^{NS_F}F(\boldsymbol{x}_i)P(\boldsymbol{x}_i),\quad \boldsymbol{x}_i\in S_F \tag{6-20}$$

式中：μ_F 即 $E[F(\boldsymbol{x})|\boldsymbol{x}\in S_F]$；$x_i$ 为 FST 算法枚举的样本；NS_F 为子空间 S_F 的状态数。

方程（6-18）采用 MCS 法估计

$$\mu_M=\frac{1}{NS_M}\sum_{i=1}^{NS_M}F(\boldsymbol{x}_i),\quad \boldsymbol{x}_i\in S_M \tag{6-21}$$

式中：μ_M 为 $E[F(\boldsymbol{x})|\boldsymbol{x}\in S_M]$的估计值；$\boldsymbol{x}_i$ 为根据条件概率密度函数 $P(\boldsymbol{x})/(1-\alpha)$抽样

出的样本；NS_M 为从子空间 S_M 抽取的样本数目。

这样，测试函数期望值的估计可写为

$$\mu = \alpha\mu_F + (1-\alpha)\mu_M \tag{6-22}$$

由于式（6-22）中的 μ_F 可用枚举法精确计算出，故式中 $\alpha\mu_F$ 项是个常数。因此估计值 μ 的不确定性是由模拟法即$(1-\alpha)\mu_M$项引起的，故 μ 的方差为

$$V(\mu) = (1-\alpha)^2 V(\mu_M) \tag{6-23}$$

其中 $V(\mu_M)$为估计值 μ_M 的方差

$$V(\mu_M) = v_M / NS_M \tag{6-24}$$

其中 v_M 为测试函数在状态子空间 S_M 上的条件方差，可由下式估计

$$\hat{v}_M = \frac{1}{NS_M - 1}\sum_{i=1}^{NS_M}(F(\boldsymbol{x}_i) - \mu_M)^2 \tag{6-25}$$

这样，方差系数可计算如下

$$\beta = \sqrt{V(\mu)} / \mu = (1-\alpha)\sqrt{\hat{v}_M} / (\mu\sqrt{NS_M}) \tag{6-26}$$

基于状态空间分割法的发输电系统可靠性评估流程如图 6-28 所示，包括如下步骤：

步骤 1：输入系统发电机数据、网络数据、元件可靠性数据等基本数据。

步骤 2：使用快速排序法在未选择的系统状态中选取概率最大的系统状态。

步骤 3：采用基于灵敏度的发电调度与负荷削减技术[85]对所选状态进行评估，即分析系统发电/负荷功率是否平衡，是否满足线路潮流、母线电压等安全约束，以及计算满足以上条件的最小切负荷代价。

步骤 4：根据式（6-19）更新上限概率 α，根据式（6-20）更新条件期望 μ_F。

步骤 5：若上限概率 α 小于预先给定的值，则返回步骤 2。

步骤 6：根据式（6-17）的概率密度函数随机抽样一个系统状态。

步骤 7：若抽样到的系统状态不属于子空间 S_M，即已被枚举法评估过，则返回步骤 6。

步骤 8：按步骤 3 中的方法评估抽样到的系统状态。

步骤 9：根据（6-21）更新条件期望的估计值 μ_M。

步骤 10：若据式（6-26）计算的方差系数大于预先给定的值，则返回步骤 6。

步骤 11：输出可靠性指标，结束。

实际编程计算中，FST 选择的系统状态依次存储于链表，形成枚举子空间 S_F。流程步骤 7 为了判断随机抽样出的状态是否已经被枚举和评估过，必须查询该状态是否已存在于链表中。算法采用如下两种技术来尽可能地减少链表的内存占用和查询链表所需的时间。

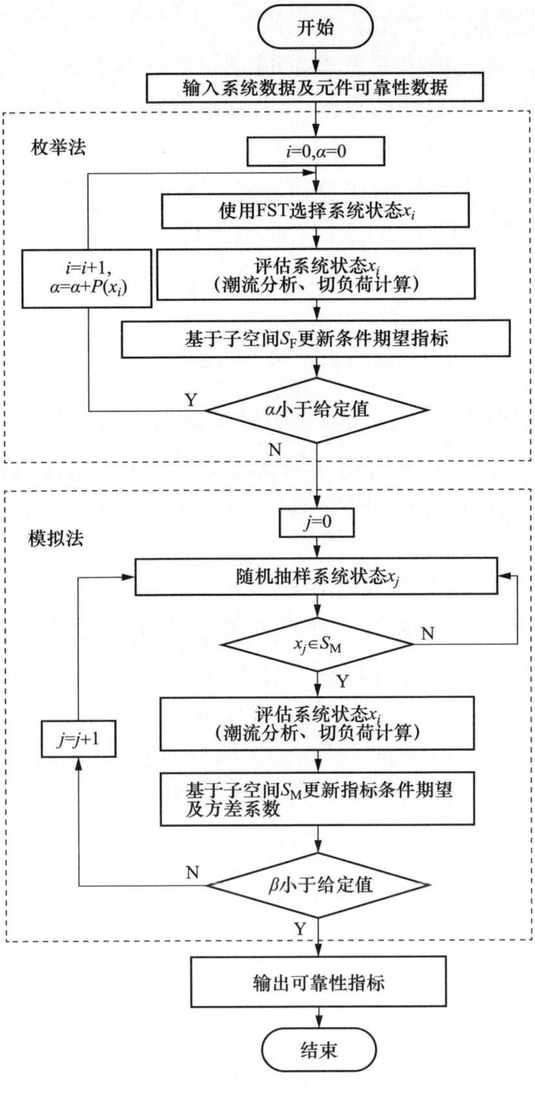

图 6-28　状态空间分割算法的发输电系统可靠性评估流程

（1）将快速排序法枚举出的状态依次（即按状态概率从大到小）排列于链表中。由于概率大的状态被抽样到的可能性也大，所以最容易被模拟法随机抽样到的状态在链表最前端被找到的可能性越大。因此这种排序方法节省了查询时间。

（2）链表中每个系统状态所存储的信息仅为故障重数和故障元件编号。将模拟法抽样到的状态与链表中的状态先比较故障重数，若相同则再比较故障元件编号，否则依次比较链表中剩余的系统状态。因此这种存储方法在降低内存占用的同时也节省了查询时间。

需要指出的是，本文提出的状态空间分割算法具有较强的适用性，可以方便地扩展为考虑多状态元件的评估算法，其基本思路与考虑两状态元件的评估算法一致，主要不同点为：

（1）采用计及多状态元件的快速排序法选择若干概率较大的系统状态。

（2）根据式（6-27）在剩余的子空间中采样元件状态。

$$x_i = \begin{cases} z_{i,1}，\text{ if } 0 \leqslant R_i \leqslant p_{z_{i,1}} \ \& \ j=1 \\ z_{i,j}，\text{ if } \sum_{k=1}^{j-1} p_{z_{i,k}} < R_i \leqslant \sum_{k=1}^{j} p_{z_{i,k}} \ \& \ j=2,\cdots,n_i \end{cases} \tag{6-27}$$

式中：$z_{i,j}$为元件 i 的第 j 个状态（如发电机的运行、停运或降额状态）；$p_{z_{i,j}}$为状态 $z_{i,j}$的发生概率；n_i为多状态元件 i 的状态数目。扩展后的状态空间分割法可计及多状态发电机组、输电线路共模停运、负荷不确定性等多状态模型，实现快速、精确的可靠性评估。

3．状态空间分割算法收敛性证明

从图 6-27 可以直观地看到，由于失负荷状态更集中地分布于子空间 S_M上，与在整个状态空间 S 上抽样的直接模拟法相比，当抽样样本数相同时，在子空间 S_M上的仿真具有更小的方差，该结论可由 SSP 收敛性定理解释。

SSP 收敛性定理。若 DMCS 法和 SSP 法分别在状态空间 S 和 S_M上抽样相同数目的样本，那么其估计值的方差具有如下关系

$$V(\mu) \leqslant (1-\alpha) V_D(\mu) \tag{6-28}$$

式中：$V_D(\mu)$和 $V(\mu)$分别为 DMCS 和 SSP 计算出的测试函数期望值估计的方差。

证明：

分别记测试函数在全状态空间 S 上的期望以及在子空间 S_F和 S_M上的条件期望为

$$I = E[F(\boldsymbol{x})] = \sum_{\boldsymbol{x} \in S} F(\boldsymbol{x}) P(\boldsymbol{x}) \tag{6-29}$$

$$I_F = \sum_{\boldsymbol{x} \in S_F} F(\boldsymbol{x}) P(\boldsymbol{x}) \tag{6-30}$$

$$I_M = \sum_{\boldsymbol{x} \in S_M} F(\boldsymbol{x}) P(\boldsymbol{x}) \tag{6-31}$$

其中，I_F和 I_M分别采用 FST 和 MCS 计算。由于子空间 S_F和 S_M的并集为全空间 S，交集为空集，因此有 $I=I_F+I_M$。

假设 DMCS 和 SSP 中的 MCS 各抽样 NS 个系统状态。DMCS 计算出估计值

μ 的方差可表示为

$$\begin{aligned}V_{\mathrm{D}}(\mu)&=\frac{1}{NS}V[F(\boldsymbol{x})\mid\boldsymbol{x}\in S]\\&=\frac{1}{NS}\left[\sum_{\boldsymbol{x}\in S}F^{2}(\boldsymbol{x})P(\boldsymbol{x})-I^{2}\right]\\&=\frac{1}{NS}\left[\sum_{\boldsymbol{x}\in S_{\mathrm{F}}}F^{2}(\boldsymbol{x})P(\boldsymbol{x})+\sum_{\boldsymbol{x}\in S_{\mathrm{M}}}F^{2}(\boldsymbol{x})P(\boldsymbol{x})-I^{2}\right]\end{aligned}\tag{6-32}$$

相应地，根据式（6-23）可得 SSP 计算出的估计值 μ 的方差为

$$\begin{aligned}V(\mu)&=\frac{(1-\alpha)^{2}}{NS}V[F(\boldsymbol{x})\mid\boldsymbol{x}\in S_{\mathrm{M}}]\\&=\frac{(1-\alpha)^{2}}{NS}\left\{\sum_{\boldsymbol{x}\in S_{\mathrm{M}}}F^{2}(\boldsymbol{x})\frac{P(\boldsymbol{x})}{1-\alpha}-\left[\sum_{\boldsymbol{x}\in S_{\mathrm{M}}}F(\boldsymbol{x})\frac{P(\boldsymbol{x})}{1-\alpha}\right]^{2}\right\}\\&=\frac{1}{NS}\left[(1-\alpha)\sum_{\boldsymbol{x}\in S_{\mathrm{M}}}F^{2}(\boldsymbol{x})P(\boldsymbol{x})-I_{\mathrm{M}}^{2}\right]\end{aligned}\tag{6-33}$$

式（6-32）两边乘以（1–α），并减去式（6-33）得

$$\begin{aligned}&(1-\alpha)V_{\mathrm{D}}(\mu)-V(\mu)\\&=\frac{1}{NS}\left[(1-\alpha)\sum_{\boldsymbol{x}\in S_{\mathrm{F}}}F^{2}(\boldsymbol{x})P(\boldsymbol{x})-(1-\alpha)I^{2}+I_{\mathrm{M}}^{2}\right]\\&=\frac{1}{NS}\left[(1-\alpha)\sum_{\boldsymbol{x}\in S_{\mathrm{F}}}F^{2}(\boldsymbol{x})P(\boldsymbol{x})+\alpha I^{2}+I_{\mathrm{F}}^{2}-2I_{\mathrm{F}}I\right]\end{aligned}\tag{6-34}$$

令

$$A^{2}=\sum_{\boldsymbol{x}\in S_{\mathrm{F}}}F^{2}(\boldsymbol{x})P(\boldsymbol{x})-\frac{I_{\mathrm{F}}^{2}}{\alpha}=\sum_{\boldsymbol{x}\in S_{\mathrm{F}}}\left[F(\boldsymbol{x})-\frac{I_{\mathrm{F}}}{\alpha}\right]^{2}P(\boldsymbol{x})\tag{6-35}$$

则式（6-34）可写为

$$(1-\alpha)V_{\mathrm{D}}(\mu)-V(\mu)=\frac{1}{NS}\left[(1-\alpha)A^{2}+\left(\sqrt{\alpha}I-\frac{I_{\mathrm{F}}}{\sqrt{\alpha}}\right)^{2}\right]\geqslant 0\tag{6-36}$$

至此，定理证毕。

该定理表明，抽样子空间 S_{M} 上的 MCS 采样效率至少是全状态空间 S 上 DMCS 采样效率的 $(1-\alpha)^{-1}$ 倍；而且随着上限概率 α 的增大，SSP 内嵌的模拟法比直接模拟法收敛得更快。

上限概率 α 决定了状态空间分割法的效率，通过设置 α 就可在快速排序法和模拟法之间实现灵活的切换。当 $\alpha=0$ 时，SSP 退化为 DMCS；当 $\alpha=1$ 时，SSP 退化为 FST。可见，SSP 存在一个最优的上限概率，使得 FST 和 MCS 的混合度达到最优，即计算时间最少。

最优上限概率取决于系统可靠性水平、系统规模、拓扑结构、负荷水平、运行策略等因素，因此要解析地计算出最优上限概率是不可能的。实际上，求取这个最优值也是没有必要的，最优点附近的值在工程上也是可以接受的。例如，对可靠性较高的系统，应采用较大的 α；对于规模较大的系统，应采用较小的 α。

除了使用上限概率作为 FST 与 MCS 的切换判据外，还可使用其他的实用判据，例如：当 FST 枚举计算所需时间开始指数增长时切换到 MCS；或者，当 FST 新枚举状态的概率小于某个指定值时切换到 MCS。

三、基于快速排序技术的系统状态选择算法

基于快速排序技术的系统状态选择算法，基于元件瞬时状态概率，能够快速选出任意数量的短期概率较大的系统状态。主要思路为：①确定概率最大的系统状态；②基于相邻系统状态确定包含下一个概率较大状态的最小状态集合，以最小的计算代价获得下一个概率较大状态；③如此依次选取，直至满足指标精度或数量要求。与冒泡法等直接选择方法相比，该技术计算效率优势十分明显。直接选择方法需要进行大量的计算和比较，所耗时间极多，在实际评估中不可行。

与截止故障重数方法相比，快速排序技术只需少量的系统状态就可获得相同的指标精度。原因在于，在实际系统短期评估中，由于元件的停运概率不同，一些高重故障会比低重故障的发生概率大，尤其是当前状态存在元件重载时，短期发生多重故障的概率很大。这些高重故障状态的概率大且后果严重，对系统的可靠性影响很大。而通过截止故障重数进行状态筛选会忽略掉这些大概率高重故障状态，造成指标精度过低，或满足一定指标精度所需状态数量过多。而快速排序技术能够选出这些大概率高重故障状态，因此只需少量的系统状态就可获得较高的评估精度。

为了增加该技术的适用性，研究了基于两状态元件模型与多状态元件模型的快速排序技术，下面将分别介绍。

1. 基于两状态模型的快速排序技术

该技术包括 3 个关键部分：元件排序、i 阶系统状态排序、全部系统状态排序。最终给出按照概率降序排列的系统状态序列，可以根据指标精度需要随时终止状态排序，获得前 k 个概率较大的系统状态。

（1）基本定义和元件排序。元件序列：将所有的元件按照式（6-37）进行排序。

$$p_{1,\max}(t) \leqslant p_{2,\max}(t) \leqslant \cdots \leqslant p_{n,\max}(t) \tag{6-37}$$

式中：$p_{j,\max}(t)=\max\{p_j(t),\ q_j(t)\}$；$n$ 为系统元件的数量。

定义 1：S_1 定义为概率最大的系统状态，即所有组成元件均处于概率较大的状态（工作或运行状态），S_1 的概率可用式（6-38）进行计算。

$$P_{S_1}(t) = \prod_{j=1}^{n} p_{j,\max}(t) \tag{6-38}$$

定义 2：i 阶系统状态定义为系统状态 S_1 有 i 个元件发生状态转移所产生的新系统状态。这 i 个元件称为转移元件。对于 n 元件系统，i 阶系统状态的数量为

$$C_n^i = \frac{n!}{i!(n-i)!} \tag{6-39}$$

系统状态采用转移元件表示，例如，转移元件为元件 1、2、3 的 3 阶系统状态，表示为 $S(1,2,3)$。

定义 3：假设 $S_{i,m}$ 和 $S_{i,l}$ 是 i 阶系统状态，$S_{i,m}$ 的某个转移元件为元件 j，如果 $S_{i,l}$ 的一个转移元件为元件 $j+1$，而其他的转移元件与 $S_{i,m}$ 的相同，则称 $S_{i,l}$ 为 $S_{i,m}$ 的相邻状态。

$S_{i,m}$ 的相邻状态集合记为 $D_{S_{i,m}}$。例如，假设 $S_{i,m}=S(1,2,4)$，则 $S(1,2,4)$ 有 2 个相邻状态 $S(1,3,4)$和 $S(1,2,5)$，因此 $D_{S_{i,m}}=\{S(1,3,4),\ S(1,2,5)\}$。

（2）i 阶系统状态排序算法。该算法基于命题 1，能够按照概率从大到小，依次选出前 m 个 i 阶系统状态：$S_{i,1}$，$S_{i,2}$，…，$S_{i,m}$。

命题 1：已知 $S_{i,1}$，$S_{i,2}$，…，$S_{i,m}$，则 $S_{i,m+1}$ 是系统状态集合 $D_{i,m}$ 中概率最大的状态，$D_{i,m}$ 为 $S_{i,1}$，$S_{i,2}$，…，$S_{i,m}$ 的相邻系统状态除去 $S_{i,1}$，$S_{i,2}$，…，$S_{i,m}$ 的集合，如下式所示

$$D_{i,m} = D_{S_{i,1}} \cup \cdots \cup D_{S_{i,m}} - \{S_{i,1}, S_{i,2}, \cdots, S_{i,m}\} \quad 1 \leqslant m \leqslant ns_i \tag{6-40}$$

其中，ns_i 为 i 阶系统状态的数量。

举个例子，在一个 6 元件系统（如图 6-29 所示），因为 $S_{3,1}=S(1,2,3)$，$S_{3,2}=S(1,2,4)$，$S_{3,3}=S(1,2,5)$，$D_{S_{3,1}}=\{S(1,2,4)\}$，$D_{S_{3,2}}=\{S(1,3,4), S(1,2,5)\}$，$D_{S_{3,3}}=\{S(1,3,5), S(1,2,6)\}$，所以 $D_{3,3}=\{S(1,3,4),\ S(1,3,5),\ S(1,2,6)\}$。根据命题 1 可知，$S_{3,4}$ 是集合$\{S(1,3,4),\ S(1,3,5),\ S(1,2,6)\}$中概率最大的状态。

为了方便算法的实现，将式（6-40）改写为

$$D_{i,m} = \begin{cases} D_{S_{i,1}} & m=1 \\ D_{i,m-1} \cup D_{S_{i,m}} - \{S_{i,1}, S_{i,2}, \cdots, S_{i,m}\} & 1 < m < ns_i \end{cases} \tag{6-41}$$

基于式（6-41），$D_{i,m}$ 可以由 $D_{i,m-1}$ 获得。

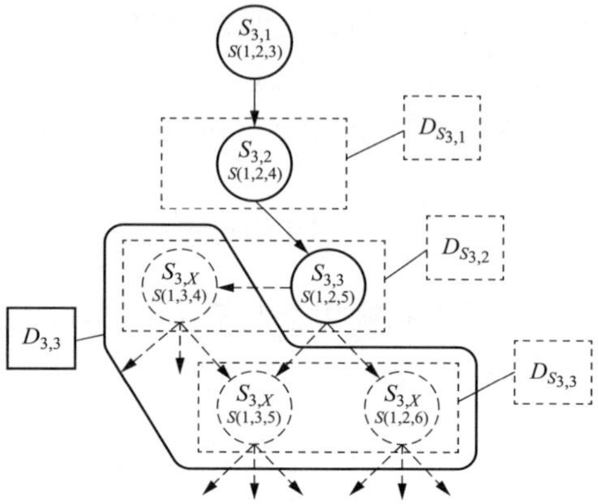

图 6-29　3 阶系统状态排序示意图

基于该命题的 i 阶系统状态排序过程如下：

步骤 1：确定 i 阶概率最大的系统状态 $S_{i,1}$。

根据定义和元件序列，易知 $S_{i,1}=S(1，2，\cdots，i)$，$S_{i,1}$ 的瞬时概率为

$$P_{S_{i,1}}(t)=\prod_{j=1}^{i}(1-p_{j,\max}(t))\prod_{j=i+1}^{n}p_{j,\max}(t) \tag{6-42}$$

步骤 2：基于 $S_{i,1}$，…，$S_{i,m}(m>0)$和 $D_{i,m-1}(m>1)$，确定 $S_{i,m+1}$。

1）确定 $D_{S_{i,m}}$。

a．如果 $S_{i,m}$ 中第 x 个转移元件为元件 j，且元件 $j+1$ 不是 $S_{i,m}$ 中的转移元件，则将元件 j 的状态恢复，元件 $j+1$ 的状态转移，产生一个新的 i 阶系统状态。

b．取 $x=1$，…，i，重复步骤 a 共 i 次，即可生产 0～i 个新系统状态，新状态集合即是 $D_{S_{i,m}}$。

2）基于式（6-41）确定 $D_{i,m}$。

3）确定 $S_{i,m+1}$。

如果 $m=1$，计算 $D_{i,m}$ 中的每个系统状态的概率，然后将它们按照概率进行降序排列，$S_{i,m+1}$ 为 $D_{i,m}$ 状态序列的第 1 个状态。

如果 $m>1$，删除 $D_{i,m-1}$ 状态序列的第 1 个系统状态，计算（$D_{i,m}-D_{i,m-1}$）中的每个系统状态的概率，并将这些状态按照概率大小插入到 $D_{i,m-1}$ 状态序列，形成的新序列即是 $D_{i,m}$ 状态序列，$S_{i,m+1}$ 为 $D_{i,m}$ 状态序列的第 1 个状态。

步骤 3：获得 i 阶系统状态序列 $S_{i,1}$，$S_{i,2}$，…，$S_{i,m}$。

取 $m=1，2，\cdots，C_n^i-1$，重复步骤 2 即可获得 i 阶系统状态序列。

（3）全部系统状态排序算法。该算法基于命题 2，能够快速选出前 k 个概率较大且按降序排列的系统状态：S_1，S_2，…，S_k。

命题 2：已知 S_1，S_2，…，S_k，S_{k+1} 则是系统状态集合 D_k 中概率最大的状态，D_k 为 S_1，S_2，…，S_k 中每阶下一个概率最大系统状态和下一阶概率最大系统状态的集合，如下式所示

$$D_k=\begin{cases}\{S_{1,1}\} & k=1\\ \{S_{i,m_i+1}\mid m_i<ns_i,i=1,2,\cdots,i_{\max}\} & 1<k<ns\ \&\ m_{i_{\max}}=1\\ \{S_{i,m_i+1}\mid m_i<ns_i,i=1,2,\cdots,i_{\max}\}\cup\{S_{i_{\max}+1,1}\} & 1<k<ns\ \&\ m_{i_{\max}}>1\end{cases}\tag{6-43}$$

式中：$i_{\max}$ 为 S_1，S_2，…，S_k 中系统状态的最大阶数；S_{1,m_1}，S_{2,m_2}，…，$S_{i_{\max},m_{i_{\max}}}$ 为 S_1，S_2，…，S_k 中每阶最后一个系统状态；ns 为全部系统状态的数量。

举个例子，在一个 4 元件系统中（如图 6-30 所示），因为 $S_1=S_{0,1}$，$S_2=S_{1,1}$，$S_3=S_{1,2}$，$S_4=S_{1,3}$，$S_5=S_{2,1}$，$S_6=S_{2,2}$，所以 $D_6=\{S_{1,4}，S_{2,3}，S_{3,1}\}$。根据命题 2 可知，$S_7$ 是集合 $\{S_{1,4}，S_{2,3}，S_{3,1}\}$ 中概率最大的状态。

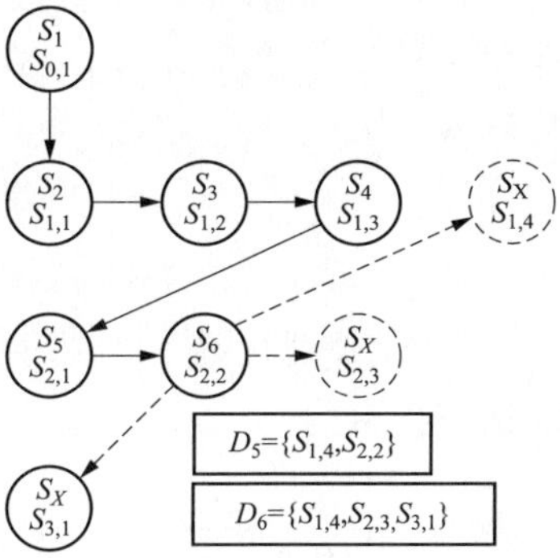

图 6-30　全部系统状态排序示意图

假设 $S_k=S_{i_k,m_k}$，基于式（6-43），D_k 能写成 D_{k-1} 的表达式

$$D_k=\begin{cases}\{S_{1,1}\} & k=1\\ D_{k-1}\cup\{S_{i_k,m_k+1}\}-\{S_{i_k,m_k}\} & 1<k<ns\ \&\ m_k<ns_{i_k}\ \&\ m_k\neq 2\\ D_{k-1}\cup\{S_{i_k,m_k+1}\}\cup\{S_{i_k+1,1}\}-\{S_{i_k,m_k}\} & 1<k<ns\ \&\ m_k<ns_{i_k}\ \&\ m_k=2\\ D_{k-1}-\{S_{i_k,m_k}\} & 1<k<ns\ \&\ m_k=ns_{i_k}\end{cases}\tag{6-44}$$

基于该命题的全部系统状态排序过程如下：

步骤 1：确定概率最大的系统状态 $S_1=S_{0,1}$。

步骤 2：基于 $S_k=S_{i_k,m_k}$ $(k>0)$和 $D_{i,m-1}(m>1)$，确定 S_{k+1}。

1）应用 i 阶系统状态排序算法确定 S_{i_k,m_k+1}。

2）根据式（6-44）的需要，应用 $i+1$ 阶系统状态排序算法确定 $S_{i_k+1,1}$。

3）基于式（6-44），计算 D_k。

4）确定 S_{k+1}。

如果 $k=1$，计算 D_k 中的每个系统状态的概率，然后将它们按照概率进行降序排列，S_{k+1} 为 D_k 状态序列的第 1 个状态。

如果 $k>1$，删除 D_{k-1} 状态序列的第 1 个系统状态，计算（D_k-D_{k-1}）中的每个系统状态的概率，并将这些状态按照概率大小插入到 D_{k-1} 状态序列，形成的新序列即是 D_k 状态序列，S_{k+1} 为 D_k 状态序列的第 1 个状态。

步骤 3：获得全部系统状态序列 S_1，S_2，…，S_k。

取 $k=1$，…，$C_n^0+C_n^1+\cdots+C_n^n-1$，重复步骤 2 即可获得全部系统状态序列。

（4）计算效率分析。采用快速排序技术选择前 k 个概率较大的系统状态的计算时间 $T(k)$取决于需要搜寻系统状态的数量 $NS(k)$和在这些状态中的比较次数 $NC(k)$。本节将对快速排序技术与直接选择方法的计算量和计算时间进行比较分析。

1）搜寻系统状态数量。

a．直接选择方法。直接选择方法需要将所有 $0\sim i_{\max}$ 阶系统状态进行概率计算和比较，才能选出 S_1，S_2，…，S_k，因此，直接选择方法需要搜寻的系统状态数量 NS'为

$$NS'(k)=\sum_{i=0}^{i_{\max}} ns_i \tag{6-45}$$

b．快速排序技术。基于排序算法可得，选出 S_1，S_2，…，S_{k+1} 所需搜寻的系统状态集合为

$$A(k+1)=\begin{cases}\{S_1\} & k=0\\ \{S_1,S_2\} & k=1\\ \{S_1,\cdots,S_k\}\cup D_{1,m_1}\cup D_{2,m_2}\cup\cdots\cup D_{i_{\max},m_{i_{\max}}} & k>1\,\&\,m_{i_{\max}}=1\\ \{S_1,\cdots,S_k\}\cup\{S_{i_{\max}+1,1}\}\cup D_{1,m_1}\cup D_{2,m_2}\cup\cdots\cup D_{i_{\max},m_{i_{\max}}} & k>1\,\&\,m_{i_{\max}}>1\end{cases} \tag{6-46}$$

根据式（6-40）可得

$$\{S_{i,1}\}\cup D_{i,1}\subseteq\{S_{i,1},S_{i,2}\}\cup D_{i,2}\subseteq\cdots\subseteq\{S_{i,1},\cdots,S_{i,ns_i}\} \tag{6-47}$$

根据式（6-46）与式（6-47）可得

$$A(1)\subseteq A(2)\subseteq\cdots\subseteq A(k+1) \tag{6-48}$$

因此

$$NS(1)\leqslant NS(2)\leqslant\cdots\leqslant NS(k)\leqslant\sum_{i=0}^{i_{\max}} ns_i=NS' \tag{6-49}$$

c．两种方法比较。根据式（6-49）可知，采用快速排序技术进行状态选择，所需搜寻状态的数量会降低。图 6-31 给出了 IEEE RTS79 系统的 $NS(k)$和 $NS'(k)$曲线，结果表明，采用快速排序技术进行状态选择，所需搜寻状态的数量会大幅度降低。例如，当 $k=5139$ 时，$NS'/NS=2.13\times10^3$。

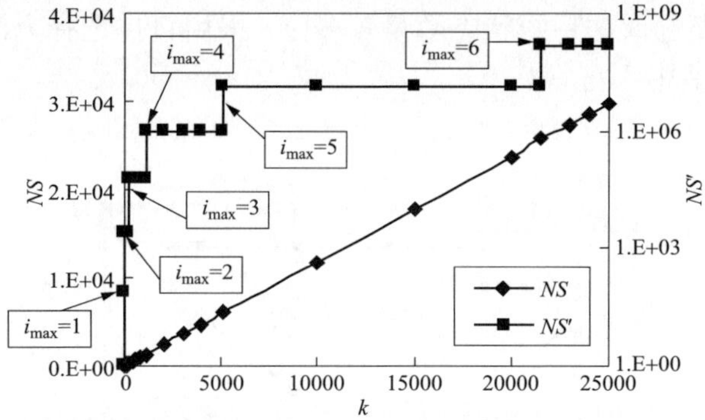

图 6-31 IEEE RTS79 系统 NS、NS' 随 k 变化曲线（70 个元件）

2）比较次数。

a．直接选择方法直接选择方法需要将所有 $0\sim i_{\max}$ 阶系统状态进行比较才能选出 S_1，S_2，…，S_k，因此，直接选择方法在最坏情况下的比较次数 NC'为

$$NC'(k)=\frac{NS'(k)[NS'(k)-1]}{2} \tag{6-50}$$

b．快速排序技术。基于排序算法可得，选择 S_1，S_2，…，S_{k+1} 所需比较次数在最坏情况下为

$$NC(k+1)=NC(k)+NC\_S_{k+1}+NC\_S_{i_k,m_k+1} \tag{6-51}$$

其中，NC_S_{k+1} 为选择 S_{k+1} 所需比较次数；$NC\_S_{i_k,m_k+1}$ 为选择 S_{i_k,m_k+1} 所需比较次数。

根据式（6-49）～式（6-51），可得

$$NC(1)\leqslant NC(2)\leqslant\cdots\leqslant NC(k)<\frac{NS(k)[NS(k)-1]}{2}\leqslant NC' \tag{6-52}$$

3）两种方法比较。式（6-52）表明，采用快速排序技术进行状态选择，所需比较次数会降低。图 6-32 给出了 IEEE RTS79 系统的 $NC(k)$和 $NC'(k)$曲线，结果表明，采用快速排序技术进行状态选择，所需比较次数会大幅度降低。例如，当 k=5139 时，$NC'/NC=6.58\times10^7$。

4）计算时间。设采用快速排序技术与直接选择方法选择前 k 个概率较大的系统状态所需的计算时间分别为 $T(k)$和 $T'(k)$。图 6-33 给出了 IEEE RTS79 系统的 $T(k)$和 $T'(k)$曲线。结果表明，采用快速排序技术进行状态选择，所需计算时间大幅度降低。例如，当 k=5139 时，$T'/T=2.65\times10^5$。

当 $i_{\max}=4(1096\leqslant k<5139)$时，采用直接选择方法需要计算 9.7×10^5 个系统状态的概率，需要进行 4.74×10^{11} 次比较。当 $i_{\max}>4(k\geqslant5139)$时，需要更多的计算和比

较。因此，当需要选取的系统状态数量较多时，采用直接选择方法所耗 CPU 时间极多，在实际评估中不可行。

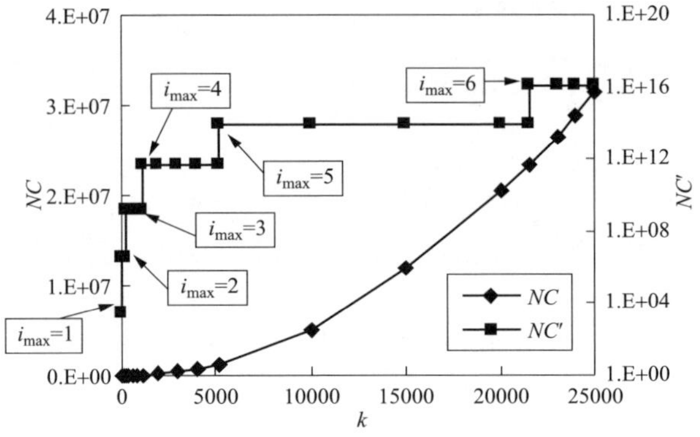

图 6-32 IEEE RTS79 系统 NC、NC'随 k 变化曲线（70 个元件）

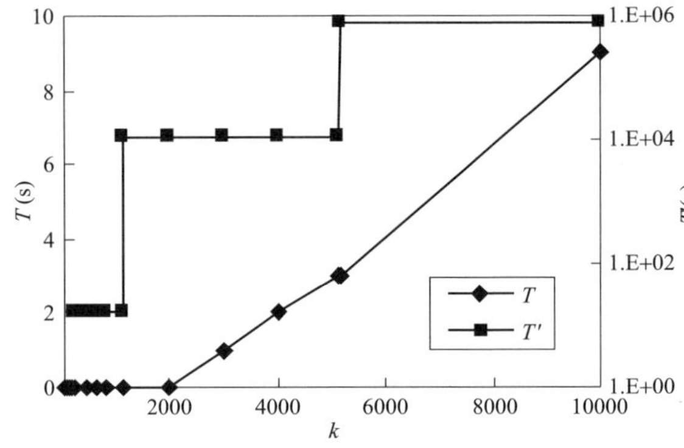

图 6-33 IEEE RTS79 系统 T、T' 随 k 变化曲线（70 个元件）

5）排序算例。以一个 4 元件系统为例说明快速排序技术的排序过程。该系统包含 3 台发电机和一条传输线路，每个元件在 1h 时处于运行状态的概率见表 6-3。

表 6-3　　元件可靠性数据

元　　件	运行状态概率（t=1h）
Line1	0.99956
Gen1	0.90000
Gen2	0.90000
Gen3	0.88005

首先将所有元件按照 $p_{j,\max}(t)$进行升序排列，形成元件序列，见表 6-4。然后

根据 i 阶系统状态排序算法对 2 阶系统状态按照概率进行降序排列，排序过程见表 6-5。根据全部系统状态排序算法对所有阶系统状态排序，排序过程见表 6-6。表 6-5、表 6-6 最后 1 列的系统状态概率验证了快速排序技术的正确性。

表 6-4　　元　件　排　序

元件序列	元　　件	$p_j(t)$	$q_j(t)$	$p_{j,\max}(t)$
1	Gen3	0.88005	0.11995	0.88005
2	Gen1	0.90000	0.10000	0.90000
3	Gen2	0.90000	0.10000	0.90000
4	Line1	0.99956	0.00044	0.99956

表 6-5　　2 阶系统状态排序（一）

2 阶系统状态序列	$D_{2,m}$	$NS(2,m)$	$P_{S_{2,m}}(t)$
$S_{2,1}=S(1,2)$	$\{S(1,3)\}$	0	1.079×10^{-2}
$S_{2,2}=\max(D_{2,1})=S(1,3)$	$\{S(2,3),\ S(1,4)\}$	0	1.079×10^{-2}
$S_{2,3}=\max(D_{2,2})=S(2,3)$	$\{S(1,4),\ S(2,4)\}$	2	8.797×10^{-3}
$S_{2,4}=\max(D_{2,3})=S(1,4)$	$\{S(2,4)\}$	3	4.275×10^{-5}
$S_{2,5}=\max(D_{2,4})=S(2,4)$	$\{S(3,4)\}$	3	3.485×10^{-5}
$S_{2,6}=\max(D_{2,5})=S(3,4)$	—	3	3.485×10^{-5}

表 6-5 中的 $NS(2,m)$ 是选择前 m 个 2 阶系统状态所需搜寻的系统状态的数量。例如，选择前 3 个系统状态 $S_{2,1}$、$S_{2,2}$、$S_{2,3}$，只需计算系统状态 $S(2,3)$、$S(1,4)$ 的概率，因此，$NS(2,3)=2$。

表 6-6　　全部系统状态排序（一）

系统状态序列	D_k	$NS(k)$	$P_{S_k}(t)$
$S_1=S_{0,1}$	$\{S_{1,1}\}$	0	7.125×10^{-1}
$S_2=\max(D_1)=S_{1,1}=S(1)$	$\{S_{1,2}\}$	0	9.712×10^{-2}
$S_3=\max(D_2)=S_{1,2}=S(2)$	$\{S_{1,3},S_{2,1}\}$	0	7.916×10^{-2}
$S_4=\max(D_3)=S_{1,3}=S(3)$	$\{S_{1,4},S_{2,1}\}$	2	7.916×10^{-2}
$S_5=\max(D_4)=S_{2,1}=S(1,2)$	$\{S_{1,4},S_{2,2}\}$	3	1.079×10^{-2}
$S_6=\max(D_5)=S_{2,2}=S(1,3)$	$\{S_{1,4},S_{2,3},S_{3,1}\}$	4	1.079×10^{-2}
$S_7=\max(D_6)=S_{2,3}=S(2,3)$	$\{S_{1,4},S_{2,4},S_{3,1}\}$	6	8.797×10^{-3}
$S_8=\max(D_7)=S_{3,1}=S(1,2,3)$	$\{S_{1,4},S_{2,4},S_{3,2}\}$	7	1.199×10^{-3}

续表

系统状态序列	D_k	$NS(k)$	$P_{S_k}(t)$
S_9=max(D_8)=$S_{1,4}$=S(4)	{$S_{2,4}$,$S_{3,2}$}	8	3.136×10^{-4}
S_{10}=max(D_9)=$S_{2,4}$=S(1,4)	{$S_{2,5}$,$S_{3,2}$}	8	4.275×10^{-5}
S_{11}=max(D_{10})=$S_{2,5}$=S(2,4)	{$S_{2,6}$,$S_{3,2}$}	9	3.485×10^{-5}
S_{12}=max(D_{11})=$S_{2,6}$=S(3,4)	{$S_{3,2}$}	10	3.485×10^{-5}
S_{13}=max(D_{12})=$S_{3,2}$=S(1,2,4)	{$S_{3,3}$,$S_{4,1}$}	10	4.750×10^{-6}
S_{14}=max(D_{13})=$S_{3,3}$=S(1,3,4)	{$S_{3,4}$,$S_{4,1}$}	12	4.750×10^{-6}
S_{15}=max(D_{14})=$S_{3,4}$=S(2,3,4)	{$S_{4,1}$}	13	3.872×10^{-6}
S_{16}=max(D_{15})=$S_{4,1}$=S(1，2,3,4)	—	13	5.278×10^{-7}

从状态排序过程可知，在获得所需的状态序列时，只需计算较少的系统状态，不需要搜寻全部的系统状态。例如，选择前 6 个系统状态 S_1～S_6 只需计算 4 个系统状态 $S_{1,3}$、$S_{2,1}$、$S_{1,4}$、$S_{2,2}$ 的概率，即 $NS(6)=4$。

2. 计及多状态元件模型的快速排序技术

电力系统中的一些复杂元件诸如大容量发电机组和高压直流输电系统等只有采用多状态元件模型（运行、降额和停运状态）才能进行精确的可靠性评估；同时，对大型互联电网进行评估时，为降低计算量，通常采用外网多状态等值方法来详细评估所关心区域的可靠性。针对这些多状态元件模型的实际需求，本节进一步研究了计及多状态元件模型的快速排序技术。

为方便介绍算法，将元件的概率较大的状态称为正常状态（一般为运行状态），将元件的概率较小的状态称为异常状态（一般为降额状态和停运状态），将处于异常状态的元件称为异常元件。

快速排序技术包括 3 个关键部分：元件异常状态排序、i 阶系统状态排序、全部系统状态排序。最终给出按照概率降序排列的系统状态序列，可以根据评估精度的需要随时终止状态排序，获得前 k 个系统状态。

（1）基本定义与元件异常状态排序。元件异常状态排序基于状态概率系数，其定义如下。

定义 4：如果 x_j 是元件 c 的异常状态，则 x_j 的概率系数 $\theta_{x_j}(t)$ 定义为

$$\theta_{x_j}(t)=\frac{P_{x_j}(t)}{P_{c,up}(t)} \tag{6-53}$$

式中：$P_{x_j}(t)$ 为元件状态 x_j 在 t 时刻的瞬时概率；$P_{c,up}(t)$ 为元件 c 在 t 时刻处于正

常状态的瞬时概率。

由于元件在异常状态的概率小于在正常状态的概率，因此

$$\theta_{x_j}(t) < 1 \tag{6-54}$$

元件异常状态序列：将所有系统元件的异常状态按照概率系数进行降序排列，形成序列：x_1，x_2，…，x_j，…，并满足下式

$$\theta_{x_1}(t) \geqslant \theta_{x_2}(t) \geqslant \cdots \geqslant \theta_{x_j}(t) \geqslant \cdots \tag{6-55}$$

根据定义 1 可知，在计及多状态元件模型的快速排序技术中，概率最大的系统状态 S_1 的概率为

$$P_{S_1}(t) = \prod_{c=1}^{n} P_{c,up}(t) \tag{6-56}$$

根据定义 2 可知，在计及多状态元件模型的快速排序技术中，i 阶故障状态为有 i 个组成元件处于异常状态的系统状态。假设 $S_{i,m}$ 是一个 i 阶故障状态，其概率可用式（6-57）计算。

$$P_{S_{i,m}}(t) = P_{S_1}(t) \prod_{x_j \in X_{S_{i,m}}} \theta_{x_j}(t) \tag{6-57}$$

式中：$X_{S_{i,m}}$ 为 $S_{i,m}$ 的元件异常状态集合。

在本文，元件异常状态为 x_1、x_2、x_3 的系统状态表示为 $S(x_1,x_2,x_3)$。

定义 5：假设 $S_{i,m}$ 和 $S_{i,l}$ 是 i 阶故障状态，$S_{i,m}$ 的某个异常元件状态为 x_d，如果 $S_{i,l}$ 的一个元件异常状态为 x_b，且满足式（6-58），而其他的元件异常状态与 $S_{i,m}$ 的一样，则在计及多状态元件模型的快速排序技术中，称 $S_{i,l}$ 为 $S_{i,m}$ 的相邻系统状态。

$$b = \min\{j \mid j > d \,\&\, c_{x_j} \notin (C_{S_{i,m}} - \{c_{x_d}\})\} \tag{6-58}$$

式中：c_{x_j} 为 x_j 所属元件，$C_{S_{i,m}}$ 为 $S_{i,m}$ 的异常元件集合。

实际上，相邻系统状态即为与原状态阶数相同，只有一个元件异常状态序号大于，且最接近原状态的某个元件异常状态序号，其他元件异常状态与原状态的元件异常状态相同的系统状态。举个例子，设 $S_{i,m}=S(x_1,x_2,x_4)$，如果 c_{x_3} 与 c_{x_1}、c_{x_2}、c_{x_4} 不同，且 c_{x_5} 与 c_{x_1}、c_{x_2} 不同，则 $S_{i,m}$ 的相邻系统状态集合 $D_{S_{i,m}}=\{S(x_2,x_3,x_4)$，$S(x_1,x_3,x_4)$，$S(x_1,x_2,x_5)\}$。

（2）i 阶系统状态排序算法。该算法基于命题 1，能够按照概率从大到小，依次选出前 m 个 i 阶系统状态：$S_{i,1}$，$S_{i,2}$，…，$S_{i,m}$。其算法流程如图 6-34 所示。

在图 6-34 中，确定 $S_{i,1}$ 的步骤如下：

1）设 j=1，x_1 是 $S_{i,1}$ 的第 1 个元件异常状态；

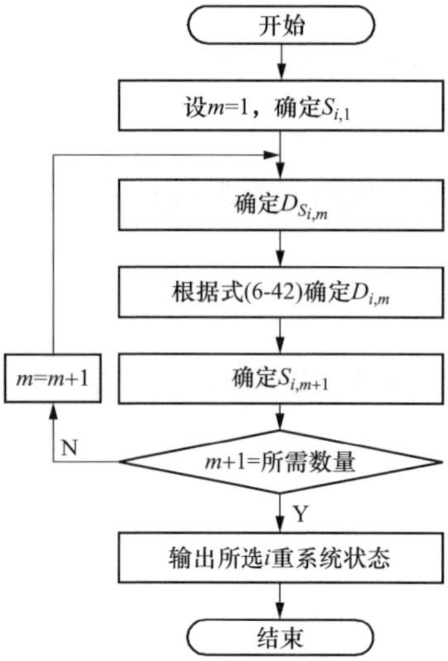

图 6-34　i阶系统状态排序算法流程图

2）设 j=j+1，如果 c_{x_j} 与 $S_{i,1}$ 已经确定的异常元件都不相同，则 x_j 是 $S_{i,1}$ 的异常状态；

3）重复步骤（2），直到 $S_{i,1}$ 的 i 个元件异常状态全部获得，即得到 $S_{i,1}$。

确定 $D_{S_{i,m}}$ 的步骤如下：

1）假设 $S_{i,m}$ 的第 b 个异常状态是 x_j，设 d=1；

2）如果 $c_{x_{j+d}} \notin (C_{S_{i,m}} - \{c_{x_j}\})$，则将 $S_{i,m}$ 的异常状态 x_j 换为 x_{j+d}，新产生的系统状态就是 $S_{i,m}$ 的相邻状态。否则，设 d=d+1，重复步骤（2）；

3）取 b=1，…，i，重复步骤（1）、（2），获得 $S_{i,m}$ 的所有相邻系统状态。

$S_{i,m+1}$ 通过选取 $D_{i,m}$ 状态序列的第 1 个状态获得。

（3）全部系统状态排序算法。该算法基于命题 2，能够快速选出前 k 个概率较大且按降序排列的系统状态：S_1，S_2，…，S_k。其算法流程如图 6-35 所示。

（4）计算效率分析。本节以 IEEE RTS79 系统为算例分析计及多状态元件模型的快速排序技术的计算效率，系统中 2 台 400MW 发电机和 1 台 350MW 发电机采用 4 状态模型，其余元件采用 2 状态模型。

图 6-36（a）给出了选择前 k 个概率较大的系统状态所需搜寻系统状态的数量，其中 NS、NS'分别为采用快速排序技术与冒泡法所需搜寻系统状态的数量。图 6-36（b）给出了选择前 k 个概率较大的系统状态所需的状态概率比较次数，其中 NC、NC'分别为采用快速排序技术与冒泡法所需的比较次数。图 6-36（c）给出了选择前 k 个概率较大的系统状态所需的计算时间，其中 T，T' 分别为采用快速排序技术与直接排序法所需的计算时间。结果表明，采用快速排序技术进行状态选择，计算效率提高很多，所需计算时间大幅度降低。

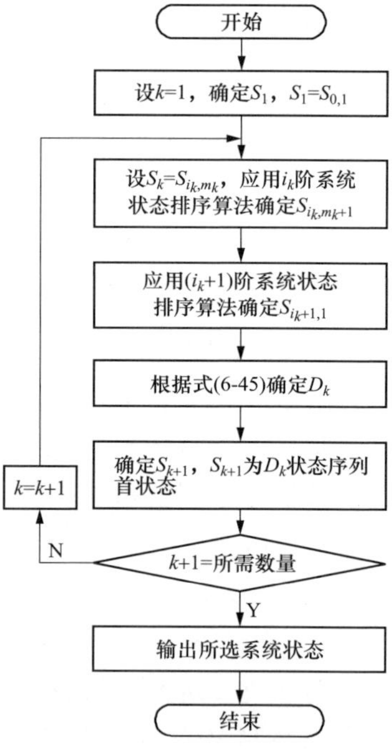

图 6-35　全部系统状态排序算法流程图

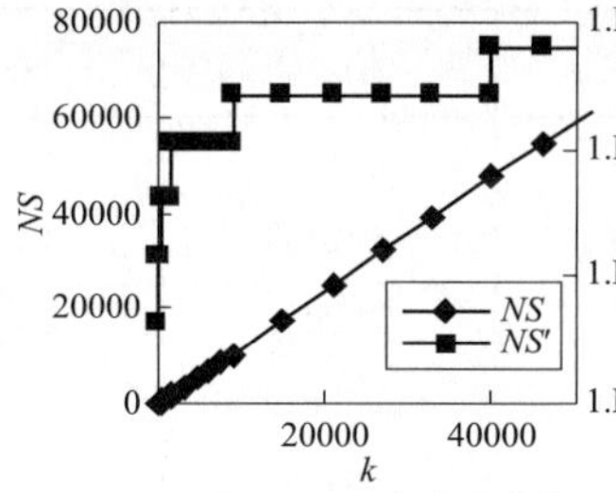

（a）NS、NS′随k变化曲线

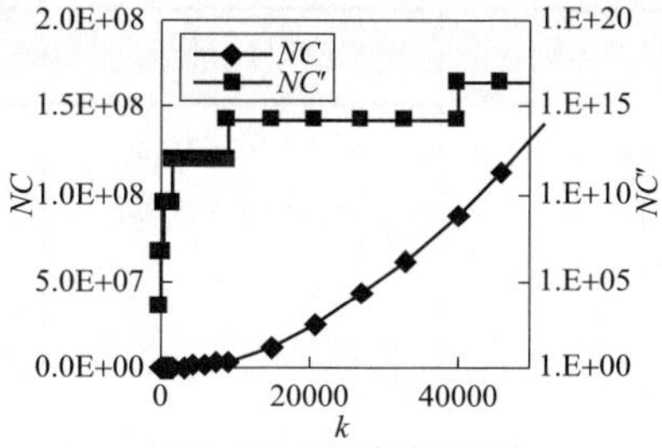

（b）NC、NC′随k变化曲线

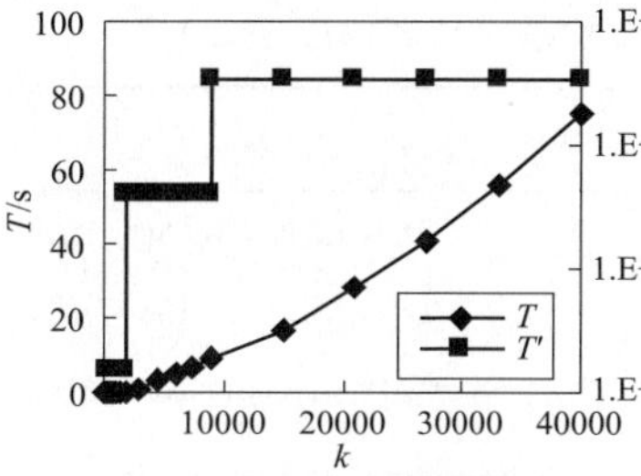

（c）T、T′随k变化曲线

图 6-36　计算效率与计算时间（IEEE RTS79 系统）

（5）排序算例。以一个 4 元件小系统为例说明计及多状态元件模型的快速排序技术的排序过程。该系统包含 3 台发电机和一条传输线路，系统元件在 1h 时处于各种状态的概率见表 6-7。

表 6-7　　　　元 件 可 靠 性 数 据

元件	运行状态概率（t=1h）	降额状态概率（t=1h）	停运状态概率（t=1h）
Line1	0.99956	—	0.00044
Gen1	0.90000	—	0.10000
Gen2	0.88000	—	0.12000
Gen3	0.82630	0.06710	0.10660

首先，将所有元件的异常状态按照概率系数进行降序排列，形成元件异常状态序列，见表 6-8；然后根据 i 阶系统状态排序算法对 2 阶故障状态按照概率进行降序排列，见表 6-9；接着根据全部系统状态排序算法对所有阶系统状态排序，见表 6-10。表 6-9、表 6-10 最后 1 列的系统状态概率验证了快速排序技术的正确性。从状态排序过程可知，在确定下一个概率较大的系统状态时，只需计算少量的状态，不需要搜寻全部的系统状态。

表 6-8　　元件异常状态排序

异常状态序列	元件异常状态	$P_{x_j}(t)$	$P_{c,up}(t)$	$\theta_{x_j}(t)$
x_1	Gen2 停运状态	0.12000	0.88000	0.13636
x_2	Gen3 停运状态	0.10660	0.82630	0.12901
x_3	Gen1 停运状态	0.10000	0.90000	0.11111
x_4	Gen3 降额状态	0.06710	0.82630	0.08121
x_5	Line1 停运状态	0.00044	0.99956	0.00044

表 6-9　　2 阶系统状态排序（二）

2 阶系统状态序列	$D_{2,m}$	$P_{S_{2,m}}(t)$
$S_{2,1}=S(x_1,x_2)$	$D_{2,1}=\{S(x_1,x_3)，S(x_2,x_3)\}$	1.1508×10^{-2}
$S_{2,2}=\max(D_{2,1})=S(x_1,x_3)$	$D_{2,2}=\{S(x_1,x_4)，S(x_2,x_3)\}$	9.9109×10^{-3}
$S_{2,3}=\max(D_{2,2})=S(x_2,x_3)$	$D_{2,3}=\{S(x_1,x_4)，S(x_2,x_5)，S(x_3,x_4)\}$	9.3767×10^{-3}
$S_{2,4}=\max(D_{2,3})=S(x_1,x_4)$	$D_{2,4}=\{S(x_1,x_5)，S(x_2,x_5)，S(x_3,x_4)\}$	7.2438×10^{-3}
$S_{2,5}=\max(D_{2,4})=S(x_3,x_4)$	$D_{2,5}=\{S(x_1,x_5)，S(x_2,x_5)，S(x_3,x_5)，S(x_4,x_5)\}$	5.9025×10^{-3}
$S_{2,6}=\max(D_{2,5})=S(x_1,x_5)$	$D_{2,6}=\{S(x_2,x_5)，S(x_3,x_5)，S(x_4,x_5)\}$	3.9247×10^{-5}
$S_{2,7}=\max(D_{2,6})=S(x_2,x_5)$	$D_{2,7}=\{S(x_3,x_5)，S(x_4,x_5)\}$	3.7132×10^{-5}
$S_{2,8}=\max(D_{2,7})=S(x_3,x_5)$	$D_{2,8}=\{S(x_4,x_5)\}$	3.1980×10^{-5}
$S_{2,9}=\max(D_{2,8})=S(x_4,x_5)$	—	2.3374×10^{-5}

表 6-10　　全部系统状态排序（二）

系统状态序列	D_k	$P_{S_k}(t)$
$S_1=S_{0,1}$	$D_1=\{S_{1,1}\}$	6.5414×10^{-1}
$S_2=\max(D_1)=S_{1,1}=S(x_1)$	$D_2=\{S_{1,2}\}$	8.9199×10^{-2}
$S_3=\max(D_2)=S_{1,2}=S(x_2)$	$D_3=\{S_{1,3},S_{2,1}\}$	8.4391×10^{-2}
$S_4=\max(D_3)=S_{1,3}=S(x_3)$	$D_4=\{S_{1,4},S_{2,1}\}$	7.2682×10^{-2}
$S_5=\max(D_4)=S_{1,4}=S(x_4)$	$D_5=\{S_{1,5},S_{2,1}\}$	5.3123×10^{-2}
$S_6=\max(D_5)=S_{2,1}=S(x_1,x_2)$	$D_6=\{S_{1,5},S_{2,2}\}$	1.1508×10^{-2}
$S_7=\max(D_6)=S_{2,2}=S(x_1,x_3)$	$D_7=\{S_{1,5},S_{2,3},S_{3,1}\}$	9.9109×10^{-3}
$S_8=\max(D_7)=S_{2,3}=S(x_2,x_3)$	$D_8=\{S_{1,5},S_{2,4},S_{3,1}\}$	9.3767×10^{-3}
$S_9=\max(D_8)=S_{2,4}=S(x_1,x_4)$	$D_9=\{S_{1,5},S_{2,5},S_{3,1}\}$	7.2438×10^{-3}
$S_{10}=\max(D_9)=S_{2,5}=S(x_3,x_4)$	$D_{10}=\{S_{1,5},S_{2,6},S_{3,1}\}$	5.9025×10^{-3}

续表

系统状态序列	D_k	$P_{S_k}(t)$
$S_{11}=\max(D_{10})=S_{3,1}=S(x_1,x_2,x_3)$	$D_{11}=\{S_{1,5},S_{2,6},S_{3,2}\}$	1.2786×10^{-3}
$S_{12}=\max(D_{11})=S_{3,2}=S(x_1,x_3,x_4)$	$D_{12}=\{S_{1,5},S_{2,6},S_{3,3},S_{4,1}\}$	8.0486×10^{-4}
$S_{13}=\max(D_{12})=S_{1,5}=S(x_5)$	$D_{13}=\{S_{2,6},S_{3,3},S_{4,1}\}$	2.8782×10^{-4}
$S_{14}=\max(D_{13})=S_{2,6}=S(x_1,x_5)$	$D_{14}=\{S_{2,7},S_{3,3},S_{4,1}\}$	3.9247×10^{-5}
$S_{15}=\max(D_{14})=S_{2,7}=S(x_2,x_5)$	$D_{15}=\{S_{2,8},S_{3,3},S_{4,1}\}$	3.7132×10^{-5}
$S_{16}=\max(D_{15})=S_{2,8}=S(x_3,x_5)$	$D_{16}=\{S_{2,9},S_{3,3},S_{4,1}\}$	3.1980×10^{-5}
$S_{17}=\max(D_{16})=S_{2,9}=S(x_4,x_5)$	$D_{17}=\{S_{3,3},S_{4,1}\}$	2.3374×10^{-5}
$S_{18}=\max(D_{17})=S_{3,3}=S(x_1,x_2,x_5)$	$D_{18}=\{S_{3,4},S_{4,1}\}$	5.0633×10^{-6}
$S_{19}=\max(D_{18})=S_{3,4}=S(x_1,x_3,x_5)$	$D_{19}=\{S_{3,5},S_{4,1}\}$	4.3608×10^{-6}
$S_{20}=\max(D_{19})=S_{3,5}=S(x_2,x_3,x_5)$	$D_{20}=\{S_{3,6},S_{4,1}\}$	4.1257×10^{-6}
$S_{21}=\max(D_{20})=S_{3,6}=S(x_1,x_4,x_5)$	$D_{21}=\{S_{3,7},S_{4,1}\}$	3.1873×10^{-6}
$S_{22}=\max(D_{21})=S_{3,7}=S(x_3,x_4,x_5)$	$D_{22}=\{S_{4,1}\}$	2.5971×10^{-6}
$S_{23}=\max(D_{22})=S_{4,1}=S(x_1,x_2,x_3,x_5)$	$D_{23}=\{S_{4,2}\}$	5.6258×10^{-7}
$S_{24}=\max(D_{23})=S_{4,2}=S(x_1,x_3,x_4,x_5)$	—	3.5414×10^{-7}

3．基于快速排序技术的系统状态选择算法

基于快速排序技术进行状态选择，能够依次、快速地选出在预测时刻概率较大的系统状态，直至满足指标精度。其算法流程如图 6-37 所示。

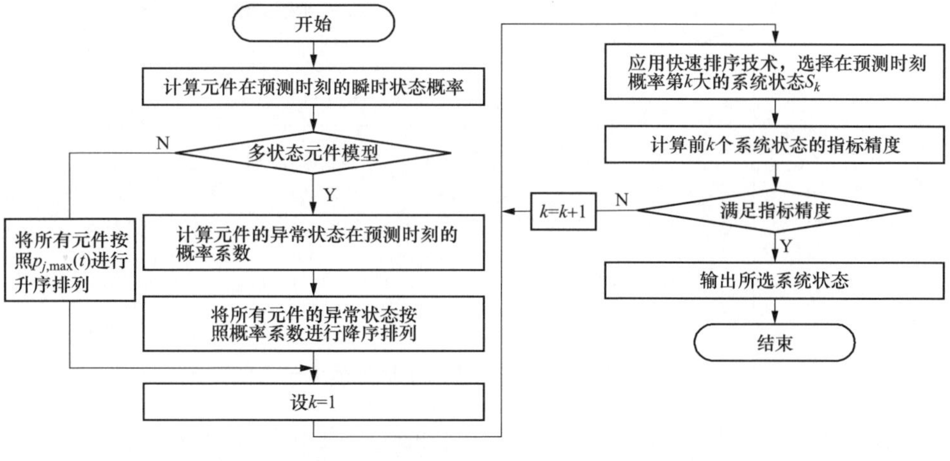

图 6-37　基于快速排序技术的系统状态选择算法

第三节　大规模间歇式电源并网可靠性分析

一、大规模间歇式电源接入能力分析

随着风电承担负荷比例不断增加，系统内的峰谷差将成倍增加，风电出力的波动性和随机性给风电调度运行带来新的问题，增加了电网调峰、调频的难度。为了尽量减弱风电和光伏电力给大电网带来的影响，需要系统中备有大量的旋转备用。

随着新能源发电形式的大量接入，由于新能源发电的波动特性，以及由于网络容量约束造成的限电等为电网的规划建设带来了新的问题。因此，在对包含新能源接入电网进行规划设计时，为了保证更大限度接入新能源，便需要考虑电网对风电的接纳能力，提高新能源利用效率，促进可再生能源在电网中的应用。

1. 考虑调峰能力的间歇式电源接入能力分析

电网对风电的接纳能力受到电网负荷水平及负荷特性、电源结构、调峰能力影响。就负荷水平而言，电网的负荷水平和峰谷差率直接影响了风电允许的接入容量；就电网调峰而言，电网的调峰能力和最小开机出力约束了并网风电的规模。具体来讲，考虑到系统调峰能力的风电接纳能力分析如下，如图 6-38 所示。

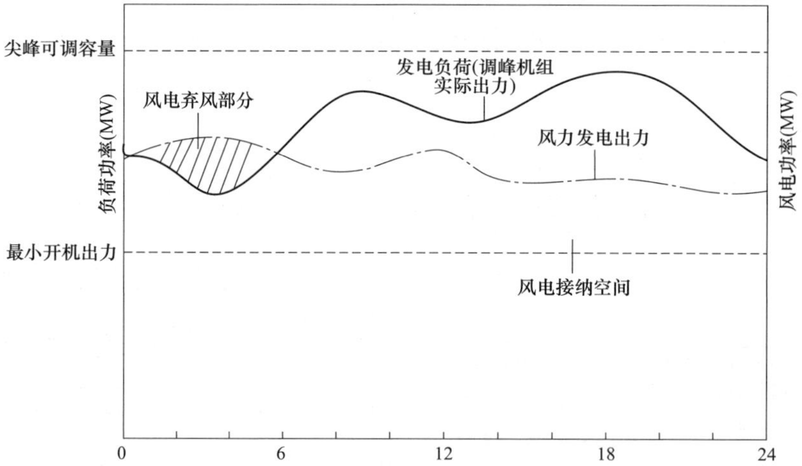

图 6-38　考虑调峰能力的风电接纳能力示意图

电力系统中常规发电机组一般分为水电机组、火电机组和核电机组。水电机组由于启停迅速，有调节水电机组是理想的调峰机组。火电机组一般分为常规火电机组、燃汽轮机组和供热机组。供热机组占很高比例，供热机组在供热期及非供热期，具有不同的调峰能力。系统调峰主要依靠燃汽轮机组与常规机组为主。核电厂按其技术和经济性要求，不适合作为调峰机组。

根据电网的可靠性要求，设定电网的发电备用为 P_{reserve}，设定电网的高峰负荷和低谷负荷分别为 $P_{\text{L}\max}$ 与 $P_{\text{L}\min}$，从电网规划数据中获取电网自备电源量 $P_{\text{auxiliary}}$、电网供热机组容量 P_{thermal}、电网联络线的传输功率计划 P_{tie} 和电网中抽水蓄能装机容量 P_{pump}，根据上述参数进行以下计算，得到考虑电网调峰裕度的风电场接纳能力。

电网内部机组在负荷高峰时的有功功率 $P_{\text{G}\max}$ 和负荷低谷时的有功功率 $P_{\text{G}\min}$ 为

$$P_{\text{G}\max} = P_{\text{L}\max} - P_{\text{tie}} \tag{6-59}$$

$$P_{\text{G}\min} = P_{\text{L}\min} + P_{\text{pump}} - \lambda_1 P_{\text{tie}} \tag{6-60}$$

式中：λ_1 为电网联络线的传输功率调整参数，λ_1 在负荷高峰时的取值为 1.0，在负荷低谷时为 0.5。

电网内部调峰机组在负荷高峰时的实际有功功率 $P_{\text{reg}}^{\max}$ 和负荷低谷时的实际有功功率 $P_{\text{reg}}^{\min}$ 为

$$P_{\text{reg}}^{\max} = P_{\text{G}\max} - P_{\text{auxiliary}} - \lambda_2 P_{\text{thermal}} \tag{6-61}$$

$$P_{\text{reg}}^{\min} = P_{\text{G}\min} - P_{\text{auxiliary}} - \lambda_2 P_{\text{thermal}} \tag{6-62}$$

式中：λ_2 为电网中供热机组在供热期间的有功功率调整参数，有功功率调整参数在供热期间为 0.78，在非供热期间为 1。

电网内部调峰机组的最大有功功率 $P_{\text{commit}}^{\max}$ 和最小有功功率 $P_{\text{commit}}^{\min}$

$$P_{\text{commit}}^{\max} = P_{\text{reg}}^{\max} + P_{\text{reserve}} \tag{6-63}$$

$$P_{\text{commit}}^{\min} = \lambda_3 P_{\text{commit}}^{\max} \tag{6-64}$$

式中：λ_3 为电网调峰机组的调峰深度，例如，若 λ_3 取为 0.4，则表示调峰机组最小有功功率为最大有功功率的 40%，60%的容量可用于调峰。

得到考虑电网调峰裕度的风电场接纳能力 P_{wind} 为

$$P_{\text{wind}} = P_{\text{reg}} - P_{\text{commit}}^{\min} \tag{6-65}$$

可见，风电的接纳能力为电网中调峰机组的实际出力与最小出力之差。

根据风电场接纳能力 P_{wind}，得到考虑电网调峰裕度的风电场弃风容量为

$$P_{\text{wind}}^{\text{curtail,capacity}} = \max(0, P_{\text{wind}}^{\text{output}} - P_{\text{wind}}) \tag{6-66}$$

2. 考虑线路传输容量约束的间歇式电源接入能力分析

当电网传输线路的传输功率大于电网传输线路的额定传输功率时，根据传输线路的实际与额定传输功率的差值，设定传输线路的传输功率调整量ΔP_{ij}；对电网中的风电容量进行判断，若电网中有风电，则计算风电有功功率$P_{\text{reg}}^{\text{wind}}$，$P_{\text{reg}}^{\text{wind}} = \min(P_{\text{wind}}^{\text{output}}, P_{\text{wind}})$；利用电网的潮流灵敏度矩阵，调整风电的有功功率，得到考虑电网传输线路容量约束的弃风容量，具体过程如下。

（1）利用电网直流潮流公式

$$P = B_0\theta \tag{6-67}$$

式中：B_0为以$1/x_{ij}$为电网支路导纳建立的导纳矩阵，x_{ij}为电网中节点i到节点j之间的支路电抗，θ为电网功角。

若电网中的节点k的有功功率的变化值为ΔP_k，电网的其他节点的有功功率不变，则有

$$\Delta\theta = B_0^{-1}\Delta P \tag{6-68}$$

式中：ΔP为一个单位向量，向量中的第k个元素为ΔP_k，向量中的其他元素为0，B_0^{-1}是常数矩阵，并设

$$B_0^{-1} = [a_{ij}]_{n\times n} \tag{6-69}$$

式中：a_{ij}为常数矩阵B_0^{-1}中第i行第j列个元素，n为电网中的总节点数。

（2）利用电网直流潮流支路功率计算公式

$$P_{ij} = (\theta_i - \theta_j)/x_{ij} \tag{6-70}$$

式中：x_{ij}是电网传输线路电抗，i和j是传输线路L的起始节点和终止节点序号。

得到传输线路有功功率对节点k的有功功率灵敏度S_{Lk}为传输线路有功功率增量ΔP_{ij}与节点k的有功功率增量ΔP_k的比值

$$S_{Lk} = \frac{\Delta P_{ij}}{\Delta P_k} = \frac{\Delta\theta_i - \Delta\theta_j}{x_{ij}\Delta P_k} = \frac{a_{ik} - a_{jk}}{x_{ij}} \tag{6-71}$$

式中：L是传输线路序号；k是注入功率变化的节点序号；潮流灵敏度矩阵S是常数矩阵。

（3）根据电网传输线路有功功率对节点注入功率的灵敏度定义，得到注入节点k的有功功率调整量大小为

$$\Delta P_k = \frac{\Delta P_{ij}}{S_{Lk}} \tag{6-72}$$

得到考虑线路传输容量约束的风电场弃风容量为

$$P_{\text{wind}}^{\text{curtail,overload}} = \min\left(P_{\text{reg}}^{\text{wind}}, \sum_{l} \Delta P_k\right) \tag{6-73}$$

式中：l 为电网传输线路中传输功率大于额定传输功率的越限线路。

3. 大规模间歇式电源接入能力分析举例

采用非时序蒙特卡罗模拟方法，计算风电场弃风指标，具体过程如下：

（1）从风电场历史运行数据中获取风电场有功功率概率分布，从电网历史运行数据中获取电网内部所有机组的停运概率、电网传输线路的停运概率和电网负荷的时序曲线，采用非时序蒙特卡罗模拟方法，对电网内部所有机组的有功功率、风电场的有功功率以及电网传输线路的传输功率进行状态抽样，计算每一状态下风电弃风容量 $P_{\text{wind},i}^{\text{curtail}}$

$$P_{\text{wind},i}^{\text{curtail}} = P_{\text{wind}}^{\text{curtail,capacity}} + P_{\text{wind}}^{\text{curtail,overload}} \tag{6-74}$$

（2）根据上述每一状态下风电弃风容量 $P_{\text{wind},i}^{\text{curtail}}$，计算风电场弃风指标。

风电场弃风概率指标为

$$P_{\text{curtail}} = \frac{1}{N}\sum_{i=1}^{N} I_i \tag{6-75}$$

式中 I_i 的含义为

$$I_i = \begin{cases} 1 & P_{\text{wind},i}^{\text{curtail}} \neq 0 \\ 0 & P_{\text{wind},i}^{\text{curtail}} = 0 \end{cases} \tag{6-76}$$

风电场期望弃风容量指标为

$$E_{\text{curtail}} = \frac{1}{N}\sum_{i=1}^{N} P_{\text{wind},i}^{\text{curtail}} \tag{6-77}$$

考虑系统调峰及线路传输容量约束的风电场弃风指标计算流程如图 6-39 所示。

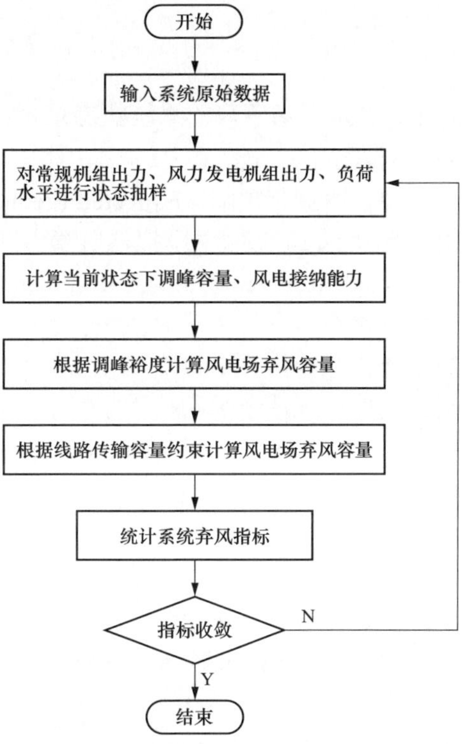

图 6-39 考虑系统调峰及线路传输容量约束的风电场弃风指标计算流程

二、大规模间歇式电源接入可靠性评估指标

1. 常规可靠性评估指标

充裕度指标分为负荷点指标和系统指标两类，负荷点指标是对系统中的每个

负荷点而言，表明故障的局部性影响，并可作为下一级系统可靠性评估的依据。系统指标则是全局性的，表明故障对整个系统的影响。系统指标包括基本指标（1）～（6）和导出指标（7）～（9），基本指标包括概率、频率、持续时间和期望值四类，导出指标是基本指标进行转换获得的，可以用于不同规模系统之间的比较，具有标幺值意义。节点指标只包括基本指标部分（1）～（6），定义与系统指标相同。

指标定义及公式如下，其中公式是基于元件状态持续时间抽样蒙特卡罗模拟法的计算公式。

（1）切负荷概率（Probability of Load Curtailments，*PLC*）

$$PLC=\sum_{i\in S}\frac{t_i}{T} \tag{6-78}$$

式中：S 是有切负荷的系统状态集合；t_i 是系统状态 i 的持续时间；T 是总模拟时间，两者单位一致。

（2）切负荷频率（Expected Frequency of Load Curtailments，*EFLC*）（次/年）。由于解析法和非时序模拟法计算切负荷频率困难，因此一般采用切负荷次数（Expected Number of Load Curtailments，*ENLC*）来代替。切负荷频率是无切负荷的系统状态向有切负荷的系统状态转移的次数，有切负荷的系统状态向有切负荷的系统状态转移对 ENLC 有贡献，但不影响 EFLC，因此 ENLC 远大于 EFLC。基于元件状态持续时间抽样蒙特卡罗模拟法可以计算确切切负荷频率指标，只需要在系统状态时间序列中判断前后两状态的切负荷情况。

$$EFLC=\frac{8760}{T}N_i \tag{6-79}$$

式中：N_i 是有切负荷的状态数（如果系统状态序列中连续几个系统状态均有切负荷，将其视为一个有切负荷状态）。

（3）切负荷持续时间（Expected Duration of Load Curtailments，*EDLC*）（h/年）

$$EDLC=PLC\times 8760 \tag{6-80}$$

（4）每次切负荷持续时间（Average Duration of Load Curtailments，*ADLC*）（h/次）

$$ADLC=EDLC/EFLC \tag{6-81}$$

（5）负荷切除期望值（Expected Load Curtailments，*ELC*）（MW/年）

$$ELC=\frac{8760}{T}\sum_{i\in S}C_i \tag{6-82}$$

式中：C_i 是系统状态 i 的切负荷量。

（6）电量不足期望值（Expected Energy Not Supplied，*EENS*）（MWh/年）

$$EENS = \frac{8760}{T}\sum_{i \in S} C_i t_i \tag{6-83}$$

由于 *EENS* 是能量指标，对于进行可靠性经济评估、最优可靠性、系统规划等均具有重要意义，因此 *EENS* 是充裕度评估中非常重要的指标。

（7）系统停电指标（Bulk Power Interruption Index，*BPII*）（MW/MW-年），系统故障在供电点引起的削减负荷的总和与系统最大负荷之比，它表明在一年中每兆瓦的负荷平均停电的兆瓦数，公式为

$$BPII = ELC / L \tag{6-84}$$

其中 L 是系统年最大负荷，单位 MW。

（8）系统削减电量指标（Bulk Power Energy Curtailment Index，*BPECI*）（MWh/MW-年），系统故障在供电点引起的削减电量的总和与系统年最大负荷之比

$$BPECI = EENS / L \tag{6-85}$$

（9）严重程度指标（Severity Index，*SI*）（系统分/年）：

$$SI = BPECI \times 60 \tag{6-86}$$

一个系统分相当于在最大负荷时全系统停电 1min，是对系统故障严重程度的一种度量。1983 年国际大电网会议第 39 委员会 05 工作组按照系统扰动对用户冲击的程度，将严重程度指标分为 4 个等级：0 级，可接受的不可靠状态，严重程度指标小于 1 系统分；1 级，对用户有明显冲击的不可靠状态，严重程度指标为 1～9 系统分；2 级，对用户有严重冲击的不可靠状态，严重程度指标为 10～99 系统分；3 级，对用户有很严重冲击的不可靠状态，严重程度指标为 100～999 系统分。

2. 大规模间歇式电源送出侧指标

（1）风电送出有效容量（Effective Capacity of Wind Power，*ECWP*）（MW）。用于风电送出工程设备选择时，有效容量应根据全时段风电出力累计概率来确定。以某装机容量为 300MW 的风电场为例，95%的情况下风电出力小于装机容量的 75%，99%的情况下风电出力小于装机容量的 80%，若以 95%选取则该风电场有效容量为 225MW，若以 99%选取则该风电场有效容量为 240MW。

$$ECWP_{95} = P_{0.95} \tag{6-87}$$

$$ECWP_{99} = P_{0.99} \tag{6-88}$$

式中：$P_{0.95}$ 为累计概率为 0.95 时的送出容量，$P_{0.99}$ 为累计概率为 0.99 时的送出容量。

（2）功率变化率（Power Ramp Rate，*PRR*）。在单位时间内风电场输出功率最大值与最小值之间的变化量和装机容量的比值。

$$PRR = \frac{1}{T}\sum_{i=1}^{T}\frac{P_{\max,i} - P_{\min,i}}{P_r} \tag{6-89}$$

式中，$P_{\max,i}$ 表示第 i 个时段内的最大出力；$P_{\min,i}$ 表示第 i 个时段内的最小出力；P_r 为装机容量。

3. 大规模间歇式电源接纳侧指标

（1）电网接纳有效容量（Effective Capacity of Interconnection Point，*ECIP*）（MW）。用于电网接纳风电能力计算时，有效容量应根据负荷低谷时段风电出力累计概率来确定。以某装机容量为 300MW 的风电场为例，电网在负荷低谷时段，95%的情况下风电出力小于装机容量的 60%，99%的情况下风电出力小于装机容量的 70%，若以 95%选择则该地区风电有效容量为地区装机容量的 60%，180MW，若以 99%选取则该地区风电有效容量为地区装机容量的 70%，210MW。

$$ECIP_{95} = L_{0.95} \tag{6-90}$$

$$ECIP_{99} = L_{0.99} \tag{6-91}$$

式中：$L_{0.95}$ 为负荷低谷时段，累计概率为 0.95 时的送出容量；$L_{0.99}$ 为负荷低谷时段，累计概率为 0.99 时的送出容量。

（2）容量受限概率（Probability of Constrained Capacity，*PCC*）。考虑到系统安全，由于有功限制、无功限制、频率限制等因素，风电场出力会受到限制。接入点容量受限概率

$$PCC = \sum_{i \in S}\frac{t_i}{T} \tag{6-92}$$

式中：S 是有受限状态集合；t_i 是系统状态 i 的持续时间，T 为风电出力全时段，两者单位一致。

（3）容量受限期望（Expected Energy of Constrained Capacity，*EECC*）（MWh/年）。考虑到系统安全，由于有功限制、无功限制、频率限制等因素，风电场出力会受到限制。接入点容量受限期望为

$$EECC = \frac{8760}{T}\sum_{i \in S} C_i t_i \tag{6-93}$$

式中：S 是有受限状态集合；t_i 是系统状态 i 的持续时间；C_i 为系统状态 i 下的受限容量大小；T 为风电出力全时段。

三、大规模间歇式电源接入可靠性经济性评估指标

1. 考虑大规模间歇式电源接入运行风险的效益分析

由于风电和光伏发电具有随机性和波动性的特点，对于风电和光伏发电出力

的预测会有一定偏差。当实际输出功率大于计划出力时就会造成浪费；另一方面，当实际输出功率小于计划出力时，则需要常规能源增加出力来补偿出力不足，这样将造成常规能源的消耗增加，使新能源发电节能减排做出的贡献大打折扣。充分考虑由于预测偏差带来的负面影响，并定量描述这种负面影响，引入风电、光伏发电惩罚成本系数的概念来量化预测偏差所带来的惩罚成本。

（1）风电场 i 单位时间内的出力经济惩罚成本为

$$C_{WPi}=c_w\bullet F_m(E_{PWi}) \tag{6-94}$$

式中：C_{WPi} 为风电场 i 的经济惩罚成本；c_w 为惩罚成本系数；$F_m(P)$ 为系统中在最大效率处单位出力成本最高的火电机组经济出力成本函数；E_{PWi} 为风电场实际出力与计划出力的差值期望，可由下式计算而得

$$E_{PWi}=\frac{\sum_{t=1}^{T}|PWi_t-PWAi_t|}{T} \tag{6-95}$$

式中：PWi_t 为风电场 i 在 t 时刻的实际出力；$PWAi_t$ 为风电场 i 在 t 时刻的计划出力。

（2）光伏电站 i 单位时间内的出力经济惩罚成本为

$$C_{PVPi}=c_{pv}\bullet F_m(E_{PPVi}) \tag{6-96}$$

式中：C_{PVPi} 为光伏电站 i 的经济惩罚成本；c_{pv} 为惩罚成本系数；$F_m(P)$ 为系统中在最大效率处单位出力成本最高的火电机组经济出力成本函数；E_{PPVi} 为光伏电站实际出力与计划出力的差值期望，可由下式计算而得

$$E_{PPVi}=\frac{\sum_{t=1}^{T}|PPVi_t-PPVAi_t|}{T} \tag{6-97}$$

式中：$PPVi_t$ 为光伏电站 i 在 t 时刻的实际出力；$PPVAi_t$ 为光伏电站 i 在 t 时刻的计划出力。

2. 大规模间歇式电源接入清洁能源碳排放收益指标

清洁发展机制（Clean Development Mechanism，CDM）是京都议定书（KP1997）规定的三种灵活机制之一。CDM 允许联合国气候变化框架公约所列的发达国家在非发展中国家投资实施温室气体（Greenhouse Gas，GHG）减排项目，并据此获得所产生的经核证的减排量（Certified Emission Reductions，CERs），以便帮助其遵守他们在议定书中所承担的约束性 GHG 减排义务，同时 CDM 项目活动为项目东道主的发展中国家的可持续发展做出贡献。

ACM0002（Approved Consolidated baseline and Monitoring methodology）基准线方法学是被 EB（CDM Executive Board）批准的可再生能源发电并网项目整合的基准线方法学，适用于可再生能源发电并网项目活动，如应用于电力容量增加的水电站、风能、地热、太阳能、波浪和潮汐能等。基准线是在没有该 CDM 项目活动时会出现的温室气体源人为排放量，基准线的设定是确定一个 CDM 项目活动的减排量的一个关键步骤。较高的排放基准线对于 CDM 项目业主的投资者来说具有更大的吸引力，因为它能够带来更多的减排量（CERs）和更高的投资回报。

因此，项目减排量可以由下式计算获得

$$ER_y = BE_y - PE_y - L_y \tag{6-98}$$

式中：ER_y 为项目减排量；BE_y 为基准线排放量；PE_y 为项目排放量；L_y 为泄漏。

对于风电及光伏发电而言，项目的排放量（PE_y）及泄漏（L_y）可默认为零。基准线排放量由下式计算所得

$$BE_y = E \times EF_y \tag{6-99}$$

式中：E 为上网电量；EF_y 为基准线排放因子，可由下式计算获得

$$EF_y = \omega_{OM} \times EF_{OM,y} + \omega_{BM} \times EF_{BM,y} \tag{6-100}$$

式中：$EF_{OM,y}$ 为清洁能源所在电网的电量边际排放因子；$EF_{BM,y}$ 为清洁能源所在电网的容量边际基准线排放因子；ω_{OM} 和 ω_{BM} 分别是电量边际和容量边际加权排放因子。

电量边际排放因子与容量边际排放因子可由多种方式获取，此处介绍一种实用的计算方法。

电量边际排放因子计算公式

$$EF_{OM,y} = \frac{\sum FC_{i,y} \times NCV_{i,y} \times EF_{CO_2 i,y}}{\sum EG_y} \tag{6-101}$$

式中：$FC_{i,y}$ 为第 y 年的燃料 i 消费量；$NCV_{i,y}$ 为第 y 年单位质量或体积的燃料 i 的净热值；$EF_{CO_2 i,y}$ 为第 y 年燃料 i 每单位能量的排放因子；EG_y 为第 y 年向电网提供的电量。

容量边际排放因子计算公式

$$EF_{BM,y} = \frac{\sum_m EG_{m,y} \times EF_{CO_2,m,y}}{\sum_m EG_{m,y}} \tag{6-102}$$

式中：$EG_{m,y}$ 为第 m 个样本电厂在第 y 年向电网提供的电量；$EF_{CO_2,m,y}$ 为第 m 个

样本电厂在第 y 年 CO_2 排放因子。

因此，考虑 CDM 的碳排放收益可以由下式计算获得

$$PR_{cdm} = ER_y \times P_{CO_2} \tag{6-103}$$

式中：P_{CO_2} 为 CO_2 交易价格。

3. 大规模间歇式电源可靠性损失成本指标

在许多工程领域，合理的可靠性水平总是与经济性相联系的，可靠性需与经济性协调。这一工作十分复杂，因为需将故障损失的费用加以量化，同样为提高可靠性所需的费用也要量化。

可靠性和经济性的协调可理解为寻求以下若干问题的解答：①在给定投资的条件下，能把可靠性提高到何等水平？②在给定可靠性水平的条件下，如何使建造系统的费用最小？③在给定预算的条件下，应把投资花在什么地方最恰当？④在什么基础上对不同的方案进行比较？在工程开发的某些阶段，上述问题是可以假定和估计的，但有时则十分困难，因为无法建立定量的数学模型。

电力系统可靠性的价值就是连续供电的价值。对于用户来讲，连续供电的价值取决于它们在用电中所能得到的效益。可靠性低往往会造成缺电和停电，造成经济损失和社会损失。另一方面，为提高可靠性，电力公司要增加投资，这部分投资应作为电费的一部分由用户承担。因此要研究投资与提高电力系统可靠性水平之间的关系。停电损失（outage/interruption cost）是指由于电力供应不足（包括频率降低和电压降低）或电力系统发生故障导致供电中断，对用户造成的经济和社会损失。

（1）停电损失分类。视停电对用户影响的性质，停电损失也可分为直接停电损失和间接停电损失。

直接停电损失：由于直接停电影响而对用户造成的损失，它一般直接反映在产品成本、性能效益以及经济和社会活动中，如：①产品产量减少、质量降低或损失；②生产设备损坏、闲置或损失；③人工的浪费和闲置；④原材料的损失和浪费；⑤食品、药品的变干和腐坏；⑥因特网、计算机服务和信息传递的破坏；⑦商业业务活动的中断和停顿；⑧电气化运输和交通的中断和停顿。

间接停电损失：由于间接停电影响而对用户造成的损失，包括经济、社会和组织方面，如：①供水系统中断；②污水和垃圾系统的停顿和损坏；③交通阻塞、高层建筑生活和工作秩序的混乱所造成的损失；④治安秩序的破坏，抢劫、偷盗和破坏所造成的损失；⑤社会活动中止和取消所造成的损失；⑥企业协作受停电影响而造成的损失；⑦被迫修改或延迟计划而造成的损失。

停电损失计算方法包括：

1）损失负荷价值法（VOLL 法）。损失负荷价值法（Value of Lost Load，VOLL）是由英国曼彻斯特大学的 R.N. Allan 系统地提出的。该方法建立在大量的用户停电调查数据的统计分析基础上，能够直接反映用户因停电造成的影响。

在英国，VOLL 法主要应用在电力市场和输电系统运行规划等方面。

a．用 VOLL 法来计算电力市场的购买电价。

$$PPP = SMP + LOLP \times (VOLL - SMP) \quad (£/\text{kWh}) \tag{6-104}$$

式中：*PPP* 为电网购买电价；*SMP* 为系统边际电价；*LOLP* 为电力不足概率。当 *LOLP*=1 时，*PPP*=*VOLL*，即为电力市场的最高价；当 *LOLP*=0 时，*PPP*=*SMP*。

b．用 VOLL 法计算期望可靠性成本（expected unreliability costs）。

$$X = ENS \times VOLL \tag{6-105}$$

式中：*ENS* 为电能供应不足（energy not served）。由此便可与投资成本、运行成本一起估算工程的经济性。

2）平均电价折算倍数法。不同的设计方案，可靠性是不同的，其中电量不足期望（Expected Energy Not Served，EENS）指标适合用于评价可靠性的货币价值。电力部门用于可靠性的费用就是为提高供电可靠性所支出的费用。因可靠性低造成的停电损失费用，用当时的平均电价乘以折算倍数来估计，这就是平均电价折算倍数法。在现阶段的中国，采用平均电价的 25 倍来估计停电损失是比较合理的。理由是：与中国经济状况相适应。

3）产电比法。产电比（ratio of output value to unit electric energy consumption）指某一时期（年）、某一地区内国内生产总值（Gross Domestic Product，GDP）与消耗电能量之比，单位为元/kWh。产电比描述了某年、某一地区单位电能创造的经济效益，是对电能货币价值的一种社会度量，可以从宏观的角度作为停电损失的近似估计。它的特点是适于大面积的宏观估计。例如，2001 年 2 月 22 日辽沈大停电中，沈阳市因停电而损失的电量约为 9GWh，按辽宁省的产电比为 5.742 元/kWh 计算，那么 2 月 22 日大停电导致沈阳市的停电损失估计值约为 51.678 百万元。

在统计的基础上，可建立近似的数学模型，为便于分析，假定 GDP 和用电量按年增长服从指数模型，则有

$$\begin{aligned} G(t) &= G(0)\mathrm{e}^{\alpha t} \\ E(t) &= E(0)\mathrm{e}^{\beta t} \end{aligned} \tag{6-106}$$

式中：$G(t)$和 $G(0)$分别为 t 年及起始年的 GDP 值，单位亿元；$E(t)$和 $E(0)$分别为 t 年及起始年的用电量，单位亿 kWh；α 和 β 分别为 GDP 及用电量的年平均增长率，单位年$^{-1}$。

t 年的产电比为 $R(t)$，那么有如下公式

$$R(t)=\frac{G(0)}{E(0)}e^{(\alpha-\beta)t} \tag{6-107}$$

$$\alpha=\frac{1}{t}\ln(G(t)/G(0)) \tag{6-108}$$

$$\beta=\frac{1}{t}\ln(E(t)/E(0)) \tag{6-109}$$

首先根据 GDP 和用电量的统计数据确定 α 和 β 值，再应用（6-107），便可计算出 t 年的产电比。

4）总拥有费用（Total Owning Cost，TOC）法。总拥有费用是指工程的初始投资和其在使用期内的停电损失费用之和。总拥有费用法是通过比较具有不同投资和不同可靠性水平的方案，在使用期内的总拥有费用，按照总拥有费用最低来选择方案的。

TOC 计算公式如下

$$\begin{aligned}TOC&=C+(P/A,i_f,n)\cdot EENS\cdot b\cdot d\\&=C+\left[1-\frac{1}{(1+i_f)^n}\right]\cdot\frac{1}{i_f}\cdot EENS\cdot b\cdot d\end{aligned} \tag{6-110}$$

或

$$TOC=C+\left[1-\frac{1}{(1+i_f)^n}\right]\cdot\frac{1}{i_f}\cdot EENS\cdot R \tag{6-111}$$

当考虑通货膨胀因素时，令 $1+i_f=\dfrac{1+i}{1+f}$（i_f 为利率与通货膨胀综合率），等值额分付现值计算公式的推导应修正为

$$\begin{aligned}P&=A/(1+i_f)+A/(1+i_f)^2+\cdots+A/(1+i_f)^n\\&=\sum_{t=1}^{n}A/(1+i_f)^t\end{aligned} \tag{6-112}$$

因此有

$$P=A\left[\frac{(1+i_f)^n-1}{i_f(1+i_f)^n}\right]=A\cdot(P/A,i_f,n) \tag{6-113}$$

从而式（6-110）、式（6-111）应修正为

$$TOC = C + \left[1 - \left(\frac{1+f}{1+i}\right)^n\right]\frac{1+f}{i-f} \bullet EENS \bullet b \bullet d \qquad (6\text{-}114)$$

或

$$TOC = C + \left[1 - \left(\frac{1+f}{1+i}\right)^n\right]\frac{1+f}{i-f} \bullet EENS \bullet R \qquad (6\text{-}115)$$

上述式（6-110）～（6-115）中：TOC 为使用期内的总拥有费用，单位为万元；C 为方案的初始费用，单位为万元；i 为利率；f 为通货膨胀率；n 为系统寿命周期，一般取为 25 年；$EENS$ 为方案的电量不足期望，单位为 kWh；b 为单位停电电量的电价与平均电价之比，取 25；d 为平均电价，单位为元/kWh；R 为产电比，单位为元/kWh。

（2）可靠性价值评估。现代电力系统的基本功能是按可接受的可靠性水平和尽可能低的成本向用户提供电力和电能。低成本的电能和高水平的可靠性始终是电力系统运营者、规划人员和运行人员所面对的矛盾。可靠性价值评估（reliability worth evaluation）又称不可靠成本评估（unreliability cost evaluation），它将成本分析和定量的可靠性评估统一到共同的研究框架下。直接评估可靠性的价值或者效益非常困难，因此通常将不可靠成本，即停电损失（interruption cost）作为电力系统可靠性价值的间接度量。

在电力系统可靠性评估中，停电持续时间、停电频率及负荷损失是 3 个基本的可靠性指标。可靠性价值评估分析了这 3 个基本量的综合影响，而用户停电函数（Customer Damage Function，CDF）成为可靠性和成本之间的桥梁。

1）可靠性价值指标。

a．期望停电损失（Expected Interruption Cost，EIC，k\$/年）

$$EIC = \sum_{i \in V} C_i F_i W(D_i) \qquad (6\text{-}116)$$

式中：C_i 为切负荷状态 i 的负荷损失量，单位 kW；F_i 和 D_i 为切负荷状态 i 的频率及持续时间；$W(D_i)$为用户停电损失函数 CDF，是停电持续时间的函数，单位\$/kW；V 为所有切负荷状态的集合。

b．停电电量评估率（Interrupted Energy Assessment Rate，$IEAR$，\$/kWh）

$$IEAR = EIC / EENS \qquad (6\text{-}117)$$

式中：$EENS$ 为电量不足期望值，单位 MWh/年，在发电系统可靠性研究中即 LOEE 指标，在配电系统可靠性研究中即 ENS 指标。北美常用的 IEAR 指标与英国常用的损失负荷价值 VOLL 指标的概念类似。对于给定的电力系统而言，IEAR 指标非常稳定，不随系统负荷水平及其他因素的变化而改变。因此，不同负荷水平下的 EIC 就可用 EENS 乘以 IEAR 得到。

式（6-116）和式（6-117）是以解析法的形式给出的指标，若采用蒙特卡罗模拟法评估可靠性价值，也可得到相应指标。下面以状态持续时间抽样法为例给出可靠性价值指标的表达式：

$$\mathrm{EIC}=\frac{8760}{T}\sum_{i\in V}W(D_i)E_i/D_i \tag{6-118}$$

$$\mathrm{IEAR}=\frac{\sum\limits_{i\in V}W(D_i)E_i/D_i}{\sum\limits_{i\in V}E_i} \tag{6-119}$$

式中，$W(D_i)$为用户停电损失函数 CDF，单位$/kW；$D_i$为切负荷状态 i 的持续时间，单位 h；E_i为切负荷状态 i 的缺供电量，单位 kWh；T 为总模拟时间，单位 h；V 为有切负荷的系统状态集合。

应当指出的是，在发电系统可靠性价值评估中，EIC 和 IEAR 为系统指标；在发输电和配电系统评估中，它们既可作为系统指标也可作为节点指标。

2）可靠性价值评估方法。可靠性价值评估方法与可靠性评估方法基本一致，也主要由四部分构成，即元件可靠性和停电损失建模、系统状态选择、系统状态分析和可靠性价值指标计算。系统状态选择算法也可采用解析法或模拟法。系统状态分析可根据不同的研究目的进行扩展，以下以发输电系统可靠性价值评估为例给出两种系统状态分析的模型。

a．最小系统停电损失模型。该模型的目标是最小化系统停电损失，并满足功率平衡、线路潮流和发电机出力不越限的约束。模型的切负荷策略是首先切除停电损失较低的负荷，并考虑停电持续时间对负荷节点各类用户的停电损失的影响。最小系统停电损失模型描述如下：

目标函数

$$\min\sum_{i\in N_{\mathrm{D}}}\sum_{j\in N_{\mathrm{C}i}}W_{ij}(D_k)P_{\mathrm{C}ij} \tag{6-120}$$

约束条件包括：

潮流方程

$$\boldsymbol{P}_{\mathrm{G}}-\boldsymbol{P}_{\mathrm{D}}+\boldsymbol{P}_{\mathrm{C}}=\boldsymbol{B}_0\boldsymbol{\delta} \tag{6-121}$$

有功平衡方程

$$\sum_{i\in N_{\mathrm{G}}}P_{\mathrm{G}i}+\sum_{i\in N_{\mathrm{D}}}\sum_{j\in N_{\mathrm{C}i}}P_{\mathrm{C}ij}=\sum_{i\in N_{\mathrm{D}}}\sum_{j\in N_{\mathrm{C}i}}P_{\mathrm{D}ij} \tag{6-122}$$

发电机出力约束

$$P_{Gi\min} \leqslant P_{Gi} \leqslant P_{Gi\max}, \ i \in N_G \tag{6-123}$$

切负荷约束

$$0 \leqslant P_{Cij} \leqslant P_{Dij}, \ i \in N_B, j \in N_{Ci} \tag{6-124}$$

线路潮流约束

$$|P_{ij}| \leqslant P_{ij\max}, \ i, j \in N_B \tag{6-125}$$

式中：D_k为系统状态k的持续时间；$W_{ij}(D_k)$为母线i上第j类用户的停电损失函数CDF，单位\$/kW；P_{Gi}为发电机i的有功出力；P_{Dij}和P_{Cij}分别为母线i上第j类用户的有功负荷和负荷削减变量；$P_{Gi\min}$和$P_{Gi\max}$为发电机i的有功及无功出力极限；P_{ij}为支路ij的有功功率潮流（单位：MW），$P_{ij\max}$为支路ij的容量极限（单位：MW）；N_B、N_G和N_D分别为所有母线、发电机和负荷节点的集合；N_{Ci}为母线i上的各类用户的集合。

b．最小系统运行成本及停电损失模型。该模型是最小系统停电损失模型的扩展，考虑了系统的运行成本。该模型的目标是最小化系统运行成本及停电损失，并满足功率平衡、线路潮流和发电机出力不越限的约束。该模型的目标函数如式（6-126）所示，约束条件与最小停电损失模型一致如式（6-121）～式（6-125）所示。

$$\min \sum_{i \in N_G} \sum_{j \in N_{Gi}} D_k b_{ij} P_{Gij} + \sum_{i \in N_D} \sum_{j \in N_{Ci}} W_{ij}(D_k) P_{Cij} \tag{6-126}$$

式中：P_{Gij}为母线i上第j台发电机的出力；b_{ij}为母线i上第j台发电机的单位发电成本（\$/kWh）；N_{Gi}为母线i上的发电机的集合。

小　结

本章在风电场可靠性建模方面，提出一种全新的通用概率分布算法，从中长期的角度用于模拟任意给定的风电场出力概率分布；随后提出时—频变换的风电场风功率波动模型，从短时间尺度描述风资源的不确定性。随后，根据实测运行数据进行统计分析，指出了风机停运概率随风速增大而增加的运行规律，提出了风速相关的风机时变可靠性模型，该模型能考虑实时的风速状况对风机停运率的影响，可进一步用于研究风速对于风电场功率波动的影响。最后从风电的运行条件和运行时间两个角度同时出发，考虑风力发电机停运概率受运行时间、运行环境、运行条件、风速大小的影响，得到风力发电机短期运行停运概率模型，并根据风电实际出力情况，分析风电场在不同风速水平下的多状态模型。实现了风电场可靠性模型精度与计算复杂度的协调。

第七章

大规模新能源电源并网规划案例

第一节　算　例　介　绍

一、西北电网现状[1]

西北电网包括陕甘青宁新藏六省（区）电网，是全国六大区域电网之一，地域跨度全国最大。电网已覆盖六省（区）的大部分经济较发达地区，目前电网最高电压等级为750kV。陕甘青宁电网主网电压等级为750kV/330kV，新疆电网的主网电压等级为750kV/220kV。电网通过灵宝背靠背直流、陕西宝鸡—四川德阳±500kV直流、宁夏宁东—山东青岛±660kV直流、哈密—郑州±800kV直流与华中、华北电网联网。

2016年西北六省（区）系统发电设备新增机组401台（座），新增发电容量23988.1MW，较2015年年底总装机容量增长12.2%。其中新增火电机组47台，新增发电容量8727.5MW，增长率为8.3%；新增水电机组76台，新增发电容量1485MW，增长率为5.1%；新增风电场27座，新增发电容量4059.9MW，增长率为10.2%；新增光伏电站246座，新增发电容量9649.7MW，增长率为46.59%。

2016年西北六省（区）系统新增220kV及以上降压变85台，新增容量45960MVA。其中750kV新增降压变17台，容量30300MVA，增长率为27.9%；330kV新增降压变21台，容量5760MVA，增长率为6.6%；220kV新增降压变47台，容量9900MVA，增长率为15.5%。

分省新增情况：陕西电网新增330kV变压器9台，新增容量2400MVA；甘肃电网新增330kV变压器3台，新增容量960MVA；青海电网新增330kV变压器

---

[1] 来源：《国家电网公司西北电网2017年运行方式报告》，国家电网公司西北分部。

4台，新增容量720MVA；宁夏电网新增330kV变压器5台，新增容量1680MVA，宁夏电网新增220kV变压器4台，新增容量900MVA；新疆电网新增220kV变压器43台，新增容量9000MVA。

2016年西北六省（区）系统220kV及以上交流输电线路新增126条，新增长度5641.6km。其中新建750kV线路21条，新增线路长度2388.3km；新建、改建330（500）kV线路49条，新增线路长度2160.3km；新增220kV线路56条，新增线路长度1093km。

截止到2016年末，西北六省（区）调度口径装机6467台（座），容量220013.5MW，其中火电114040.5MW，占总装机容量的51.8%；水电30366.8MW，占总装机容量的13.8%；风电43789MW，占总装机容量的19.9%；光伏30363.8MW，占总装机容量的13.8%；其它1453.4MW，占总装机容量的0.7%。

西北电网600MW及以上大容量机组共计52台（含国调直调），容量35420MW，占总装机容量的16.1%。

直接接入750kV及以上输电网络的机组18520MW，占总装机容量的8.4%；直接接入330（500）kV输电网络的机组61935MW，占总装机容量的28.2%；直接接入220kV网络的机组48517.1MW，占总装机容量的22.1%。直接接入110kV及以下网络的机组91041.4MW，占总装机容量的41.4%。

各省（区）装机容量分别为：陕西39468MW，占总装机容量的17.9%，甘肃45762MW，占总装机容量的20.8%，青海22869.1MW，占总装机容量的10.4%，宁夏33776.3MW，占总装机容量的15.4%，新疆78138.1MW，占总装机容量的35.5%（其中西北分调直调26780MW，占总装机容量的12.2%）。

截止2016年末，西北六省（区）系统220kV及以上降压变变电容量321348MVA，其中750kV变压器容量为138800MVA（47站78变，其中含有3个750kV直流换流站），330kV降压变变电容量为108378MVA（共255站，其中含甘肃电厂升压站、牵引站及风光汇集站，青海牵引站及风光汇集站，442变）。西北电网220kV及以上交流输电线路长度69800.8km（1429条），其中750kV线路长度为18266km（116条），330kV线路长度为28442.2km（655条）。2016年，西北750kV电网延伸至陕北、海西、北疆和南疆地区，新疆、关中形成750kV环网，省间联络进一步加强。目前，已形成陕甘4回、甘青4回、甘宁2回、甘新4回750kV线路的网络结构。

二、西北电网规划

2020年，为进一步加强河西与西北主网联系，满足功率交换需要，拟建设河西至西北主网的第三个750kV通道。西北电网形成甘陕断面4回、甘宁断面2回、甘青断面 8 回、新疆与西北主网断面 4 回 750kV 线路的电网结构。

2020 年，西北主要负荷中心电网（关中、陕北、兰州—西宁、银川、乌鲁木齐）均形成 750kV 环网或链状结构，负荷中心供电可靠性得到进一步加强。主要负荷中心之间形成陕北—宁夏—兰州—关中 750kV 环网（1709km）。2020 年西北电网主要送电通道均建成至少双回 750kV 线路。西北电网结构得到进一步加强，可以满足区内负荷用电、电源接入及送出、区内及更大范围内的资源优化配置。西北电网形成坚强的智能送端电网。

三、电力需求预测

根据《国家电网发展规划（2013～2020 年）》，按低、高方案预测西北区域（不含西藏）2020 年全社会用电量及负荷水平。其中，低方案为推荐方案，高方案为各省“十二五”滚动规划的推荐方案。

低方案：2020 年西北区域全社会用电量将达到 8415 亿 kWh，“十三五”期间年均增长 7.1%；最大负荷将达到 12688 万 kWh，相应“十三五”期间年均增长 12.3%、7.1%。具体数据见表 7-1。

高方案：2020 年西北区域全社会用电量将达到 10193 亿 kWh，“十三五”期间年均增长 9.9%；最大负荷将达到 9815 万 kW、15777 万 kW，“十三五”期间年均增长 10.0%。具体数据见表 7-2。

表 7-1　　西北地区电力需求预测表（低方案）

（万 kW、亿 kWh）

项目	省（区）	2010 年	2015 年	2020 年	十二五增长率	十三五增长率
负荷	**西北 5 省区**	**5052**	**9015**	**12688**	**12.3%**	**7.1%**
	陕甘青宁	4152	6624	8508	9.8%	5.1%
	陕西	1510	2353	2985	9.3%	4.9%
	甘肃	1304	2074	2586	9.7%	4.5%
	青海	677	1117	1546	10.5%	6.7%
	宁夏	880	1429	1839	10.2%	5.2%
	新疆	1120	2826	4835	20.3%	11.3%
电量	**西北 5 省区**	**3392**	**5982**	**8415**	**12.0%**	**7.1%**
	陕甘青宁	2675	4250	5462	9.7%	5.1%
	陕西	859	1337	1696	9.3%	4.9%
	甘肃	804	1267	1580	9.5%	4.5%

续表

项目	省（区）	2010年	2015年	2020年	十二五增长率	十三五增长率
电量	青海	465	765	1058	10.5%	6.7%
	宁夏	547	881	1128	10.0%	5.1%
	新疆	662	1662	2837	20.2%	11.3%

表 7-2 西北地区电力需求预测表（高方案）

（万 kW、亿 kWh）

项目	省（区）	2010年	2015年	2020年	十二五增长率	十三五增长率
负荷	**西北5省区**	**5052**	**9815**	**15777**	**14.2%**	**10.0%**
	陕甘青宁	4152	7333	10639	12.0%	7.7%
	陕西	1510	2509	3400	10.7%	6.3%
	甘肃	1304	2150	3300	10.5%	8.9%
	青海	677	1450	2150	16.5%	8.2%
	宁夏	880	1610	2349	12.8%	7.8%
	新疆	1120	2950	5950	21.4%	15.1%
电量	**西北5省区**	**3392**	**6371**	**10193**	**13.4%**	**9.9%**
	陕甘青宁	2675	4623	6827	11.6%	8.1%
	陕西	859	1338	1886	9.3%	7.1%
	甘肃	804	1310	2000	10.3%	8.8%
	青海	465	1000	1481	16.5%	8.2%
	宁夏	547	975	1460	12.3%	8.4%
	新疆	662	1720	3480	21.0%	15.1%

四、电源建设规划

西北地区能源资源丰富，煤炭资源、水资源、风资源、太阳能资源大多集中分布。水电资源主要集中在黄河上游的青海、甘肃两省，其水电开发成本低，调节特性好，是西北电网西电东送的主要水电电源。煤炭资源主要分布在陕西、宁夏和新疆，陕北、彬长、宁东、哈密、准东和伊犁煤电基地是西北电网西电东送主要考虑的火电电源点。风能资源主要分布在甘肃、新疆、宁夏，其中，甘肃风能资源主要集中在河西走廊的酒泉地区，酒泉市瓜州县素有“世界风库”之称，酒泉风电基地是我国的千万千瓦级风电示范基地；新疆风能资源主要集中在九大风区；宁夏风能资源主要分布在贺兰山、六盘山以及宁夏中部的红寺堡开发区附近。太阳能资源主要集中分布在甘肃、新疆、青海，其中，甘肃太阳能资源主要集中在河西走廊、甘南草原；新疆沙漠面积大，日照十分强烈，并且部分沙漠距离电网覆盖地区在可接受范围内，远景年在技术经济合理的情况下将大规模发展大漠光伏发电；青海太阳能资源主要集中在海西地区的柴达木盆地，青海省政府规划将柴达木盆地建成千万千瓦级的光伏发电基地。

考虑在建、已核准、路条及规划电源，预计 2020 年西北电网电源装机总规模为 41224 万 kW，其中水电 4978 万 kW、火电 28045 万 kW、风电 5448 万 kW、光伏 2650 万 kW、生物质能 102 万 kW，相应的装机比例分别为 12.1%、68.0%、13.2%、6.4%、0.3%。

2020 年，西北电网风电装机 5448 万 kW，其中陕西 468 万 kW、甘肃 2000 万 kW、青海 300 万 kW、宁夏 780 万 kW、新疆 1900 万 kW。西北电网规划光伏装机 2651 万 kW，其中陕西 271 万 kW、甘肃 570 万 kW、青海 1000 万 kW、宁夏 100 万 kW、新疆 575 万 kW。

表 7-3　　西北电网电源装机规划

（单位：万 kW）

项　　目	2015 年	2020 年
总计	24127	41224
1．水电	3421	4978
其中：抽水蓄能	0	190
2．火电	15803	28045
其中：热电厂	3038	4135
自备及其他电厂	3076	3137
燃气电厂	37	37
3．风电	3392	5448
4．光伏	1478	2650
5．生物质	32	102

注　不含交流外送配套电源，青海省为对应负荷低方案的装机，其他各省为对应负荷高方案的装机。

五、负荷特性

1．典型年负荷特性

西北电网负荷特性由西北地区经济结构、气候、居民生活习惯等因素决定，各省负荷特性相近，其主要特点为年负荷利用小时数较高、日峰谷差相对较小。

1998～2011年西北电网各省（区）年最大负荷利用小时数详见表7-4。

表7-4　　年最大负荷利用小时数统计表

（单位：小时）

年　份	陕　西	甘　肃	青　海	宁　夏	全　网
1998	5590	6311	6715	6810	6400
1999	5528	6388	6111	6802	6287
2000	5550	6344	6656	6930	6530
2001	5642	6656	6383	6924	6558
2002	5508	6119	6227	6828	6228
2003	5484	6095	5471	6647	6273
2004	5900	6596	6645	6899	6706
2005	5896	6539	6479	7657	6782
2006	5675	6528	7031	7146	6736
2007	5851	6584	7109	7422	6744
2008	5966	7016	7665	7248	7085
2009	5652	6114	5866	6581	6165
2010	5989	6688	7211	7528	7192
2011	6194	7328	7223	6910	7229
平均	5745	6522	6628	7024	6637

由统计结果看，西北电网多年平均的最大负荷利用小时数达到6637h；陕西电网相对较低，为5744h；甘肃、青海电网相当，分别为6522、6628h，宁夏电网最高，达到7024h。从近几年的情况来看，各省（区）最大负荷利用小时数呈现增加的趋势，这与我国东部高耗能产业向西部转移的情况有密切关系。

通过对西北及各省（区）电网历史负荷特性的分析、研究，并考虑负荷结构调整、负荷发展速度等因素，得出西北及各省（区）和西北整体电网2015年典型年负荷曲线分别如图7-1和图7-2所示，其预测值见表7-5，2020年与2015年采用同一曲线。可以看出，陕、青两省最大负荷月为12月份，甘、宁两省均为11月份，新疆为7月份，西北全网最大负荷发生在12月份。青海的最小负荷月为6月。

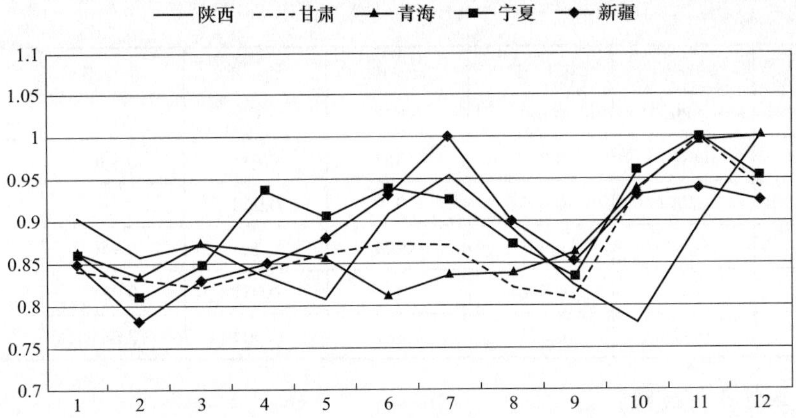

图 7-1　西北各省（区）电网典型年负荷曲线图

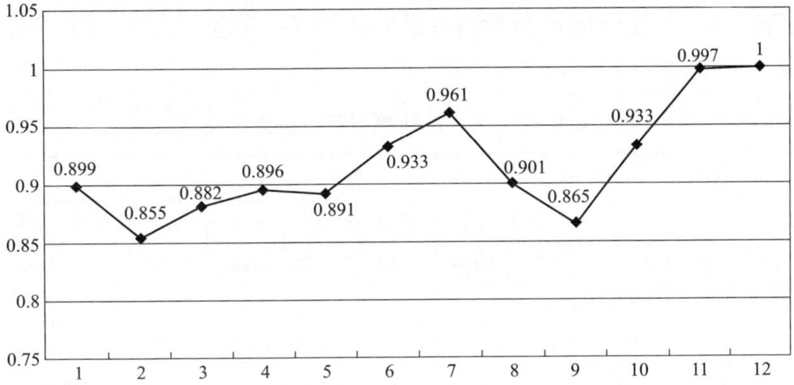

图 7-2　西北整体电网典型年负荷曲线图

表 7-5　　西北及各省（区）电网典型年负荷曲线预测值

月　份	陕　西	甘　肃	青　海	宁　夏	新　疆	西　北
1	0.903	0.841	0.861	0.862	0.850	0.899
2	0.857	0.829	0.835	0.808	0.780	0.855
3	0.874	0.822	0.874	0.848	0.830	0.882
4	0.835	0.844	0.864	0.937	0.850	0.896
5	0.807	0.862	0.856	0.904	0.880	0.891
6	0.909	0.874	0.812	0.939	0.930	0.933
7	0.955	0.872	0.836	0.927	1	0.961

续表

月份	陕西	甘肃	青海	宁夏	新疆	西北
8	0.890	0.821	0.838	0.873	0.900	0.901
9	0.824	0.808	0.863	0.834	0.850	0.865
10	0.780	0.937	0.939	0.960	0.930	0.933
11	0.899	**1**	0.996	**1**	0.940	0.997
12	**1**	0.940	**1**	0.951	0.925	**1**
ρ	0.878	0.871	0.881	0.904	0.889	0.918

2. 典型日负荷特性

通过对西北及各省（区）电网历史负荷特性的分析、研究，并考虑负荷结构调整、负荷发展速度等因素，得出西北及各省（区）电网2015年典型日负荷曲线预测值见表7-6，西北全网日负荷特性曲线如图7-3所示，2020年与2015年采用同一曲线。

表7-6　西北及各省（区）电网典型日负荷曲线预测值

地区	陕西		甘肃		青海		宁夏		新疆		全网	
季节	夏季	冬季	夏季	冬季	夏季	冬季	夏季	冬季	夏季	冬季	夏季	冬季
1	0.729	0.690	0.842	0.824	0.936	0.901	0.972	0.941	0.812	0.821	0.859	0.830
2	0.690	0.678	0.834	0.817	0.920	0.899	0.958	0.941	0.755	0.772	0.844	0.821
3	0.675	0.668	0.820	0.800	0.912	0.881	0.918	0.939	0.722	0.755	0.835	0.813
4	0.670	**0.656**	**0.805**	**0.794**	**0.890**	**0.880**	**0.890**	0.937	0.708	0.728	0.833	**0.800**
5	**0.636**	0.665	0.818	0.832	0.900	0.883	0.895	0.935	**0.690**	**0.700**	**0.820**	0.811
6	0.684	0.691	0.832	0.872	0.936	0.918	0.910	0.940	0.720	0.709	0.835	0.830
7	0.730	0.759	0.892	0.886	0.953	0.920	0.915	0.948	0.774	0.727	0.865	0.862
8	0.786	0.800	0.911	0.883	0.957	0.945	0.925	**0.880**	0.833	0.782	0.880	0.879
9	0.873	0.895	0.916	0.917	0.959	0.955	0.947	0.928	0.876	0.817	0.921	0.917
10	0.908	0.916	0.946	0.926	0.948	0.982	0.949	0.945	0.934	0.850	0.948	0.927
11	0.936	0.938	0.974	0.927	0.952	0.957	0.961	0.965	0.972	0.896	0.980	0.938
12	0.900	0.900	0.945	0.919	0.967	0.981	0.962	0.954	0.982	0.932	0.989	0.942
13	0.903	0.865	0.941	0.874	0.958	0.969	0.962	0.953	**1**	0.934	0.981	0.923
14	0.921	0.869	0.936	0.890	0.951	0.962	0.971	0.956	0.966	0.905	0.968	0.911
15	0.949	0.864	0.951	0.893	0.969	0.939	0.983	0.956	0.946	0.885	0.967	0.911
16	0.963	0.866	0.946	0.891	0.965	0.908	0.967	0.960	0.931	0.894	0.973	0.920

续表

地区	陕西		甘肃		青海		宁夏		新疆		全网	
季节	夏季	冬季	夏季	冬季	夏季	冬季	夏季	冬季	夏季	冬季	夏季	冬季
17	0.985	0.912	0.969	0.921	0.982	0.928	0.995	0.970	0.963	0.887	0.990	0.954
18	0.954	0.951	0.987	0.954	0.970	0.971	0.995	**1**	0.975	0.894	0.990	0.990
19	0.918	**1**	0.962	**1**	0.956	**1**	0.996	0.993	0.990	0.938	0.984	**1**
20	0.966	0.990	0.981	0.98	0.949	0.993	0.998	0.991	0.967	**1**	0.990	0.988
21	**1**	0.973	**1**	0.962	**1**	0.989	**1**	0.995	0.955	0.990	**1**	0.972
22	0.960	0.911	0.956	0.938	0.991	0.984	0.985	0.990	0.949	0.968	0.967	0.945
23	0.858	0.817	0.914	0.891	0.964	0.919	0.981	0.980	0.980	0.949	0.926	0.906
24	0.727	0.728	0.874	0.858	0.950	0.895	0.970	0.946	0.883	0.888	0.882	0.854
γ	0.847	0.833	0.915	0.894	0.951	0.940	0.959	0.956	0.887	0.859	0.926	0.902
β	0.636	0.656	0.805	0.794	0.890	0.880	0.890	0.880	0.690	0.700	0.820	0.800

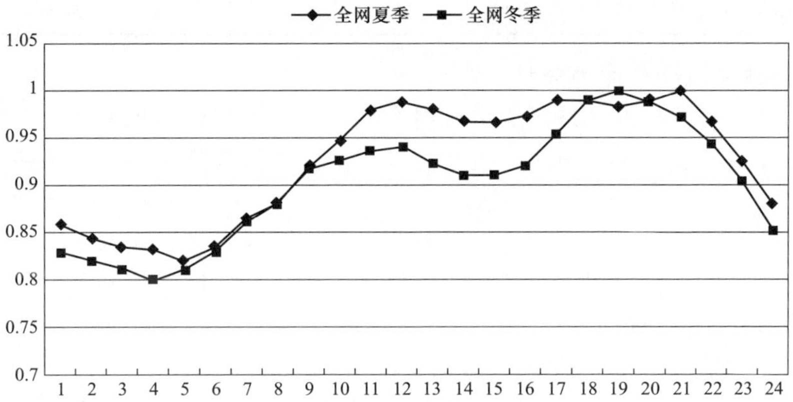

图 7-3 西北全网日负荷特性曲线

可以看出，陕、甘、青、宁四个电网中陕西电网负荷率最低，γ值的范围在 0.833～0.847 之间，β 值的范围是 0.636～0.656；宁夏电网负荷率最高，γ值的范围在 0.956～0.959 之间，β 值的范围是 0.880～0.890。冬季、夏季典型日均有两个高峰，即早高峰和晚高峰，目前仍以晚高峰负荷最大。夏季典型日最大负荷陕、甘、青、宁四省及西北全网均在 21 点、新疆在 13 点；冬季典型日最大负荷陕、甘、青三省及西北全网在 19 点、宁夏在 18 点、新疆在 20 点。典型日最小负荷陕西夏季在 5 点、冬季在 4 点；甘肃、青海两省夏季、冬季均在 4 点；宁夏夏季在 4 点、冬季在 8 点；新疆夏季、冬季均在 5 点；西北全网夏季在 5 点、冬季在 4 点。

六、常规机组调节能力分析

1. 常规火电机组调节能力分析

随着我国节能减排战略的推进，小机组逐步关停退役，大容量、高参数机组的比例逐步提高，新投产机组的调峰深度达到 50%～60%，低负荷运行方式调峰成为火电机组调峰的主导调峰方式。

非供热机组和非供热期供热机组最小出力为其锅炉最低稳燃负荷，火电机组的最小技术出力率及调峰深度见表 7-7。

表 7-7　　火电机组的最小技术出力率及调峰深度

火电机组容量	最小技术出力率	调　峰　深　度
10 万 kW 以下	80%	20%
10 万～30 万 kW	60%	40%
30 万 kW 以上	50%	50%

2. 供热机组调节能力分析

热电联产机组在西北地区火电机组类型中占比较高，为冬季采暖用户供热的主要为抽凝式可调整供热机组，机组可以在保证供热量基本不变的条件下正常参与调峰。

热电联产机组最大调峰幅度主要取决于凝汽运行时最大技术出力与最小技术出力。在一定的机组容量、供热压力、机组结构与参数设计情况下，最大与最小技术出力取决于机组抽汽量。

以常见的抽汽压力 0.5MPa、30 万 kW 机组为例，供暖期抽汽量通常在 200～500t/h 之间，见表 7-8。随着供热需求增大，热电联产机组最大技术出力逐步减小，受抽汽口蒸汽流量不低于最小安全流量限制，抽汽量增加时需增大主蒸汽流量，导致机组最小技术出力增大。因此，随着机组供暖抽汽量增加，热电联产机组调峰能力降低。

表 7-8　　采暖抽汽压力 0.5MPa、30 万 kW 机组不同供热量下发电功率

抽汽量	机组最大发电		机组最小发电		机组调峰幅度	
500t/h	24.9 万 kW	83.00%	22.76 万 kW	75.87%	2.14 万 kW	7.13%
400t/h	26.634 万 kW	88.78%	20.154 万 kW	67.18%	6.48 万 kW	21.60%
300t/h	28.364 万 kW	94.55%	17.662 万 kW	58.87%	10.702 万 kW	35.67%
200t/h	30.019 万 kW	100.06%	14.687 万 kW	48.96%	15.332 万 kW	51.11%

抽汽供热量主要与采暖期天气温度有关，以 30 万 kW 供热机组为例，300t/h 为额定抽汽量，500t/h 为极限抽汽量。供热初末期、气温较高时，供汽量一般为 200t/h，此时调峰幅度能达到 51.11%，供热中期 300～400t/h 抽汽量时，调峰幅度能达到 21.60%～35.67%，在天气最寒冷的 15～30 天阶段抽汽量达到 450～500t/h，调峰深度仅为 10%左右。西北地区供热期 4～6 个月，各省主要城市供热期见表 7-9，除去最寒冷的 1 个月左右，有 3～5 个月调峰深度可以达到 20%～50%。目前西北地区的调峰实际主要由水电、常规火电实现，供热机组尚未参与调峰；而华北、东北地区以火电机组为主，在冬季供热期供热机组在一定程度上参与调峰。

表 7-9　　西北地区供热期划分

地区	陕西西安	甘肃兰州	青海西宁	宁夏银川	新疆乌鲁木齐
供热期	11 月 15 日～3 月 15 日	11 月 1 日～3 月 31 日	10 月 15 日～4 月 15 日	11 月 1 日～3 月 31 日	10 月 15 日～4 月 15 日
供热天数	120 天	160 天	180 天	160 天	180 天

3. 水电调节能力分析

西北地区水力资源丰富，陕、甘、青、宁、新五省（区）水力资源理论蕴藏量达 8982 万 kW，占全国的 12.9%；技术可开发量 5841 万 kW，占全国的 10.8%。从各省（区）分布看，西北水力资源主要分布在青海、新疆、甘肃三省（区），陕西、甘肃、青海、宁夏和新疆的技术可开发量分别为 662 万 kW、1063 万 kW、2314 万 kW、146 万 kW 和 1656 万 kW。各省（区）水电技术可开发量占西北水电可开发总量的比例分别为 11.3%、18.2%、39.6%、2.5%、28.4%，如图 7-4 所示。

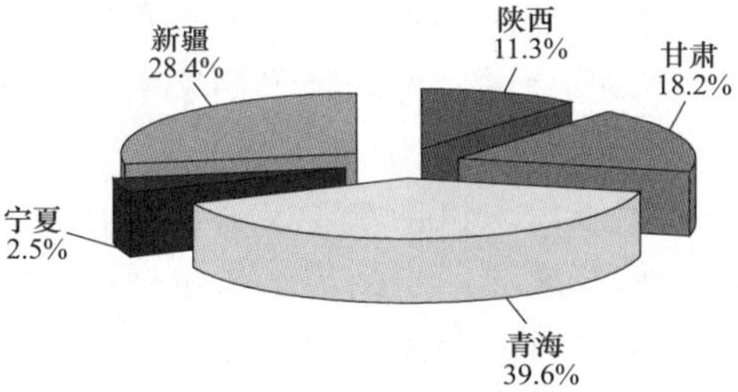

图 7-4　西北地区五省水电技术可开发量比例分布图

从流域分布看，西北地区的水力资源主要分布在黄河上游、黄河北干流、长江支流汉江上游河段和新疆伊犁河流域。预计 2015～2020 年西北地区各省水电装机情况见表 7-10。

表 7-10　　2015～2020 年西北各省水电装机情况

（万 kW）

各省水电装机	2015 年	2020 年
总计	**3420.68**	**4978.55**
陕西	308.6	483.1
甘肃	987.6	987.7
青海	1205	1505
宁夏	42.2	42.2
新疆	877.28	1960.55

影响西北水电调节能力的主要因素包括：水文条件、水库运行水位和库容、用水需求、灌溉需求、防凌约束、水电检修。

（1）水文条件。水文条件，即来水规律，是影响水电发电特点及调节能力的最重要因素。另外，由于西北地区黄河上游龙羊峡水库库容较大，具有多年调节作用，通过龙羊峡水库的调节调度，黄河上游水电站的来水情况也不同于天然来水资料，调节后的基本情况如下：

枯水年来水比较平稳，符合多年调节水库在电力系统的运行方式。平水年来水规律基本与天然来水规律相近，每年出现较大出力的时段主要集中在 5～10 月。丰水年来水波动较大，来水主要集中在 5～10 月，11 月由于龙羊峡水库蓄水增大，也会出现较大出水的情况。

（2）水库运行水位及库容。水电站的运行受水库设计水位及库容等因素的影响。在水库正常运行时，允许水库消落水位不得低于死水位，水库最小库容不得小于死库容；根据洪水特性和防洪要求，水库最高水位和允许的最大库容在不同月份也存在不同的要求，一般来讲，考虑到汛期来水较多，一般会适当降低水库的最高水位和库容。

（3）用水需求。基本用水需求包括农业需水、工业需水和生活需水。其中农业需水量包括农田灌溉和林草灌溉；生活需水量包括城镇生活、农村生活和牲畜需水等三部分。此外，近年来黄河断流现象日益严重，水库调度还需要尽量减少黄河断流次数。为保证下游河道生态及沿黄地区和滨河区基本的工农业及人民生活用水，以及减少黄河断流次数，从全河水量统一调度统一管理的观点，要求黄河河口镇断面保持一定的流量。根据相关研究，作为控制黄河上游流量的补充条件，河口镇的补水设置根据不同时段的各项要求在 250m^3/s 上下浮动。

（4）灌溉需求。近年来，甘肃、宁夏、内蒙古等黄河流域地区灌溉面积不断增大，目前甘肃、宁夏、内蒙古等省（区）的引黄灌溉面积已超过1700万亩；引水量逐年增加，开灌时间也逐渐提前，目前已提前至3月下旬起即要求加大水库出库流量。9月中旬至10月底，内蒙古河套灌溉区进行秋灌，高峰期要求兰州段流量达到800m^3/s。11月份宁夏冬灌进入高峰，要求刘家峡出库流量达到850m^3/s，到11月中旬宁夏、内蒙古的灌溉用水结束。灌溉区的取水方式包括自流和提灌，有水量和河道水位两方面的要求。当前农业灌溉用水的保证率接近100%，各省（区）农业灌溉的需求对水电的调节能力构成一定制约。

（5）防凌约束。由于宁蒙河段处于黄河流域的最北部，纬度最低，冬季严寒而漫长，基本上年年封河，属稳定封河河段。该段从头道拐至兰州一般在12月中旬到1月中旬开始封河，最早在11月中旬封河，至次年2月下旬到3月下旬开河，封河期约40～100天，封河长度一般在700km左右。在凌汛期前后，由于黄河防凌及开河的需要，对黄河上游水电的调度运行将产生影响。一般调节原则为：

在封河期前，适当加大上游水库出库流量，增大河道径流量，尽可能使河道以高冰盖形式封河，以增加凌汛期冰下过流能力。在封河期间，水库出库流量要保持均匀，流量过大容易形成“水鼓冰开”，流量过小将可能出现冰盖坍塌，因此应避免流量波动过大。在开河期间，为减小凌峰流量，应限制上游出库流量。

（6）水电检修。水电机组的检修导致水电站预想出力减小，直接影响水电站的调节能力。为减少水电弃水，一般情况下水电都安排在枯水期进行检修，直接降低了水电的调节能力，检修期主要集中在防凌期的11月中旬至次年的3月20日之前。

从流域分布看，西北陕甘青宁地区的水能资源主要分布在黄河上游、黄河北干流、长江支流汉江上游河段流域。黄河上游是陕甘青宁地区水电分布最集中的地区，也是未来水电开发潜力较大地区，预计2020年黄河上游水电装机达到1761万kW，占西北4省（区）水电装机的58%，其中青海省境内1375万kW，占黄河上游水电装机的78%。

黄河上游：目前黄河上游龙羊峡—青铜峡段已建成龙羊峡、尼那、苏只、炳灵、刘家峡、盐锅峡、八盘峡、柴家峡、刘家峡、青铜峡段等22座水电站，形成以龙羊峡为“龙头”水库，梯级电站联合运行的局面。从调节能力上来看，龙羊峡为多年调节，规划的宁木特为年调节，刘家峡为不完全年调节，其他水电站基本具备日调节能力。从运行方式上来看，可以将黄河上游干流的水电站分为两个水电群，其中，龙羊峡—刘家峡河段之间的水电站为一个水电群，该水电群的每日电量受龙羊峡电站的控制，刘家峡以下河段的水电站为一个水电群，该水电群的每日电量受刘家峡电站的控制。

汉江上游地区：汉江上游受季风影响较大，年降雨量分布不均，7、8、9 三个月的降雨量占全年 50%左右，主汛期明显。汉江上游的暴雨具有强度大、分布集中和笼罩面积广等特点。安康水电站是汉江上游最大的水电站，在主汛期（7～9 月）调节能力较差，在其他月份具有一定的调节能力。汉江上游其他水电站基本为径流式水电。

甘肃内陆流域：河西内陆河流域年内来水时空分布不均，汛期来水占全年来水总量较大，影响水电调节能力；河西内陆流域水电基本为径流式电站，同时受灌溉用水要求较高，基本不具有调节能力。

2020 年西北陕、甘、青、宁 4 省（区）水电站枯水年和平水年的水电特性见表 7-11，4 省（区）2020 年水电出力特性如图 7-5 所示。

表 7-11　2020 年西北陕、甘、青、宁 4 省（区）水电站枯水年和平水年的水电特性

（单位：万 kW）

水文年	出力	1 月	2 月	3 月	4 月	5 月	6 月	7 月	8 月	9 月	10 月	11 月	12 月
枯水年	预想出力	2213.2	2208.0	2202.9	2196.6	2625.5	2621.8	2626.7	2635.4	2639.6	2644.1	2220.1	2219.9
	平均出力	867.6	872.7	881.1	883.6	1364.2	1392.7	1423.7	1434.4	1463.0	1525.3	916.0	871.6
	强迫出力	256.3	255.6	255.1	255.7	729.5	730.1	728.5	730.5	721.4	721.7	258.9	256.0
平水年	预想出力	2216.1	2219.7	2222.3	2209.8	2840.4	2834.7	2853.8	2855.0	2856.8	2858.9	2215.1	2220.1
	平均出力	887.0	888.7	909.3	943.1	1636.3	1786.6	2334.1	2233.0	1731.4	1702.6	948.7	893.3
	强迫出力	255.2	253.8	253.2	255.9	938.7	940.8	945.3	942.8	934.7	935.8	258.6	254.1

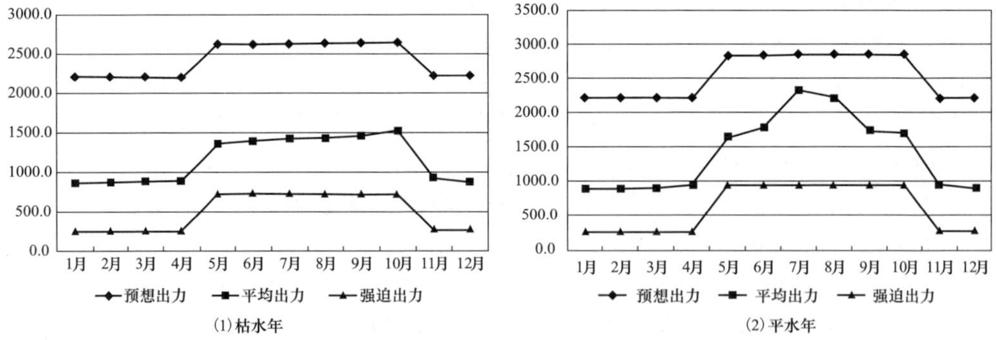

图 7-5　西北陕、甘、青、宁 4 省（区）2020 年水电出力特性（单位：万 kW）

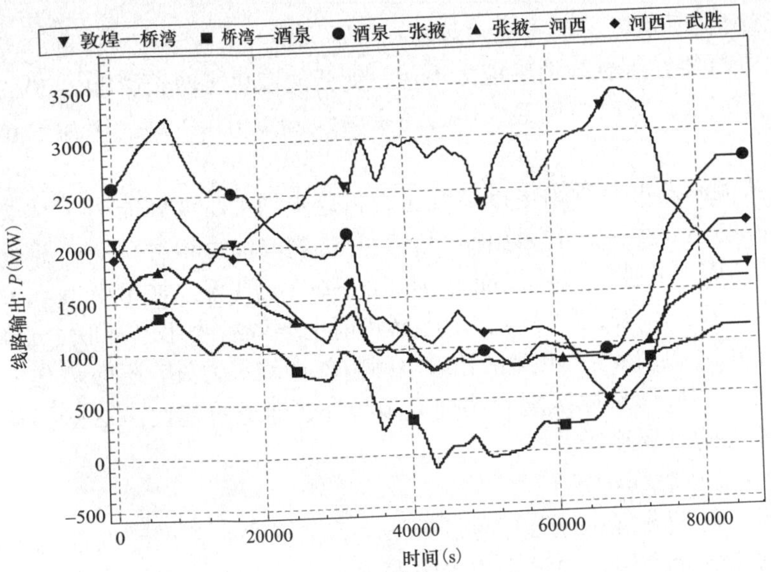

图 7-9　典型日风电、光伏及负荷波动下西北—新疆联网第一通道各主要 750kV 线路潮流

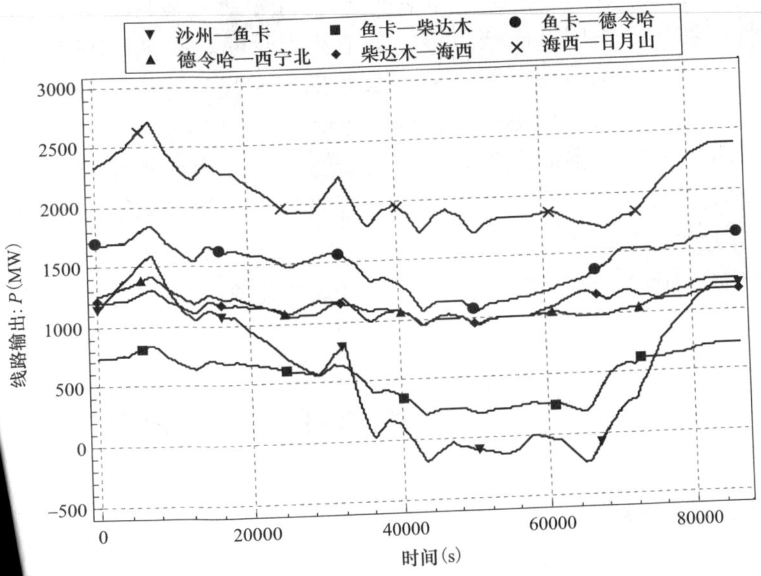

图 7-10　典型日风电、光伏及负荷波动下西北—新疆联网第二、三通道各主要 750kV 线路潮流

根据水电发展规划、水文条件、水库运行约束、水电检修安排等，经生产模拟，得到在低负荷方案下 2020 年西北陕甘青宁地区水电站的枯水年和平水年的各月的水电出力特性，其中：预想出力为考虑来水、水头等因素，水电站可能达到的最大出力；平均出力为根据某一时段（月）的水电发电量除以水电装机，即水电站的平均发电功率；强迫出力为保证水电厂下游用水部门要求而必须发电的最小出力。

七、间歇式电源波动特性

甘肃风电典型日波动曲线如图 7-6 所示。本次研究算例中青海风电典型日波动曲线也采用该规律。

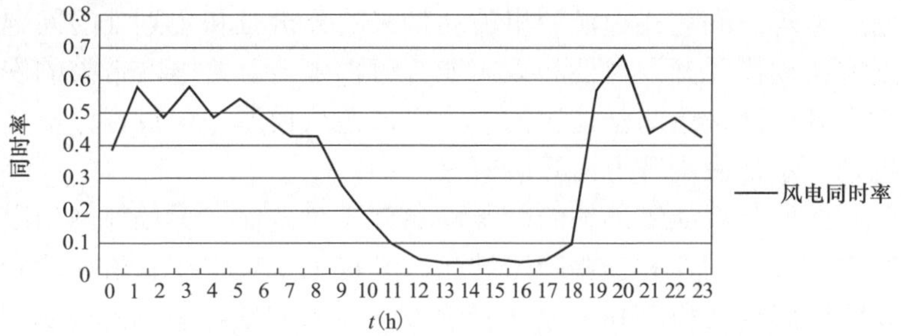

图 7-6　甘肃风电典型日功率波动曲线

青海、甘肃光伏典型日功率波动曲线如图 7-7、图 7-8 所示。从青海、甘肃光伏典型日功率波动曲线可以看出，青海及甘肃典型日光伏出力波动可以从 0 波动至 50%或 80%，光伏出力最好的时段在早 10：00 至下午 17：00 之间，可达 50%以上。青海省光伏电源出力条件相对较好，最大出力可达 80%，甘肃省光伏电源最大出力可达 50%左右。

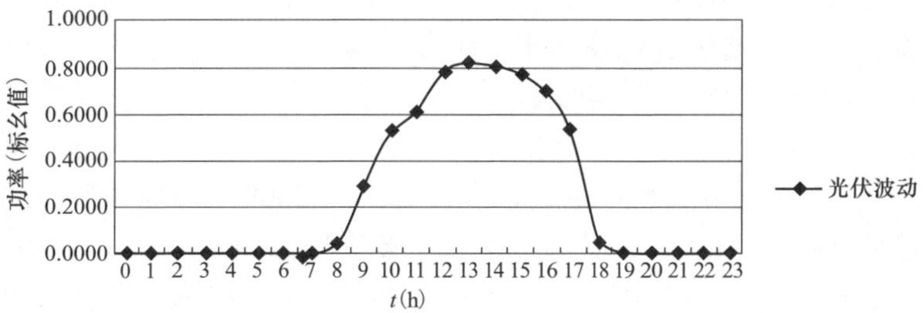

图 7-7　青海光伏典型日功率波动曲线

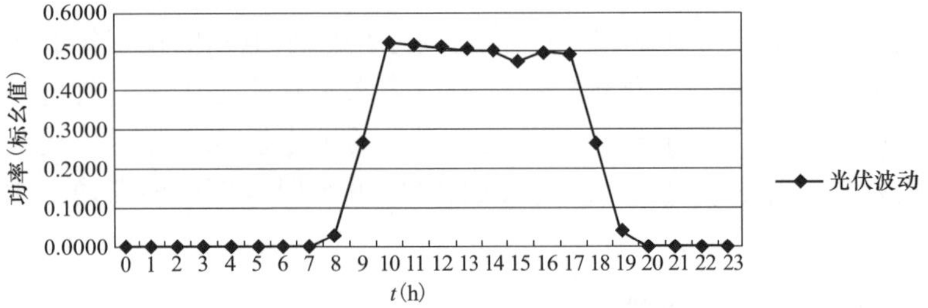

图 7-8 甘肃光伏典型日功率波动曲线

八、应用的边界条件

本课题主要解决间歇式电源随机波动带来的分析难和规划难的问题，从规划分析的角度解决规模化开发风能和太阳能等可再生能源给电网带来的安全稳定问题，大幅度提升电网接纳清洁能源的能力。课题从模型、全过程分析、可靠性评估、协调规划、示范应用等方面开展研究。

目前，制约西北新能源消纳的因素主要有 3 个方面：①局部网架限制。西北风电主要集中在甘肃河西和新疆哈密地区，光伏主要集中在甘肃河西和青海海西地区。330kV 局部电网和 750kV 送出通道双重受限问题，短期内难以解决。②部分省（区）消纳空间不足。由于西北区域内需求增长有限，外送压力增加，新能源消纳市场缺口越来越大。2017 年，甘肃新能源消纳市场缺口继续增大，宁夏、新疆电网新能源市场消纳能力也接近极限。③西北电网调峰容量日趋紧张。由于新增调峰能力有限、抽水蓄能等调峰电源建设滞后，因调峰容量不足导致新能源消纳受限的问题逐步显现。

从“十三五”规划来看，新、甘、青三省主网架变化较大，在本次研究中应当作为重点进行联合规划。综合间歇式电源分布特点、网架结构以及求解规模，本次研究示范应用以 2020 年为规划水平年，新、甘、青 3 省（区）联合进行优化规划，并将甘青输电通道优化规划作为研究重点。

1. 间歇式电源集中大规模接入

随着甘肃省境内已核准及已获准开展前期工作的风电、光伏发电项目的陆续开发，预计到 2020 年甘肃风电总装机容量将达到 2000 万 kW（河西地区风电装机容量将达到 1926 万 kW，占甘肃电网风电装机的 82.9%），预计到 2020 年甘肃光伏发电总装机容量达到 1309 万 kW（河西地区 1243 万 kW，占甘肃电网光伏装机的 94.96%）。青海省含有丰富的太阳能资源，“十三五”末期青海省内光伏接入规模将超过 1000 万 kW。

2. 消纳空间不足，调峰能力薄弱

西北电网各省新能源消纳能力不足，受新能源快速增长影响，2013 年全区体电力大量富余。甘肃电网最大电力盈余达到 681 万 kW，全年盈余电量 3亿 kWh。

随着新能源发展，甘肃电网调峰压力将逐步增大，调峰能力将成为制接纳新能源的主要因素。甘肃电网 2、7 月份调峰能力相对较低，调峰能万～476 万 kW，其他时段调峰能力 511 万～603 万 kW，甘肃电网允许反调峰容量 291 万～423 万 kW。甘肃电网目前主要依靠西北电网联合调要为青海水电）。除了进一步挖掘甘肃电网内部调峰潜力外，还应积极网调峰能力、加快酒泉地区配套调峰电源和外送通道的建设，这些提能源接纳能力的重要途径。

3. 输电通道脆弱

甘肃省新能源发展迅速且比重逐渐增大，河西和张掖地区新重，输送通道容量有限，电源送出受阻严重。由于风电、太阳能造成甘肃电网电力时而大量盈余，时而调峰容量不足，矛盾逐肃电网火电电源利用小时数。

青海电网主网架结构依然薄弱，运行稳定性不高。省际750kV 双环网结构，但电气距离过远，输电能力受限。省内回长链式结构，主网架薄弱；330kV 网架东部较密集，短西部及南部尚存在单辐射供电，中部缺少足够的电源支撑

为了缓解网络输电限制，提高电网新能源消纳能力，西北电网已经制定了“十三五”电网规划，但就是否建输电通道，仍存在较大的不确定性。为此本次研究选择行电源并网随机生产模拟及消纳分析、主网架优化规真分析。

第二节 间歇式电源接入

一、电压波动分析

应用全过程仿真，对 24h 风电、光伏及电新疆联网第一通道各主要 750kV 线路潮流变网第二、三通道各主要 750kV 线路潮流变化

西北—新疆联网通道各主要 750kV 母线电压波动情况如图 7-11、图 7-12 所示。

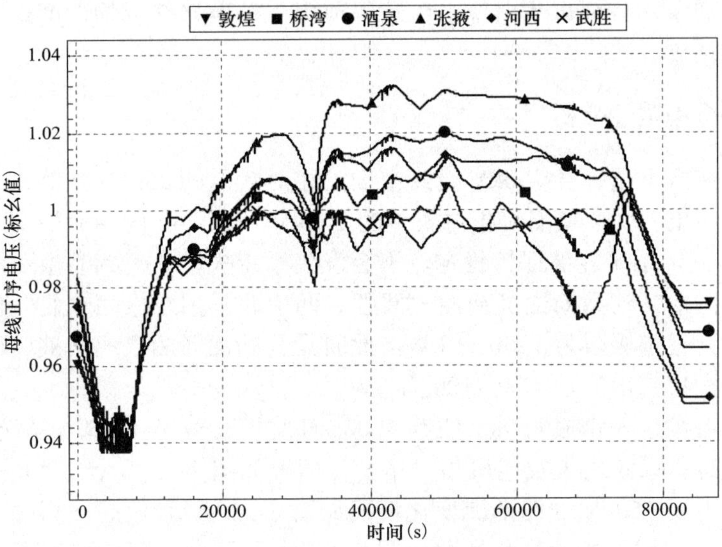

图 7-11　典型日风电、光伏及负荷波动下西北—新疆联网一通道 750kV 母线电压

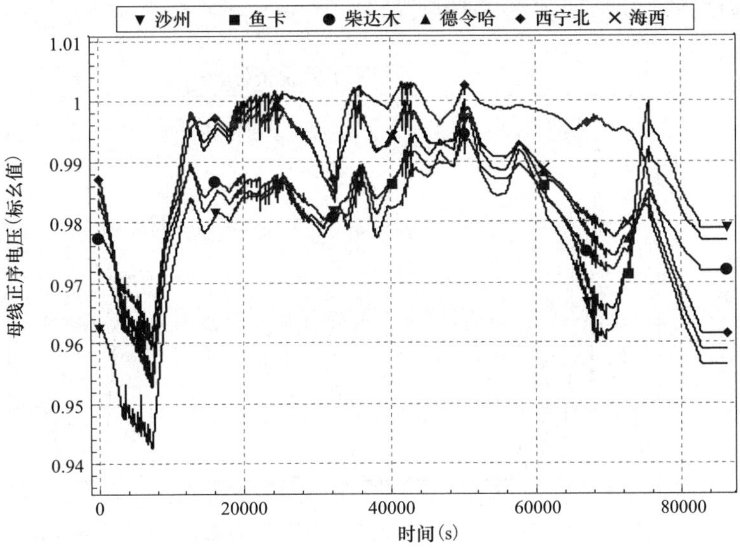

图 7-12　典型日风电、光伏及负荷波动下西北—新疆联网二、三通道 750kV 母线电压

从仿真结果可以看出，大规模新能源接入后，风电、光伏间歇式电源出力波动，使得西北—新疆联网通道 750kV 线路功率及母线电压波动较大，部分线路出现潮流反转现象，部分母线出现电压越限现象，需做好合理的调度运行安排及无功电压控制措施。

二、安全稳定性分析

在目标方式下选择各 750kV 线路中潮流相对较重的 750kV 线路进行三永 N–1 故障校核，结果表明，当潮流相对较重的 750kV 线路 24h 内潮流最重时刻发生三永 N–1 故障后，系统能够保持稳定，不会发生系统失稳。受到酒泉—湖南直流单极闭锁故障限制，河月断面（河西—武胜、西宁北—佑宁、西宁北—日月山、海西—日月山）稳定极限为 1250 万 kW，此时泉月断面（酒泉—张掖、德令哈—西宁比、海西—日月山）功率为 1100 万 kW。

第一通道酒泉—张掖 750kV 线路 8000s 时发生三永 N–1 故障，系统保持稳定，发生故障全过程系统最大发电机相对角变化情况如图 7-13 所示，西北—新疆联网第一通道各主要 750kV 线路潮流变化情况如图 7-14 所示，西北—新疆联网第二通道各主要 750kV 线路潮流变化情况如图 7-15 所示，西北—新疆联网第三通道各主要 750kV 线路潮流变化情况如图 7-16 所示。西北—新疆联网第一通道各主要 750kV 母线电压波动情况如图 7-17 所示，西北—新疆联网第二、三通道各主要 750kV 母线电压波动情况如图 7-18 所示。

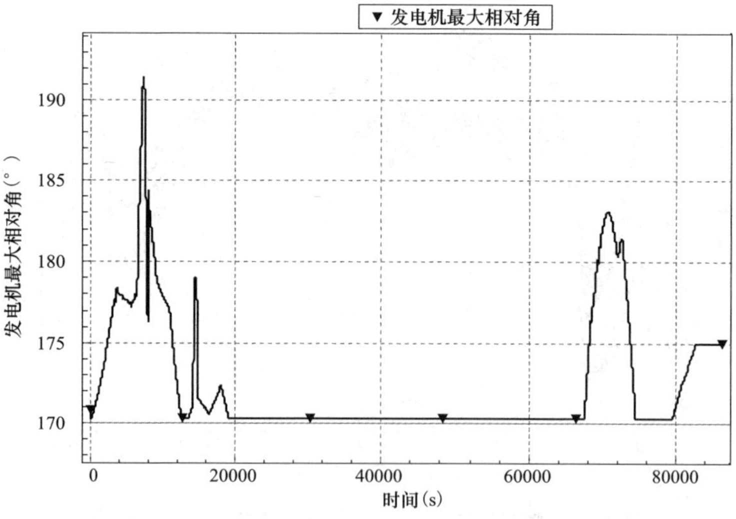

图 7-13 酒泉—张掖 750kV 线路 8000s 发生三永 N–1 故障时（系统发电机最大相对角）

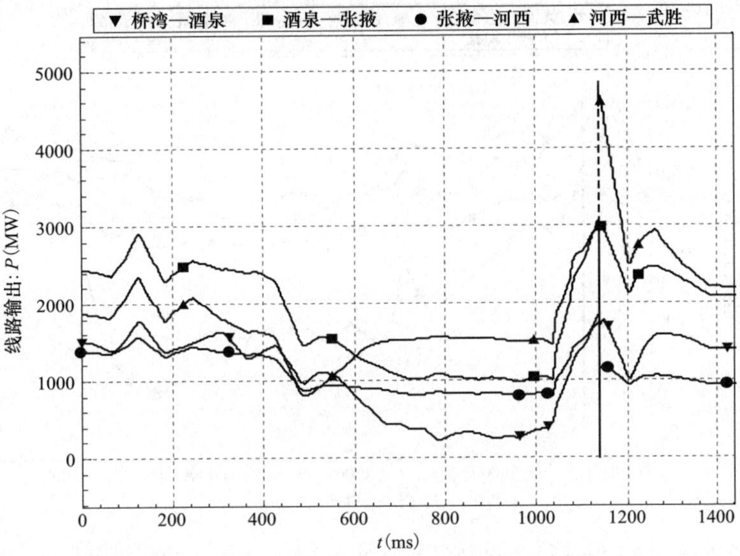

图 7-14　酒泉—张掖 750kV 线路 8000s 发生三永 *N*–1 故障时西北—新疆联网第一通道各主要 750kV 线路潮流变化情况

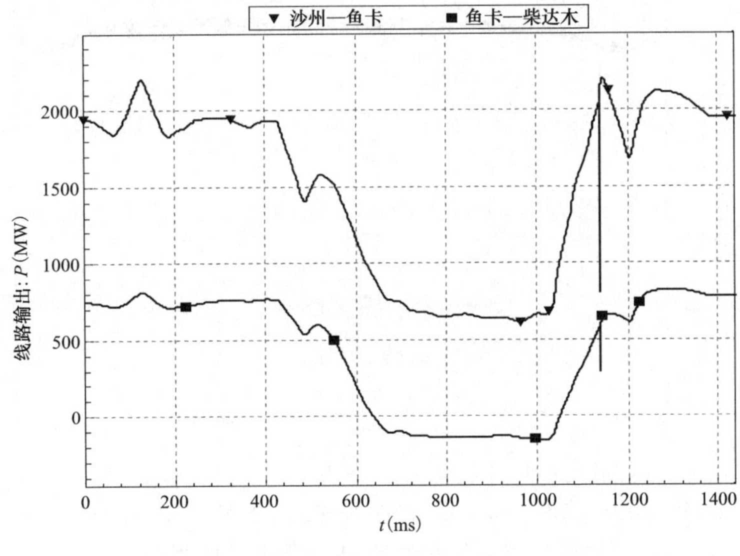

图 7-15　酒泉—张掖 750kV 线路 8000s 发生三永 *N*–1 故障时西北—新疆联网第二通道各主要 750kV 线路潮流变化情况

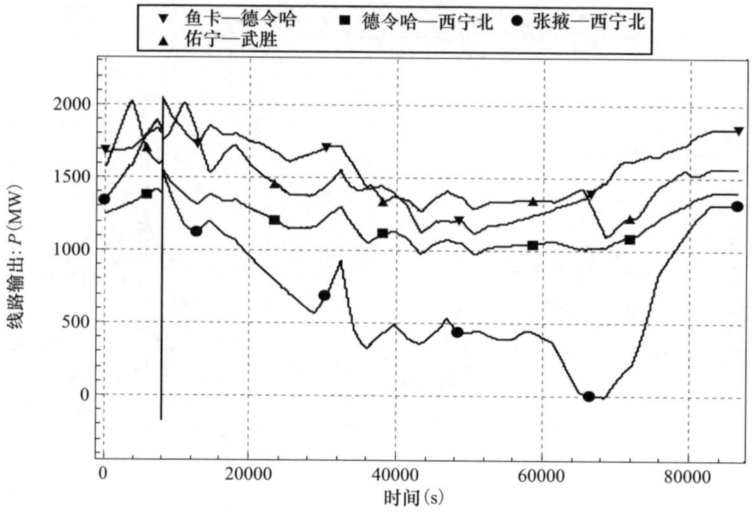

图 7-16　酒泉—张掖 750kV 线路 8000s 发生三永 N–1 故障时西北—新疆联网第三通道各主要 750kV 线路潮流变化情况

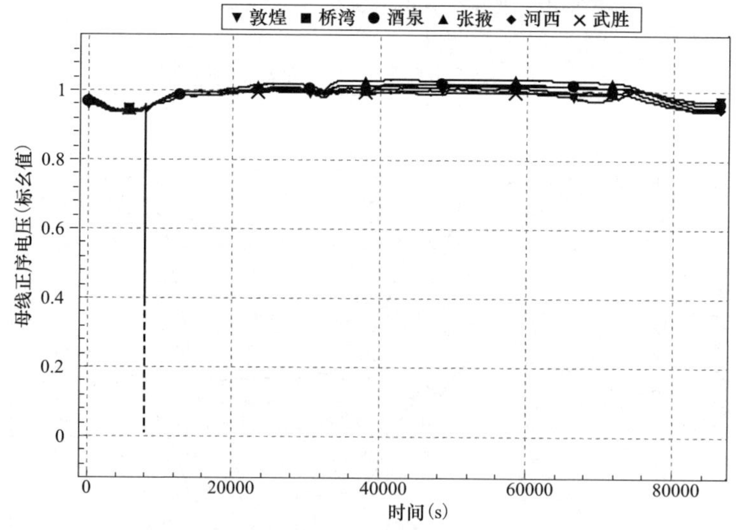

图 7-17　酒泉—张掖 750kV 线路 8000s 发生三永 N–1 故障时西北—新疆联网第一通道各主要 750kV 母线电压波动情况

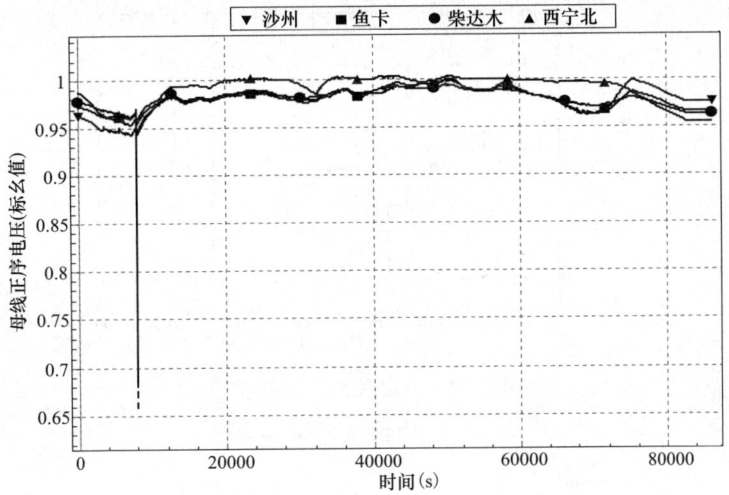

图 7-18 酒泉—张掖 750kV 线路 8000s 发生三永 N–1 故障时西北—新疆联网第二、三通道各主要 750kV 母线电压波动情况

三、交直流外送系统特性分析

甘肃酒泉风电基地通过酒泉—湖南直流向华中输送风电。根据风电预测出力情况，直流功率按照预先安排的计划运行。在风电预测发生较大偏差，特别是实际风速大于预测风速，而直流尚有容量裕度并且受端电网能够消纳情况下，可考虑将预测外富裕风电通过直流送出。一方面可以减轻送端交流通道潮流压力，提高系统安全稳定性；另一方面可减少弃风，增加风电消纳，提高直流利用率。

算例：甘肃、青海间歇式电源典型预测出力曲线如图 7-19 所示。根据预测在上午 9 时～下午 17 时左右，风电出力在装机容量的 20%以下。根据该预测，制定酒湖直流外送计划及交流外送功率曲线，如图 7-20 所示。根据计划，泉月断面在安全运行范围内。

假设实际风速与预测值在上午 9 时～下午 15 时区间发生偏差，风电功率实际值如图 7-21 所示。若仍按照原直流输送计划，泉月断面输送功率将大大增加，在上午 11 时～下午 13 时将超过 1200 万 kW，为了保证安全运行，必须采取弃风措施，弃风功率最大约为 300 万 kW。

将直流功率控制与泉月断面输送功率控制进行协调，在直流功率尚有裕度的情况下，提高直流输送功率，交流输送功率在输送功率极限内得以控制，不仅能保证系统安全运行，还可提高风电消纳能力。

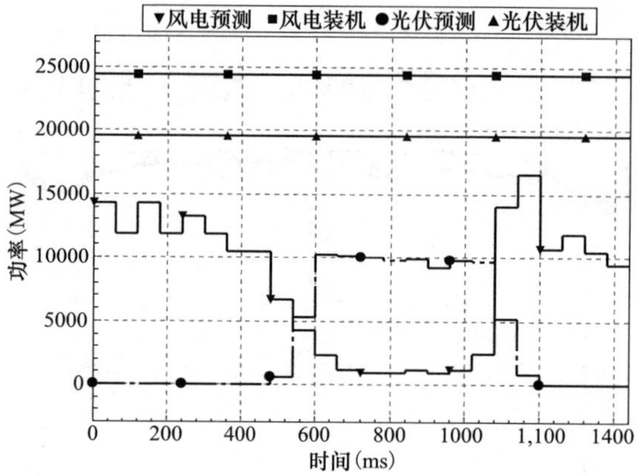

图 7-19　风电及光伏预测功率

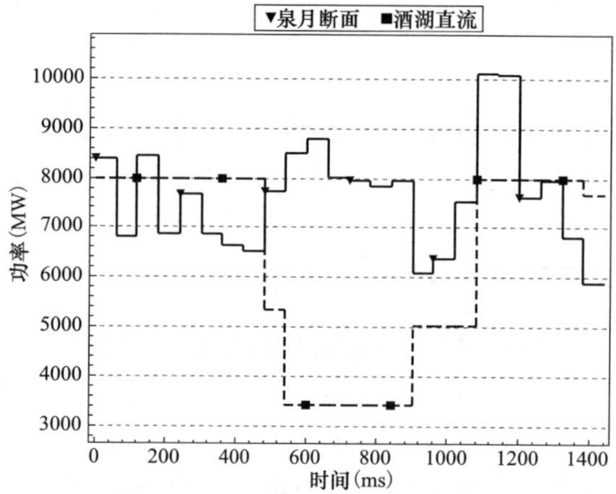

图 7-20　交直流外送计划潮流

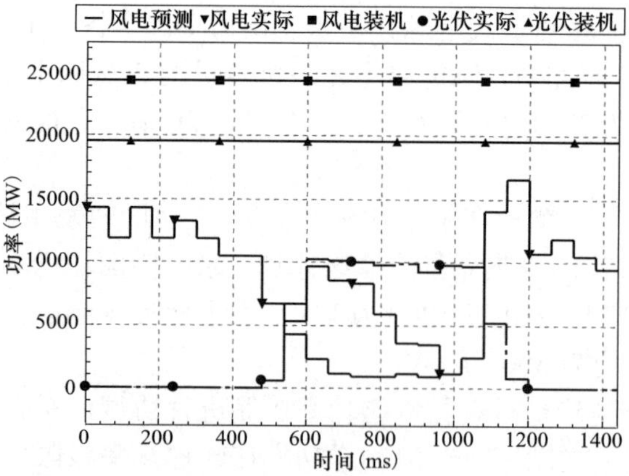

图 7-21　风电及光伏实际功率

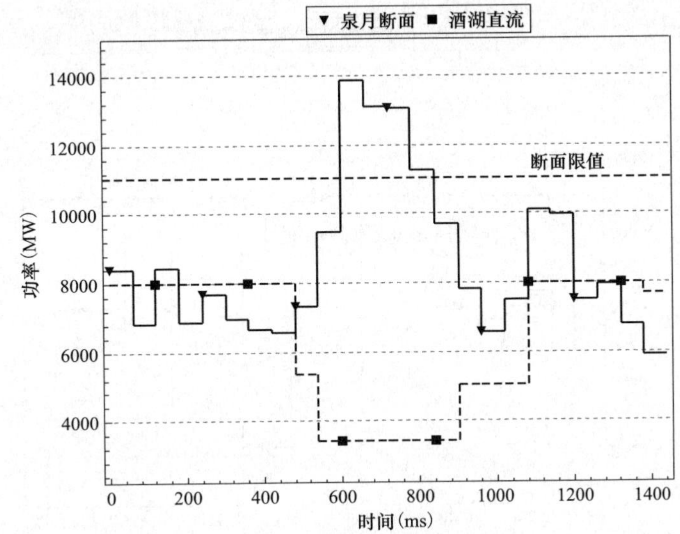

（a）断面限值确定弃风量

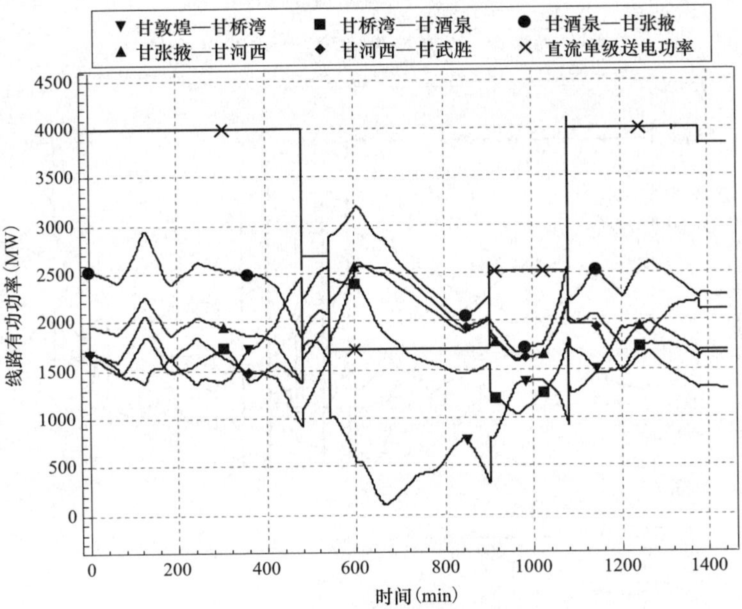

（b）交直流线路输送功率

图 7-22 直流仍按原计划运行时交流断面超限值

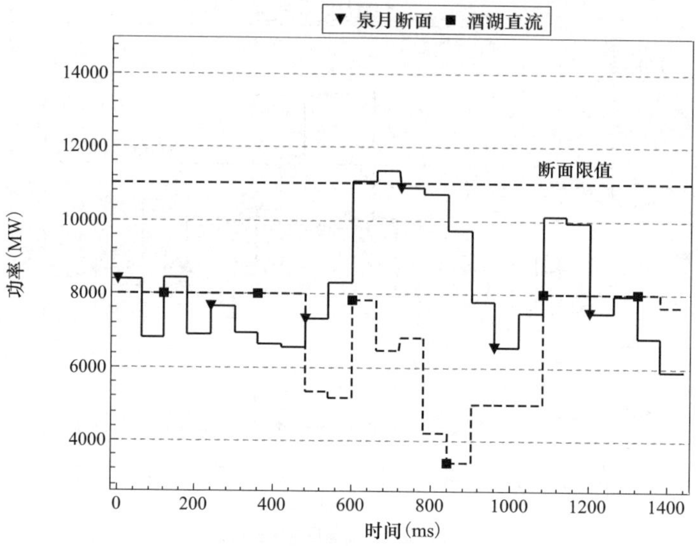

（a）断面限值确定弃风量

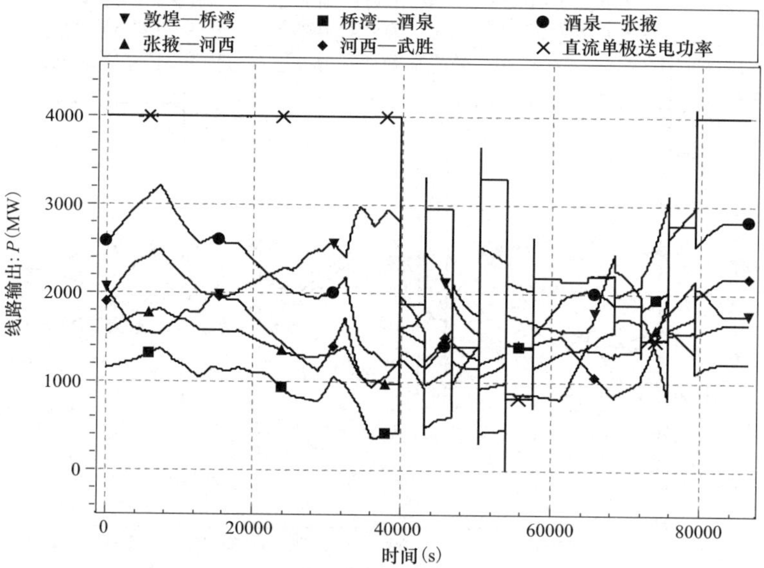

（b）交直流线路输送功率

图 7-23　直流输送功率跟随外送断面协调运行时交流断面安全运行

四、调峰调频特性分析

间歇式电源并网后系统的电力电量平衡及日计划安排中，对间歇式电源的容量效益和电量效益处理方法不同。以 2020 年西北电网高峰负荷日、低谷负荷日为例分析间歇式电源接入对系统调频和调峰的影响。

1. 无网络约束的调峰问题分析

按照西北电网典型日负荷曲线，对无网络约束情况下的系统调峰问题进行算例分析。

算例 1：该高峰负荷日，甘肃、青海两省联合外送功率 1600 万 kW，按照开机计划该方式下甘肃、青海合计常规开机 6070 万 kW（其中：水电 1870 万 kW、火电 4200 万 kW），最小技术出力 2470 万 kW，可调节容量 3600 万 kW，可以满足调峰需求。叠加间歇性电源后负荷曲线峰谷差 1200 万 kW。

算例 2：该方式下开机甘肃、青海仍保持常规开机 6070 万 kW（其中：水电 1870 万 kW、火电 4200 万 kW），最小技术出力 2470 万 kW，可调节容量 3600 万 kW，可以满足调峰需求。叠加间歇性电源后负荷曲线峰谷差 2260 万 kW。

算例 3：该方式下开机甘肃、青海保持常规开机 5010 万 kW（其中：水电 730 万 kW、火电 4200 万 kW），最小技术出力 2360 万 kW，可调节容量 2650 万 kW，可以满足调峰需求。叠加间歇性电源后负荷曲线峰谷差 2125 万 kW。

算例 4：最极端的方式考虑小负荷日，直流停运，新能源能预测出力反负荷特征。该方式下开机甘肃、青海保持常规开机 4020 万 kW（其中：水电 0 万 kW、火电 4200 万 kW），最小技术出力 2290 万 kW，可调节容量 1730 万 kW，不能可以满足调峰需求。叠加间歇性电源后负荷曲线峰谷差 2125 万 kW。

若该方式下开机甘肃、青海保持常规开机 4020 万 kW（其中：水电 1870 万 kW、火电 2150 万 kW），最小技术出力 1165 万 kW，可调节容量 2855 万 kW，可以满足调峰需求。叠加间歇性电源后负荷曲线峰谷差 2125 万 kW。

从以上数据来看，高峰负荷日总开机容量较大，系统可调节容量也较大，调峰容量容易满足要求。在小负荷日，系统开机容量较小，再考虑新能源反负荷出力的可能，系统调峰容量裕度将减小。此时必须安排较多的水电参与调峰。

2. 调峰问题的网络输电能力约束

根据安全稳定计算分析的结论，甘肃、青海风电、光伏交流外送消纳受到河西走廊输电能力的影响。建设第三通道后泉月断面（酒泉—张掖、海西—日月山、德令哈—西宁北）受到暂态稳定极限能力影响，交流外送功率约为 1100 万 kW。

算例 1：风电、光伏分别按照预测平均出力 68%、52%计算（24h 出力预测如

图 7-24 所示），进行全过程仿真。泉月断面输送功率如图 7-25 所示：在凌晨 2 时左右，外送功率达到第一个最高值，为 1174 万 kW；在晚 19 时左右，外送功率达到第二个最高值，为 1336 万 kW。在凌晨 2 时弃风量应不低于 74 万 kW；晚 19 时，弃风量不低于 236 万 kW。

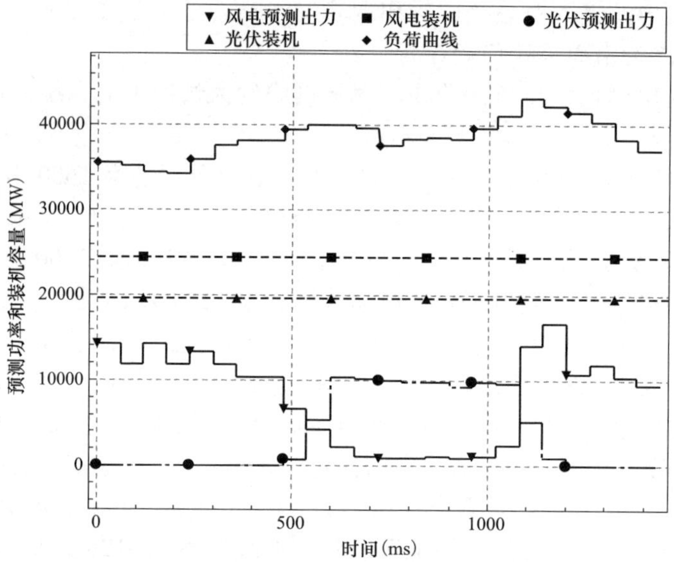

图 7-24　风电、光伏 24h 预测平均出力及负荷曲线（典型出力特征）

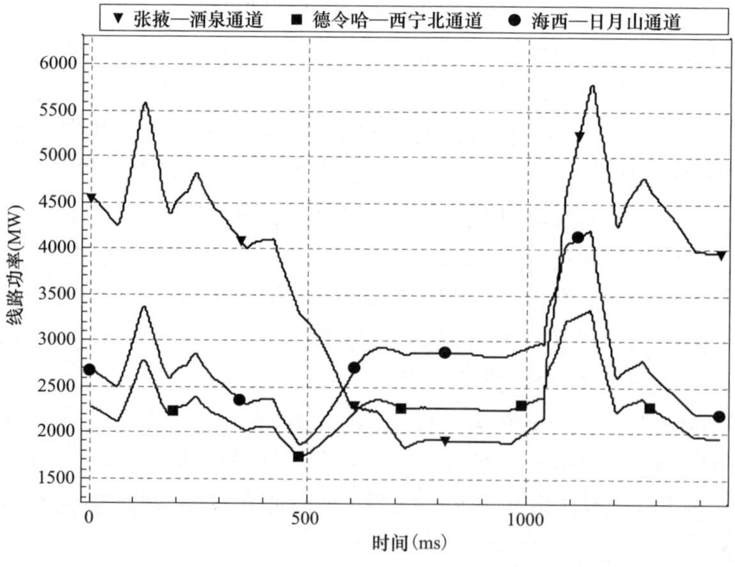

图 7-25　高峰负荷日泉月断面输送功率（新能源典型出力特性）

算例 2：风电、光伏分别按照预测小时平均出力最高 68%、52%计算（24h 出力预测如图 7-26 所示），进行全过程仿真。泉月断面输送功率如图 7-27 所示：在凌晨 2 时左右，外送功率达到最高值，为 1274 万 kW。另外酒泉—张掖通道输送功率不允许超过 600 万 kW，否则将面临 N–1 过载问题。嘉酒地区弃风量不应低于 80 万 kW。

3. 间歇式电源波动对调频特性的影响

按照预测功率曲线指定的机组出力计划实现系统的调峰，而间歇式电源和负荷功率的预测总是存在偏差，机组的一次调频和 AGC 实现间歇式电源和负荷功率波动造成的频率调节。频率的波动与负荷水平、开机组合、机组备用分布等情况相关。

图 7-28 给出了高峰负荷日风电功率预测偏差分别为 20%、40%、60%情况下的功率预测偏差波动；图 7-29 给出 3 种偏差情况下，系统频率波动情况。由图 7-28、图 7-29 可知，在预测功率偏差 600 万 kW 范围内，系统频率波动范围不超过 0.04Hz。

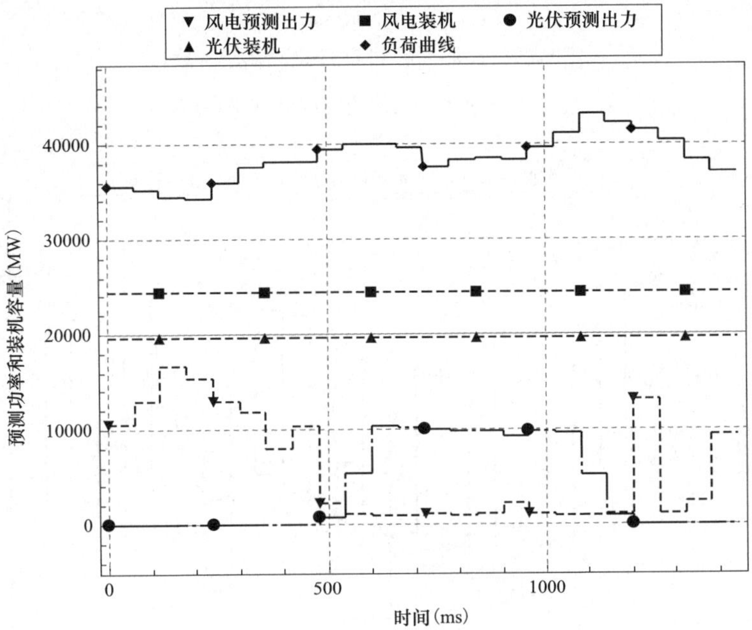

图 7-26　风电、光伏 24h 预测平均出力及负荷曲线（反负荷出力特征）

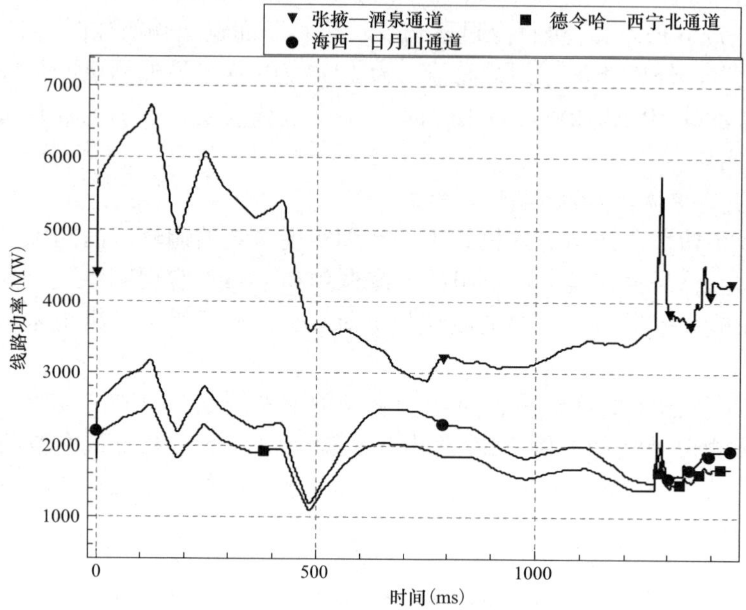

图 7-27 高峰负荷日泉月断面输送功率
（新能源反负荷出力特性）

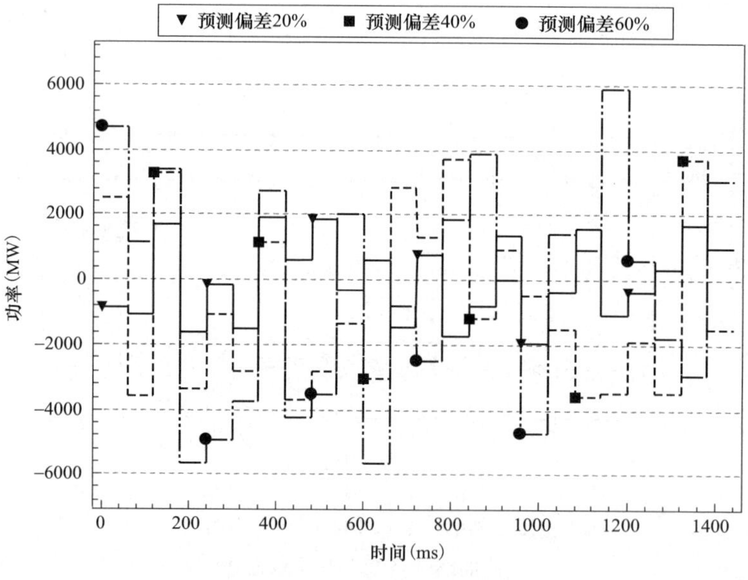

图 7-28 间歇式电源预测偏差

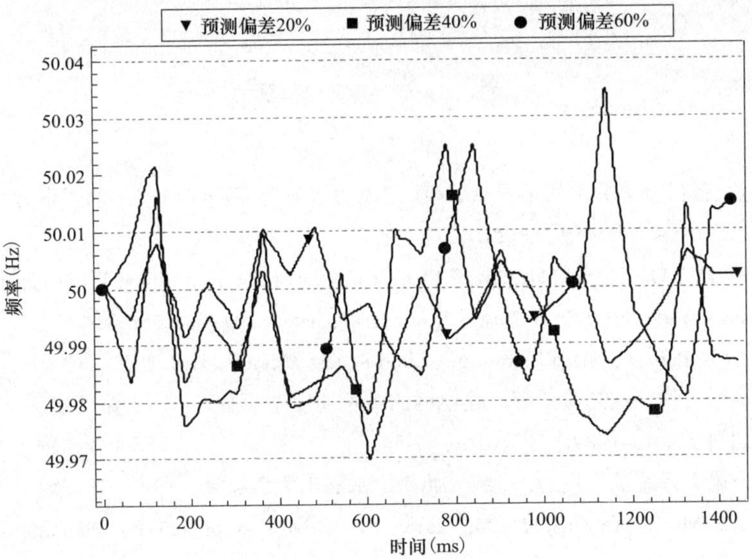

图 7-29 系统频率波动

小 结

本章对 2020 年西北电网大规模新能源并网规划进行了分析，计算结果和分析表明：

（1）西北电网未来火电利用小时数偏低，应合理控制新能源与火电开发比例，加快特高压外送直流建设进度，进一步提高“西电东送”规模。

（2）合理安排西北电网重要输电通道的建设时序，建议优先建设青海内部第二通道输电走廊，并加强河西走廊第一通道与青海内部输电通道的联系，提高新能源基地外送能力，提高西北电网内部间歇式电源消纳水平。

（3）间歇式电源的大幅度波动会造成输电走廊的潮流、电压大幅波动，严重情况下可能导致过高电压水平，威胁系统安全运行，应制定相应的电压控制措施。

（4）特高压直流外送输电采用给定功率与风电功率跟随相结合的控制方式，可以提高新能源外送消纳水平，建议进一步开展相关研究，提高新能源外送消纳能力。

参 考 文 献

［1］《中国电力百科全书》编辑委员会，《中国电力百科全书》编辑部．中国电力百科全书．3版．北京：中国电力出版社，2014．

［2］Knight U G W. The Logical Design of Electrical Networks Using Linear Programming Methods. Proceedings of the IEE-Part A: Power Engineering, 1960, 107 (33): 306-314.

［3］Sullivan R L. Power System Planning. United States: McGraw-Hill, 1977.

［4］王仲鸿，韩英铎，童陆园，等．输电网的中长期规划（Ⅰ）——支路追加法．清华大学学报（自然科学版），1989，29（01）：47-54．

［5］王锡凡．电力系统优化规划．1版．北京：水利电力出版社，1990．

［6］El-Sobki S M, El-Metwally M M, Farrag M A. New Approach for Planning High-Voltage Transmission Networks. Generation, Transmission and Distribution, IEE Proceedings C, 1986, 133 (5): 256-262.

［7］谷兴凯，范高锋，王晓蓉，等．风电功率预测技术综述．电网技术，2007，31（2）：335-338．

［8］刘燕华，田茹，张东英，等．风电出力平滑效应的分析与应用．电网技术，2013，37（04）：987-991．

［9］肖创英，汪宁渤，陟晶，等．甘肃酒泉风电出力特性分析．电力系统自动化，2010，34（17）：64-67．

［10］周天睿，王旭，张谦，等．大规模风电对江苏电网规划影响的实证分析．中国电力，2010，43（02）：11-15．

［11］李剑楠，乔颖，鲁宗相，等．多时空尺度风电统计特性评价指标体系及其应用．中国电机工程学报，2013，33（13）：53-61．

［12］石一辉，张毅威，闵勇，等．并网运行风电场有功功率控制研究综述．中国电力，2010，43（06）：10-15．

［13］Rodriguez-Amenedo J L, Arnalte S, Burgos J C. Automatic Generation Control of a Wind Farm with Variable Speed Wind Turbines. Energy Conversion, IEEE Transactions on, 2002, 17 (2): 279-284.

［14］乔颖，鲁宗相．考虑电网约束的风电场自动有功控制．电力系统自动化，2009，33（22）：88-93．

［15］邹见效，李丹，郑刚，等．基于机组状态分类的风电场有功功率控制策略．电力系统自动化，2011，35（24）：28-32．

［16］林俐，王世谦，谭娟．计及系统调频需求的风电场有功调整方法．中国电力，2011，44

（09）：22-25.

［17］Billinton R, Wangdee W. Reliability-Based Transmission Reinforcement Planning Associated With Large-Scale Wind Farms. Power Systems, IEEE Transactions on, 2007, 22 (1): 34-41.

［18］乔嘉赓，徐飞，鲁宗相，等．基于相关机会规划的风电并网容量优化分析．电力系统自动化，2008，32（10）：84-87.

［19］周如，宋新甫，张增强，等．哈密地区大规模风电接入系统方案分析．陕西电力，2012，40（01）：25-27.

［20］穆钢，崔杨，严干贵．确定风电场群功率汇聚外送输电容量的静态综合优化方法．中国电机工程学报，2011，31（01）：15-19.

［21］张粒子，凡鹏飞，麻秀范，等．考虑调峰适应性风险的风电场群时序规划方法．中国电机工程学报，2012，32（07）：14-22.

［22］姚伟，程时杰，文劲宇．直流输电技术在海上风电场并网中的应用．中国电力，2007，40（10）：70-74.

［23］Gonzalez-Longatt F M, Wall P, Regulski P, et al. Optimal Electric Network Design for a Large Offshore Wind Farm Based on a Modified Genetic Algorithm Approach. Systems Journal, IEEE, 2012, 6 (1): 164-172.

［24］张焰，陈章潮，谈伟．不确定性的电网规划方法研究．电网技术，1999，23（03）：16-19.

［25］田书欣，程浩忠，曾平良，等．大型集群风电接入输电系统规划研究综述．中国电机工程学报，2014，34（10）：1566-1574.

［26］范宏，程浩忠，唐永红，等．相关机会二层规划法在输电网扩展规划中的应用．电力自动化设备，2013，33（11）：59-63.

［27］Pozo D, Sauma E E, Contreras J.A Three-Level Static MILP Model for Generation and Transmission Expansion Planning. Power Systems, IEEE Transactions on, 2013, 28 (1): 202-210.

［28］Orfanos G A, Georgilakis P S, Hatziargyriou N D. Transmission Expansion Planning of Systems With Increasing Wind Power Integration. IEEE Transactions on Power Systems, 2013, 28 (2): 1355-1362.

［29］Mori H, Kakuta H. Multi-objective Transmission Network Expansion Planning in Consideration of Wind Farms: Innovative Smart Grid Technologies (ISGT Europe), 2011 2nd IEEE PES International Conference and Exhibition on, Manchester, 2011 [C]. 5-7 Dec. 2011.

［30］王茜，张粒子．采用 NSGA-Ⅱ混合智能算法的风电场多目标电网规划．中国电机工程学报，2011，31（19）：17-24.

［31］Moeini-Aghtaie M, Abbaspour A, Fotuhi-Firuzabad M. Incorporating Large-Scale Distant Wind Farms in Probabilistic Transmission Expansion Planning Part I: Theory and Algorithm. Power

Systems, IEEE Transactions on, 2012, 27 (3): 1585-1593.

［32］Moeini-Aghtaie M, Abbaspour A, Fotuhi-Firuzabad M. Incorporating Large-Scale Distant Wind Farms in Probabilistic Transmission Expansion Planning Part II: Case Studies. Power Systems, IEEE Transactions on, 2012, 27 (3): 1594-1601.

［33］Ugranli F, Karatepe E. Transmission Expansion Planning for Wind Turbine Integrated Power Systems Considering Contingencies: Innovations in Intelligent Systems and Applications (INISTA) Proceedings, 2014 IEEE International Symposium on, Alberobello, Italy, 2014 [C]. 23-25 June 2014.

［34］Yu H, Chung C Y, Wong K P, et al. A Chance Constrained Transmission Network Expansion Planning Method With Consideration of Load and Wind Farm Uncertainties. Power Systems, IEEE Transactions on, 2009, 24 (3): 1568-1576.

［35］高赐威，吴天婴，何叶，等. 考虑风电接入的电源电网协调规划. 电力系统自动化，2012，36（22）：30-35.

［36］Gu Y, Mccalley J D, Ni M. Coordinating Large-Scale Wind Integration and Transmission Planning. IEEE Transactions on Sustainable Energy, 2012, 3 (4): 652-659.

［37］曾鸣，刘万福，未瑞，等. 风力发电可行性评价指标体系及方法研究. 华东电力，2008，36（08）：85-88.

［38］张建平，胡建绩. 面向智能电网的多适应性规划体系设计. 电力系统自动化，2011（10）：1-7.

［39］Butler L, Neuhoff K. Comparison of Feed-in tariff, Quota and Auction Mechanisms to Support Wind Power Development. Renewable Energy, 2008, 33 (8): 1854-1867.

［40］田立新，许培琳，傅敏. 基于实物期权的中国风电发展政策评估. 管理学报，2013，10（02）：266-273.

［41］张徐东. 低碳背景下电力系统规划与运营模式及决策方法研究［博士学位论文］. 华北电力大学，2013.

［42］Kennedy S. Wind Power Planning: Assessing Long-term Costs and Benefits. Energy Policy, 2005, 33 (13): 1661-1675.

［43］何洋，胡军峰，闫志涛，等. 大规模风电入网辅助服务成本补偿机制研究. 电网技术，2013，37（12）：3552-3557.

［44］李泓泽. 电力系统多元主体间外部性影响机理及补偿机制研究［博士学位论文］. 华北电力大学，2013.

［45］Akhmatov V. IEC Type 1 and type 2 generic wind turbine models: draft 01, December, 2010.

［46］Fortmann J, Engelhardt S, Kretschmann J, et al. Generic simulation model for DFIG and full size converter based wind turbines // Proceedings of the 9th International Workshop on Large-

Scale Integration of Wind Power, Quebec, Canada, October 2010.

[47] Seman S, Simolin J, Matsinen J P, et al. Validation of type 4 wind turbine generic simulation model by full-scale test // Proceedings of the 9th International Workshop on Large-Scale Integration of Wind Power, Quebec/Canada, October 2010.

[48] Seman S. Examples of model validation for wind generation-ABB work, September 22, 2010, EPRI Workshop on Variable Generation Modeling and Model Validation, Charlotte, NC.

[49] Ellis A, Kazachkov Y, Muljadi E, et al. Description and technical specifications for generic WTG models-a status report//Proceedings of the 2011 IEEE PES PSCE, March 2011, Phoenix, Arizona, USA.

[50] Sørensen P, Andresen B, Fortmann J, et al. Overview, status and outline of the new IEC 61400-27-Electrical simulation models for wind power generation.

[51] Pourbeik P. Model validations attempts for the type 3 generic model structure-review of proposed changes by gamesa. Memorandum to WECC REMTF, IEC TC88 WG27 and P173, 5/22/12.

[52] Pourbeik P. Proposed changes to the WECC WT4 generic model for type 4 wind turbine generators. Prepared under Subcontract No. NFT-1-11342-01 with NREL, Issued to WECC REMTF and IEC TC88 WG27 12/16/11; (last revised 8/17/12).

[53] Pourbeik P. Proposed changes to the WECC WT3 generic model for type 3 wind turbine generators. Prepared under Subcontract No. NFT-1-11342-01 with NREL, Issued to WECC REMTF and IEC TC88 WG27; (last revised 01/23/13).

[54] A. I. Estanqueiro. A dynamic wind generation model for power systems studies [J]. IEEE Trans on Power Systems, 2007, 22 (3): 920-928.

[55] 尹明，李庚银，周明，等. 双馈感应风力发电机组动态模型的分析与比较 [J]. 电力系统自动化，2006，30（13）：22-27.

[56] V. Akhmatov, H. Knudsen. An aggregate model of a grid-connected, large-scale, offshore wind farm for power stability investigations-importance of windmill mechanical system [J]. Electrical Power and Energy Systems, 2002, 24 (9): 709-717.

[57] P. Sorensen, A. D. Hansen, T. Lund, et al. Reduced models of doubly fed induction generator system for wind turbine simulations [J]. Wind Energy, 2006, 9 (4): 299-311.

[58] J. Morren, J. T. G. Pierik, S. W. H. de Haan. Grid interaction of offshore wind farms: Part 1 models for dynamic simulation [J]. Wind Energy, 2005, 8 (3): 265-278.

[59] 李晶，宋家骅，王伟胜. 大型变速恒频风力发电机组建模与仿真 [J]. 中国电机工程学报，2004，24（6）：100-105.

[60] V. Akhmatov, A. H. Nielsen, J. K. Pedersen, O. Nymann. Variable-speed wind turbine with

multi-pole synchronous permanent magnet generators. Part I: modelling in dynamic simulation tools [J]. Wind Engineering, 2003, 27 (6): 531-548.

［61］M. Chinchilla, S. Arnaltes, J.C. Burgos. Control of Permanent-Magnet Generator Applied to Variable-Speed Wind-Energy Systems Connected to Grid [J]. IEEE Trans. on Energy Conversion, 2006, 21 (1): 130-135.

［62］J. B. Ekanayake, L. Holdsworth, N. Jenkins. Comparison of 5th order and 3rd order machine models for doubly fed induction generator (DFIG) wind turbines [J]. Electric Power Systems Research, 2003, 67 (3): 207-215.

［63］M. Yin, G.-Y. LI, M. Zhou, C.-Y. Zhao. Analysis and Comparison of Dynamic Models for the Doubly Fed Induction Generator Wind Turbine [J]. Automation of Electric Power System, 2006, 30 (13): 22-27.

［64］Ad Hoc Task Force on Wind Generation Model Validation of the IEEE PES Working Group on Dynamic Performance of Wind Power Generation of the IEEE PES Power System Stability Controls Subcommittee of the IEEE PES Power System Dynamic Performance Committee. Model validation for wind turbine generator models. IEEE Trans on Power Systems, 2011, 26 (3): 1769-1782.

［65］风电机组低电压穿越建模及验证方法．NB/T 31053［S］北京：国家能源局，2014.

［66］J Fortmann, S Engelhardt, J Kretschmann, C Feltes, P I Erlich. Validation of an RMS DFIG simulation model according to new German model validation standard FGW TR4 at balanced and unbalanced grid faults. Transmission Networks for Offshore Wind Farms, Oct. 2009.

［67］L Trilla, O Gomis-Bellmunt, A Junyent-Ferré, M Mata, J Sánchez Navarro, A Sudrià-Andreu. Modeling and validation of DFIG 3-MW wind turbine using field test data of balanced and unbalanced voltage sags. IEEE Trans on Power Systems, 2011, 2 (4): 509-519.

［68］闫云飞，张智恩，张力，等．太阳能利用技术及其应用．太阳能学报，2012，33：47-56.

［69］钱伯章．太阳能技术与应用［M］．北京：科学出版社，2010.

［70］吴张华，罗二仓，李海冰，等．1kW 碟式太阳能行波热声发电系统的研制．2010 年中国特种发动机工程及应用学术会议论文集，上海，2010：29-34.

［71］黄庆举，林继平．硅太阳能电池的应用研究与进展．材料开发与运用，2009，12：93-96.

［72］陈则韶，莫松平，胡芃，等．几种太阳能光伏发电方案的热力分析与比较．工程热物理学报，2009，30（5）：725-730.

［73］J A Gow, C D Manning. Development of a photovoltaic array model for use in power electronics simulation studies, IEE Proceedings on Electronic Power Applications, 1999, 146 (2): 193-200.

［74］苏建徽，余世杰，赵为，等．硅太阳电池工程用数学模型．太阳能学报，2001，22（4）：409-412.

[75] 孙园园，肖华锋，谢少军．太阳能电池工程简化模型的参数求取和验证．电力电子技术．2009，43（6）：44-46.

[76] Anca D. Hansen, Poul Sørensen, Lars H. Hansen, Henrik Bindner. Models for a stand-alone PV system. Risø National Laboratory, Roskilde, December, 2000.

[77] W Kim, W Choi. A novel parameter extraction method for the one-diode solar cell model. Solar Energy 2010, 84: 1008-1019.

[78] G Dzimano. Modeling of photovoltaic systems [D]. The Ohio State University, 2008.

[79] W De Soto, S A Klein, W A Beckman. Improvement and validation of a model for photovoltaic array performance. Solar Energy, 2006, 80: 78-88.

[80] M C D Piazza, A Ragusa, M Luna, G Vitale. A dynamic model of a photovoltaic generator based on experimental data. International Conference on Renewable Energies and Power Quality, Granada (Spain), 23-25 March, 2010.

[81] W Xiao, W G Dunford, A Capel. A novel modeling method for Photovoltaic cells, Proceedings of IEEE 35th Annual Power Electroni. Spec. Conf., Aachen, Germany, 2004, 1950-1956.

[82] R Chenni, M Makhlouf, T Kerbache, A Bouzid. A detailed Modeling for Photovoltaic Cells, Solar Energy. 2007, 32: 1724-1730.

[83] K Bouzidi, M Chegaar, A Bouhemadou. Solar cells parameters evaluation considering the series and shunt resistance. Solar Energy Materials & Solar Cells, 2007, 91: 1647-1651.

[84] M Haouari-Merbah, M Belhamel, I Tobias, J M Ruiz. Extraction and analysis of solar cell parameters from the illuminated current-voltage curve. Solar Energy Materials & Solar Cells, 2005, 87: 225-233.

[85] M C D Piazza, A Ragusa, G Vitale. Identification of Photovoltaic Array Model Parameters by Robust Linear Regression Methods. International Conference on Renewable Energies and Power Quality, Valencia (Spain), 15-17 April, 2009.

[86] 查琚，程晓舫，丁金磊，等．基于一条 I-V 曲线提取硅太阳电池参数的一种新方法．太阳能学报，2007，28（9）：992-995.

[87] 翟载腾，程晓舫，杨臧健，等．太阳电池一般电流模型参数的解析解．太阳能学报，2009，30（8）：1078-1082.

[88] 何朝阳，谢敏，陈金富．电源规划优化模型研究及软件开发的国内外概况［J］．电工技术学报，2004 年增刊 148-150.

[89] Spreck Rosekrans, Daniel Kirshner, Chris Marnay. Issues in electricity planning with computer models: illustrations with Elfin and WASP [J]. Utilities Policy, 1998 (7): 201-219.

[90] 胡明，彭喜明．电力系统环境保护经济评价和规划研究［J］．中国电力，2001，34（10）.

[91] Wang Xifan, Modern power system planning [M]. McGron Hill BookCom, 1994.

［92］张运洲，白建华，辛颂旭．我国风电开发及消纳相关重大问题研究［J］．能源技术经济，2010，22（1）：1-6.

［93］Santos, J., Pinazo, J. Methodology for generating daily clearness index index values, starting from the monthly average daily value, Determining the daily sequence using stochastic models [J]. Renewable energy, 2003, 28 (10): 1523-1544.

［94］陈皓勇，王锡凡．电源规划 JASP 的改进算法［J］．电力系统自动化，2000，24（11）：22-25.

［95］王锡凡．电力系统随机生产模拟的等效电量函数法［J］．西安交通大学学报，1984，18（6）：13-26.

［96］王锡凡．包含多个水电机组的电力系统随机生产模拟［J］．西安交通大学学报，1985，19（4）：69-81.

［97］Wang, L., K. Gallyas and D.T. Tsai, Reliability Assessment in Operational Planning for Large Hydro-Thermal Generation Systems [J]. IEEE Transactions on Power Apparatus and Systems, 1985, PAS-104 (12): p. 3382-3387.

［98］Sawey, R.M. and C.D. Zinn, A mathematical model for long range expansion planning of generation and transmission in electric utility systems [J]. IEEE Transactions on Power Apparatus and Systems, 1977.96 (2): p. 657-666.

［99］Stremel, J.P. Generation System Planning Under Load Forecast Uncertainty [J]. IEEE Transactions on Power Apparatus and Systems, 1981, PAS-100 (1): p. 384-393.

［100］Zhu, J. and M. Chow, A review of emerging techniques on generation expansion planning. IEEE Transactions on Power Systems, 1997, 12 (4): p. 1722-1728.

［101］Millan, J., R.A. Campo and G. Sanchez-Sierra. A modular system for decision-making support in generation expansion planning (SUPER) [J]. IEEE Transactions on Power Systems, 1998, 13 (2): p. 667-671.

［102］Dapklus, W.D. and T.R. Bowe, Planning for New Electric Generation Technologies A Stochastic Dynamic Programming Approach [J]. IEEE Transactions on Power Apparatus and Systems, 1984, PAS-103 (6): p. 1447-1453.

［103］Sasaki, H., et al. A solution of generation expansion problem by means of neutral network [C]. Proceedings of the First International Forum on Applications of Neural Networks to Power Systems. 1991.

［104］Sukumar, S.R., et al. Modeling resource, infrastructure, and policy cost layers for optimizing renewable energy investment and deployment [C]. 2010 IEEE Conference on Innovative Technologies for an Efficient and Reliable Electricity Supply (CITRES), 2010.

［105］Sirikum, J., A. Techanitisawad and V. Kachitvichyanukul. A New Efficient GA-Benders'

Decomposition Method: For Power Generation Expansion Planning With Emission Controls [J]. IEEE Transactions on Power Systems, 2007. 22 (3): p. 1092-1100.

[106] Jin-Ho, K., et al. A market-based analysis on the generation expansion planning strategies [C]. Proceedings of the 13th International Conference on Intelligent Systems Application to Power Systems, 2005.

[107] Javadi, M.S., et al. Multi-objective expansion planning approach: distant wind farms and limited energy resources integration [J]. IET Renewable Power Generation, 2013.7 (6): p. 652-668.

[108] Baghaee, H.R., G.B. Gharehpetian and A.K. Kaviani. Three dimensional Pareto Optimal solution to design a hybrid stand-alone wind/PV generation system with hydrogen energy storage using multi-objective Particle Swarm Optimization [C]. Second Iranian Conference on Renewable Energy and Distributed Generation (ICREDG), 2012.

[109] Jenabi, M., S.M.T. Fatemi Ghomi and Y. Smeers, Bi-Level Game Approaches for Coordination of Generation and Transmission Expansion Planning Within a Market Environment [J]. IEEE Transactions on Power Systems, 2013. 28 (3): p. 2639-2650.

[110] Wang, W., et al. A Photovoltaic Generation Integration Planning Model with Consideration of the Effect on Power Grid Security [C]. Power and Energy Engineering Conference (APPEEC), 2012 Asia-Pacific, 2012.

[111] Ding, J. and A. Somani. A long-term investment planning model for mixed energy infrastructure integrated with renewable energy [C]. IEEE Green Technologies Conference, 2010.

[112] Voorspools, K. R., Dhaeseleer, W. D. An analytical formula for the capacity credit of wind power [J]. Renewable Energy, 2006, 31 (1): 45-54.

[113] Fu, Y., Shahidehpour, M., Li, Z. Security-constrained optimal coordination of generation and transmission maintenance outage scheduling [J]. IEEE Transactions on Power Systems, 2007, 22 (3): 1302-1313.

[114] El-Sheikhi, F. A., Billinton, R. Generating unit maintenance scheduling for single and two interconnected systems [J]. IEEE Transactions on Power Apparatus and Systems, 1984, 103 (5): 1038-1044.

[115] 曲翀，王秀丽，谢绍宇，等．含风电电力系统随机生产模拟的改进算法［J］．西安交通大学学报，2012，46（06）：115-121.

[116] 杨莳百，戴景宸，孙启宏．电力系统可靠性分析基础及应用［M］．北京：水利电力出版社，1986.

[117] 风电场风能资源评估方法．北京，中华人民共和国国家质量监督检验检疫总局，2002.

[118] Keyhani A, Ghasemi-Varnamkhasti M, Khanali M, et al. An assessment of wind energy

potential as a power generation source in the capital of Iran, Tehran. Energy. 2010, 35 (1): 188-201.

［119］申洪，王伟胜．一种评价风电场运行情况的新方法．中国电机工程学报．2003，23（9）：90-93．

［120］张宁，周天睿，段长刚，等．大规模风电场接入对电力系统调峰的影响．电网技术．2010，34（1）：152-158．

［121］IEA Wind. Design and operation of power systems with large amounts of wind power [EB/OL]. 2006 [2012-9-18]. http://www.ieawind.org/.

［122］章基嘉，吴洪宝，李栋梁．中国冬季月平均气温异常的旋转 EOF 分析．南京气象学院学报．1995，18（3）：349-354．

［123］Gibescu M, Ummels B C, Kling W L. Statistical Wind Speed Interpolation for Simulating Aggregated Wind Energy Production under System Studies. Probabilistic Methods Applied to Power Systems. Sweden: [s.n.], 2006.

［124］余琦，刘原中．复杂地形上的风场内插方法．辐射防护．2001，21（4）：213-218．

［125］黄浩辉，宋丽莉，植石群，等．多元回归法在复杂地形风资源微尺度模拟中的应用．气象．2007，33（7）：98-104．

［126］Jackson P S, Hunt J C R. Turbulent wind flow over a low hill. Quarterly Journal of The Royal Meteorological Society. 1975 (105): 925-955.

［127］Ross D G, Smith I N, Manins P C, et al. Diagnostic Wind Field Modeling for Complex Terrain Model Development ant Testing. Applied Meteorology. 1988, 785-796.

［128］谷兴凯，范高锋，王晓蓉，等．风电功率预测技术综述．电网技术，2007，31（2）：335-338．

［129］Seguro J V, Lambert T W. Modern estimation of the parameters of the Weibull wind speed distribution for wind energy analysis. Journal of Wind Engineering and Industrial Aerodynamics, 2000, 85 (1): 75-84.

［130］陈树勇，戴慧珠．尾流效应对风电场输出功率的影响．中国电力，1998，31（11）：28-31．

［131］Papaefthymiou G, Kurowicka D. Using Copulas for modeling stochastic dependence in power system uncertainty analysis. Power Systems, IEEE Transactions on, 2009, 24 (1): 40-49.

［132］Ackermann T. Wind power in power systems. Wiley Online Library, 2005.

［133］王彩霞，鲁宗相，乔颖，等．基于非参数回归模型的短期风电功率预测．电力系统自动化，2010，34（16）：78-82．

［134］Kariniotakis G N, Stavrakakis G S, Nogaret E F. Wind power forecasting using advanced neural networks models. Energy conversion, ieee transactions on, 1996, 11 (4): 762-767.

［135］Foley A M, Leahy P G, Marvuglia A, et al. Current methods and advances in forecasting of wind power generation. Renewable Energy, 2012, 37 (1): 1-8.

[136] 刘燕华，田茹，张东英，等．风电出力平滑效应的分析与应用．电网技术，2013，37（04）：987-991.

[137] 肖创英，汪宁渤，陟晶，等．甘肃酒泉风电出力特性分析．电力系统自动化，2010，34（17）：64-67.

[138] 李剑楠，乔颖，鲁宗相，等．多时空尺度风电统计特性评价指标体系及其应用．中国电机工程学报，2013，33（13）：53-61.

[139] 石一辉，张毅威，闵勇，等．并网运行风电场有功功率控制研究综述．中国电力，2010，43（06）：10-15.

[140] Rodriguez-Amenedo J L, Arnalte S, Burgos J C. Automatic generation control of a wind farm with variable speed wind turbines. Energy Conversion, IEEE Transactions on, 2002, 17 (2): 279-284.

[141] 乔颖，鲁宗相．考虑电网约束的风电场自动有功控制．电力系统自动化，2009，33（22）：88-93.

[142] 林俐，王世谦，谭娟．计及系统调频需求的风电场有功调整方法．中国电力，2011，44（09）：22-25.

[143] 张清平，阳彩霞．柔性优化方法概论．武汉生物工程学院学报，2010，6（3）：201-203.

[144] 高赐威，程浩忠，王旭．盲信息的模糊评价模型在电网规划中的应用．中国电机工程学报，2004，24（9）：24-29.

[145] 韩学山，赵建国，刚性优化与柔性决策结合的电力系统运行调度理论探讨．中国电力，2004，37（1）：15~18.

[146] Breuerw W C N，Christln N．大容量陆地和海上风电场的电网接入方案．中国电力，2007，40（03）：74-78.

[147] 乔嘉赓，徐飞，鲁宗相，等．基于相关机会规划的风电并网容量优化分析．电力系统自动化，2008，32（10）：84-87.

[148] 周如，宋新甫，张增强，等．哈密地区大规模风电接入系统方案分析．陕西电力，2012，40（01）：25-27.

[149] 穆钢，崔杨，严干贵．确定风电场群功率汇聚外送输电容量的静态综合优化方法．中国电机工程学报，2011，31（01）：15-19.

[150] 张粒子，凡鹏飞，麻秀范，等．考虑调峰适应性风险的风电场群时序规划方法．中国电机工程学报，2012，32（07）：14-22.

[151] 郭小江，马世英，申洪，等．大规模风电直流外送方案与系统稳定控制策略．电力系统自动化，2012，36（15）：107-115.

[152] 姚伟，程时杰，文劲宇．直流输电技术在海上风电场并网中的应用．中国电力，2007，40（10）：70-74.

[153] Gonzalez-Longatt F M, Wall P, Regulski P, et al. Optimal Electric Network Design for a Large Offshore Wind Farm Based on a Modified Genetic Algorithm Approach. Systems Journal, IEEE, 2012, 6 (1): 164-172.

[154] 张焰，陈章潮，谈伟．不确定性的电网规划方法研究．电网技术，1999，23（03）：16-19.

[155] 田书欣，程浩忠，曾平良，等．大型集群风电接入输电系统规划研究综述．中国电机工程学报，2014，34（10）：1566-1574.

[156] 范宏，程浩忠，唐永红，等．相关机会二层规划法在输电网扩展规划中的应用．电力自动化设备，2013，33（11）：59-63.

[157] Pozo D, Sauma E E, Contreras J. A Three-Level Static MILP Model for Generation and Transmission Expansion Planning. Power Systems, IEEE Transactions on, 2013, 28 (1): 202-210.

[158] Orfanos G A, Georgilakis P S, Hatziargyriou N D. Transmission Expansion Planning of Systems With Increasing Wind Power Integration. IEEE Transactions on Power Systems, 2013, 28 (2): 1355-1362.

[159] Mori H, Kakuta H. Multi-objective transmission network expansion planning in consideration of wind farms: Innovative Smart Grid Technologies (ISGT Europe), 2011 2nd IEEE PES International Conference and Exhibition on, Manchester, 2011 [C]. 5-7 Dec. 2011.

[160] 王茜，张粒子．采用 NSGA-Ⅱ混合智能算法的风电场多目标电网规划．中国电机工程学报，2011，31（19）：17-24.

[161] Moeini-Aghtaie M, Abbaspour A, Fotuhi-Firuzabad M. Incorporating Large-Scale Distant Wind Farms in Probabilistic Transmission Expansion Planning Part I: Theory and Algorithm. Power Systems, IEEE Transactions on, 2012, 27 (3): 1585-1593.

[162] Yu H, Chung C Y, Wong K P, et al. A Chance Constrained Transmission Network Expansion Planning Method With Consideration of Load and Wind Farm Uncertainties. Power Systems, IEEE Transactions on, 2009, 24 (3): 1568-1576.

[163] 高赐威，吴天婴，何叶，等．考虑风电接入的电源电网协调规划．电力系统自动化，2012，36（22）：30-35.

[164] Gu Y, Mccalley J D, Ni M. Coordinating Large-Scale Wind Integration and Transmission Planning. IEEE Transactions on Sustainable Energy, 2012, 3 (4): 652-659.

[165] 牛辉，程浩忠，张焰，等．电网扩展规划的可靠性和经济性研究综述．电力系统自动化，2000，24（01）：51-56.

[166] 张焰．电网规划中的模糊可靠性评估方法．中国电机工程学报，2000，20（11）：78-81.

[167] 周鲲鹏，方仍存，颜炯，等．电网规划智能辅助决策系统的设计与实现．电力系统自动化，2013，37（03）：77-82.

[168] 张建平，胡建绩．面向智能电网的多适应性规划体系设计．电力系统自动化，2011（10）：1-7．

[169] Kennedy S. Wind power planning: assessing long-term costs and benefits. Energy Policy, 2005, 33 (13): 1661-1675.

[170] Karki R, Hu P, Billiton R. A simplified wind power generation model for reliability evaluation. IEEE Transactions on Energy Conversion, 2006, 21 (2): 533-540.

[171] Burke D J, O'Malley M J. Transmission connected wind curtailment with increasing wind capacity connection. Proceedings of the IEEE, 2010, 79 (1): 564-572.

[172] 祁晓枫，王承民，孙伟卿，等．适用于配电网潮流计算的改进回路电流法．电网技术，2011，35（6）：60-64．

[173] 李智，韩学山，杨明，等．计及接纳风电能力的电网调度模型．电力系统自动化，2010，34（19）：15-19．

[174] WOODAJ, WOLLE NBERG B F. Power generation,operation and control. 2nded. New York, NY, U SA: Wiley, 1996.

[175] 龚道仁，陈迪，袁志钟．光伏发电系统碳排放计算模型及应用．可再生能源，2013，31（9）：1-4．

[176] 李泓泽，郭森，王宝．基于遗传改进蚁群聚类算法的电力客户价值评价．电网技术，2012，36（12）：256-261．

索　　引

K

L

P

Q

R

S

W

X

Y

Z